天津水务志丛书

津南区水务志

（1991—2010年）

天津市水务局
天津市津南区水务局 编

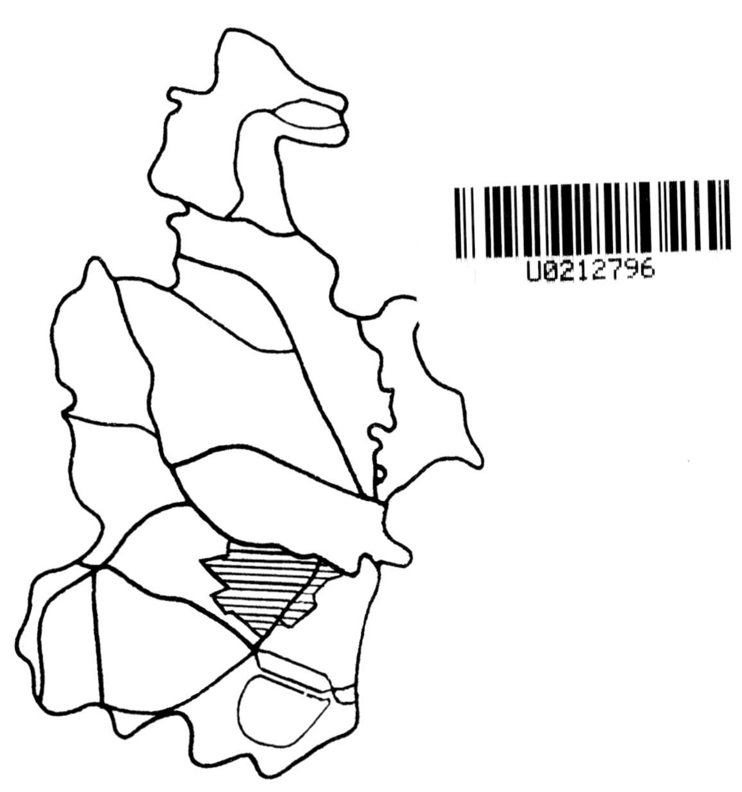

·北京·

内 容 提 要

《津南区水务志（1991—2010年）》全面、真实地记述了1991—2010年津南区水务工作情况，包括水利环境、水资源开发利用与管理、防汛与抗旱、工程建设、农村水利建设与管理、水环境治理、津南水库、工程管理、基础工作、水政建设以及水利机构队伍建设等内容。

《津南区水务志（1991—2010年）》以水务实事资料为依托，系统地反应了津南水务的历史进程和取得的成绩，具有鲜明的地方特色、专业特色和时代特色，志书内容丰富、资料翔实，是一部为水务工作者提供全面、系统的水情资料的工具书。

图书在版编目（CIP）数据

津南区水务志：1991-2010年 / 天津市水务局，天津市津南区水务局编. -- 北京：中国水利水电出版社，2017.7
（天津水务志丛书）
ISBN 978-7-5170-4764-3

Ⅰ. ①津… Ⅱ. ①天… ②天… Ⅲ. ①水利史－天津－1991-2010 Ⅳ. ①TV-092

中国版本图书馆CIP数据核字(2016)第242175号

书 名	天津水务志丛书 **津南区水务志**（1991—2010年） JINNAN QU SHUIWU ZHI (1991—2010 NIAN)
作 者	天津市水务局 天津市津南区水务局 编
出版发行	中国水利水电出版社 （北京市海淀区玉渊潭南路1号D座 100038） 网址：www.waterpub.com.cn E-mail：sales@waterpub.com.cn 电话：(010) 68367658（营销中心）
经 售	北京科水图书销售中心（零售） 电话：(010) 88383994、63202643、68545874 全国各地新华书店和相关出版物销售网点
排 版	中国水利水电出版社微机排版中心
印 刷	北京市密东印刷有限公司
规 格	210mm×285mm 16开本 23.25印张 478千字 9插页
版 次	2017年7月第1版 2017年7月第1次印刷
印 数	001—800册
定 价	**128.00**元

2009年8月2日，天津市人大常委会领导视察海河故道综合治理工程（左一津南区区委书记李国文，左三天津市人大副主任李润兰）

2007年6月7日，津南区领导检查全区防汛工作（左二区长李广文、左三副区长李学义）

2007年6月13日，津南区政协有关委员视察全区防汛工作

2010年9月，津南区饮水安全工程通过市级整体验收

幸福河采取了先进的生态袋护砌技术进行了治理，生态效益明显（摄于2009年9月）

海河故道公园（摄于2009年7月）

▲津南区二级河道清淤现场
（摄于 2006 年 12 月）

▲海河教育园区河系改造工程
（摄于 2009 年 11 月）

▲大沽排污河清淤工程现场
（摄于 2009 年 1 月）

▶清淤后的大沽排污河
（摄于 2009 年 1 月）

◀改扩建的葛沽泵站
（摄于2008年5月）

▶改建后的葛沽泵站
在汛期发挥效益
（摄于2009年7月）

▲巨葛庄泵站配电房
（摄于2009年6月）

▲改造后的巨葛庄泵站
（摄于2009年6月）

▶津南水库鸟瞰
（摄于 1999 年 10 月）

◀洪泥河治理后水清景美
（摄于 2009 年 9 月）

▶月牙河花园式景观河道
（摄于 2010 年 11 月）

▲严格控制地下水开采量（摄于2006年9月）

▲清淤后用黏土球回填报废机井（摄于2009年2月）

▲2010年1月，津南区开展机井和地面沉降水准监测点GPS定位普查工作

2007 年 12 月 10 日，津南区召开津南区节水型社会试点建设工作会议

2008 年 12 月 3 日，津南区召开大沽排污河综合治理工程动员会

2009 年 6 月 26 日，津南区召开津南区防汛抗旱工作会议

▲2009 年 5 月 21 日，开展的科普宣传深受群众欢迎

▲2009 年 10 月 23 日，天津市专家组验收津南区节水型企业（单位）

▲2010 年 3 月 21 日，开展水法规宣传

▲2010 年 3 月 26 日，津南区节约用水办公室工作人员现场检查用水户节水器具

▲2010 年 5 月 15 日，开展节水宣传

▲2010 年 5 月 19 日，开展节约用水专题讲座活动

▲小型农村水利建设新建泵站——双港镇桃源沽村泵站（摄于 2010 年 3 月）

▲幸福河治理工程采取生态网格护砌
（摄于 2010 年 6 月）

▲津南水库防渗工程（摄于 2010 年 10 月）

◀工程技术人员野外测量
（摄于 2008 年 7 月）

▶加强水利设施的检查维护
（摄于 2009 年 6 月）

▲行政审批工作服务上门（摄于 2009 年 12 月）

▲入村宣讲全国第一次水利普查工作
（摄于 2011 年 4 月）

▶利用编织袋、草袋对大沽排污河进行堤防加高加固（摄于2008年7月）

◀农村供水管网改造工程（摄于2008年8月）

▶农田水利基本建设新建闸涵（摄于2008年8月）

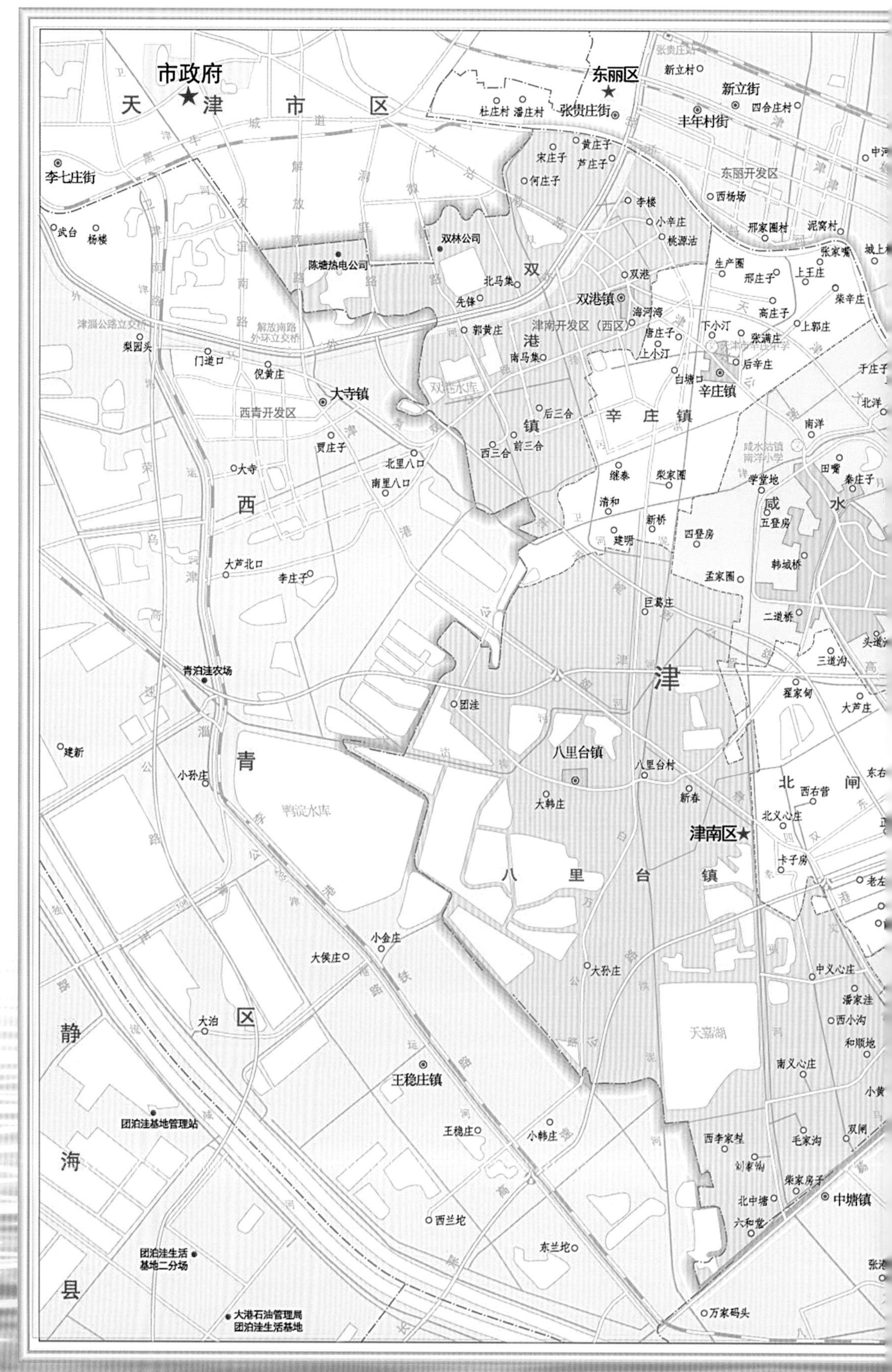

注 1. 津南区区政府办公机构暂设在八里台镇津港公路南侧。

2. 图中所绘各种界线仅供参考，不作正式行政区划依据。

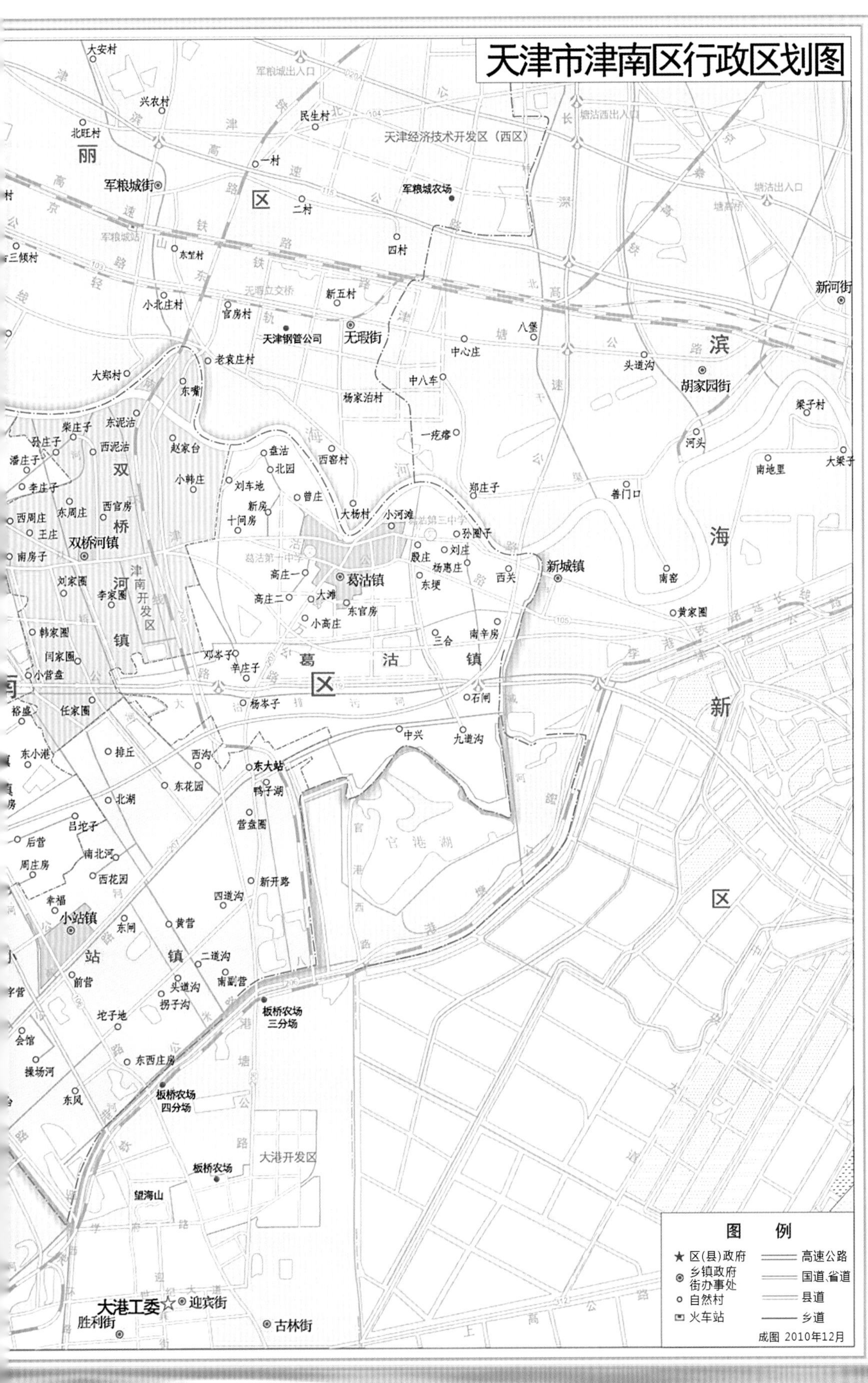
天津市津南区行政区划图
大安村
兴农村
北旺村
丽
民生村
天津经济技术开发区（西区）
一村
军粮城街
区
二村
军粮城农场
塘沽出入口
四村
三倾村
东堼村
新五村
小北庄村
官房村
天津钢管公司
无瑕街
新河街
八堡
中心庄
滨
头道沟
老袁庄村
大郑村
中八车
胡家园街
东嘴
杨家泊村
梁子村
柴庄子
东泥沽
孙庄子
西泥沽
赵家台
一亢窑
河头
大梁子
潘庄子
盘沽
西窑村
北园
南地里
双
小韩庄
李庄子
刘车地
曹庄
郑庄子
善门口
西官房
新房
大杨村
小河滩
西周庄
东周庄
十间房
桥
海
王庄
孙周子
双桥河镇
殷庄
刘庄
新城镇
南房子
高庄一
葛沽镇
杨惠庄
西关
刘家圈
河
津南开发区
东埂
南窑
李家圈
高庄二
大滩
东官房
黄家圈
小高庄
韩家圈
镇
三合
南辛房
闫家圈
邓岑子
辛庄子
葛
沽
镇
小营盘
区
任家圈
杨岑子
石闸
新
裕盛
中兴
九道沟
东小港
排丘
西沟
东大站
东花园
鸭子湖
北湖
营盘圈
吕坨子
后营
南北河
官港湖
周庄房
西花园
新开路
四道沟
幸福
区
小站镇
东闸
黄营
站
镇
二道沟
前营
头道沟
南副营
拐子沟
板桥农场三分场
坨子地
会馆
东西庄房
操场河
板桥农场四分场
东风
大港开发区
板桥农场
望海山
大港工委
迎宾街
胜利街
古林街
图 例
区(县)政府
乡镇政府 街办事处
自然村
火车站
高速公路
国道、省道
县道
乡道
成图 2010年12月

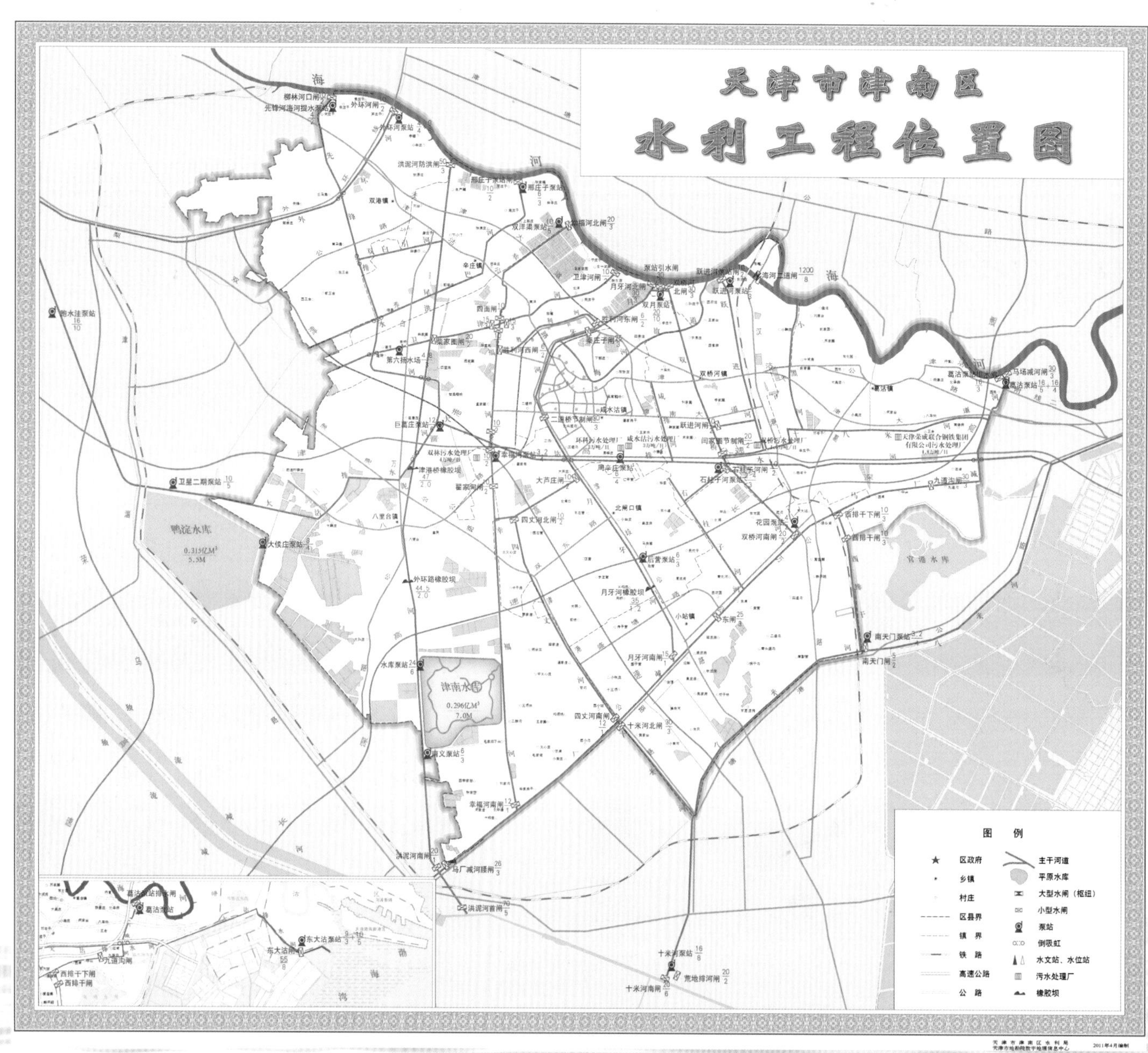

注　图中所绘各种界线仅供参考，不作正式行政区划依据。

天津水务志编纂委员会组成人员

（2013 年 10 月—　）

主 任 委 员　朱芳清

副主任委员　李文运　于子明　丛　英（女）

委　　　员（以姓名笔画为序）

于健丽（女）	万继全	王立义	王志高
王洪府	邢　华	朱永庚	刘　爽
刘玉宝	刘廷江	刘福军	闫凤新
闫学军	孙　轶	孙　津	严　宇
杜学君	李　桐	李　敏（女）	李作营
杨建图	佟祥明	宋志谦	张迎五
张金义	张绍庆	张绍堂	张贤瑞
张建新	张胜利	陈美华	范书长
金　锐	周建芝（女）	孟令国	孟庆海
赵万忠	赵天佑	赵宝骏	赵国强
姜衍祥	骆学军	顾立军	徐　勤
高广忠	高洪芬（女）	郭宝顺	唐卫永
唐永杰	陶玉珍（女）	曹野明	梁宝双
董树龙	董树本	景金星	蔡淑芬（女）
樊建军	魏立和	魏素清（女）	

编办室主任　丛　英（女）

天津水务志丛书《津南区水务志》
总 编 审 人 员

总　　编　朱芳清

副 总 编　李文运

分志主编　丛　英(女)

分志编辑　丛　英(女)　张炳臻(女)　段永鹏

评审人员(以姓名笔画为序)

于子明　丛　英(女)　孙宝东　李红有

杨树生　张　伟　张月光(女)　段永鹏

高洪芬(女)

版面设计　丛　英(女)　郑永茜(女)

目录翻译　王娇怡(女)

《津南区水务志（1991—2010年）》
编纂委员会名单

主任委员　万继全　黄　杰　赵燕成

副主任委员　王玉清　赵明显　孙文祥

委　　员　（以姓名笔画为序）

尹同源　刘云恒　刘艳菊（女）　米洪柏

孙文东　杜金艳（女）　李桂茹（女）　杨家安

吴洪福　辛召东　张文起　张志钢

张起昕　陈宝智　和　平　房恩荣（女）

钟永全　袁振广　夏富林　徐道琮

唐　凯　韩　竞　韩振雪　潘秀义

霍玉华

顾　　问　（以姓名笔画为序）

杜金星　陈文进　赵燕成　崔希林

傅嗣江

编纂办公室人员名单

主　　编　万继全

副 主 编　王玉清　孙文祥

执行副主编　郑永茜（女）　孟庆有

编　　辑　门前栓　袁振广　潘秀义

凡　　例

一、《津南区水务志（1991—2010年）》（以下简称本志）是天津水务志系列丛书之一，本志坚持以马列主义、毛泽东思想、邓小平理论和“三个代表”重要思想为指导，坚持辩证唯物主义和历史唯物主义的观点，坚持实事求是的科学态度，力争做到思想性、科学性、资料性的统一。

二、本志按照国务院颁布的《地方志工作条例》的各项规定依法修志，编纂规范采用中国地方志指导小组1997年5月8日颁布的《关于地方志编纂工作的规定》和2007年颁布的《关于第二轮志书编纂的若干意见》。记述地域范围以现行行政区划为准，记述内容为20年水利的发展与现状。

三、本志是1996年版《津南区水利志》的续志，上限为1991年，下限为2010年，有些事例为保存历史的连续性和完整性，适当追溯和延伸。

四、本志横排门类，纵述史实，采用述、记、志、传、图、表、录等体裁，综合运用，以志文为主，结构层次采用章、节、目，“综述”“大事记”“附录”不列章、节。大事记以编年体为主，部分事件为记述完整，采用编年与记事本末相结合的方法。表序号排列为章号—节号—总序号，序号以全书为单位编排。

五、资料来源以历史档案、文献资料为依据，外调材料、口碑资料多渠道核实为准，坚持存真去伪，精推细敲。

六、本志采用规范的语体文记述体。文字以国家文字改革委员会1984年正式颁布的条例为准。计量单位、标点符号以国家规定为准。高程系统随文记述。注释采用脚注。

七、本志中记述的机构地名以记事年代为准，机构名称均按当时名称记录，在志书中第一次出现时使用全称，括号内注明简称，再次出现时使用简称，如海河水利委员会（简称海委）。地名不同时用括号加注说明。

目　　录

第四章　工程建设

第五章　农村水利

第六章　水环境治理

第七章 津南水库

第八章 工程管理

第九章 基础工作

第十章　水政建设

第十一章　水利机构队伍建设

Contents

Chapter 3 Flood Control and Drought Relief

Chapter 4 Project Construction

Chapter 5 Rural Water Conservancy

Chapter 6 Water Environment Management

Chapter 7 Jinnan District Reservoir

Chaper 8 Project Management

Chapter 9 Basic Work

Chapter 10 Water Policy Construction

Chapter 11 Water Conservancy Institution and Team Building

综　述

津南区位于天津市东南部，地处海河干流中下游右岸，东与滨海新区塘沽接壤，南与滨海新区大港毗邻，西与河西区、西青区相连，北与东丽区隔海河干流相望。全区东西长25千米，南北宽26千米，总面积387.84平方千米，耕地13740公顷，人口41.29万，辖8个镇和地处市区的长青办事处。1992年3月6日，南郊区改称津南区，津南区水利局作为区水行政工作主管部门，隶属关系未变。2010年2月5日，根据区委、区政府《天津市津南区人民政府机构改革实施方案》，设立津南区水务局，保留原区水利局的职能，增加城市供水、排水管理职责。组建水务局为区水行政工作部门，挂节水办公室牌子，将水利局职责、建设管理委员会涉水事务管理的职责整合划入水务局，不再保留水利局。

党的十一届三中全会确定了把工作重点转移到社会主义现代化建设上来和实行改革开放的决策，为水利工作注入了蓬勃生机和无限活力，水利事业快速发展。1991—2010年，津南区完成水利投资约18亿元，是新中国成立以来前40年总和的9倍。完成了大量的防洪排涝、引水灌溉、改土治碱、河道清淤、堤埝护砌、兴建水库、水环境治理和城乡供排水工程。在改革开放30年，津南水利事业实现了4个新的飞跃。

一、水利建设取得新飞跃

改革开放带来了水利新发展。1991—2004年，津南区完成了大量的水利基本建设工程。

1. 海河干流治理

海河干流津南区辖段自柳林排水河河口至马厂减河葛沽泵站，堤防全长32.27千米，1991年11月至2000年10月，历时10年实施了治理工程，治理总长度32.97千米，工程总投资11195.95万元。海河干流行洪标准由1991年时的不足400立方米每秒提高到了800立方米每秒。海河干流津南区段治理工程分2个阶段实施。

第一阶段为1991—1997年，以治理险工险段为主，完成治理工程27个标段，共计16.043千米。

1991年完成治理长度1.85千米，分别为洪泥河下游段、葛沽镇上游段、葛沽镇下游段，1991年11月15日开工，1992年5月20日竣工。

1992—1993年，完成治理长度1.266千米，分别为南洋乡赵北村段、双桥河乡柴庄子西段、老海河西段、跃进河西段，1993年4月16日开工，年内6月15日竣工。

1994—1995年，完成海河干流治理任务1.972千米，其中葛沽段一期工程187米，治理标准为流量400立方米每秒；葛沽段治理工程，治理长度1.32千米，治理标准为流量800立方米每秒；柴庄子险工段治理长度460米，治理标准为流量800立方米每秒。1994年6月8日开工，1995年6月28日竣工。

1996年，完成海河干流治理任务6.45千米，除八场引河段外，其他工程均为1996年3月开工，汛前竣工。治理标准行洪能力为400立方米每秒。其中包括：葛沽镇北园段1.18千米；双桥河乡柴庄子老海河口段250米；海河二道闸水利码头段710米；葛沽镇杨惠庄下游段1.1千米；葛沽镇杨惠庄村上游段300米；洪泥河口下游段476米；双月泵站段1.02千米；八场引河段1.414千米，治理标准为行洪能力800立方米每秒。1997年3月1日开工，1997年6月30日竣工。

1997年，完成治理任务4.505千米，治理标准为行洪能力400立方米每秒。1997年3月24日陆续开工，1997年6月30日全部竣工。

第二个阶段为1998—2000年，完成治理长度29.77千米（包括2次治理了第一阶段治理标准为400立方米每秒的堤防），治理标准均为800立方米每秒。

1998年，海河干流治理工程分2批下达，共17个标段，共计17.926千米，其中1998年4月5日至1998年10月30日，完成第一批4个标段，治理长度3.799千米；1998年8月15日至1999年5月15日，完成第二批13个标段，治理长度为14.133千米。

1999—2000年，完成治理长度为11.839千米，治理标准为行洪能力800立方米每秒。工程于1999年5月7日陆续开工，2000年6月10日全部竣工。

2. 闸涵泵站维修改造

1991年以来，津南区相继完成了多项闸涵泵站维修改造工程。

1991年4月至1991年年底，完成东沽泵站30立方米每秒自流闸工程，坐落于东沽泵站南侧30米处，开挖引河350米与大沽排污河相连，平时可自流排放污水。

1992年10月，完成东沽泵站维修改造工程。

1992年9月至1994年5月，完成了双洋渠泵站流量为10立方米每秒重扩建工程，建成后担负着辛庄、南洋、八里台、双闸4个乡镇的2.16万公顷农田的灌溉排沥任务，排沥标准由3年一遇提高到5年一遇。

1994年12月至1995年6月，完成五登房平交闸工程，工程坐落于南白排河与卫津河交口处，卫津河建有流量15立方米每秒开敞式水闸2座，南白排河建有流量10立方米每秒箱涵式水闸2座。由4座闸涵平交组成的枢纽工程，可以充分发挥新建双洋渠泵站工程效益，改善南部缺水状况，保障沿河6400公顷耕地的灌排。

1996年3月至1996年7月，完成翟家甸倒虹吸工程，设计流量10立方米每秒，工程结构形式为2孔2.2米×2米箱式涵洞，从底部穿越大沽排污河，连通幸福河与南白排河。该工程建成后，使双洋渠泵站、双月泵站扬水经五登房平交闸控制后进入幸福河，解决沿河5个乡镇的6400公顷农田的灌溉，还可排除幸福河沿线的沥涝和咸水。

1997—1999年，连续3年实施洪泥河首闸加固工程。

1997年10月至1999年5月，完成了设计流量6立方米每秒的跃进河泵站新建工程，建成后调引海河干流水源来解决海河二道闸下游地区及葛沽镇2533.33公顷菜田的灌溉，同时担负跃进河两岸20平方千米土地的排涝任务。

1999年4—6月，完成洪泥河首闸箱涵维修加固工程，采用“水工建筑物钢筋混凝土贴面补强新技术”，该技术获得2000年津南区科技成果一等奖。

2000年3月至2000年年底，完成了设计流量16立方米每秒的葛沽泵站迁建工程，该泵站由葛沽镇葛万路与津沽路交口处，迁至马厂减河与海河干流汇合处的西关村北，建成后起到调蓄水源、改善水质的作用，灌溉面积达5333.33公顷。汛期排除双闸、小站、北闸口、葛沽等地区的沥水入海河干流。

2006年3月至2006年年底，完成了葛沽泵站扩建工程。扩建工程增加流量16立方米每秒，使葛沽泵站总流量达到32立方米每秒。建成后解决马厂减河沿线葛沽、双闸、小站、北闸口地区55平方千米农田的雨季排沥问题。

2000年6—10月，完成洪泥河防洪闸新建工程。该闸坐落于海河干流与洪泥河交口处的辛庄镇生产圈村西北部，为4.5米×4.5米×3孔的方涵结构，设计流量为50立方米每秒，是海河干流治理工程的一部分，建成后成为“引黄济津”输水的必经之路。

2001年6—11月，完成了月牙河节制闸工程。该闸坐落于南环路至八二路桥南70米处，建成后抬高月牙河咸水沽段水位，保持较好的水质，满足月牙河带状游览区的开发需要。

3.“引黄济津”工程

1991—2010年，天津市分别在2000年、2002年、2003年、2004年、2009年和2010年实施6次“引黄济津”工程。

2000年天津市遭遇特大干旱，全市工农业和生活用水极其短缺，天津市政府决定实施“引黄济津”工程，确定洪泥河作为引黄济津的输水河道。洪泥河北起津南区辛庄镇生产圈村，与海河干流相连，南至大港区万家码头，与独流减河相连，全长25.8千米。它是津南区的一条引灌排沥的主要河道，也是贯通北大港水库、马厂减河及海河干流的主要渠道。作为输水前的治理工程，主要实施了洪泥河河道清淤、复堤和海河干流、洪泥河沿线口门封堵工程。

2000年8月，津南区政府成立了“引黄济津”工程指挥部，召开“引黄济津”工程动员大会，确定海河干流津南区辖段沿线和洪泥河沿线口门封堵任务由沿河各镇负责，其余工程由区水利局下属各基层单位负责施工。

2000年8月15日至10月24日，实施了洪泥河清淤复堤清障工程，清淤长度14千米，清淤土方量为37.41万立方米；复堤长度2.66千米，土方量为1.02万立方米；清运垃圾0.15万立方米；北大港水库排咸沟清淤工程752米，清淤土方量为3.1万立方米。同期完成了海河干流、洪泥河沿线口门封堵工程，封堵洪泥河两岸口门102座，封堵海河干流津南区段堤岸口门43座。

2000年12月5日至12月底，完成了洪泥河穿双巨排污河、上游排咸河、上游排污河3处穿河倒虹维修加固工程。

2001年3月2日至4月底，完成了“引黄济津”完善配套工程。作为输水河道，洪泥河不能再发挥原有灌排作用，使沿河农田排灌体系被打乱，居民正常生活受到影响。“引黄济津”完善配套工程完善了沿河农田灌排体系，保证了沿线农业生产和居民生活的正常进行。工程共涉及3个镇，8处积水严重的地段，完成清淤、扩挖、新挖河道12条，长度22.205千米；新建涵闸、涵洞34座，新建泵站6座，跨河输水管线1座，改造桥梁1座。

2002年10月8—20日，实施“引黄济津”应急工程，涉及海河干流津南区段、洪泥河沿线共计112座口门的封堵或加固。

2002年10月至2003年6月底，再次实施“引黄济津”完善配套工程。完成清淤渠道18条，长度43.56千米；新建涵闸43座，新建泵站3座，新建钢管渡槽1座，完成公路顶管1座，维修涵闸9座，维修倒虹1座。

2003年9月1—15日，按照天津市政府再次实施“引黄济津”的部署，津南区再次实施海河干流、洪泥河沿线口门封堵工程，封堵口门113处。

2004年9—12月，按照天津市政府决定再次实施“引黄济津”的部署，津南区按时完成了洪泥河、海河干流沿线口门封堵、加固工程。

2005年初，天津市政府决定实施“引黄济津”回供水工程，经洪泥河将蓄存在北大港水库的引黄水源输送到海河干流。区水利局组织完成封堵洪泥河沿线口门77处，海河干流沿线口门36处，维修改造涵闸1座。

2009年9月26日至10月12日，天津市实施“引黄济津”工程，津南区实施输水沿线口门封堵工程，共封堵口门38处，完成工程量4.65万立方米。

2010年9月26日至10月20日，按照天津市政府“引黄济津”工作部署，津南区实施输水沿线口门封堵工程，共封堵海河干流沿线口门40处、洪泥河沿线口门85处。

4. 高标准农田建设

1999年初，津南区制定的《津南区高标准农田建设规划》，提出高标准农田建设突出“四个体现”，做到“五高、五化、一美”，打破镇、村地界，统一规划，统一标准，分头施工，实行水、林、路综合治理，井、渠、库配套成龙，渠道衬砌化、节水化、能灌能排。通过土地集中连片治理，改造中低产田，便于实施农机作业。采用多种节水形式，实施农业结构调整，实现农业高产稳产。津南区高标准农田建设经历了自发、示范和规模建设3个阶段。

1998年初，高标准农田自发建设阶段，葛沽镇杨岑子村投资65万元，改造土地73.33公顷，完成防渗渠道4.03千米，桥闸涵3座；双桥河镇王庄村投资60万元，改造土地66.67公顷，完成防渗渠道7.06千米，桥闸涵3座。

1998年11月至1999年5月，津南区政府投资1213.6万元，实施高标准农田建设示范工程，综合开发津南水库周边760公顷耕地，完成混凝土防渗渠道38.49千米；渠系配套工程为干支渠节制闸56座，口门1000个，穿堤涵洞43座；农业交通桥20座及混凝土田间路面工程。1999年大旱之年，八里台镇大孙庄村高标准农田种植的小站稻，每亩产量达到375千克。

1999年3月4日，天津市副市长孙海麟、市政府副秘书长陈钟槐和市农委的领导视察津南水库周边农业综合开发工程，市领导给予充分肯定。

1999年10月至2000年4月，高标准农田规模建设阶段，全区完成高标准农田建设1355.73公顷，修建防渗渠道49.616千米（其中低压管道6.71千米），土石方204.49万立方米，渠系配套工程为农用桥27座，节制闸97座，穿堤涵洞71座。

2000年冬至2001年春，按规划建设高标准农田1567.34公顷，修建防渗明渠28.955千米，铺设低压管道139.694千米，完成土石方219.12万立方米，完成配套桥闸涵148座，新建枢纽工程1处，完成投资2325.73万元。

2001年冬至2002年春，按规划建设高标准农田941.34公顷，修建防渗明渠16.746千米，铺设低压管道75.4千米，完成土石方99.78万立方米，完成配套桥闸涵116座，新打机井3眼，完成投资1340.85万元。

2002年冬至2003年春，按规划建设高标准农田230.66公顷，铺设低压管道48.54千米，完成土石方5.5万立方米，完成投资357.01万元。

截至2003年，津南区高标准农田建设总计完成4995.07公顷，完成投资8459.01万元，修建干、支渠防渗渠道149.797千米，铺设低压管道270.344千米，新建渠系配套工程桥闸涵573座，完成土石方764.49万立方米。

高标准农田建设采用防渗渠道和节水灌溉技术，充分利用有限水源，涵养地下水减少地面沉降，提高土地利用率，也促进了环境的保护，水资源综合效益显著提高。

5. 中小型水库建设

进入20世纪90年代后期，海河流域连年干旱，水资源严重短缺。地处海河干流中下游的津南区水资源短缺状况更趋紧张。津南区本着“开源节流、旱涝兼治、排蓄结合、以蓄代排、综合治理”的原则，致力于开发自备水源，结合高标准农田建设，先后兴建了平原区中型水库1座，镇村小型水库44座。

津南水库建设。1995年8月至1998年10月，津南区政府举全区之力，历时3年2个月，经历前期论证、勘察设计、工程施工3个阶段的不懈努力，完成津南水库（天嘉湖）工程。津南水库为平原区中型水库，占地面积7.82平方千米，水面面积7.06平方千米，蓄水量2966.27万立方米。水库作为一座以蓄代排的平原水库，涝时存蓄排沥水，以减轻市区及津南区的排涝压力，旱时供水灌溉，增强农田抗旱能力，有效缓解了津南区水资源短缺问题，减少地下水开采量，改善地面沉降状况，提高了农业生产效益。

1995年10月，津南区区长办公会确定：“九五”期间，力争在本区兴建1座以蓄代排的水库工程。自1995年8月开始，津南区水利局做了大量的前期准备工作。会同八里台镇水利站完成津南水库勘测，编写了《关于“八里台水库”的初步设想》（八里台水库是津南水库早期的名称）。1996年1月，津南区筹建水库指挥部综合开发组经调查论证，向区委、区政府呈报了《关于“八里台水库”的初步设想补充》。1995年10月至1996年7月，津南区政府委托沧州水利勘测设计院对水库进行勘探、测量和设计工作，编写了《津南水库可行性研究报告》，上报天津市政府。

1997年4月以来，天津市副市长朱连康多次主持津南水库协调会，市长张立昌批示，确定1997年汛后开工，1998年汛前完成一期工程。一期工程总投资7390万元，其中市财政补助资金2600万元。1997年8月19日，天津市政府办公室做出了《关于津南水库立项可行性研究报告（代项目建议书）的批复》。1998年7月10日，市计委、市建委同意津南水库项目转为1998年市重点建设项目。

1997年8月13日，成立了津南水库建设指挥部。1997年9月至1998年3月，津南水库工程建设指挥部分别召开水库围堤土方、护坡和水库扬水站工程招标会，确定了承建单位。1997年11月至1998年9月，先后完成了水库扬水站、35千伏输电线路、库区清淤、清基、筑堤、护坡等一期工程。共完成围堤土方量256.61万立方米，护坡混凝土量2.6万立方米。1998年9月15日，津南水库一期工程通过了天津市政府的验收。1998年10月2日，津南水库正式蓄水。1999年10月，完成津南水库二期工程，包括：11千米钢筋混凝土防浪墙，12千米堤顶环行路，南、西、北堤3个渡槽，12千米库区铁丝网，688平方米临时办公室和仓库，洪泥河泵站两侧清淤，大堤后戗平整，拦鱼设施安装、背坡反滤等工程。2007 年 1 月，开始实施津南水库改造工程，降低围堤高程，浚深库底，库内填筑岛屿，满足水库周边发展规划的要求。2010 年，完成了津南水库防渗工程。

津南水库北侧有丹拉、津晋高速公路和天津国际机场，周边道路纵横，立体交通十分便利，东距天津港 25 千米，毗邻滨海新区大港仅 3 千米，得天独厚的地理位置昭示着不可限量的开发前景。2002 年 7 月，津南水库管理处成立了天津市天嘉湖生态风景区开发有限公司。2003 年 8 月 8 日，天津市天嘉湖生态风景区开发有限公司与天津恒华房地产有限公司签订了天嘉湖二期工程（天嘉湖花园项目）土地开发协议。2007 年 10 月 19 日，津南水库 273.33 公顷岛屿进行了招拍挂（招标、拍卖、挂牌出售），天津星耀投资有限公司以 62.9 亿元竞得岛屿使用权，实施星耀五洲项目建设。建成集娱乐、购物、健身、休闲、居住、度假为一体的“世界花园、世界建筑博览园以及世界桥梁博览园”。2008 年 4 月，星耀五洲项目开工，计划于 2014 年完成。

小型水库建设。自 1987 年 2 月镇村小型水库建设开始实施，经历自发建设、集中建设和降级报废 3 个阶段。1987 年 2 月至 1999 年 11 月，为镇村小型水库自发建设时期，津南区先后兴建了 11 座小型水库，工程总投资为 553.24 万元，新增库容 525 万立方米，总蓄水面积达 216.59 公顷，受益面积为 2230.65 公顷。

2000 年 10 月，区水利局编制完成了《津南区 2001—2005 年小型水库建设规划实施方案》，进入镇村小型水库集中建设时期。2001 年全区建成小型水库 18 座（含扩建水库 3 座）。水面面积 394.93 公顷，蓄水量达 1077 万立方米，兴利库容 759 万立方米，效益面积 2526.67 公顷；2002 年全区建成小型水库 12 座，水面面积 158.13 公顷，蓄水量 448 万立方米，兴利库容 339 万立方米，效益面积 1186.67 公顷；2003 年全区建成小型水库 3 座，水面面积 59.33 公顷，蓄水量 170 万立方米，兴利库容 127 万立方米，效益面积 596 公顷；2004 年全区建成小型水库 3 座，水面面积 93.33 公顷，蓄水量 215 万立方米，兴利库容 168 万立方米，效益面积 273.33 公顷。

截至 2004 年，全区共建成小型水库 44 座，水面面积 871.81 公顷，蓄水量 2315 万立方米，兴利库容 1750 万立方米，效益面积 6177.97 公顷，完成土方量 552.33 万立方米，新建泵站 9 座，维修泵站 14 座，新建配套涵闸 66 座，累计工程总投资 2538.04 万元。

进入 21 世纪，北方地区连续干旱少雨，地上水源严重匮乏，多年来水库无水可蓄，有的失于管理修缮，堤埝坍塌、配套设施丢失损坏严重，小型水库功能和利用价值逐年降低。受津南区各镇政府的委托，区水利局依据《水库降等与报废管理办法》，勘察论证了全区 44 座小型水库。经请示天津市水利局同意，2007 年 9 月，津南区水利局分别下发了《关于辛庄镇小型水库报废的批复》等 7 个文件，批复同意辛庄镇老海河小水库、双港镇秃尾巴河小水库、双白引河小水库等，共计22座小型水库报废。2007年9月，津南区水利局分别下发八里台镇、咸水沽镇、葛沽镇等《关于小型水库降等的批复》等6个文件，批复同意22座镇村小型水库降等为坑塘。降等后的22座坑塘，总蓄水能力为180万立方米，可用水量118万立方米。

6. 二级河道清淤改造

津南区共有二级河道16条，总长181.8千米。作为津南区调水和排涝的水利通道，经多年运行，河道淤积严重，河床抬高，调蓄能力大幅度降低。津南区政府决定自1991年开始，逐年实施二级河道清淤改造工程，恢复二级河道的原有功能。

1991年11月至1992年2月，区水利局组织完成四丈河清淤工程，清淤长度7.82千米，完成土方12.6万立方米，使用农民劳动积累工156.074万个工日。

1992年11月至1993年初，完成了跃进河清淤工程，清淤长度5.3千米，清淤土方6.9万立方米，筑堤土方500立方米，使用农民劳动积累工10.248万个工日。

1993年12月至1995年11月，完成南白排河拓挖工程，开挖前的南白排河河道底宽5米，底标高±0米，上河口宽约20～25米。为满足重扩建的双洋渠泵站运行需要，在南白排河单侧拓宽5～8米，分2期进行。一期工程治理长度为4.233千米，开挖土方13.778万立方米。1995年11月5—20日，完成南白排河拓宽二期工程，全长3.89千米。拓挖土方13.13万立方米。

1995年11月5—30日，完成双桥河津沽公路桥南侧两岸长5.6公里复堤工程，完成土方5.8977万立方米，使用农民劳动积累工2.949万个工日。

二、水环境综合治理取得新飞跃

2005年以来，津南区水利局全面贯彻落实科学发展观，坚持以人为本，坚持人水和谐相处，坚持全面规划、统筹兼顾、标本兼治、综合治理，贯彻“建设节水型社会，发展大都市水利”和构建水利“四大体系”的治水新思路，民生水利、生态水利、资源水利和法治水利建设取得突破性进展，着力解决洪涝灾害、干旱缺水、水质污染和环境治理4大水问题，确保了津南区防洪安全、供水安全和生态安全。

1991—2004年，津南区经过15年河道治理，打破了二级河道供排水功能的界限，基本达到了“河河相通、沟渠相连、南北调度、排灌自如”，在恢复扩种小站稻中发挥了显著作用。但同时也显现出“一河污染，河河污染”的弊端。2005年以来，津南区逐年实施了水环境综合治理工程，全面改善了津南区的水环境，营造了人水和谐的环境氛围。截至2010年7月，相继完成了双桥河、月牙河、幸福河、胜利河、马厂减河、海河故道、大沽排污河7条河道的综合治理工程。

双桥河。2005年2—4月底，完成双桥河综合治理工程。治理长度6.66千米。经清淤、复堤、护砌综合治理后，恢复了原设计20立方米每秒流量的河道功能，提高了调蓄能力，改善了河道水环境。

月牙河。2005年9月至2006年5月底，完成月牙河水环境治理工程。此次工程拆除各类房屋面积3982平方米，封堵沿河口门160处，清淤长度16.2千米，护砌长度11.3千米，完成土方量76.55万立方米。工程完成后恢复了原设计流量30立方米每秒的河道功能，把月牙河改造成为集防汛排涝、调蓄供水、生态绿化于一体的景观河道。

马厂减河。2006年10月至2007年6月底，完成马厂减河清淤护砌工程，治理长度28.85千米。完成清淤土方103.86万立方米，浆砌石护坡8300延米，房屋拆迁9442平方米。恢复了设计流量35立方米每秒的河道功能，增加了津南区二级河道的调蓄水能力，为沿河镇区经济发展提供了良好的水环境，减轻了中心城区汛期排涝压力。

海河故道。2007年11月至2009年6月，完成了海河故道综合治理工程。海河故道全长3.5千米，南北平均宽度约200米，总占地面积约75万平方米，其中水面面积21万平方米，绿化面积35.65万平方米，建筑物面积12642平方米，工程总投资3.097亿元，完成项目：拆迁面积11.63万平方米；清淤长度3.5千米，土方量33.74万立方米；驳岸护砌11千米，打木桩4.3万根，浇筑混凝土0.23万立方米，砌筑毛石1.1万立方米；绿化面积35.65万平方米，种植乔木1.76万株、旱园竹0.6万株、灌木30万株、地被草皮35.65万平方米；园林建筑规模1.26万平方米，园内景点15处，园林小品景墙49处、木亭7个、木栈道2879平方米、摆放景观石1.71万吨。

海河故道自西向东由滨水游憩区、船舫美食区、综合娱乐区、水上商娱区、水鸟湿地区、名人文化区6大功能区串联而成，形成了集防洪排涝、生态环保、休闲娱乐等多功能于一体的河道景观，营造成环境优美的河岸带状公园，成为津南区一道具有城乡特色的靓丽风景线。2009年7月正式免费对外开放，给人们提供了游憩、商娱和品赏的欢乐天地。

2009年7月15日，天津市委书记张高丽率市委、市政府等四大机关主要领导和18个区县的主要负责人视察了海河故道景观治理工程，给予了极高的评价。市、区几十家党政机关和社会团体代表团参观考察了海河故道公园，更是交口称赞。

大沽排污河。2008年12月至2010年5月底，完成大沽排污河综合治理工程，包括河体清淤、两岸绿化和沿河构筑物维修改造工程。完成清淤长度36.71公里，沿河构筑物维修重建工程，包括维修改造泵站2座、拆除重建节制闸3座和倒虹吸4座，共完成植树17万株。

幸福河。2008年11月至2010年11月，实施了幸福河综合治理工程，完成河道清淤、生态护砌、绿化工程。通过封堵沿河污水口门，恢复了河道的防汛排沥、调蓄水源、灌溉农田的能力。

海河教育园区。海河教育园区（北洋园）河道改造工程，完成穿越园区的胜利河、幸福河改线、清淤、生态护砌工程，园区内卫津河改线，其余部分进行清淤和浆砌石护砌。

2005—2010 年，6 年时间里津南区水利局组织实施了一系列水环境综合治理工程，建成了集防洪排涝、生态环保、休闲娱乐等多功能于一体的河道景观，营造了安全、舒适、秀美、亲水的生活环境，形成了环境优美的河岸带状公园，给人们提供了游憩品赏的娱乐天地。成为津南区一道具有城乡特色的靓丽风景线，基本实现了水清、岸绿、景美的治水目标。

三、依法治水工作取得新飞跃

1988 年 7 月，《中华人民共和国水法》（以下简称《水法》）正式颁布施行，津南区水利局起草制定了符合津南区实际的 4 个规范性文件和水政执法 5 项制度，由津南区政府审定并颁布实施。上述规定与制度涵盖了河道管理、水政执法、取水许可、凿井审批、地下水资源费征收、人畜饮水管理、水利工程产权改革等方面，构建了较为完善的水法规体系，为津南区依法治水工作提供了强有力的法制保障。

1989 年 9 月，区水利局设置水政监察科。1990 年 2 月，区水利局组建了编制为 32 人的水政监察队伍。1991 年 12 月，成立了南郊区水利执法领导小组。1994 年，水政监察员扩编为 85 名。1998 年 12 月，成立了区水政监察大队。以河道管理、水资源保护、水利工程保护为重点，累计查处各类水事违法案件 305 起，挽回直接经济损失 471.15 万元，罚款 2.2 万元。

1988—2010 年，成功举办了 23 届“中国水法宣传周”纪念宣传活动，提高了全社会的水法制意识，营造了自觉遵守水法规和珍惜水保护水的良好社会氛围；组织水利职工开展法律知识培训，增强了水利干部职工的法律素质，提升了依法治水和依法行政的能力。

四、党建精神文明建设取得新飞跃

1990 年 5 月，区水利局成立党委办公室，加大了党建精神文明的软硬件建设。局党委坚持“三个（政治、精神、物质）文明一起抓，三个成果一起要”的方针，认真贯彻中央和市区、委的路线方针政策和各个时期的工作思路，团结带领各基层党组织和全体党员干部，充分发挥了党委的核心领导作用、党支部的战斗堡垒作用和党员干部的先锋模范作用。按照“硬件上档次、软件上层次”的工作思路，自觉加大党的建设和精神文明的创建力度，取得了显著效果，极大地提高了全体干部职工的政治素质、文化素质和文明素质。为全局深化改革、经济发展、政治稳定，业务进步，提供了坚强有力的精神动力和坚实可靠的思想组织保障。

1991—2010 年，在天津市各级党委、政府的领导和市水利局的支持下，在全体水利工作者的共同努力下，津南区水利事业取得了很大成就，为全区工农业生产和各项事业取得快速发展，提供了坚强的水利保障。但是，必须清醒地看到津南区水利工作还存在一些问题：一是尽管“十一五”期间，区政府下大力气对部分二级河道进行综合治理，恢复了河道的排泄功能。可是，随着全区经济迅速发展，工厂企业迅速增加，工厂企业超标污水直接排入河道，造成大部分河道水质被污染，有些甚至在劣Ⅴ类标准以上。加之生活污水排放混乱，一些堤段堆放生活、工业及建筑垃圾，造成水环境和生态环境的恶化日趋严重。二是水资源紧缺和浪费现象十分严重，日益成为制约津南区经济发展的瓶颈，加大节水技术推广及污水处理再利用的力度刻不容缓。

今后，要按照党和政府对水务工作的要求，结合津南区经济发展状况，贯彻落实科学发展观，按照“十二五”水务规划的工作思路，准确认识当前经济社会的发展形势，明确新形势、新阶段对水务发展的新要求，按照自然规律和经济规律办事，遵循水务工作的发展规律，找准问题、明确重点，研究解决问题的思路和办法。依法行使水行政主管部门的职责。坚持全面规划、统筹兼顾、标本兼治、综合治理，全力抓好民生水利、生态水利、资源水利和法治水利建设。努力解决洪涝灾害、干旱缺水、水质污染和环境治理四大水问题，构建新的水资源开发利用体系，抗旱蓄水、防汛排涝的安全体系，景色宜人的生态环境体系，节约用水的指标化体系，科技发展的创新体系，确保防洪安全、供水安全和生态安全，实现二级河道景观化，农村排水系统化，污水利用资源化，水利建设都市化，资金投入多元化，工程管理规范化的目标，构建河系纵横、管网相连，灌排通畅，水清岸绿，具有城乡特色，人与自然和谐的生态新水务。强化依法治水，求真务实，艰苦奋斗，与时俱进，开拓进取，努力开创津南水务工作的新局面，为全区工农业及其他各项事业又好又快发展，做好全方位的水务服务。

水务建设要走科学发展、和谐发展之路。进一步开拓治水思路，水务规划既要服从全区的规划，又要为区重点工程做好区域性规划，既要考虑全区的实际需要，又要有发展的观点，还需考虑市重点工程建设。论证和提出关系水务发展和改革的重大政策建议，提出治水措施，制定治水方案，深化水务体制改革，强化水务管理，确保水务的可持续发展。做好重大工程筛选和政策的论证，按照发展规划目标选择具有重要支撑的标志性工程，提出关乎广大人民群众生产生活的民生水务项目，主要从三个方面着手：一是建设民生水务，包括防汛抗旱、居民安全饮水、节水型社会建设、农田基本建设；二是建设资源水务，进一步优化管理机制，加大管理力度和水污染治理，使有限的水资源发挥出最大的经济效益；三是建设生态水务，制定河道整治规划，把津南区的河道治理成水清岸绿环境美的生态河。

要实现上述建设任务与发展目标，要求水务工作者必须强化依法治水，求真务实，艰苦奋斗，与时俱进，开拓进取，努力开创津南水务工作的新局面，为津南区经济更发展、生活更富裕、环境更优美、社会更和谐，提供全方位的水务服务，做出津南水务人应有的贡献。

大事记

1991 年

2 月 2 日　中共南郊区水利局纪律检查组成立，局党委副书记陈文进兼组长。

5 月 20 日　区水利局党委召开会议，研究基层单位—码头管理所全体人员再分配问题，对李秀清、钱文成、张建山、阚葆桐、薛恩来 6 名人员进行了再分配。

6 月 22 日　南郊区水利局党委组织新党员到蓟县烈士陵园进行入党宣誓活动。

9 月 14 日　南郊区部分稻田发现稻飞虱。

10 月　天津市地下水资源管理办公室在南郊区召开“地下水资源管理及防治污染”现场会议，推广南郊区治理地下水资源污染的经验。

10 月 20 日　南郊区水利局组织方队参加区第二届全民运动会开幕式。

12 月 5 日　南郊区成立区水利执法领导小组。主管农业副区长许惠定任组长，副组长：农经委主任王梦海、水利局局长王好科，成员：水利局副局长赵燕成等 8 人。领导小组下设办公室，设在区水利局水政监察科。

12 月　李港铁路延长线南郊支线动工，长 12.5 千米，建跨越八米河、马厂减河、大沽排污河的铁路桥 3 座，1992 年 7 月 1 日建成通车，结束了南郊区无铁路的历史。

1992 年

2 月 22 日　南郊区水利局召开水利综合经营工作会议，部署水利经济工作。各基层单位和乡镇水利站有关人员参加了会议。

3 月 6 日　南郊区更名为津南区，南郊区水利局更名为津南区水利局。

3 月 31 日　津南区水利执法体系建设通过天津市水利执法体系建设验收领导小组验收。

6 月 27 日　区水利局举办革命传统报告会。郭发科等离休老干部作了报告。

9 月　津南区双洋渠泵站重扩建工程开工，投资 586.2 万元，1994 年 5 月 20 日竣工，投入使用。

1993 年

1 月 7 日　津南区水利局召开乡镇水利站建设工作座谈会。各乡镇长、主管副镇长、水利站长参加了会议。

3月20日　津南区十米河泵站改造工程开工，9月14日竣工。乙烯工程指挥部总指挥王金榜、副指挥赵前光、指挥助理滕少华、津南区副区长孙希英、区农委主任王梦海、区水利局领导王好科、陈文进、傅嗣江、赵燕成、崔殿元等参加了竣工典礼。

3月26日　津南区政府在双闸乡召开农建现场会。

3月29日　津南区召开座谈会，研究大港乙烯工程配套项目—十米河泵站扩建工作有关事宜。区领导李永安、郝学全、王梦海、区水利局领导王好科、傅嗣江和大港乙烯工程指挥赵万里等有关人员参加了会议。

4月8日　天津市水利局领导张志森检查津南区双洋渠泵站重扩建工程。

5月7日　国家防总、水利部、海河水利委员会等领导检查海河干流津南区辖段的防汛准备工作。

5月11日　津南区政协委员视察双洋渠泵站在建工程。区水利局领导傅嗣江、赵燕成、陈文进陪同视察。

5月19日　天津市农委主任朱连康视察双洋渠泵站重扩建工程。区水利局领导王好科陪同视察。

6月3日　津南区副区长孙希英主持召开农口各单位领导干部会议，研究部署抗旱工作。

6月15日　津南区召开全区防汛工作动员大会。

8月3日　津南区双洋渠泵站试运行开车成功。

8月31日　海河水利委员会、天津市水利局设计院、计划处有关人员到津南区论证海河干流葛沽段护坡问题。

9月3日　天津市水利局农水处、水科所有关人员考察津南区水利排水工程。

9月4日　天津水利志系列丛书之一《津南区水利志》通过初审，市水利局及津南区主管部门的领导及修志专家参加评审。

10月9日　水利部、海河水利委员会、天津市水利局联合检查海河干流护坡情况。区长何荣林、副区长孙希英、区水利局副局长赵燕成、傅嗣江和崔希林陪同检查。

10月26日　津南区政府召开农田水利基本建设动员大会。

10月31日　南白排河拓宽一期工程开工，1994年完成。二期工程1995年11月5日开工，11月底完成。

11月4日　津南区五大机关的干部参加南白排河清淤义务劳动。区委书记左明、区长何荣林参加劳动。

11月8日　水利部农田水利司领导视察津南区农建工作。

12月16—18日　津南区水利局组织局系统中层干部赴北京通县、顺义县学习考察水利经济发展情况。

12 月 23 日　津南区洪泥河北闸出现漏水，造成海河干流水体污染。天津市政府召集市农委、市容委、市环保局、市水利局召开现场会，研究解决方案。

12 月 29 日　津南区农建工作通过天津市政府农建工作推动组验收。

1994 年

3 月 4 日　津南区水利局召开局长办公会议，研究决定将 3 个基层单位（即钻井队、农田基本建设专业队和水利工程设计施工站）联合组建“天津市金龙水利建筑工程公司”。11 日，津南区水利局召开局务会，宣布天津市金龙水利建筑工程公司正式成立。12 日，津南区水利局召开钻井队、农田基本建设专业队和水利工程设计施工站 3 个单位的全体职工大会，宣布 3 个单位正式组建成“天津市金龙水利建筑工程公司”。

3 月 23 日　天津市水利局局长王耀宗、津南区区委书记左明、区长何荣林参加区水利局组织的“世界水日”暨“中国水周”水法宣传活动。

4 月 7 日　天津市水利局副局长陆铁宝检查津南区海河干流绿化工作。区水利局领导赵燕成陪同检查。

6 月 7 日　津南区召开各乡镇镇长、主管农业副镇长、水利站长参加的紧急会议，针对近日海河干流水位急剧下降情况，传达天津市政府同天召开的会议精神，布置全区保水护水工作。

6 月 22 日　由于立人、夏富林、张树庄 3 人组成的津南区水利局代表队参加区“社会主义市场经济知识竞赛”，获得团体第二名。

7 月 9 日　津南区区长何荣林检查防汛工程建设情况。区水利局领导杜金星、傅嗣江、赵燕成陪同检查。先后察看了双月泵站、大沽排污河葛沽段、万家码头、十米河泵站。

7 月 12 日　津南区副区长孙希英主持召开防汛指挥部成员会议，研究大港区 5.12 万人汛期防洪疏散安置事宜。

7 月 20 日　津南区水利局举行防汛集结和封堵口门演习。局领导杜金星、赵燕成指挥此次演习活动。

8 月 6 日　津南区普降暴雨，全区近万亩农田遭淹泡。

8 月 7 日　津南区防汛指挥部组织民兵预备役部队赴海河大堤抢险。

8 月 8 日　天津市领导李建国视察津南区灾情。

8 月 10 日　津南区政府召开紧急会议，布置排涝工作。

8 月 11 日　天津市长张立昌、副市长朱连康检查津南区灾情，津南区领导何荣林、孙希英和区水利局领导杜金星、赵燕成陪同检查。

12月5日　津南区副区长孙希英检查双港村防渗渠道工程。区水利局领导杜金星、赵燕成陪同检查。

1995年

1月16日　天津市水利局、市农委联合验收津南区抗旱节水工程。市水利局副局长单学仪参加验收。区领导刘树起、孙希英、区水利局领导杜金星、傅嗣江、赵燕成陪同验收。

2月上旬　津南区五登房四面平交闸建设工程动工，6月初竣工。8月24日，该工程通过了天津市水利局和天津市农委的联合验收。

2月13日　天津市水利局副局长何慰祖带领有关处室来津南区研究五登房四面平交闸建设问题。

2月下旬　津南区双月泵站站前闸重建工程动工。

3月15日　津南区政府召开海河干流治理工程施工动员会。

3月30日　天津市水利局领导张志淼视察津南区海河干流葛沽段护坡工程，津南区水利局副局长赵燕成陪同视察。

4月8日　天津市水利局在津南区召开防洪工程建设现场会。

5月30日　开启北大港水库十号口门，为津南区输水1000万立方米，用于抗旱。

6月8日　天津警备区预备役四团官兵参加津南区五登房四面平交闸工程义务劳动。

6月13日　水利部、国家审计署、天津市水利局有关人员对津南区水利工程资金使用情况进行审计。

6月23日　津南区副区长董乃倩检查6月22日夜间雹灾情况，区水利局副局长赵燕成陪同检查。

6月27日　天津市政协副主席陆焕生、陈培烈率市政协委员视察津南区海河干流治理工程。

6月29日　水利部副部长周文智视察海河干流治理工程。

7月11日　津南区防汛指挥部预备役四团举行防汛演习。

7月23日　天津市水利局党委书记王耀宗检查津南区防汛工作。区长何荣林、副区长孙希英、区水利局领导杜金星、傅嗣江、赵燕成陪同检查。

7月25日　津南区普降暴雨，大沽排污河翟家甸出现漫溢险情，全区部分耕地被淹泡，2600公顷耕地被托。

7月26日　天津市副市长朱连康视察津南区防汛工作。

7月27日　天津市水利局党委书记王耀宗检查津南区大沽排污河险情。

7月28日　天津市农委主任赵万里检查津南区大沽排污河防汛工作。

7月31日　天津市农委主任赵万里、市水利局党委书记王耀宗主持召开了大沽排污河排放污水协调会。天津市建委、津南区、西青区等有关部门参加会议。

8月28日　津南区水利局召开筹建津南水库论证会，会议决定向区政府提出建库论证建议。

10月18日　津南区水利局代表队参加了区第三届全民运动会开幕式。

10月31日　津南区政府召开今冬明春农建动员大会。

11月8日　天津市水利局在津南区召开水利系统思想政治工作研究年会。

11月28日　内蒙古呼和浩特市水利局领导考察津南区海河干流治理工程。

11月29日　天津市政府副秘书长、市农委副主任陈钟槐视察津南区水利工作。

12月19日　津南区南部抗旱节水打井工程通过市南北抗旱工程领导小组验收。

1996年

1月9日　津南区政府在水利局召开津南水库筹建工作会议，区政协主席郝学全、副区长孙希英主持会议。

2月13日　天津市副市长朱连康调研津南区津南水库筹建情况。

3月1日　津南区翟家甸倒虹吸工程开工，1996年7月竣工。

3月4日　津南区召开津南水库可行性研究论证会。

3月11日　天津市水利局局长刘振邦检查津南区海河干流治理工程。

3月25日　天津市水利局党委书记王耀宗、区长何荣林、副区长孙希英参加了区水利局举办的水法咨询活动。

4月4日　天津市水利局领导何慰祖、刘洪武在津南区葛沽镇组织召开了海河干流治理现场会。

4月9日　天津市水利局局长刘振邦检查津南区海河干流治理工程。

4月16日　国家防汛办公室主任赵春明检查津南区海河干流治理工作。

4月24日　天津市水利局局长刘振邦检查海河干流治理工程。

5月27日　天津市人大常委张志森检查海河干流治理工程。

6月19日　津南区政府召开防汛动员大会。

6月24日　天津市委副书记、常务副市长李盛霖检查了津南区防洪工程建设情况。

7月25日　天津市副市长朱连康检查了津南区旱情。

8月18日　津南区防汛抗旱指挥部召开紧急会议，部署海河干流防洪工作。

10月24日　津南区水利局获1996年防汛抗洪先进单位，受到天津市政府表彰。

11月6日　津南区召开农田水利基本建设动员大会。

12月3日　津南区水利局召开机构改革动员大会。

12月6日　天津市农委、市水利局联合主持召开津南水库专家论证会。

1997年

1月7日　天津市水利局副局长单学仪主持召开四郊塘汉大水利局主管农建工作局长会议，研究推动农建工作。

2月24日　津南区区委书记何荣林、区长励小捷、区政协主席郝学全、区政府办主任李树义听取了区水利局关于津南水库筹建工作的汇报。

3月4日　天津市水利局副局长赵连铭到津南区水利局研究兴建津南水库具体问题。

3月13日　津南区政府召开1997年水利工程建设动员大会，部署海河干流治理工程任务。副区长孙希英作重要讲话。

3月31日　天津市财政局局长吕延年到津南区研究水库建设资金问题。

3月　天津市市长张立昌、副市长朱连康审阅了津南区关于兴建水库有关问题的书面汇报，并就兴建津南水库问题指示有关部门进行专题研究。

4月1日　天津市农委、市水利局有关部门领导到区水利局研究津南水库投资问题。区委书记何荣林、副区长孙希英等领导参加。

4月13日　天津市水利局党委书记王耀宗视察津南区海河干流治理工程。

4月16日　天津市政府农业办公室主任崔士光主持会议，专题研究津南水库建设问题，市建委、市财政局、市水利局和津南区有关领导参加会议。

4月22日　天津市副市长朱连康主持召开津南水库协调会。市计委、市建委、市农办、市财政局、市规划土地局、市水利局领导参加会议，副市长朱连康在会上讲了6点问题。

5月6日　天津市市长张立昌、副市长王德惠视察津南区海河干流治理工程。

5月7日　财政部驻津办事处有关人员检查津南区1994—1996年特大防汛工程费使用情况。

5月12日　津南区区长励小捷签署津南区政府《关于津南水库占地征用补偿方案报告》并上报天津市人民政府。

5月15日　津南区水利局将1949—1990年共计836卷文档移交区档案局。

5月24日　津南区水利局召开机关机构改革动员大会，通过了实施方案。

6 月 5 日　津南区区委书记何荣林、区长励小捷带领区防汛抗旱指挥部成员检查津南区防汛工程。

6 月 17 日　津南区召开防汛动员大会。

7 月 11 日　津南区区委召开常委扩大会议，决定集中全力，兴建津南水库工程，从 9 月底正式破土动工，1998 年 6 月中旬完成一期工程，具备蓄供水条件，同年汛期实现蓄水。

7 月 16 日　天津市副市长朱连康到津南区听取津南水库建设工作汇报。

7 月 18 日　津南区防汛指挥部、区武装部组织民兵进行防汛紧急集结演练。

7 月 22 日　津南区区长励小捷签署津南区政府《关于确定建设津南水库可行性研究报告的请示》并上报天津市政府农业办公室。

7 月 26 日　津南区区委书记何荣林、区长励小捷、政协主席郝学全、副区长孙希英、区水利局局长杜金星、副局长赵燕成带领有关人员赴河北省沧州市考察大浪淀水库。

8 月 15 日　津南区政府成立津南水库建设指挥部，由区委书记何荣林任总指挥，区政协主席郝学全任顾问，常务副区长孙希英任常务指挥，区人大副主任刘运良、区水利局局长杜金星任副指挥。

8 月 19 日　天津市政府农业办公室下发《关于津南水库项目可行性研究报告（代项目建议书）的批复》。

8 月 30 日　津南区政府办公室主任李树义签发《关于启用津南区水库建设指挥部印鉴的通知》即日启用。

9 月 11 日　津南区政府召开津南水库建设动员大会，区委书记何荣林、副书记陈贵良、区人大主任董乃倩、区政协主席郝学全及区五大机关、各委、办、局、武装部、预备役四团和各乡镇村领导 600 余人参加会议。常务副区长孙希英主持会议，区委书记何荣林做了题为《统一认识、全区动员，为完成津南水库建设工程而努力奋斗》的动员报告。区水库建设指挥部副指挥、区水利局局长杜金星就兴建津南水库工程情况做了说明。

9 月 14 日　津南水库建设征地拆迁组到位开展工作。

9 月 17 日　津南水库指挥部召开现场办公会议，研究拆迁工作，津南区政协主席郝学全、区水利局局长杜金星、副局长崔希林、赵燕成等参加会议。

9 月 18 日　津南区区委书记何荣林到津南水库建设工地检查工作并召开现场办公会议，研究征地拆迁工作。区政协主席郝学全、常务副区长孙希英、区委常委、办公室主任刘树起、区人大副主任刘运良、区土地管理局副局长许香玉、区水利局局长杜金星、副局长赵燕成及双闸镇、八里台镇领导参加会议。

9 月 20 日　津南区政协主席郝学全、常务副区长孙希英、区水利局局长杜金星、副局长赵燕成、区土地管理局副局长许香玉、双闸镇书记陈滨、镇长王砚臣召开碰头会，研究津南水库建设工程“十一”期间开工地段拆迁所遇到问题并现场察看。

9月22日　天津市副市长朱连康到津南水库视察指导工作，津南区区委书记何荣林陪同视察。

9月23日　津南区政协主席郝学全、常务副区长孙希英主持召开津南水库建设指挥部办公会议，研究部署水库建设工程开工前的各项准备工作。区政府办公室、区水利局、公安局、区委宣传部、区土地局、三电办领导参加了会议。

9月25日　津南区政协主席郝学全主持召开了津南水库工程招议标委员会第一次全体会议，对参加水库围堤土方工程投标的16个施工单位进行议标，初步确定中建六局土木工程公司、山东黄河局、铁道部第十八工程局等4个单位作为水库围堤土方工程施工队伍。

9月28日　津南区召开津南水库建设指挥部全体人员会议，区人大副主任刘运良主持会议，区政协主席郝学全、常务副区长孙希英出席会议并讲话，区水利局局长杜金星汇报水库建设开工前各项准备工作的进展情况。

10月1日　津南水库建设指挥部举行挂牌仪式，水库建设工程破土动工。津南区区委书记何荣林、区政协主席郝学全、常务副区长孙希英、区人大副主任刘运良、区水利局局长杜金星和区委宣传部、土地局及各施工单位代表出席了开工仪式。

10月8日　津南区举行了津南水库奠基仪式。天津市市委书记、市长张立昌，市委常委罗远鹏，副市长朱连康及市有关委、办、局领导在津南区区委书记何荣林，区政协主席郝学全，常务副区长孙希英，区人大副主任刘运良的陪同下参加了仪式。

10月18日　津南区区委书记何荣林、区委副书记常洪友、陈贵良、区政协主席郝学全、区人大主任董乃倩、区纪检委书记曹洪香、常务副区长孙希英、人大副主任刘运良等五大机关及各委、办、局、乡镇主要领导视察了津南水库施工现场。

10月21日　津南区副区长邢纪茹率区机关事务管理局一行7人到津南水库建设指挥部进行慰问。

10月25日　津南区区委书记何荣林检查津南水库施工现场。

11月1日　津南水库建设指挥部召开第八次办公会议，区委书记何荣林、区政协主席郝学全、副区长孙希英等参加，会议就工程资金使用和施工问题提出要求，同意津南水库扬水站动工后有关路补问题的处理。

11月4日　津南区召开津南水库建设征地拆迁会议。区政协主席郝学全、副区长孙希英参加了会议，研究有关鱼池的评估补偿问题。

11月10日　津南区水利局代表队荣获天津市水利系统男子篮球比赛第一名，并荣获优秀组织奖。

11月12日　津南水库扬水站建设工程破土动工。12月17日，扬水站浇筑底板完成。1998年9月5日试车成功。区领导何荣林、孙希英、郝学全、李树起和部分水库指挥部领导成员参加了试车仪式。

11月29日　津南区召开津南水库建设指挥部第九次办公会议。会议同意工程组会同监理、设计人员关于采取“延伸换基法”解决坑塘地段施工的方案，并要求征地拆迁工作抓紧在12月底完成。

12月3日　天津市水利局有关部门对津南区南部抗旱工程进行验收。

12月10日　津南区海河干流治理柴庄子段和翟家甸倒虹工程通过天津市水利局验收。

12月13日　津南区召开水库建设指挥部第十次办公会议，会议分析研究1997年度未能按计划完成土方任务的主客观原因，提出冬季抓紧清淤，为1998年春季施工创造条件。

12月19日　天津市副市长朱连康视察津南水库建设工作。

同日　天津市档案局、市水利局联合对津南区水利局档案工作进行升级验收。区水利局档案工作通过验收。

1998年

2月25日　津南区水利局召开机关全体干部大会，进行“推行公务员制度”的动员工作。

3月26日　天津市水利局党委书记王耀宗，副局长张新景检查津南水库建设情况。

4月2日　津南区区委副书记陈贵良、人大主任董乃倩、政协主席郝学全及区政府、区纪检委的领导带领区五大机关有关人员检查津南水库建设情况。

6月9日　津南区防汛抗旱指挥部组织全区各镇主要领导、部分防汛抗旱指挥部成员检查全区防汛工作。区防汛抗旱指挥部指挥、区长郭天保，副指挥、副区长李树起，副指挥、区武装部部长宋建华，副指挥、区水利局局长杜金星参加检查。区长郭天保、副区长李树起分别对区防汛工作给予肯定，并提出要求。

6月20日　津南区召开防汛动员大会。

6月24日　天津市副市长朱连康检查津南水库工程建设情况。

7月7日　津南区防汛抗旱指挥部举行抗洪抢险实战演练，区防汛抗旱指挥部指挥、区长郭天保观看演练，并给予充分肯定，对存在的问题提出整改要求。

同日　区委书记何荣林，区防汛抗旱指挥部副指挥、副区长李树起率区防汛抗旱指挥部全体成员，各乡镇相关领导自二道闸乘船视察了海河干流沿岸治理工程情况和清障情况，要求全区各部门、各单位、各乡镇务必做到防汛工作“五到位”。

7月8日　津南水库建设指挥部召开津南水库建设、开发、管理工作座谈会。天津市水利局领导王耀宗、王天生、刘洪武及市局有关处室负责人、11个区县水利局局长出席了座谈会。津南区领导郭天保、郝学全、刘玉瑛、李树起与会。会议就水库工程建设、综合开发及管理提出了建议。

同日，天津市水利局副局长张新景率市防办领导对津南区沿海河干流阻水障碍物清障工作进行检查。

7月10日　津南区人大主任董乃倩、区政协主席郝学全率区人大代表、政协委员视察全区度汛工程，对当前全区度汛工作提出“三到位”要求。区人大副主任李洪生、周凤树、王明德，区人大顾问许惠定、刘运良参加了视察。副区长李树起带领区水利局领导陪同视察。

7月11日　天津市副市长孙海麟视察了津南水库建设情况，市领导陈钟槐、崔士光，津南区领导郭天保、刘树起、李树起、区水利局领导陪同视察。

7月15日　天津警备区政治部副主任邢树德检查津南水库建设中双拥工作的开展情况。津南区区委副书记孙希英、区委常委武装部政委高培智和区民政局、区水利局领导陪同检查。

7月31日　津南区洪泥河万家码头首闸通过了天津市水利局的初步验收。

8月5日　天津市水利局党委书记王耀宗检查津南区海河干流治理工程，津南区区委书记何荣林、副区长李树起陪同检查。

8月10日　天津市水利局局长刘振邦、副局长赵连铭率有关处室负责人到津南区协调部署海河干流治理应急工程。津南区区委书记何荣林、区长郭天保、副区长李树起和区水利局领导参加会议。

8月11日　津南区政府召开海河干流治理1998年二期工程动员会。区长郭天保出席会议并提出3点要求。副区长李树起主持会议，市、区有关部门和乡镇领导参加会议。

8月21日　津南水库变电站举行通电仪式。津南区区委副书记孙希英、副区长李树起及市、区供电局、区水利局等有关部门领导参加了仪式，变电站一次性通电成功。

8月22日　津南水库建设指挥部召开部分领导成员会议，研究部署津南水库蓄水工作，决定从海河干流调水入洪泥河，再提水入库。区领导何荣林、孙希英、郝学全、刘运良、李树起和区农委、区水利局、区财政局及有关乡镇领导参加会议。

9月6日　国家加快基础设施建设项目检查组成员水利部基建管理司有关领导检查

津南区海河干流治理工作。副区长李树起和市、区水利局领导陪同检查。

9月7日　海河水利委员会、天津市财政、天津市水利局等有关部门在津南区副区长李树起、区水利局领导陪同下，对津南区1998年海河干流三期治理工程进行设计审查。津南区1998年海河干流三期治理工程全部通过设计审查，确定于9月中旬动工。

9月8日　津南水库围堤护坡工程全部完成。

9月12日　津南区委常委扩大会议在津南水库建设指挥部召开。区委常委、区政府领导班子成员，区人大、区政协、区纪检委的主要领导及10个乡镇及长青办事处的党委书记参加了会议，区委书记何荣林对水库建设提出5点要求。

9月15日　天津市农办、市计委、市财政局、市水利局有关领导和工程技术人员在市水利局局长刘振邦、副局长赵连铭带领下，对津南水库一期主体工程进行验收。区领导何荣林、郭天保、孙希英、李树起及区计委、财政局、水利局等有关部门领导和技术人员陪同验收。津南水库工程通过中间验收。

10月17日　津南区地师级离退休老干部视察津南水库建设情况。区领导何荣林、孙希英、邢继茹和区水利局领导陪同视察。

10月29日　天津市副市长孙海麟视察津南区海河干流治理工程，提出3点要求。

11月3日　天津市水利局副局长单学仪到津南水库调研。津南区副区长李树起、区水利局局长赵燕成陪同调研。

11月13日　津南区召开农田水利基本建设工作会议。区领导郭天保、邢继茹、周凤树、李树起和区水利局、财政局、农林局、畜牧水产局等有关部门及10个乡镇、部分重点村领导参加了会议。会上，区长郭天保就区农业工作存在的问题提出要求。

12月18日　津南水库管理处举行挂牌仪式，副区长李树起、区水利局、津南水库管理处领导参加了仪式。

12月21日　天津市金龙水利工程建筑公司变更为独立核算的4个单位。

12月23日　津南水库投放首批优质银鱼——太湖大银鱼受精卵1900万粒。津南区副区长李树起、区农委主任杜金星、区水利局局长赵燕成和津南水库管理处人员参加了投放。

12月25日　天津市农业综合开发办公室领导和市财政局、市水利局、市农林局、市农机局以及农科院的有关专家领导对津南区水库周边农业综合开发、节水示范区项目进行可行性论证。津南区副区长李树起、区农委、区水利局、区农林局、区财政局、区农机局、区畜牧水产局等有关部门和八里台镇、双闸镇领导参加了论证会。通过论证，该项目纳入天津市1999年农业综合开发计划。

1999 年

1 月 26 日　天津市市长李盛霖、副市长王德惠、孙海麟率市有关部门领导视察了津南区海河干流治理工程。津南区区委书记何荣林、副区长李树起及区水利局局长赵燕成汇报了津南区海河干流治理工程完成情况。

2 月 8 日　天津市财政局局长崔津渡、农财处处长刘克增视察津南水库及水库周边农业综合开发工程。津南区区委书记何荣林、区长郭天保、区委副书记孙希英、副区长李树起、区水利局、区财政局及水库管理处主要领导陪同视察。

3 月 4 日　天津市副市长孙海麟、市政府副秘书长陈钟槐及市农委的领导视察了津南水库周边农业综合开发工程。津南区区长郭天保、副区长李树起介绍了全区农建工作。

3 月 10 日　津南区政协主席郝学全带领政协常委、各委办局及各乡镇主要领导一行 80 余人视察津南水库及水库周边农业综合开发工程。区领导孙希英、李树起、陈义述、许惠定参加了视察。

3 月 18 日　天津市市长李盛霖、副市长孙海麟率天津市防汛抗旱指挥部领导一行 40 余人视察津南区李楼段海河干流治理工程。

4 月 8 日　津南区人大副主任周凤树率区人大代表一行 50 余人视察了津南水库及水库周边农业综合开发工程，副区长李树起陪同视察。

4 月 16 日　津南区农业专家组一行 30 余人对津南水库及水库周边农业综合开发工程进行检查。

4 月 17 日　中国农业大学校长江树人率领农大专家教授一行 6 人来津南区考察农田水利基本建设。天津市政府副秘书长陈钟槐、市农办主任崔士光、市农科院领导和区委书记何荣林、副区长李树起、区政府办、区财政局、区水利局有关单位领导陪同考察。

4 月 23 日　国家计委特派员任树本带领有关人员审计津南区海河干流工程费用使用情况。

5 月 6 日　天津市政协副主席张好生检查津南区落实市政协委员关于小营盘桥、石闸桥提案的情况。

5 月 7 日　原天津市政协主席刘晋峰来津南区调研。

5 月 10 日　天津市副市长孙海麟检查津南水库周边开发工程施工现场。

5 月 21 日　津南区 1997 年海河干流治理工程通过由海河水利委员会、天津市财政局和天津市水利局有关领导组成的验收小组的验收。

5 月 22 日　津南水库首次从天津市水产研究中心引进一种大型淡水经济鱼类——

匙吻鲟，这是天津市第一次在水库试养殖该鱼种。

5月27日　津南区召开实施高标准农业示范田现场会。区长郭天保、副区长李树起、农口有关局的领导及各镇镇长，主管农业副镇长、水利站长、农业公司经理、重点村领导参加了会议，农委主任杜金星主持会议。

5月30日　津南水库首次送水成功暨八里台镇大孙庄村水库周边农业综合开发工程竣工投入使用。

6月1日　天津市第二中级人民法院行政庭对天津市首例水行政诉讼案—津南区跃进河河道行政诉讼案作出了二审判决，以原审被告津南区水利局胜诉而告终。

6月15日　天津市绿化委员会主任王世宏检查津南区海河干流绿化工作。

6月18日　津南区召开1999年防汛动员大会。区人大副主任周凤树、副区长李树起、区政协副主席刘玉瑛、武装部部长宋建华、区水利局局长赵燕成等区防汛抗旱指挥部全体成员及有关部门领导和人员参加了会议，会议由区农委主任杜金星主持。

6月21日　天津市水利局引滦入港管理处与津南区水利局签订了引滦供水工程协议。天津市水利局局长刘振邦、区委领导何荣林、李树起参加了签订仪式，这一工程将利用引滦入港聚酯供水管线，为津南区葛沽、北闸口、小站3个镇预留供水口，3个镇居民有望喝上滦河水。

6月29日　天津市防汛抗旱指挥部农村分部主管排涝工作领导张志颇、刘云检查津南区排涝工作。

7月8日　津南区政协组织部分政协委员冒雨视察津南区防汛工作落实情况。

9月9日　天津市政协水资源调研组来津南区调研水资源情况。

同日　天津市水利局副局长赵连铭来津南区调研葛沽泵站论证工作。

9月22日　天津市政协城环委副主任、市水利局党委书记王耀宗、市政协副秘书长姜国华带领市政协水资源调研组全体成员，对津南区水资源开发利用进行调研。津南区政协主席郝学全、副区长李树起、区农委主任杜金星、区水利局局长赵燕成参加了座谈。

10月22日　天津市海河干流治理工程处组织水利勘测设计院、水利工程建设监理咨询中心和水利建设质量监督中心站，对津南区1999年海河干流治理一期工程进行初步验收。验收通过。

11月18日　津南区政协副主席刘玉瑛、申日光率领区政协委员一行40余人视察津南区高标准农田建设。副区长李树起、区农委、区财政局、区水利局、区农林局、区水产局等有关农口委局领导参加了视察。

11月27日　天津市水利局农水处检查津南区高标准农田建设。津南区副区长李树起、区水利局局长赵燕成陪同检查。

12月14日　海河干流治理工程验收委员会对1998年度海河干流治理工程津南区段进行了工程验收。验收委员会主任、市水利局副局长戴峙东，副主任、市水利局副局长张新景主持了工程验收。

12月23日　天津市政协副主席张好生率在津全国政协委员一行70余人来津南区视察农田水利建设。津南区区委书记何荣林、区长郭天保、区政协主席郝学全、常务副区长刘树起和有关部门的领导陪同视察。

12月30日　天津市政协副主席张好生、市政府副秘书长刘红升、市政协副秘书长张金方率市政协委员一行20余人来津南区视察大沽排污河小营盘村危桥修复工程。津南区政协主席郝学全、区委常委、常务副区长刘树起及区水利局等有关部门领导陪同视察。

2000年

2月22日　津南区领导何荣林、郭天保检查区水利局承担的北水南调工程施工现场。

3月8日　津南区葛沽泵站迁建工程全面开工。

4月14日　津南区人大代表视察高标准农田建设工程。区人大主任董乃倩、副主任沈炳琰、李红生、周凤树率区人大代表30人在副区长李树起陪同下视察高标准农田建设工程，区农委主任杜金星、区水利局局长赵燕成、副局长郭凤华及有关人员参加了视察。

6月16日　津南区跃进河泵站及配套工程通过竣工验收，天津市水利局农水处、计划处、基建处有关人员组成验收小组，对跃进河泵站及配套工程进行验收，将其评为优良等级。

7月11日　津南区召开2000—2001年高标准农田规划会议，落实高标准农田建设任务，区水利局领导和10个镇的主管农业镇长、水利站长参加。

同日　津南区副区长李树起召开八里台镇草皮基地工程紧急会议，要求工程务必于8月5日前竣工，以确保按期播种，区水利局局长赵燕成提出3点建议。

7月13日　津南区水利局领导赵燕成、王玉清、陈文进带领有关科室人员，先后到津沽公路拓宽工程、海河干流治理洪泥河首闸工程、钻井工程、区高标准农田八里台镇草皮基地暗管排咸工程、葛沽泵站迁建工程等工地现场慰问一线职工，送去避暑物品。

7月16日　国务院副总理温家宝乘车视察海河干流津南区段治理工程。

7月22日　海河水利委员会、天津市水利局水源处领导来津南区对“引黄济津”

工程沿线进行考察。

同日　天津市市长李盛霖、副市长孙海麟率市农口局和12个区县党政主要领导对津南区高标准农田建设工程进行视察，市水利局党委书记王耀宗，副局长单学仪、区委书记何荣林、区长郭天保、副区长李树起及区有关部门领导陪同视察。

7月24日　津南区农委主任杜金星带领有关部门领导和人员检查本区洪泥河首闸工程及葛沽泵站迁建工程，区水利局局长赵燕成和副局长郭风华陪同。

8月2日　天津市水利局水资源处、水政处、市地下水资源管理办公室组成检查小组，对津南区地下水资源管理工作进行执法检查，区水利局局长赵燕成、副局长郭风华及有关人员陪同检查。津南区地下水资源管理工作通过执法检查。

8月10日　根据津南区委要求，区水利局召开全体党员、干部会议，传达了《中共天津市委关于贯彻〈中央纪委、中央组织部、中央宣传部关于利用胡长清等重大典型案件对党员、干部进行警示教育的意见〉》及天津市委书记张立昌《在天津市委扩大会议上的讲话》精神。区水利局领导班子成员、局机关全体党员、干部及基层单位党政主要领导参加会议。局长赵燕成在会上提出要求，副局长王玉清主持会议。会后，王玉清带领有关科室领导深入工地传达文件精神。

8月16日　根据中央、天津市委和津南区委的部署，津南区水利局召开"三讲"教育"回头看"暨警示教育动员会。局领导班子成员、局机关正科级领导和主持工作的副职、基层单位党政正职和主持工作的副职，水库党员干部及离退休老干部代表参加了会议，副局长王玉清主持会议，局长赵燕成作了动员报告并提出要求。

同日　津南区水利局召开水利系统"引黄济津"工程动员会，局领导班子成员、局机关各科室、基层单位党政正职和主持工作的副职参加了会议，局长赵燕成传达了市有关会议精神，对今后工作进行部署并提出要求。

8月17日　天津市经委副主任带领有关人员来津南区接洽"引黄济津"工程任务。津南区区委书记何荣林、区水利局局长赵燕成、副局长赵明显接待了市经委领导一行人。

同日　津南区农委主任杜金星主持召开津南区"引黄济津"工程会议，部署有关工程任务，区水利局和双港镇、双闸镇、八里台镇、辛庄镇、南洋镇等5个镇主要领导和水利站长参加了会议。

同日　津南区政府召开蓄水节水工程建设现场会议。区人大副主任周凤树、区政协副主席刘玉瑛、副区长李树起、农口有关委局的领导及10个镇镇长，主管农业副镇长、镇农委主任、水利站站长参加了会议。区农委主任杜金星主持了会议，副区长李树起在会上作了题为《节水蓄水，减灾增效，把小水库建设做为一次战略任务常抓不懈》的重要讲话，并提出要求。

8月20日　为确保黄河水顺利进入海河，由津南区负责施工的洪泥河口门封堵工程全线开工。

8月30日　津南区双港镇前三合村1眼人畜饮用水机井通过验收，这是津南区2000年第一眼用于解决因特大干旱造成人畜饮用水困难的机井。津南区人大、区水利局、区财政局主要领导和有关工程技术人员及双港镇政府、水利站、前三合村领导参加了验收，区人大副主任沈炳琰主持座谈。

9月13日　天津市副市长孙海麟在津南区区委书记何荣林、副区长李树起的陪同下视察了津南区“引黄济津”洪泥河沿线工程。天津市财政局、市水利局、市计委、市建委、市环保局、市公安局等单位和西青区、大港区、静海县的有关领导参加了视察。天津市副市长孙海麟传达了国务院决定实施“引黄济津”的指示精神，并对今后工作提出6点要求。

9月20日　水利部海河水利委员会副主任郭权带领水保办的有关人员来津南区检查“引黄济津”洪泥河清淤、口门封堵工程。天津市水利局副局长李锦绣、津南区副区长李树起和津南区水利局领导及有关工程技术人员陪同检查。

9月21日　为确保引黄水质，落实天津市副市长孙海麟的有关批示精神，天津市建委副主任王周喜和市政府有关领导来津南区视察洪泥河大沽排污河倒虹吸工程漏污情况并进行现场办公。津南区委常委、副区长刘树起、副区长李树起、区水利局、区建委领导和有关人员陪同视察。

9月23日　津南区八里台镇草皮基地一区喷灌工程试喷成功，副区长李树起、区水利局局长赵燕成、副局长郭凤华、区农林局副局长王砚臣、八里台镇主管农业副镇长李文海和水利站长及有关工程技术人员参加了试灌仪式，与会领导对此次试喷灌工作表示满意。

9月30日　津南区领导何荣林、李树起率农口有关委局到洪泥河清淤工程和葛沽泵站迁建工程现场慰问一线工程技术人员和施工人员。

10月3日　水利部海河水利委员会有关部门领导在天津市水利局副局长李锦绣、津南区副区长李树起和区水利局领导陪同下，对津南区“引黄济津”工程进行检查。

10月15日　天津市水利建设工程质量监督中心站、市水利局规划处、计划处、基建处和设计院等有关领导和工程设计人员组成验收小组对津南区洪泥河节制闸水下部分进行验收，并同意阶段验收合格。区水利局局长赵燕成、副局长赵明显及施工单位有关人员陪同验收。

10月19日　津南区副区长李树起主持召开了津南区“引黄济津”护水保水会议，农口各局有关领导、各镇主管镇长参加了会议。会上，副区长李树起对全区保水护水工作和冬灌工作提出了要求。

10月27日　津南区区委书记何荣林检查津南区“引黄济津”工程。

11月14日　津南区副区长李树起带领农口有关委局，对双桥河镇小水库建设情况进行检查。

12月13日　天津市建委副主任王周喜率市建委计划处有关人员视察津南区“引黄济津”洪泥河穿河倒虹修复工程。津南区区委书记何荣林、常务副区长刘树起、副区长李树起、区建委、区水利局主要领导及有关人员陪同视察。

2001年

2月1日　“引黄济津”洪泥河输水线开始启用。

2月2日　津南区召开“引黄济津”输水保水护水工作会议。区“引黄济津”输水管护领导小组成员单位和各镇主管水利的副镇长参加了会议。副区长李树起主持会议并讲话。

2月8日　津南区“引黄济津”管护领导小组办公室组织市容环卫局和市环保局对津南区“引黄济津”输水河道重点地段进行督促检查。

2月24日　津南区五大机关、水利局、双港镇、武警四支队等单位干部职工，共计600余人开展卫津河改造工程义务劳动。区委书记郭天保、区长刘树起、副区长李树起和区政协副主席申日光及有关单位主要领导参加了义务劳动。

2月28日　中央财政部李净辉副司长、徐龙处长带领有关人员对津南区海河干流治理工程进行检查。天津市水利局副局长戴峙东率局规划处、基建处和市财政局基建处主要领导及有关人员参加了检查。津南区副区长李树起、区水利局局长赵燕成、副局长赵明显和有关部门人员陪同检查。

2月28日至3月2日　津南区政协主席郝学全、副区长李树起、区政协副主席刘玉瑛带领区政协农口委员对全区高标准农田建设进行督促检查，区农委主任杜金星、区水利局局长赵燕成、副局长郭凤华及有关人员参加了检查。

3月16日　天津市副市长孙海麟、市政府副秘书长何荣林带领市农工委、市农委、市农业局的领导和有关人员视察津南区农业结构调整进展情况。市领导对津南区农业结构调整工作提出要求。津南区区委书记郭天保、区长刘树起、副区长李树起、区农委主任杜金星和区水利局、区农林局、畜牧水产局、小站镇、双桥河镇、咸水沽镇的主要领导及有关人员陪同视察。

4月12日　津南区召开高标准农田建设现场会。区人大副主任孙希英、副区长李树起、区政协副主席刘玉瑛和区政府、区政协有关领导、农口各局主要领导、各镇镇长、主管农业副镇长、水利站长、镇农经委主任参加了推动会。区农委主任杜金星主持会议。

5月30日　天津市市长李盛霖带领市政府副秘书长何荣林、市农委主任崔士光和市水利局、市民政局等市有关部门的主要领导视察津南区旱情并提出要求。区委书记郭天保、区长刘树起、副区长李树起和区政府有关部门领导及农口委局的主要领导陪同视察。

6月3日　在天津市参加水利部召开的全国泵厂技改研讨会议的部分专家视察津南区泵站水利设施。津南区区长刘树起、天津市水利局副局长单学仪、农水处、科技处、水科所的领导和区农委、水利局的主要领导及有关人员陪同。

6月5日　天津市交通管理委员会主任周连友带领有关部门领导来津南区检查指导抗旱工作。津南区区长刘树起带领区农委、水利局、农林局、计委的主要领导及有关人员陪同检查。

6月20日　津南区召开抢墒播种推动会。区委书记郭天保率领区委副书记陈贵良、李国文、区人大主任董乃倩、区委组织部部长邢纪茹、副区长李树起、区政协副主席刘玉瑛和区农口局主要领导、各镇正、副镇长视察了全区各镇抢墒播种情况，听取了各镇领导的汇报。

7月4日　津南区召开防汛动员会。区防汛抗旱指挥部指挥、区长刘树起对防汛工作提出4点意见，副指挥、副区长李树起做了动员讲话，副指挥、区水利局局长赵燕成部署了全区防汛工作。区人大副主任沈炳琰、区政协副主席刘玉瑛、区防汛抗旱指挥部副指挥、武装部长宋建华、区抗旱防汛指挥部成员单位主要领导、各镇镇长、主管防汛副镇长、水利站长、武装部长等有关部门领导参加会议。区农委主任杜金星主持会议。会后大家视察了津南区海河干流堤防、葛沽泵站等防汛水利工程。

7月12日　天津市水利局副局长单学仪率领水源处、农水处和河闸总所的主要领导及有关人员，在区防汛抗旱指挥部副指挥、副区长李树起，区防汛抗旱指挥部副指挥、区水利局局长赵燕成，区防办主任、区水利局副局长郭凤华和有关人员的陪同下视察了津南区防汛工程。

7月26日　津南区政协主席郝学全、副区长陈义逑、区政协副主席杨家环、潘仰锋带领区政协委员对政协委员提案中涉及的月牙河节制闸和“引黄济津”洪泥河排水调头等水利工程的办复情况进行检查。区水利局局长赵燕成、副局长赵明显陪同检查。

8月1日　津南区召开农业工作会议。副区长李树起、各农口委局主要领导和有关部门负责人及各镇主管农业副镇长、水利站长参加了会议。区农委主任杜金星主持会议。

11月14日　津南区区委常委、宣传部部长杨劲松率宣传部和“两台一报”有关人员检查区水利局行政执法工作。区水利局局长赵燕成、副局长王玉清、毕永祥及有关科室的领导参加检查活动。

11 月 29 日　津南区水利局档案工作通过市、津南区档案局关于对市一级档案工作目标管理达标单位的复检。副局长王玉清及有关人员参加复检。

12 月 18 日　津南区水利局召开全区水利系统统计工作会议。副局长王玉清和有关科室主要负责人、工作人员及各镇水利站长、统计人员参加会议。

2002 年

1 月 3 日　津南区水利局领导元旦期间到山东省滨州市慰问一线职工。

1 月 24 日　津南区水利局局长赵燕成、副局长王玉清带领有关科室成员到葛沽镇辛庄子村对贫困家庭进行慰问。区政协副主席刘玉瑛参加慰问。

3 月 7 日　天津市水利局办公室、农水处的领导陪同天津日报社、今晚报社、天津电视台和天津有线电视台的记者来津南区调研农建工作。津南区水利局局长赵燕成、副局长郭凤华及有关科室负责人陪同调研。一行人来到八里台镇大韩庄万亩鱼池、大孙庄小水库和双桥河镇西泥沽小水库等工程现场，对农建工作进展情况进行调研。

3 月 22 日　津南区召开抗旱春播工作会议。副区长李树起参加会议并做讲话。区农经委、区畜牧水产局、区水利局等农口有关部门领导和各镇主管农业副镇长、水利站长及有关人员参加会议。

3 月 23 日　津南区开展纪念第十届“世界水日”和第十五届“中国水周”活动。在区水利局门前设立了水法咨询站，区水利局、区法制办、区司法局有关部门主要领导和水政监察人员走上街头，向来往群众讲解、宣传水知识，增强了全民节水意识。

5 月 13 日　津南区开展节水宣传活动。区节约用水办公室在区水利局门前设立了宣传咨询站，向过往群众宣传节水知识。区人大副主任孙希英、副区长李树起、区司法局和区水利局主要领导及有关科室人员参加宣传。

5 月 22 日　天津市首家节水灌溉技术试验研究中心在津南区落成。天津市水利局党委书记、局长刘振邦、区委书记郭天保为中心揭牌，市水利局领导赵连铭、单学仪、刘洪武和市农委、市财政局、市科委的领导出席了揭牌仪式。津南区副区长李树起、区农委、区水利局、区财政局、区计委、区科委、区科协等有关部门的主要领导参加仪式。

6 月 11 日　国家水利部农水司领导在天津市水利局副局长王天生和农水处有关领导的陪同下，视察津南区国家级科技园区、天嘉湖、节水技术试验研究中心和八里台镇大孙庄村高标准农田等节水工程。津南区副区长李树起、李树义、区水利局局长赵燕成、副局长郭凤华等有关人员参加视察。

6 月 14 日　津南区区委书记郭天保、区长刘树起率领区委、区人大、区政府、区政协领导及各镇镇长 20 余人到全区各镇督察农业抢播抢种情况。

9 月 16 日至 10 月 15 日　津南区水利局节约用水办公室、水政科、地下水资源管理办公室会同区工商局、卫生局、建委、区自来水公司的领导和有关人员组成检查小组，利用一个月的时间，重点对全区冲洗车辆用水、建筑施工临时用水、社会公共用水和计划用水考核户进行检查治理。

10 月 10 日　天嘉湖生态风景区开发项目一期工程签字仪式在津南区举行。津南区区委书记郭天保、区长刘树起、区委常委、组织部长邢纪茹、副区长李树起、河西区区长王九鹏等有关单位人员出席了签字仪式。区水利局局长赵燕成与河西区房地产开发有限公司负责人在合同书上签字。

10 月 14 日　天津市政府办公厅和市防汛办公室组成联合督查小组，督查津南区“引黄济津”工作。天津市水利局副局长单学仪、津南区副区长李树起、天津市水利局水源处和津南区水利局、环保局的主要领导及有关人员参加了督查工作。

10 月 22 日　津南区“引黄济津”口门封堵工程通过初步验收。天津市水利局副局长戴峙东、李锦绣带领市水利局水源处、规划处、计划处、工管处、财务处、基建处、设计院等有关部门的领导和人员，初步验收津南区“引黄济津”工程口门封堵、加固工程。

11 月 7 日　天津市农田水利基本建设动员会在津南区召开。副市长孙海麟、市政府副秘书长何荣林、市农委主任崔士光、市水利局局长刘振邦、津南区区委书记郭天保、区长刘树起、副区长李树起、陈义逑和市水利局、市农业局、市农机局、市林业局、市气象局的有关负责人及各区县主管农业区县长、水利局长参加会议。会议由天津市政府副秘书长何荣林主持。

12 月 17 日　津南区葛沽泵站扩建工程通过竣工总体验收。由天津市水利局基建处、规划处、计划处、农水处、财务处、天津市水利工程建设监督中心站和区水利局、区财政局的有关领导组成验收小组对葛沽泵站扩建工程进行了总体验收。

12 月 24 日　津南区农村人畜饮水解困工程通过天津市验收。由天津市农村人畜饮水解困办公室、市农委、市计委、市财政局、市水利局有关领导和人员组成的验收小组对津南区 2002 年度农村人畜饮水解困工程进行验收。津南区区委常委、副区长李树起率区农委、区计委、区水利局、区财政局等有关部门的领导及人员参加了验收。验收小组在听取汇报的基础上分别到小站镇坨子地村、黄营村和北闸口镇建新村饮水解困工程现场检查机井运行情况，一致认为工程质量良好，运行正常，同意验收。

12月25—26日　天津市1999年度海河干流治理工程验收会在津南区召开。天津市水利局副局长戴峙东、市农委、市计委、海委和市水利局规划处、计划处、工管处、基建处、财务处等有关部门的主要领导及人员组成验收小组，总体验收1999年度海河干流治理工程津南段、东丽段和塘沽段工程，全部通过验收，并交付使用。

2003年

1月15—16日　津南区水利局党委对2002年度水利工作进行总体验收。

2月19日　津南区召开全区农建工作座谈会。副区长杨玉忠、区农委、区财政局、区水利局主要领导和各镇主管农业副镇长、水利站长及有关人员参加了会议。会上总结了2002年农建工作的经验和不足，部署2003年工作。副区长杨玉忠要求大家要多方争取资金，大兴水利工程，全面发展全区农业经济。

3月22日　津南区开展纪念第十一届“世界水日”暨第十六届“中国水周”的宣传活动。区水利局设立水法咨询站，宣传的重点是新《中华人民共和国水法》和《天津市节约用水条例》。副区长杨玉忠等区领导和区普法办、区法制办、区水利局及有关部门主要领导及人员参加了宣传活动。

4月4日　津南区与河西区合作项目——天嘉湖生态风景区一期首建工程举行开工仪式。参加仪式的有：津南区区长刘树起、区委副书记邢纪茹、副区长杨玉忠、区水利局局长赵燕成、原河西区人大主任雷伯轩、津南区政府办公室、区建委、区财政局、区土地局、区公安局、区环保局、区水利局、天津市恒华商贸有限公司、建设施工单位的领导及有关人员。首建工程占地面积2公顷，建筑面积2.24万平方米，包括宾馆、会议、餐饮、娱乐、体育休闲和办公功能分区，设计标准为四星级。该工程建成后，对天嘉湖生态风景区及周边地区的开发具有极大的促进作用。

4月22日　津南区水利局召开中层以上领导干部会议，专题部署预防非典型肺炎工作。

4月28日　津南区水利局召开紧急会议，部署预防传染性非典型肺炎工作，明确了局防治“非典”推动小组成员名单。局领导班子成员、各科室正副科长和局属各单位党政领导参加会议。局长赵燕成提出6点要求。

5月13日　天津市副市长孙海麟检查津南区保水护水工作。市农委、市水利局等农口委局主要领导和津南区区长刘树起、副区长杨玉忠、区水利局、有关镇领导陪同检查。副市长孙海麟对津南区“引黄济津”保水护水工作给予肯定，并提出要求。

5月27日　天津市防汛抗旱指挥部成员对津南区防汛工作进行检查指导。副区长杨玉忠和区防汛抗旱办公室、区水利局主要负责人及成员陪同检查。

5月下旬　津南区在全市首次引进膜下滴灌技术。在葛沽镇九道沟村已建成管灌节水型高标准农田基础上建设膜下滴灌工程47公顷，建设两套独立的灌溉系统，铺设纳米滴灌管9630米，滴灌带24.5万米，新打机井3眼，用于种植葡萄。

6月25日　津南区召开防汛工作会议。区防汛抗旱指挥部成员、各镇主管副镇长和有关部门领导及人员参加了会议。区防指副指挥、副区长杨玉忠对防汛工作提出8点要求。

7月18日　天津市防汛抗旱指挥部对津南区防汛准备工作进行检查，现场查看了津南区防汛物资准备情况，副区长杨玉忠陪同检查。

7月中旬　津南区管灌节水工程通过了由天津市科委、市农委组成的专家组验收。与会专家现场考察了八里台、小站镇管灌工程及使用情况，对津南区节水工程给予了肯定，一致认为工程全面完成了规定的各项指标和任务，同意通过验收。

7月31日　津南区防汛抗旱指挥部副指挥、副区长杨玉忠带领副指挥、区水利局局长赵燕成和区武装部有关领导、沿大沽排污河各镇主管镇长及镇武装部长对大沽排污河进行防汛检查。副指挥、副区长杨玉忠对今后防汛工作提出6点要求。

9月15日　津南区"引黄济津"口门封堵工程除按上级要求预留口门不封堵以外，其余工程全部完成。完成海河干流口门封堵36处，洪泥河口门封堵77处，共计完成土方9.6万立方米。

12月31日　天津市副市长孙海麟视察津南区引黄济津工作。市政府办公厅副主任钱长龙、市水利局局长王宏江、副局长朱芳清及市防办有关负责人陪同视察。津南区区长刘树起、副区长杨玉忠、区政府办公室主任刘恒志、区水利局局长赵燕成等有关部门主要负责人参加视察。副市长孙海麟一行沿线查看了洪泥河输水河道和洪泥河南闸维修情况，对今后输水期间保水护水工作提出要求。

12月底　津南区人畜饮水解困工程三年任务仅用两年全部提前完成。

12月底　津南区水利局技术人员潘秀义、毕永祥、李向如、张福芸、赵燕成、孙文祥和李玉山共同研制开发的"平原型水库高效养殖技术综合开发"项目获天津市科技成果三等奖和津南区科技成果一等奖。该项目在国内首次研制开发成功，为平原型水库增加养殖开辟了新途径。

2004年

1月7日　津南区水利局召开"引黄济津"保水护水工作会议。双港镇、辛庄镇、八里台镇、咸水沽镇和双桥河镇等沿洪泥河有关镇领导参加了会议。会上部署和完善了保水护水巡查制度和巡查队伍，实行24小时不间断巡查。

1月12日　津南区2003年农村人畜饮水解困工程通过市级验收。天津市农村人畜饮水解困办公室、市农委、市水利局计划处、农水处、财务处有关领导和人员组成验收小组对津南区解困工程进行验收。津南区农委、区计委、区水利局、区财政局、八里台镇、小站镇和咸水沽镇等有关部门的领导及人员参加了验收。

2月24日　津南区召开全区农田水利建设工作座谈会。区水利局、财政局的有关领导和各镇农委主任、水利站长参加了会议。

3月18日　津南区水利局党委召开党务工作会议，部署党建精神文明工作。机关各科室和局属各单位与局党委签订《廉政建设责任状》。

3月21日至月底　津南区水利局以3月22日第十二届"世界水日"暨第十七届"中国水周"为契机，围绕"珍惜水资源，保护水环境"的主题，开展一系列水法制宣传治理活动。组织有关部门深入沿津南区引黄输水沿线各有关镇村开展送法下乡活动、节约用水专项大检查、有关镇村水法律座谈会、村民水法律常识宣讲会、水利干部职工水法律培训和区重点河道综合治理活动。

7月5日　津南区召开防汛工作会议。区领导郭天保、刘树起、李国文、吴炳喜、李树义、杨玉忠、朱月华、王伟良、刘恒志和区防汛抗旱指挥部成员单位领导、各镇镇长、部分人大代表、政协委员参加了会议。

7月6日　津南区农村人畜饮水解困三年工程任务全部通过市级验收。由天津市农村人畜饮水解困办公室、市农委、市水利局计划处、农水处有关领导和人员组成验收小组对农村人畜饮水解困工程进行验收。津南区计委、区水利局、区财政局、八里台镇、小站镇和咸水沽镇等有关部门的领导及人员参加了验收。

7月11日　津南区普降中雨。区长刘树起、副区长杨玉忠召集水利局、气象局等有关部门主要领导召开紧急会议，进一步部署全区防汛工作。

7月12日上午　津南区区长刘树起带领区防办有关人员检查全区防汛工作。

同日下午　津南区区委书记郭天保带领有关人员对大沽排污河津南区段进行防汛检查。

7月30日　津南区防汛办公室举办防汛抢险培训班。30余名应急抢险队员和技术骨干参加了培训。

7月　津南区小站镇黄营村引进一项新的节水灌溉技术—渗灌技术，这是津南区继喷灌、滴灌后，又引进的一项新型有效的地下节水灌溉技术，该项目总投资23万元，占地面积10公顷。

8月2日夜至8月3日上午8时　津南区普降大雨，最高降雨量达到102毫米。区领导刘树起、杨玉忠、刘恒志和区水利局领导赵燕成凌晨3点来到区防汛抗旱指挥部，督导防汛工作，天亮又兵分两路到各险工险段检查。

8月10日　津南区水利局召开事业单位实行人员聘用制工作动员大会。

8月25日　大港水库以20立方米每秒流量开闸放水，冲洗输水河道——洪泥河，为“引黄济津”做好准备。

8月26日　天津市水利局副局长戴峙东组织有关处室验收津南区洪泥河北闸工程。

9月2日　天津市水利局副局长陈振飞带领有关处室检查洪泥河全线。

9月18日　津南区政府召开2005—2010年水利规划论证会议，区政府领导刘树起、杨玉忠和区水利局领导赵燕成、郭凤华、区财政局领导李刚参加会议。

10月10日　津南区召开会议部署节水型社会规划编制工作。

10月16日　津南区邀请天津市水利局专家论证津南区水利规划。

10月25日　津南区副区长杨玉忠主持召开会议，论证水利规划。区建委、区环保局、区财政局、区农委、区畜牧水产局等部门主要领导参加了会议。

12月3日　津南区政府召开区长办公会议，研究审定津南区水利规划，原则同意规划方案。

12月17日　津南区副区长杨玉忠主持会议，研究双桥河清淤工程，会议决定2004年冬2005年春开始施工。区水利局领导赵燕成、郭凤华参加会议。

12月28日　天津市政协副主席朱连康、市水利局副局长单学仪视察津南水库。区领导李树起、津南区水利局赵燕成、王玉清陪同视察。

2005年

1月31日　津南区新增农村人畜饮水解困工程全部通过市级验收。天津市农村人畜饮水解困办公室、市农委、市水利局计划处、农水处、地资办有关领导和人员及津南区农委、水利局、财政局等有关部门的领导、工作人员参加了验收。

2月18日　津南区水利局12名无偿献血人员分3批进行献血。献血工作持续到2月28日结束。

2月　津南区双桥河清淤护砌工程开工，3月29日清淤工程全部完工。4月底，护砌工程全部完成。

3月8日　天津市副市长孙海麟带领市水利局局长王宏江等市有关部门领导和人员视察津南区双桥河清淤护砌工程。津南区区委书记郭天保、区长刘树起、副区长杨玉忠、区水利局局长赵燕成、副局长郭凤华等区有关部门领导及人员陪同视察。副市长孙海麟对今后工作提出3点要求。

同日　天津市水利局办公室、农水处的领导陪同新华社天津分社、今晚报社、每日新报社、天津电视台等市新闻媒体的记者来津南区调研双桥河清淤护砌工程。津南区水利局主管领导及有关科室负责人和工作人员陪同调研。

3 月 22 日　津南区水利局组织有关部门开展纪念第十三届“世界水日”暨第十八届“中国水周”水法制宣传活动。以津南区“引黄济津”输水沿线为重点，深入八里台镇、双港镇、辛庄镇、双桥河镇和咸水沽镇等各有关镇、村开展送法下乡活动。

4 月 12 日　津南区副区长杨玉忠组织区水利局、区农委、区建委、区环保、区环卫、区土地局等有关部门的领导召开专题会议，研究部署区月牙河治理改造工作。

4 月 21 日　天津市水利局副局长王天生带领市防办、市水利局工管处、农水处和水科所的领导及有关人员检查津南区防汛准备工作。津南区防汛抗旱指挥部副指挥、区水利局局长赵燕成，区防办主任、区水利局副局长毕永祥和有关人员陪同检查。

5 月　《津南区农村饮水现状调查评估报告》编制工作完成。

6 月 12 日　津南区独流减河十米河南闸应急度汛工程正式开工，6 月底前完成。

7 月 6 日　津南区委、区政府、区人大、区政协四大机关领导联合对全区防汛工作进行检查。区领导郭天保、刘树起、王伟良、杨玉忠、刘海岭和区防汛抗旱指挥部成员单位领导及葛沽镇、咸水沽镇、小站镇、双港开发区有关领导参加了检查活动。

8 月 8 日下午　天津市水利局副局长张志颇带领农村分部有关人员，来津南区检查防御 9 号台风各项工作的落实情况。津南区区长刘树起陪同检查。天津市水利局领导对防御 9 号台风各项工作的落实情况给予充分肯定，并对今后防潮工作提出要求。

8 月 9 日　由于连日降雨，大沽排污河水位超出警戒线，达 2.98 米，比正常水位高出 88 公分。排灌管理站 60 名职工组成机动抢险队，分成几个小组，对大沽排污河进行分段包干徒步巡查。截至 11 时共发现险处 2 处，有关镇及时上堤修复，确保大沽排污河安全度汛，保护人民生命财产安全。15 时 40 分左右，津南区防汛抗旱指挥部总指挥、区长刘树起来到抢险一线，了解险情，查看险段，部署抢险工作。

同日 21 时 30 分　津南区防汛抗旱指挥部副指挥、副区长杨玉忠，副指挥、区水利局局长赵燕成到达区防汛办公室，针对当前防汛存在问题进行研究部署，进一步完善区防汛工作预案。

8 月 16 日下午　津南区防汛抗旱指挥部副指挥、副区长杨玉忠，副指挥、区水利局局长赵燕成带领区防汛抗旱指挥部部分成员单位领导检查区防汛工作。21 时 30 分，区防汛抗旱指挥部副指挥、副区长杨玉忠，副指挥、区水利局局长赵燕成再次带领区防汛抗旱指挥部部分成员单位领导检查指导抢险各项准备工作。

同日 8 时至 17 日 8 时　津南区普降暴雨，全区平均降雨量 69.8 毫米，最高降雨量达 85.3 毫米，大沽排污河水位持续上涨。14 时 30 分，津南区防汛抗旱指挥部总指挥、区长刘树起紧急召开会议，部署大沽排污河防汛抢险工作，作出重要指示。区防汛抗旱指挥部副指挥、副区长杨玉忠，副指挥、水利局局长赵燕成，副指挥、武装部部长陈恒斌和沿河各镇主管副镇长及有关人员参加了会议。

8月17日7时左右　大沽排污河水位剧增，8时水位达3.1米，超过日常水位1米，严重超过警戒水位。翟家甸桥旁出现100多米的险情，危及周边群众安全。津南区防汛抗旱指挥部副指挥、副区长杨玉忠，副指挥、区水利局局长赵燕成急招有关人员，决定立即出动区应急抢险队伍。排灌管理站职工40余人携带400余条编织袋奔赴抢险堤埝，进行堤防加固。同时，区防汛抗旱指挥部要求沿河各镇主要领导亲临一线，加强巡查，确保不出现漫溢现象。天津市防汛抗旱指挥部农村分部领导朱志强闻讯后，赶到大沽排污河抢险现场指导抢险工作。

9月30日　津南区召开月牙河综合治理工程动员会。区长刘树起、区人大副主任朱月华、区政协副主席刘海岭和月牙河综合治理工程指挥部成员单位的主要领导和有关人员参加了会议。副区长杨玉忠主持会议。咸水沽、北闸口、小站沿月牙河3个镇作了表态发言。区长刘树起做了重要讲话，提出3点意见。

10月9日　津南区水利局组织各镇水利站长召开会议，部署农村水利建设工作。区水利局、区财政局有关领导和人员参加了会议。

10月24日　津南区对双桥河清淤护砌工程进行总体验收。区水利局、区财政局主要领导和有关人员及咸水沽镇、双桥河镇、北闸口镇、小站镇和葛沽镇主管镇长、水利站长参加了验收。此次验收在肯定成绩的同时，指出工程存在的不足，决定限期整治，并于10月30日再次进行了验收。工程通过验收。

11月23日　津南区月牙河综合治理清淤护砌工程开始施工。清淤工程2006年3月10日完成，护砌工程2006年4月10日完成。

12月6日　津南区节约用水办公室组织召开全区建设节水型社会规划编制研讨会。区计委、建委、农委、商委、工业经委、农林局、水产局、环保局、水利局、自来水公司和开发区管委会等单位的有关人员参加会议。

12月9日　天津电视台、北方信息网、都市报道频道和经济频道等市新闻媒体来津南区调研月牙河综合治理清淤护砌工程。津南区副区长杨玉忠、区水利局局长赵燕成、副局长赵明显、天津市水利局办公室、农水处等有关人员陪同调研。

12月20日　津南区水利局积极组织为甘肃贫困地区捐赠工作。

12月22日　天津市水利局水资源处、市水科所有关领导来津南区检查建设节水型社会规划编制工作。津南区节约用水办公室、区水利局地下水资源管理办公室、工程规划管理科负责人陪同检查。区水利局有关领导参加了座谈会并讲话。

2006 年

4 月 14 日　津南区政协副主席刘海岭、研究室主任何瑞章带领农业委员会委员视察月牙河清淤护砌工程，农业委员会主任尹学福主持视察活动。区政协副主席刘海岭在座谈会上提出 3 点要求。

5 月 10 日　天津市水利局副局长王天生带领市水利局农水处有关领导来津南区视察月牙河综合治理工程。津南区区长刘树起、副区长杨玉忠、区水利局局长赵燕成和沿月牙河 3 个镇领导陪同视察。

6 月 28 日　津南区水利局党委组织水利系统党员开展为党员联系困难户捐款献爱心活动。副局长王玉清带领有关科室领导和党员代表慰问了葛沽镇辛庄子、曾庄村和咸水沽社区等 29 户困难家庭。

7 月 3 日　津南区召开全区防汛抗旱工作会议。区防汛抗旱指挥部指挥、区长刘树起，副指挥、副区长杨玉忠，副指挥、农经委主任冯国扬，副指挥、武装部部长陈恒斌，副指挥、区水利局局长赵燕成，区防汛抗旱指挥部成员和各镇镇长、主管副镇长、水利站长参加会议。区防汛抗旱指挥部指挥、区长刘树起对今后防汛抗旱工作提出两点意见。

7 月 27 日　津南区区长刘树起、副区长杨玉忠视察区防汛工作。区水利局局长赵燕成、副局长毕永祥陪同视察。

8 月 11 日　针对津南区发生的一起化工厂爆炸事故，区水利局党委召开专题会议，传达区委、区政府会议精神，部署水利系统安全生产工作。

2007 年

2 月 6 日　津南区领导李国文、李广文、李学义、杨玉忠带领区委办、区政府办、区农经委、区财政局、区水利局、公安津南分局和葛沽镇、八里台镇、小站镇的领导到马厂减河清淤护砌工程施工现场进行视察。

3 月 22—23 日　津南区开展水法进社区入百户、进农村入百村活动。区水利局组织有关科室、基层单位深入社区、学校、村庄开展水法规宣传教育活动，拉开了水周宣传活动的序幕。

3 月 26 日　津南区水利局组织全体干部职工开展百人治理景观河道活动，对月牙河和外环河津南区段河道白色污染进行治理。

4 月 24 日　天津市水利局副局长王天生带领农水处、海河处、水调处有关负责人检查津南区、东丽区、塘沽区海河干流防汛准备工作。津南区副区长李学义、区水利局局长赵燕成等有关领导和工作人员陪同检查。

5 月 17 日　天津市水利局副局长王天生带领市防汛抗旱办公室负责人和技术人员检查督导津南区抗旱工作。津南区水利局局长赵燕成、副局长赵明显和有关科室负责人陪同检查。

5 月 29 日　天津市水利局副局长王天生带领市防汛抗旱指挥部农村分部领导视察区防汛排涝准备工作。津南区防汛抗旱指挥部副指挥、副区长李学义，副指挥、区水利局局长赵燕成，区防办主任、区水利局副局长赵明显等有关部门负责人陪同视察。

5 月 31 日　津南区防汛抗旱指挥部副指挥、区水利局局长赵燕成带领有关人员检查全区防汛设施运行情况。

6 月 6 日　津南区防汛抗旱指挥部总指挥、区长李广文带领区防汛抗旱指挥部、副区长李学义，副指挥、区水利局局长赵燕成，副指挥、区武装部部长陈恒斌，副指挥、区农经委主任冯国扬等防汛抗旱指挥部成员和相关部门负责人对全区防汛工作进行了全面视察，对全区防汛工作提出 5 点要求。

6 月 13 日　津南区政协副主席杨玉忠带领区政协农业委员会和城建委员会的委员们视察全区防汛工作。区水利局局长赵燕成、副局长赵明显和有关科室负责人陪同视察。

6 月 26 日　津南区水利局党委组织系统党员开展为党员联系困难户捐款献爱心活动，利用 3 天的时间走访了 29 户困难家庭。

7 月 17 日　津南区召开全区防汛抗旱工作会议。区防汛抗旱指挥部成员和各镇主管防汛工作副镇长参加了会议。区防汛抗旱指挥部副指挥、副区长李学义主持会议并对今后防汛抗旱工作提出了两点意见。

8 月 4 日　津南区水利局组织干部职工参与全市“同在一方热土，共建美好家园”活动，开展“让河道净起来”卫生环境集中清整日活动。此次活动共清理河道长度 22 千米。

8 月下旬　津南区水利局采取集中和自学相结合的方式，组织全局干部职工围绕“同在一方热土，共建美好津南”这一主题，认真开展“建设美好津南，我该怎么做”大讨论活动，明确了今后的奋斗目标，提高了工作效率。

12 月 3 日　津南区重点景观河道——海河故道综合治理工程正式进场动工。2009 年 7 月 1 日正式对外免费开放。

12 月 10 日　津南区召开区节水型社会试点建设工作会议。常务副区长赵仲华、副区长李学义、水利局局长赵燕成、副局长赵明显和区节水型社会试点建设领导小组成员单位主要领导及各镇、长青办事处主管领导、水利站长参加了会议，副区长李学义主持会议。会议对全区节水型社会试点建设进行了部署。

2008 年

3 月 8 日　津南区区长李广文视察海河故道综合治理景观绿化一期工程，并提出了 3 点要求。

3 月 12 日　津南区政协主席邢纪茹、副主席杨玉忠带领政协农业委委员视察了海河故道综合治理景观绿化一期工程。在而后的座谈会上，政协主席邢纪茹、副主席杨玉忠分别提出了宝贵的建议。

3 月 22—28 日　第十六届“世界水日”暨第二十一届“中国水周”期间，津南区水利局开展丰富多样的宣传治理活动，进行水法进机关、进农村、进学校、进企业、进社区、召开现场会议等活动，在全区掀起节水、护水、爱水的高潮。

4 月 24 日、26 日　津南区副区长李学义带领农口有关部门 200 余名干部职工到海河故道综合治理景观绿化一期工程施工现场参加义务劳动。

4 月 29 日　津南区人大主任刘树起、区委副书记韩远达带领人大常委会常委和部分人大代表视察了海河故道综合治理景观一期工程。参加视察的人大领导还有高树森、吴秉喜、王金禄、魏云凤。常务副区长赵仲华、副区长李学义、财经城建工委、区人大办公室、区政府办公室、建委、水利局、规划局主要领导陪同视察。

5 月 13 日　天津市防汛抗旱指挥部农村分部副指挥、市水利局副局长王天生带领市农业局、市气象局等市防指农村分部成员单位领导和市水利局有关处室负责人检查全区排涝工作。津南区副区长李学义、区水利局局长赵燕成、副局长王玉清、区防办、排灌管理站负责人陪同检查。

5 月 28 日　津南区政协主席邢纪茹、副主席杨玉忠、刘海岭、龚伯生带领区政协城镇建设委员会委员，共计 30 余人，视察海河故道综合治理二期工程建设，水利局局长赵燕成、副局长赵明显及有关人员陪同视察。

6 月 3 日　天津市城乡建设委员会总工程师陈玉恒、市政公路局局长王树行带领市建委、市政公路局和天津市防汛抗旱指挥部市区分部有关人员视察了津南区大沽排污河防汛准备工作。区防汛抗旱指挥部副指挥、副区长李学义，副指挥、区水利局局长赵燕成，区防办主任、区水利局副局长王玉清及有关人员陪同视察。

6 月 12 日　津南区政协副主席杨玉忠、刘海岭带领区政协农业委员会委员视察全区防汛工作。区水利局局长赵燕成、副局长王玉清和有关科室负责人陪同视察。

6 月 20 日　津南区区长李广文、常务副区长赵仲华、副区长李学义带领区防汛抗旱指挥部相关部门领导、有关人员对全区防汛工作进行了实地察看。区长李广文对防汛工作提出 3 点要求。

6月22日　天津市团委组织百名画家参观考察海河故道综合治理工程。津南区水利局副局长赵明显就工程的规划、设计、施工及用途向画家们做了详细的讲解，参观过程中画家们对整个工程给予了评价。

7月4日19时　津南区防汛抗旱指挥部总指挥、区长李广文带领副指挥、副区长李学义，副指挥、区水利局局长赵燕成、武装部部长付永荣、区防办、排灌管理站、河道管理所等有关部门负责人及相关人员检查全区防汛工作，部署防汛抢险工作。

7月5日　津南区防汛抗旱指挥部副指挥、副区长李学义，副指挥、区水利局局长赵燕成，副指挥、农委主任冯国扬带领区防汛抗旱指挥部部分成员和区防办、排灌管理站负责人及有关人员进行防汛检查，重点对大沽排污河防汛抢险工作进行了检查。

7月5日下午　天津市水利局副局长王天生带领农水处处长张贤瑞和有关人员来津南区检查大沽排污河防汛工作。区防汛抗旱指挥部副指挥、副区长李学义，副指挥、区水利局局长赵燕成，区防汛办公室主任、区水利局副局长王玉清及有关人员陪同检查。现场与市防汛抗旱指挥部农村分部和西青区进行协商，减少大沽排污河上游排水，减轻津南区排水压力。

7月20日　天津市副市长熊建平、李文喜带领市政府副秘书长王维基和市政府办公厅、市建委、市农委、市财政局、市水利局、市政公路局负责人检查大沽排污河津南区段防汛工作，并到巨葛庄泵站、东沽泵站和大沽排污河沿线进行了实地察看，对大沽排污河防汛工作提出要求。津南区区委书记李国文、区长李广文、副区长李学义、区水利局局长赵燕成、副局长王玉清陪同检查。

7月30日　天津市水利局副局长王天生，纪检委副书记、监察室主任侯广恩，农水处副处长杜宁带领有关人员对津南区农村水利基层管理单位行风评议工作进行检查、指导。津南区水利局局长赵燕成、副局长王玉清和有关科室、基层单位负责人陪同检查。市水利局领导对津南区农村水利基层管理单位行风评议工作取得的成效给予赞扬。

同日　津南区召开创建节水型企业（单位）工作培训会。区水利局主管领导、节约用水办公室负责人及有关人员和全区30个企事业单位的代表参加了培训会议。

8月25日　津南区区委书记李国文带领常务副区长赵仲华、副区长李学义、水利局局长赵燕成、副局长赵明显、建委主任刘凤禄、规划局局长刘建国、咸水沽镇党委书记戴丛栋徒步全线视察了海河故道综合治理工程现场，并召开现场办公会议，推动工程加速进行。

8月28日　天津市城乡建设委员会主任李全喜、市政工程局副局长李惠杰率有关部门负责人对大沽排污河津南区段进行全线调研，津南区区委书记李国文、副区长李学义和水利局局长赵燕成、副局长王玉清及相关人员陪同调研。

9 月 14 日　天津市市级离退休老干部吴振、刘晋峰、陆焕生、张再望等 40 余人参观了津南区重点民心工程—海河故道综合治理工程。津南区人大主任刘树起率区水利局、咸水沽镇主要领导和相关人员陪同参观。

9 月 15 日　津南区四大机关领导李国文、李广文、刘树起、邢纪茹、韩远达、杨国法、刘惠、祖大祥、李学义、李文海和区委办、区政府办负责人和相关人员视察了海河故道综合治理工程。区水利局局长赵燕成、副局长王玉清、赵明显陪同视察。领导们对工程取得的成绩给予了肯定，对今后工作提出了要求。

10 月 23 日　天津市水利局水政处对区水利局水行政执法队伍行风评议工作进行了检查指导。市水利局水政处领导对津南区水行政执法队伍行风评议活动开展情况和取得的阶段性效果给予肯定。

12 月 3 日　津南区召开大沽排污河治理工程动员会。区长李广文、副区长李学义、区水利局局长赵燕成、副局长王玉清就座主席台。区发改委、建委、财政局、规划分局、国土资源局、房管局、市容环卫委、综合执法局、环保局、公安分局、交警支队、城南供电公司、网通津南分公司、津南公路处、天然气公司主要领导和沿河 7 个镇的镇长、主管副镇长、水利站长参加会议。副区长李学义主持会议并讲话。

12 月 5 日　大沽排污河津南区段治理工程正式开工。2009 年 4 月 8 日清淤工程通过总体验收，6 月底沿河建筑物维修重建工程通过验收，交付使用。

12 月 19 日　大沽排污河治理工程开工仪式在津南区举行。天津市市长黄兴国出席开工仪式并宣布大沽排污河治理工程开工。市委党委委员、滨海新区管委会主任苟利军主持仪式，副市长熊建平作重要讲话。出席开工仪式的领导还有市政府秘书长李泉山、市发改委、市建委、滨海新区管委会、规划局、国土房管局、市政公路局、环保局、水利局、公安局、城投集团主要负责人和津南区、东丽区、西青区、北辰区、塘沽区、大港区区长、分管副区长及各区工程分指挥部成员单位负责人、建设、施工、设计、监理单位代表。津南区区长李广文代表津南区、西青区、塘沽区和大港区人民政府做了表态发言。

12 月底　津南区有 4 家企业（事业）首次取得了天津市节水型企业（单位）的称号。

2009 年

1 月 2 日　津南区区委书记李国文带领区四大机关的领导、有关委办局、各镇及重点工程责任单位主要领导视察大沽排污河综合治理工程，并提出要求。

1 月 13 日　津南区召开大沽排污河综合治理工程现场推动会。副区长李学义、区水利局局长赵燕成、各镇主管镇长、水利站长、施工单位负责人及工程监理代表参加了会议。水利局副局长王玉清主持会议。

1 月 19 日　津南区副区长李学义视察大沽排污河清淤工程，并就存在的问题，召开现场推动会。区水利局局长赵燕成、副局长王玉清、各镇主管镇长、水利站长参加会议。

1 月 24 日　天津市副市长熊建平、市政府副秘书长王维基率市委规划建设工委领导沈东海、市建委领导李全喜、城投集团领导王周喜、市建委总工陈玉恒视察大沽排污河治理工程，并慰问参建职工。津南区区委书记李国文、区长李广文、常务副区长赵仲华、副区长李学义、区水利局局长赵燕成、副局长王玉清及区政府办、区工程指挥部有关领导和相关人员陪同视察。

2 月 2 日　津南区副区长李学义视察大沽排污河治理工程。区水利局局长赵燕成、副局长王玉清和沿河各镇主要领导、水利站长及大沽排污河治理工程现场指挥部有关成员参加视察。

2 月 18 日　津南区副区长李学义视察大沽排污河治理工程。区水利局局长赵燕成、副局长王玉清和沿河 6 个镇的主要领导及区大沽排污河治理工程现场指挥部有关成员陪同视察。

3 月 4 日　大沽排污河综合治理津南区段清淤工程提前完工。

3 月 5 日　天津市节约用水事务管理中心有关专家对津南区企事业单位非节水型器具更换工作进行检查，推动全区节水型城市创建工作快速发展。

3 月 9 日　天津市水环境治理指挥部领导石万同带领有关人员检查大沽排污河综合治理工程津南区段安全工作。

3 月 10 日　津南区水利局利用区“五五”普法宣传活动月启动仪式这一契机，开展水法宣传活动，提前拉开了水周宣传活动的序幕。区委常委、常务副区长赵仲华，区委常委、区纪检委书记杨国法，副区长李文海参加了水法规咨询活动。

3 月 11 日　天津市城乡建设委员会主任李全喜、总工程师陈玉恒带领市建委、市政公路局负责人视察大沽排污河津南区段治理工程。津南区副区长李学义、区水利局局长赵燕成、副局长王玉清及相关人员陪同视察。

4 月 10 日　天津市人大常委会主任刘胜玉视察大沽排污河治理工程，区长李广文陪同视察。

4 月 14 日　津南区副区长李学义召集区建委、水利局，部署大沽排污河绿化工作，标志着大沽排污河绿化工程开始实施。

4 月 15 日　津南区人大财经城建委部分委员在人大副主任高树森的带领下，到区水利局调研水环境治理工作情况。重点调研大沽排污河治理工程进展情况。区水利局局长赵燕成、副局长王玉清陪同调研。

4月28日　津南区人大常委会委员听取海河故道治理工程和大沽排污河治理工程进展情况的汇报。区人大主任刘树起主持会议并讲话。区领导赵仲华、李学义分别作了汇报。

5月25日　津南区人大组织部分常委、人大代表视察海河故道治理工程和大沽排污河治理工程。区水利局领导赵燕成、王玉清、赵明显陪同视察。

5月28日　津南大沽排污河构筑物维修重建工程通过主体验收，具备通水条件。

6月18日　天津市副市长熊建平视察大沽排污河治理工程。区长李广文、副区长李学义率区水利局领导赵燕成、王玉清、区环保局领导刘太民等陪同视察。

6月24日　津南区政协副主席杨玉忠、刘海岭率区政协农业委、提案委政协委员20余人视察全区防汛工作，重点检查大沽排污河治理工程完成情况。区水利局局长赵燕成、副局长王玉清、区防汛办公室负责人及有关人员陪同视察。

6月25日　津南区水利局水管体制改革通过市级验收。

6月26日　津南区召开区防汛抗旱工作会议。总结前一阶段防汛各项准备工作，安排部署下一步全区防汛抗旱工作。区长李广文、副区长李学义、区水利局局长赵燕成、副局长王玉清和区防汛抗旱指挥部成员，各镇镇长、主管副镇长、农委主任参加会议。市防汛抗旱指挥部农村分部、海河管理处、大清河管理处负责人出席会议。

7月6日　天津市水务局副局长王天生率农水处、防汛抗旱办公室视察大沽排污河治理工程。副区长李学义、区水利局领导赵燕成、王玉清陪同视察。

7月7日　津南区防汛抗旱指挥部指挥、区长李广文，副指挥、副区长李学义带领区防汛抗旱指挥部成员视察全区防汛抗旱工作。区防汛抗旱指挥部副指挥、区水利局局长赵燕成，区防汛抗旱办公室主任、区水利局副局长王玉清及相关人员陪同视察。

同日　津南区工会主席刘义民带领有关人员慰问水利工程施工一线的干部职工。区水利局局长赵燕成、副局长王玉清和工会等有关科室负责人陪同慰问。

7月15日　天津市市委书记张高丽率市委市政府等四大机关主要领导和18个区县的主要负责人视察了津南区海河故道治理工程，对工程取得的成绩给予了高度评价。津南区区委书记李国文、区长李广文、常务副区长赵仲华、副区长李学义及四大机关领导和区相关部门负责人陪同视察。

7月16日　津南区海河故道公园项目宣传推介新闻发布会在市人民政府会议楼举行。天津市对外宣传办公室副主任龚铁鹰、津南区副区长刘恒志出席了发布会。

7月23日　北辰区区委区政府全体领导率镇、街、科技园区、部分委办局党政主要负责人一行98人组成代表团，参观考察津南区海河故道治理工程。津南区领导李国文、李广文、刘树起、邢纪茹、韩远达、赵仲华、杨劲松、李学义和区水利局领导赵燕成、王玉清、赵明显陪同参观。

7月25日　西青区党政代表团参观考察了津南区海河故道治理工程，代表团共计66人。津南区领导李国文、李广文、刘树起、邢纪茹、韩远达、赵仲华、杨劲松、李学义和区水利局领导赵燕成、王玉清、赵明显陪同参观。

7月27日　武清区党政代表团参观考察了津南区海河故道治理工程，代表团共计120人。津南区领导李国文、李广文、刘树起、邢纪茹、韩远达、赵仲华、杨劲松、李学义和区水利局领导赵燕成、王玉清、赵明显陪同参观。

7月29日　河北区党政代表团参观考察津南区海河故道治理工程，代表团共计114人。津南区领导李广文、邢纪茹、韩远达、杨劲松、高树森、李学义和区水利局领导赵燕成、王玉清、赵明显陪同参观。

7月31日　中央巡回检查组领导高俊良、谢铁群、常守风来津南区海河故道治理工程进行调研。市领导史莲喜、牛士琦、赵光通、刘国明、冯志斌和津南区领导李国文、李广文、韩远达、杨劲松、祖大祥以及区水利局主要负责人陪同调研。

8月7日　汉沽区党政代表团参观考察津南区海河故道治理工程，代表团共计70人。津南区领导李国文、李广文、刘树起、邢纪茹、韩远达、赵仲华、杨劲松、李学义和区水利局领导赵燕成、赵明显陪同参观。

8月12日　陕西省汉中市略阳县财政局领导参观考察津南区海河故道治理工程。天津市财政局相关领导、津南区领导李树义、区水利局领导赵燕成、赵明显陪同参观。

8月13日　天津市水务局局长朱芳清、副局长陈玉恒、王天生率市水务局有关处室和市大沽排污河治理工程指挥部有关领导视察津南区大沽排污河治理工程。津南区副区长李学义、区水利局局长赵燕成、副局长王玉清及相关人员陪同视察。

8月16日　天津市市长黄兴国、市委常委苟利军、副市长熊建平率市有关部门领导视察大沽排污河治理工程。天津市水务局局长朱芳清、副局长、市水环境治理指挥部副指挥陈玉恒、津南区领导李国文、李广文、李学义、杨劲松和区水利局、环保局及有关部门负责人陪同视察。市长黄兴国对下一步工作提出要求。

8月20日　天津市人大副主任李润兰、秘书长王世新带领市人大常委会有关人员，一行22人视察了区海河故道综合治理工程。天津市政府办公厅副主任张嘉华参加了视察。津南区领导李国文、李广文、王金禄和区水利局主要负责人陪同视察。

8月26日　天津市政协视察区海河故道综合治理工程。津南区领导李国文、李广文、邢纪茹、韩远达、杨玉忠、刘海岭、龚伯生、孙宝顺和区水利局等相关部门主要负责人陪同视察。

8月27日 津南区海河故道公园经营管理项目合作意向签约仪式在区政府举行。津南区水利局局长赵燕成与中卫阳光集团领导林家卫在合作意向书上签字。区领导李广文、刘恒志、区水利局副局长赵明显参加签约仪式。

9月1日 武清区副区长苗玉刚一行6人参观考察海河故道治理工程。津南区副区长李文海带领区水利局、规划局、国土资源分局、房管局、咸水沽镇、八里台镇负责人陪同参观。区水利局副局长赵明显介绍工程建设情况。

9月3日 中央防范和处理邪教问题领导小组办公室领导王晓翔参观视察了区海河故道治理工程。天津市市委防范和处理邪教问题领导小组办公室领导滕锦然陪同视察。津南区领导李广文、杨国法率区水利局主要领导及相关人员参加了视察。

9月26日 津南区成立了区“引黄济津”保水护水领导小组，负责协调组织全区“引黄济津”工程建设管理工作。津南区水利局成立了“引黄济津”工作领导班子，具体负责实施海河干流口门封堵工作。

同日 津南段海河干流口门封堵工程开始施工，38座口门封堵工作于10月12日全部完成。

9月30日 津南区副区长李学义召开专题会议，传达了天津市政府“引黄济津”应急输水工程会议精神，对工程建设提出要求。

9月31日 海河教育园区河道改造工程开工，11月20日完成河道清淤工程，年底完成顶管工程，2010年完成河道改造浆砌石护砌和生态护砌工程。

10月10日 天津市水务局海河处召开海河干流口门封堵工程工作会议，要求东丽区、津南区两段口门封堵工程要在10月15日前完成，迎接市有关部门的验收。

10月22日 经过天津市专家评审组评议，津南区有3家单位通过市级初步验收，达到节水型单位标准，取得了申报天津市节水型企业（小区）的资格。

10月29日 天津市水务系统立法技术培训班在津南区宝城宾馆举行。80余名水政执法人员参加培训班。培训班特邀请市人大常委会法工委付立英副主任进行授课。

11月19日 中央巡回检查组组长、全国政协常委、人口资源环境委员会主任、国家人口和计划生育委员会原主任、党组书记张维庆一行，在天津市副市长李文喜陪同下，莅临津南区检查指导第三批学习实践科学发展观活动开展情况，考察了海河故道治理工程。津南区领导李国文、韩远达、杨劲松、祖大祥和区水利局领导黄杰、赵明显参加了考察。

11月23日 天津市人大常委会副主任孙海麟视察海河故道治理工程。津南区区委书记李国文、常务副区长赵仲华、区水利局局长黄杰、副局长赵明显和相关部门负责人陪同视察。

2010 年

2月4—6日　津南区水务局党委开展党员联系困难户慰问献爱心活动。局党委组织有关科室、基层单位人员和党员代表，分别走访慰问了葛沽镇九道沟村、曾庄村和咸水沽镇众合里社区29户困难家庭。

2月5日　根据津南区区委、区政府《天津市津南区人民政府机构改革实施方案》，设立天津市津南区水务局，加挂津南区节约用水办公室牌子，撤销天津市津南区水利局。津南区水务局是负责全区水行政工作的区政府工作部门。

3月6日　津南区月牙河改造工程北闸口段护砌工程开工，4月10日竣工。

3月12日　马厂减河桥建设开工，该桥位于天津大道南侧马厂减河上游130米处，6月5日竣工。

3月12日　津南区月牙河桥建设开工，该桥位于天津大道北侧月牙河上游90米处，8月4日竣工。

3月26—27日　津南区水务局组织水政监察科、节约用水办公室、地下水资源管理办公室组成检查小组，在全区范围内开展节水设施大检查，对全区30家用水大户进行节水宣讲和重点检查，发放各类宣传材料300份，对不合格节水设施进行了更换。

4月18日　津南区水务局组织机关全体干部职工开展了全民素质提升工程主题实践活动，在海河故道公园进行义务劳动。

4月30日　天津市水务局副局长陈玉恒、海河处处长李相德等率领东丽、西青、津南、北辰和塘沽5个区防汛工作有关人员检查海河干流沿线防汛工作。

5月13日　津南区水务局结合“津南新风尚”全民素质提升工程，对局机关51名干部职工进行了以“公务员素质与能力提升”为主题的专题培训。

5月15日　津南区节约用水办公室举行城市节水宣传周启动仪式，联合区科协共同举办综合性节水宣传活动。

同日　津南区石柱子河桥建设竣工。该桥位于小站镇后营路，3月初开工建设。

5月18日　以国务院国有资产管理委员会副巡视员、维护稳定工作办公室副主任韩凌为组长的中央推动建立社会稳定风险评估机制工作协调小组参观了海河故道公园。陪同参观的领导有天津市市委政法委副书记、市维护稳定工作办公室主任李新民，市国有资产管理委员会负责人李庆云，津南区区委书记李国文，区委常委、区政法委书记杨国法，区委常委、公安津南分局局长王树广，副区长李文海。区水务局局长黄杰、副局长赵明显及相关单位负责人参加此次活动。

5月19日　津南区节约用水办公室开展节水宣传进农村活动。邀请了天津市节水事务管理中心工程师在双港镇举办了节约用水专题讲座。60余名党员干部和村民代表参加了讲座活动。

5月27日　津南区机构编制委员会《关于印发〈天津市津南区水务局主要职责内设机构和人员编制规定〉的通知》，对津南区水务局的“三定”方案予以批复。

5月31日　津南区召开防汛抗旱工作会议。总结2009年防汛工作取得的成绩，安排部署2010年全区防汛抗旱工作。区长李广文、区水务局局长黄杰和区防汛抗旱指挥部成员及相关部门负责人，各镇镇长、主管副镇长、镇农委主任，区防汛办公室负责人等参加会议。天津市防汛办公室、市防汛抗旱指挥部农村分部、海河处、大清河处负责人出席会议。

6月4日　天津市海河管理处对海河沿线防汛措施落实情况进行了检查。津南区水务局、东丽区水务局防汛办公室负责人及相关人员陪同检查。

6月8日　津南区水务局组织水务系统干部职工开展节水知识教育活动。参观天津节约用水科技馆。

6月10日　天津市水务局在津南区召开水利工程建设管理工作座谈会。市水务局副局长张文波，市水务局基建处、塘沽区水务局、大港区水务局、东丽区水务局、津南区水务局主要负责人和区县特邀监督员参加座谈会。

6月22日　由天津市水务局海河处、引滦治安分局与东丽区防汛办公室、津南区防汛办公室联合对海河干流进行清障工作。

7月15日　津南区节约用水办公室召开创建节水型企业（单位）集中培训会。全区30余家企业、单位和社区共计40余人参加了会议。

8月2日　津南区节约用水办公室联合区水务局水政监察科、办公室等相关科室对全区20世纪70—90年代居民住宅楼用水器具进行典型调查。此次调查活动共入户143户，用水器具485个（套），其中节水器具377个（套），非节水器具108个（套）。

8月3日　津南区防汛抗旱指挥部副指挥、副区长李学义带队检查全区防汛工作。区政府办、区农经委、建委、水务局、武装部等区防汛抗旱指挥部部分成员单位和区防办负责人及相关部门领导陪同检查。

8月17日下午　天津市水务局副局长陈振飞带领市水务局工管处、水调处负责人来津南区检查洪泥河沿线。津南区副区长李学义、区水务局局长黄杰、副局长孙文祥及防汛办公室负责人陪同检查。实地检查后，副局长陈振飞一行听取了区水务局工程技术人员关于津南区引黄入津工程前期准备工作的汇报，对今后引黄济津保水护水工作提出要求。

9月9日　由天津市水务局、市财政局、市卫生局和市发改委等组成天津市农村饮水安全工程验收组对津南区2004—2006年三期41处农村饮水安全工程进行了总体验收，三期工程全部被评为良好工程。

9月27日　津南区水务局组织全系统水政执法人员参加了由水利部举办的水政监察执法审验注册考试。

10月4日　天津市水务局副局长陈玉恒带领市水务局有关处室来津南区就2011—2013年水环境治理工作进行调研。津南区副区长李学义、区发改委、建委、水务局、环保局有关领导陪同调研。

10月26日　津南水库防渗工程开始施工，需完成防渗长度9400米，工程将于2011年完成。

11月24日　天津市水务局、市财政局联合对环外29条河道水环境治理工程进行验收。津南区治理河道为幸福河。幸福河水环境治理工程长度19.9公里，治理标准为河道清淤、生态护砌、封堵污水口门和两岸绿化。验收小组对幸福河治理成果给予肯定，认为工程符合治理标准，同意验收。

11月24—25日　津南区召开第一次全国水利普查工作推动会，全面部署全区水利普查工作。区第一次全国水利普查领导小组办公室全体人员和各镇主管镇长、农委主任参加了推动会。

11月25日　天津市水务局等相关部门组成调研小组对津南区污水处理及再生水利用情况进行调研。

12月2日　津南区水务局召开《津南区水利志》续志工作部署会议。

12月15日　天津市水务局副局长王天生、陈玉恒率农水处、水保处负责人和相关人员来津南区检查大沽排污河、洪泥河排水、排污情况，部署新三年水环境综合治理工程任务。

12月30日　津南区水务局召开工会第七次代表大会。选举产生了本届委员会。主席王玉清，副主席韩竞，委员马学昌、陈宝智、陈惠平、李桂茹、张起昕、唐凯、夏富林、潘秀义、霍玉华。

第一章

水利环境

津南区地处天津市东南部，海河干流中下游南岸，位于北纬 38°50′02″～39°04′32″，东经 117°14′32″～117°33′10″。在漫长的历史时期，经历过“沧海桑田”的巨变，陆地除退海生成之外，黄河多次改道的冲击，直接影响了地形地貌的变化。津南区历史上主要依靠海河干流及马厂减河灌溉，海河干流从区界北部流过，马厂减河自西南至东北穿越全境，河网密布，素有“小江南”之称，“有水则润，无水则碱”，年降水量较小，且时空分布极不均匀。2010 年全区区管二级河道共计 16 条，总长度 181.8 千米，调蓄能力约 1000 万立方米。由于地势平坦，水滞流缓，排泄困难，使治水和管水更具艰巨性和复杂性。

第一节　自　然　环　境

津南区是天津市环城四区之一，是连接市中心区和滨海新区的重要通道。东与滨海新区塘沽接壤，南与滨海新区大港毗邻，西与河西区、西青区相连，北与东丽区隔海河干流相望。西部的长青办事处坐落在河西区界内，津南区东部的葛沽镇是滨海新区的重要组成部分。咸水沽镇是天津市卫星城镇之一。津南区东西长 25 千米，南北宽 26 千米，总面积 387.84 平方公里。距天津市中心区 12 千米，距天津港 30 千米，距天津滨海国际机场 20 千米，距铁路天津站 27 千米，距京津塘高速公路 12 千米，到北京仅需 1 小时车程。

一、地形

津南区的陆地经历过“沧海桑田”的变化，是在漫长的历史时期，海退成陆而逐步形成的。距今 20 亿年前，津南区一带是白浪滔天的海洋，历史上经历了 83 次陆海的变迁。第四纪中更新世，渤海形成以后，由于世界性的气候冷暖变化和洋面升降，津南区发生海侵和海退的变化更为频繁。到距今 5000 年时海侵结束，海面回降到基本接近现代海面的高度，津南区陆地基本形成。津南区陆地形成，除退海生地之外，另一原因是黄河冲击。所以津南区一带属于海积和冲积平原，地势平坦、土层较厚，其地表层多为黄土、黑沙土两种，土质略含盐碱。地面高程（大沽高程，下同）一般在 2.50～3.70

米，西高东低，南稍高于北；长期引灌马厂减河水的北耳河（现已废弃消失）河堤地势最高，高程为4.20米，分布在小站镇东花园村至北闸口镇高庄房村一带；八里台镇大韩庄以西地势最低，高程只有2.07米。

二、地貌

津南区属海积及河流冲积平原，是在古渤海湾滩涂及水下岸坡区，经黄河、海河携带泥沙与古渤海潮汐、风浪搬运海底物质共同堆积而成的。区界内有两条裸露的贝壳堤，一条北起辛庄镇建明村至八里台镇巨葛庄村，宽约35米，厚约2米；另一条北起双桥河镇西泥沽村，经葛沽镇邓岑子村、小站镇新开路村，纵穿全区后进入滨海新区大港，最宽达70～80米，厚薄不一，一般为1.5米。据1972年中国科学院研究证实，巨葛庄村遗留的贝壳堤为距今约3400年的海相沉积物，邓岑子村贝壳堤距今约1600年。可见，津南区土壤是很年轻的，且主要由海积和冲积物形成。境内地势低平，河道纵横，极富垦殖之利。

长期引灌海河干流及马厂减河水的土地，由于泥沙沉积，地面覆盖一层薄厚不一的红土，随河流平行分布，靠河越近越厚，越远越薄。

历代政府实施海河干流裁弯取直工程，废弃的旧河道成为津南区内特有的地貌特征。1897年，天津海关税务司德璀琳提出海河航道裁弯取直的建议，经李鸿章同意，成立海河工程局并组建了海河工程委员会。对海河航线采取“塞支强干”和“裁弯取直”的措施以利航运。1901—1923年，海河工程局先后进行了6次裁弯。其中第三次削除了津南区界内海河干流上妨碍航行最严重的3个河湾：低坟头河湾、美点湾及白塘口湾。第四次裁弯取直工程是规模最大的一次，而且首次使用现代化挖泥机械，工程自津南区大赵北庄开始，至东泥沽止，直线全长3782米。1911年4月9日，工程开工，1913年7月15日工程结束，缩短河道9077米，大大提高了海河干流的通航能力。1985年12月，在津南区东泥沽村附近修建了海河二道闸（该闸主要任务为汛期泄洪，平时闸上蓄水、闸下通航，设计流量1200立方米每秒）。海河干流在双桥河镇东嘴村取直，使原有河道作废，东嘴村成为岛村。

三、地质

（一）水文地质

区内主要分布为第四系松散岩层孔隙水，咸水覆盖全区，咸水地板下分布为孔隙承压淡水层，是区内工农业及人民生活用水的主要来源。1972年以后，由于过量开采，加上地下水补给条件差，已产生了地下水降落漏斗，并引起地面沉降，恶化了环境条件。其下深埋有第三系孔隙热水和中上元古界白云岩岩溶裂隙热水。

区内地下水开采主要为松散地层中的孔隙水。浅层淡水（第一孔隙浅水）为全新统层，底板埋深 20 米左右，上部矿化度为 2～5 克每升。咸水层属上更新统上段，多为冲积、海积的中细粉细砂层，呈透镜体分布，出水量为极贫区，水位埋深浅，其矿化度大于 5 克每升，白塘口、巨葛庄咸水底板达 190 米，板桥凹陷小站一带咸水底板 160 米。第二孔隙水承压含水层主要属上更新统至中更新统地层，含水组顶板埋深与咸水层底板一致，砂层以中细砂为主，单层厚为 2～5 米，总厚 20～40 米。含水层富水性与其岩性、导水性和补给条件有关，葛沽—咸水沽—巨葛庄一线以北为弱富水区，出水率 0.08～0.25 立方米每小时，导水系数 4.17～8.33 米每小时，以南为较弱富水区，出水率小于 0.08 立方米每小时。咸水沽附近 pH 值大于 8.4，含氟量约为 6 毫克每升。第三孔隙水承压含水组属下更新统上段地层，底界埋深 290～315 米，矿化度小于 0.5 克每升，pH 值为 7.5～8.5，含氟量低于 1 毫克每升，符合饮用水标准。第四孔隙水承压含水组主要属下更新统下段地层，底界埋深 370～429 米，矿化度 0.30～1.58 克每升，pH 值为 7.7～8.7，含氟量为 2～5 毫克每升。

（二）工程地质

区内地表以下至 30 米沉积物来源主要为黄河、永定河等各河系的冲积及海相沉积，依其沉积环境和形成时间可分为 3 个单元。

高程 2.0 米以上多为人工素土（如河堤等），为黄棕褐粒状结构，下部致密，可塑，有锈斑和软结核，孔隙比平均值为 0.91，液性指数为 0.20，最大为 0.55，呈可塑状态，压缩系数 0.42 每兆帕斯卡，压缩模量 4.37 兆帕斯卡，允许承载力 107.80 千帕斯卡，土质一般。

高程 2.0～－11.0 米为海相沉积层，沉积物主要为壤土和砂壤土，黏土次之，具有正旋回沉积韵律，形态特征比较相近，颜色灰至深灰色（上部颜色稍浅，有锈染），带状结构，含贝壳，土质软弱，为淤积质土，孔隙比一般大于 1.00，底部砂壤土层较小，为 0.72，液性指数 1.00～2.74，压缩系数为 0.64～0.70 每兆帕斯卡，属高压缩性土，内摩擦角值为 6～28 度，允许承载力为 58.82～78.43 千帕斯卡，土质不佳。

高程－11.0～－30.0 米为河流冲积相漫滩型，细砂和黏土坑结构，少量砂壤土，土色呈黄、黄棕、黄褐、少量灰黄，底部深灰至浅灰，壤土层质地均匀细腻、致密，呈可塑状态，见少量锈染和螺壳碎片，孔隙比 0.64～0.65，液性指数 0.44～0.64，压缩系数 0.18～0.29 每兆帕斯卡，属中压缩性土，内摩擦角 22.6～25.0 度，允许承载力 22.55～27.45 千帕斯卡，土质佳。砂层上部（－16.0～－20.0 米）承载力为 34.31～

39.22千帕斯卡，底部（－25.0～－29.0米）允许承载力19.61千帕斯卡，均为良好的下卧层。砂基和少黏性土可能发生液化土层的为－6.8米和－10.8米左右两层。1976年唐山地震后，根据“京津唐地区地震基本烈度区划”，天津市地震烈度为Ⅷ度，区内水工建筑物均应采取抗震措施。

四、土地

津南区东西长25千米，南北宽26千米，总面积387.84平方公里。1991年土地利用现状调查表明，津南区土地总面积为38571.17公顷。其中，耕地13740公顷，占总面积的35.62％；园田327.19公顷，占总面积的0.85％；林地39.31公顷，占总面积的0.1％；未利用土地1568.63公顷，占总面积的4.07％；居民点及工矿用地6429.81公顷，占总面积的16.67％；水域11154.94公顷（包括河流、水库、坑塘、苇地等），占总面积的28.92％；交通用地1074.41公顷，占总面积的2.79％；其他用地4236.88公顷，占总面积的10.98％。

2010年津南区统计年鉴显示，津南区耕地面积为13740公顷，农作物播种总面积8579.1公顷，其中谷物播种面积3409.67公顷，豆类播种面积372.53公顷，棉花种植面积3255.53公顷，蔬菜播种面积1541.33公顷。津南区水产养殖面积3236.4公顷。

五、气象

津南区地处中纬度，主要属暖温带季风型大陆性气候，四季分明，日光充足，年日照时数2711.2小时。春季干旱少雨多风，气温回升快，蒸发量大，常有春旱发生；夏季受大陆低压和太平洋副热带高压影响，盛行东南风，高温高湿，炎热多雨，降水高度集中；秋季短促，气温下降快，降水少，晴天时数多，昼夜温差较大；冬季漫长，受西伯利亚、蒙古高压控制，盛行西北风，气候干冷，雨雪稀少。年平均气温11.7摄氏度；最热月（7月）平均气温25.9摄氏度，极端最高气温38.0摄氏度；最冷月（1月）平均气温－4.4摄氏度，极端最低气温－20.5摄氏度。全区多年（36年）平均降水量514毫米，近20年平均降雨量485.3毫米。全年无霜期平均216天（3月22日至10月23日），无霜冻期平均191天。平均积雪日数为12.3天。最大冻土深度0.6米，年平均地面温度14.5摄氏度，年平均相对湿度64％。年平均风速3.7米每秒，有一定开发利用价值。

第二节　河　流　水　系

津南区地处天津市防洪圈内，全区河道纵横，水系发达。1990年之前，区属二级河道为18条，分别为马厂减河、洪泥河、月牙河、四丈河、幸福河、卫津河、八米河、十米河、双桥河、南白排河、咸排河、双白引河、跃进河、石柱子河、荒地排水河、园田引水河、秃尾巴河、赤龙河，总长度为245.63千米。随着农田水利基本建设和农村城镇化、工业化步伐的加快，加之农业种植结构的调整，致使秃尾巴河、荒地排水河、园田引水河、赤龙河4条河道出现河道废弃填埋或被分割成若干河段，部分河流水系不能贯通，灌排功能逐渐弱化的现象，导致这4条河道功能丧失殆尽，其河道外观形体从地貌上黜退下来。因此，到1990年，津南区区属二级河道仅存14条，分别为马厂减河、洪泥河、月牙河、四丈河、幸福河、卫津河、八米河、十米河、双桥河、南白排河、咸排河、双白引河、跃进河、石柱子河，总长度为174.33千米。

2007年年底至2009年6月，津南区实施了全长为7.47千米的海河故道综合治理工程。西起月牙河（米兰阳光小区），东至双桥河镇柴庄子村海河干流大堤，其中月牙河以东3.5千米河道为景观河道，建有海河故道公园。

2008年11月至2010年11月，实施了幸福河水环境治理工程，为便于河道管理，将包含在幸福河内的幸福横河单列为二级河道。

2009年，实施天津市海河教育园区一期基础设施工程的河道改造工程，其中园区内的南白排河实施了清淤改线工程，南白排河全线与幸福河相通，统称为幸福河，历史上的南白排河消失。同时清淤改造了原有的津西大洼河，形成了东起幸福河，西至月牙河（咸水沽镇秦庄子村南），全长为3.95千米的胜利河。

截至2010年年底，津南区有市管河道2条，代管河道1条，区属二级河道16条（总长度为181.8千米），建有区属闸涵39座。河道调蓄能力约为1000万立方米，各河头渠首多建有节制闸，并形成了较为完整的灌排体系。

一、市管及代管河道

（一）市管河道

海河干流。海河干流起始于子牙河、北运河汇流处，流经天津市区、东丽区、津南区、滨海新区塘沽，通过防潮闸入海，是一条以行洪为主，兼顾排涝、蓄水、供水、航运、旅游等综合功能的河道。海河干流全长73.45千米，河道宽100～350米，纵坡1/18800。海河干流为津南区与东丽区、滨海新区的界河，1985年海河干流裁弯取直，在双桥河镇东嘴村穿过。海河干流津南区辖段自八场引河闸至西关泵站闸，堤防全长32.274千米（含东嘴环岛段），1991—2000年实施了海河干流治理工程，使河道泄洪流量由不足400立方米每秒提高到800立方米每秒。河道贯穿津南区双港镇、辛庄镇、咸水沽镇、双桥河镇、葛沽镇5个镇，河道堤防存在险工渡口12处，交通口4处，穿堤建筑物67座。

外环河。外环河1987年开挖建成，位于天津市外环线的外侧，为修建外环线取土形成的人工河道。该河全长68千米，河道设计流量5立方米每秒，河道上口宽为30～35米，河底宽为8～12米，边坡坡度为2∶1～3∶1，设计水深为2.5米。该河津南区辖段6.1千米，自双港镇郭黄庄村至海河干流外环桥。它承担着外环河道路和绿化带的沥水任务，兼顾沿岸农村排水。由于市区多处排水口门与之相通，纳入水量已超出外环河的承受能力，且排水设施调度管理运作不畅，排水矛盾突出。

（二）代管河道

大沽排污河。受天津市政府办公厅委托代管的河道为大沽排污河河系。该河系开挖于1958年，源自市区咸阳路泵站，流经南开区、河西区、西青区、津南区、滨海新区大港、滨海新区塘沽，汇入渤海。全长81.6千米，承担着市区咸阳路、纪庄子、双林3个排水系统和沿河雨污水排放任务，是天津市西南部地区重要的排水河道。

津南区代管的大沽排污河河系长度69.944千米，其中区内辖段由西青分界至马厂减河，长度49.87千米（上游排咸河长8.37千米，先锋排污河长13.93千米，大沽排污河长27.57千米）；塘沽境内河道长度为16.274千米（马厂减河至东沽泵站）；东沽泵站至入海口长度为3.8千米。该河道设计输水能力25立方米每秒。沿河系有泵站2座，分别为巨葛庄泵站和东沽泵站，其中巨葛庄泵站机排能力12立方米每秒，只能起到中间提水的作用；东沽泵站（坐落于滨海新区塘沽）机排能力19立方米每秒，建有流量为55立方米每秒自流闸1座。

1965年，该河系曾实施过河道改造工程，而后的40余年未再进行大规模疏浚治理，致使河道淤积严重，淤泥深度达到平均2～3米，河床高于周边自然高程0.3～0.5米，特别是津南区段汛期经常发生漫堤、溃堤现象，污水。2008年天津市政府对其进行了综合治理，恢复了河道的原有功能。

二、二级河道

截至2010年，区属二级河道16条，长度181.8千米，调蓄能力1000万立方米。

已形成深渠河网化，并河河相通，各河渠建有节制闸，自成排灌体系。与海河干流直接相通的河道有洪泥河、幸福河、月牙河、双桥河、马厂减河、跃进河。与独流减河直接相通的河道有洪泥河、十米河、马厂减河。辖区内产生的沥水主要经这些河道排入海河干流或独流减河，机排能力78立方米每秒，其中排入海河干流的泵站4座为葛沽泵站、双月泵站、双洋渠泵站、跃进河泵站，泵站机排能力共计68立方米每秒，排入独流减河的泵站1座，即十米河泵站，机排能力16立方米每秒。

洪泥河。全长25.8千米，南北走向，南接独流减河，建有70立方米每秒节制闸1座，北与海河干流相连，建有50立方米每秒节制闸1座，除承担津南区西部及西青区、滨海新区大港部分排沥任务外，兼有分泄海河干流沥水任务。2002年，《天津市引黄济津保水护水管理办法》确定该河为“引黄济津”输水供水河道。洪泥河上口宽43～50米，下口宽20～25米，边坡系数2.5，河底高程－2.7米，堤顶高程4.0～5.0米，设计流量35立方米每秒。

月牙河。全长16.2千米，南北走向，南接马厂减河，建有节制闸1座。北接海河干流，建有30立方米每秒节制闸1座，与双月泵站相连。月牙河上口宽45米，下口宽15米，边坡系数2.5，河底高程－2.7米，堤顶高程3.5～5.0米，设计流量30立方米每秒。

双桥河。全长9.87千米，南北走向，南通马厂减河，建有20立方米每秒节制闸1座。北接海河干流，与双月泵站相连，建有30立方米每秒节制闸1座。双桥河上口宽32.5米，下口宽10米，边坡系数2.5，河底高程－2.7米，堤顶高程3.5米，设计流量20立方米每秒。

幸福河。全长21.03千米，南北走向，南起八里台镇中塘村，与马厂减河相通，建有南闸1座。北接海河干流，建有20立方米每秒节制闸1座，与双洋渠泵站相连。幸福河上口宽22.5～25.5米，下口宽5～8米，边坡系数2.5，河底高程－2.20米，堤顶高程3.5米，设计流量10立方米每秒。

幸福横河。全长3.5千米，东西走向，与月牙河相通，建有节制闸1座。上口宽22.5～25.5米，下口宽5～8米，边坡系数2.5，河底高程－2.20米，堤顶高程3.5米，设计流量10立方米每秒。

四丈河。全长7.82千米，南北走向，南与马厂减河相通，建有节制闸1座。北与幸福横河相连。四丈河上口宽25米，下口宽5米，边坡系数2.5，河底高程0.0米，堤顶高程4.0米，设计流量10立方米每秒。

跃进河。含跃进横河，全长8.1千米，南北走向，北接海河干流（双桥河镇东泥沽村），南至大沽排污河，跃进横河在双桥河镇李家圈村南与双桥河相通。跃进河上口宽21.5米，下口宽4米，边坡系数2.5，河底高程0.0米，堤顶高程3.5米，设计流量8

立方米每秒。由于津沽路两侧津南东开发区与双桥河开发区河段填河建厂，铺设的管道过水不畅，跃进河已成死河，河道功能基本丧失。

石柱子河。含石柱子横河，全长 9.23 千米，南北走向，北起北闸口镇裕盛村，南至小站镇南北河村，石柱子横河在双桥河镇小营盘村南与双桥河相通，在两河并汇处建有 2.4 立方米每秒排水泵站 1 座。石柱子河上口宽 19.5～22.5 米，下口宽 4 米，边坡系数 2.0，河底高程－1.0 米，堤顶高程 3.5 米，设计流量 8 立方米每秒。

卫津河。全长 11.5 千米，东西走向，西与洪泥河相通，东与海河干流（咸水沽镇赵北庄村）相通，建有节制闸 1 座。卫津河上口宽 25 米，下口宽 10 米，边坡系数 2.5，河底高程－2.20 米，堤顶高程 3.0 米，设计流量 10 立方米每秒。

双白引河。全长 3.02 千米，东西走向，东起洪泥河，西至先锋排污河。双白引河上口宽 25 米，下口宽 5 米，边坡系数 2.5，河底高程－1.5 米，堤顶高程 3.5 米，设计流量 10 立方米每秒。

咸排河。全长 2.76 千米，南北走向，北起津沽公路（双桥河镇南房子村），经津沽公路南侧排水沟与双桥河相连，南至双桥河镇小营盘。咸排河上口宽 20.5 米，下口宽 3.0 米，边坡系数 2.5，河底高程 0.0 米，堤顶高程 3.5 米，设计流量 5 立方米每秒。

十米河。全长 9.5 千米，南北走向，北起马厂减河（小站镇黄台村），建有节制闸 1 座，南至独流减河，建有 16 立方米每秒泵站 1 座。十米河上口宽 38.4～40 米，下口宽 15 米，边坡系数 2.5，河底高程－1.0 米，堤顶高程 3.7～4.0 米，设计流量 30 立方米每秒。该河为津南区与滨海新区大港共用河道。

八米河。包括西排干，全长 13.2 千米，东西走向，西起十米河，东至马厂减河。八米河上口宽 28.5 米，下口宽 6 米，边坡系数 2.5，河底高程－1.0 米，堤顶高程 3.5 米，设计流量 10 立方米每秒。该河为津南区与滨海新区大港的界河。

马厂减河。全长 28.85 千米，东西走向，西与洪泥河（万家码头村）交汇，设有腰闸 1 座，东至葛沽镇西关村北入海河干流，建有 16 立方米每秒泵站 2 座。马厂减河上口宽 42～50 米，下口宽 12 米，边坡系数 2.5，河底高程－2.7 米，堤顶高程 3.0～5.0 米，设计流量 35 立方米每秒。

海河故道。全长 7.47 千米，东西走向，西起月牙河（米兰阳光小区），东至双桥河镇柴庄子村海河干流大堤。海河故道上口宽 50 米，下口宽 20 米，边坡系数 2.5，河底高程－3.0 米。其中月牙河以东 3.5 千米河道为景观河道，建有海河故道公园。

胜利河。全长 3.95 千米，东西走向，东起幸福河，西至月牙河（咸水沽镇秦庄子村南）。胜利河上口宽 26 米，下口宽 7 米，边坡系数 3.0，河底高程－1.8 米，设计流量 10 立方米每秒。

第三节 自 然 灾 害

津南区气候属暖温带半湿润季风型大陆性气候，光照充足，季风显著，四季分明，雨热同期。春季多风，干旱少雨；夏季炎热，降雨集中；秋季天高，气爽宜人；冬季寒冷，干燥少雪。特定的地理条件和气候特点，形成了干旱与洪涝灾害频发，冰雹与风暴潮偶有发生。1991—2010年数次发生洪涝、干旱、冰雹等自然灾害。津南区分别在1994年、1995年、2003年和2005年出现过4次暴雨成灾的天气，特别是2005年8月8—9日，受第九号台风“麦莎”的影响，津南区平均降雨量96.8毫米，最大降雨量达156.5毫米。1992—2008年发生过9次严重的旱灾，其中1992年是天津市自1889年有气象记录资料以来第四个大旱年。接下来是1993年的四季连旱，1994年先旱后涝的双灾并重年。2000年是自1997年以来第四个持续干旱年。引滦水源枯竭，全市生活用水出现困难。1992年9月1日，受第16号强热带风暴潮影响，渤海发生了自新中国成立以来最大的风暴潮。海河闸最高潮位达6.14米，特大风暴潮使东沽泵站的围墙、护坡、路面及院内基土被水冲毁，站内绿化树木、花草、菜田无一幸存。津南区1991年、1995年、1997年、1998年都发生过雹灾，最严重的是1995年6月22日，津南区长青、双港、辛庄、南洋、咸水沽、双桥河、葛沽7个乡镇降冰雹。持续时间最长的23分钟，最短的三四分钟，一般为10～15分钟。最大雹径70～80毫米，一般直径40毫米。

一、洪涝

1994年7月11、12日两天，天津市市区大范围降雨，海河二道闸闸上水位达2.82米，海河闸闸上水位2.56米，海河干流水位居高不下。13日10时，市防汛办公室通知津南、北辰、东丽区防汛办公室，停止向海河排水。8月5—8日，市区又遭遇大暴雨(6日全市平均降雨113.1毫米)。津南区普降暴雨，平均降雨量108毫米，双闸乡高达135毫米。海河干流、大沽排污河水位猛涨，海河干流持续20天高水位。7日20时，二道闸闸上最高水位已达3.95米，超出警戒水位0.45米，为1985年12月建闸以来最高水位，造成双桥河镇、葛沽镇等多处堤防出险。持续高水位造成无法向海河干流排沥，致使部分农田受淹泡。由于邻区加大排泄量，大沽排污河水位超过警戒线，造成八里台镇大孙庄西排河倒灌，村庄耕地淹泡，100公顷鱼池冲毁。8日凌晨，洪泥河与上游排污河排咸河接壤处堤埝冲毁，决堤40米，百米堤埝漫溢，大量沥水涌进洪泥河，造成沿河万亩农田淹泡。此次降雨使全区1462.93公顷耕地受灾，成灾面积788.8公顷。

1995年6—8月，津南区汛期降雨偏多，平均降雨464.3毫米，占全年平均降雨量的79.9%。7月24日，全区普降暴雨，平均降雨86.4毫米，产水量3594万立方米，产生径流2156万立方米。由于海河干流禁排，形成内涝，加之大量客水涌入，造成二级河道与大沽排污河水位暴涨，并长时间居高不下。河水与堤埝持平，多处漫溢，南洋乡、双桥河乡、葛沽镇部分稻、旱、园田被水淹泡；洪泥河上游卫津河客水来量剧增，致使水位暴涨，柴家圈村大坝漫溢危及全村安全；大沽排污河上游排泄量骤增，水位高达3.5米（比1994年高出20厘米），翟家甸、大芦庄、小营盘等堤埝出现漫溢。周辛庄泵站路面积水15厘米，大韩庄段河道水面比耕地高出2.5米，津南区辖段全线告急。严重沥涝造成719.4公顷耕地不同程度受淹泡，河渠积水托地致使2666.67公顷农田减产，部分农田面临绝收。

2003年10月10—12日，天津市发生历史上罕见的大暴雨，津南区平均降雨量119毫米，最大降雨量达155毫米。由于降雨时间长、强度大，造成全区农田大范围受灾，积水深在10～50厘米的农田共有5740公顷。区内二级河道出现持续高水位，特别是大沽排污河，由于受渤海高潮位的顶托，在东沽泵站全负荷开车排水的情况下，河道水位仍持续居高不下，造成八里台镇大韩庄段、团洼段，北闸口镇翟家甸段、三道沟段，葛沽镇皂里庙桥段共5段堤埝污水漫溢、渗漏并形成管涌。最为严重的是八里台镇大韩庄、团洼段，大沽排污河水位高出地面近4米，而且多处发生管涌。全区农田受灾面积5740公顷，成灾面积3540公顷，经济损失1382.41万元，其中农田经济损失1344.0万元，堤防抢险10.46万元，农田排水电费27.95万元。

2005年8月8—9日，受第九号台风“麦莎”的影响，天津市普降中到大雨，沿海地区出现强风暴潮。津南区从8月7日8时至8月9日8时，平均降雨量96.8毫米，最大降雨量达156.5毫米。由于连日降雨，大沽排污河上游加大了排沥流量，使河道水位迅猛上涨达3.0米，比正常水位高出近0.9米。大沽排污河出现持续高水位，多处堤段出现险情。

8月16—17日，天津市经历了近55年来罕见的强降雨过程，最大降雨量达208.6毫米，这是继台风“麦莎”后的第二次区域性暴雨过程，津南区最大降雨量达到了85.3毫米，平均降雨量为69.8毫米。二级河道水位持续升高，特别是大沽排污河水位持续上涨，到8月17日14时30分水位达3.29米，严重超过警戒水位。巨葛庄、东沽泵站全负荷排水，尽快降低河道水位，确保堤埝万无一失，避免给沿河群众造成损失。

2007年8月26日凌晨，津南区普降大到暴雨，部分地区出现大暴雨，全区平均降雨量86.5毫米，最大降雨量为127毫米，出现在双月泵站地区，最小降雨量为28.6毫米，出现在津南水库地区。大强度的集中降雨，致使津南区农田大面积积水受淹。据统计，全区累计积水面积达到 2108.07 公顷，其中棉田 708 公顷，大田 611.67 公顷，园田 788.4 公顷。平均积水深度在 20～40 厘米。此次强降雨过程造成双港、辛庄、咸水沽、双桥河、葛沽、小站 6 个镇的农田严重积水。双港镇积水面积 336 公顷，均为园田；辛庄镇积水面积 673.33 公顷，其中棉田 266.67 公顷，大田 186.67 公顷，园田 220 公顷；双桥河镇积水面积 120 公顷，均为大田；葛沽镇积水面积 350.67 公顷，其中大田 168 公顷，园田 182.67 公顷；小站镇积水面积 46.67 公顷，其中棉田 20 公顷，大田 26.67 公顷。另外，此次降雨也造成咸水沽、葛沽镇区部分街道短时积水，最大积水深度约 60～80 厘米。

2008 年 7 月 4—5 日和 7 月 14—15 日，津南区经历了 2 次强降雨过程。全区的城镇排水系统及二级河道承受了巨大的压力，特别是大沽排污河由于多年的淤积，河道淤积深度达 3.0～3.5 米，已成为地上河，过水断面缩小，过水量仅为 11 立方米每秒，为设计流量的 44%。造成津南区辖段水位高达 3.3 米，超过最高警戒水位 0.4 米，致使沿河 6 处堤埝出现漫溢，部分险段濒临决口的危险。

二、干旱

1992 年春，是天津市自 1889 年有气象记录资料以来的第四个大旱年。1—5 月津南区降雨量仅为 50 多毫米，旱情特别严重。加之受引滦明渠护砌工程影响，海河干流水位很低，全区面临严重水源短缺，影响了小麦春播及水稻育苗插秧。全年 11073.33 公顷农田受灾，成灾面积 2000 公顷。粮食作物减产 3～5 成的 1346.67 公顷，5～8 成的 260 公顷，8 成以上的 713.33 公顷。

1993 年四季连旱，1—5 月降雨量仅为 18 毫米。受 1992 年旱情的影响，天津市各水库蓄水量仅为 1992 年的 52%，北大港水库蓄水为零。津南区无自备水源，水价上调致使用水形势更为严峻，农业生产遭遇少有的困境。全区 2159.73 公顷农田受灾，1259.73 公顷农田成灾，814.27 公顷粮食作物减产 3～5 成。

1994 年是先旱后涝的双灾并重年。1—5 月降雨量仅为 43 毫米，海河干流水位低，曾多次出现水源告急，津南区农业生产用水面临空前困难。严重干旱造成 2267.4 公顷土地受灾，1621.33 公顷粮食作物减收。

1996 年，津南区遭受 35 年来罕见的特大干旱。冬、春、夏三季少雨连旱。进入汛期的 7 月仍无有效降雨，二级河道水质咸化。海河干流水质严重恶化，海河二道闸至双洋渠泵站段水质含盐量高达 4‰，给大田播种、水稻育苗、插秧及正常农业生产造成严重影响，致使 994.4 公顷农田减产、歉收。

1997年，春夏连旱，6月降雨量仅为常年降雨量的20%。全区春播农作物1.12万公顷，其中6666.67公顷旱作物土地歉墒，1333.33公顷稻田缺水影响生长。严重干旱造成7559.6公顷农作物受灾，6704.4公顷成灾，6652.87公顷粮田减产20807吨。

1998年9月仅降雨1次，平均降雨量为13.96毫米。出现了秋冬连旱。

1999年是津南区连续第三个干旱年，全年降雨量395.6毫米，为多年平均降雨量的71%。严重的连旱加伏旱，使全区2929.6公顷农作物受灾，成灾1884.6公顷，粮食减产4244吨。

2000年是自1997年以来第四个持续干旱年。引滦水源枯竭，全市生活用水出现困难。津南区作为严重缺水区，旱情更为严重。全年22次降雨，平均降雨量仅为370.53毫米，为常年降雨量的66.4%。由于有效降雨少，无径流产生，给农业生产用水造成极大影响，秧苗枯死现象严重，部分农村人畜饮水出现困难。酷旱造成全区7058.87公顷农田受灾，其中5505.53公顷成灾，4981.8公顷粮食作物灾情严重，减收18489吨。

2001年，津南区连续第五年遭受干旱，由于2000年全区降水偏少，农业蓄水严重不足，加之入春以来，持续干旱，气温回升迅速，而且大风扬沙天气时有发生。截至5月上旬，全区平均降水量仅为1.3毫米，旱情极为严重，部分地块干土层达30厘米。全区6666.67公顷大田普遍失墒，农作物难以按时播种，秧苗死苗严重，人畜饮水出现困难。干旱造成全区6326.4公顷农田受灾，其中成灾4522.47公顷。

2002年，津南区连续第六年遭遇干旱，1—5月累计降水量28.3毫米，其中1月、2月没有降水。2001年冬气温较常年高4摄氏度，由于降水较少，农业蓄水严重不足，土壤失欠墒严重，部分地块干土层深达40厘米。河道水源匮乏，水质恶劣，春季农业生产受到严重影响，全区6666.67公顷大田不能按时播种。干旱造成全区8463.67公顷农田受灾，其中成灾6409.13公顷。

三、风暴潮

1992年9月1日，受第16号强热带风暴潮影响，渤海发生了自新中国成立以来最大的风暴潮。受其影响，9月1日17时36—40分，海河闸最高潮位达6.14米（海河闸大沽冻结基面，下同），高出机架桥0.4～0.5米，发生短时海水倒灌。5.80～6.14米持续2小时20分钟，5.20～5.80米持续4小时30分钟。特大风暴潮使大量水利工程设施受到损坏，特别是东沽泵站的围墙、护坡、路面及院内基土被水冲毁。站内绿化树木、花草、菜田无一幸存，土地盐碱化，直接经济损失达17万元（包括应急抢修围墙、堤坝的工程费用）。

四、冰雹

1991年6月24日17时40—53分，津南区辛庄乡遭受雹灾。冰雹最大直径10毫米，一般直径5毫米，最大密度每平方米1000粒（6.67厘米厚）。受灾面积533.33公顷，成灾225.1公顷，减产5～8成。同日，17时43—58分，双港乡7个村突降冰雹，最大直径10毫米，一般5毫米，最大密度1000粒每平方米，一般700～800粒每平方米。雹灾面积266.67公顷，119.03公顷农田减产5～8成。

1991年9月1日20时2—22分，葛沽镇596.2公顷白菜、萝卜等蔬菜及粮食作物遭受雹灾。冰雹最大直径10毫米，一般直径5毫米，密度为每平方米1000粒左右，造成521.87公顷农作物减产3～5成。

1995年6月22日18时17分至19时10分，津南区自西向东长青、双港、辛庄、南洋、咸水沽、双桥河、葛沽7个乡镇先后降冰雹。津沽公路北侧严重，南侧较轻。双桥河乡持续降雹时间最长，为23分钟，葛沽镇持续时间最短，为3～4分钟，一般为10～15分钟。最大雹径70～80毫米，一般直径40毫米，最大密度每平方米400粒，一般密度每平方米200～300粒。2688公顷农作物受灾，其中长青、双港、辛庄、南洋、咸水沽5个乡镇灾情严重。1400公顷菜田受灾，739.87公顷菜田损失较重，直接经济损失2924.7万元。冰雹损毁蔬菜品种有西红柿、黄瓜、茄子、豆角等，仅蔬菜大棚薄膜及架材损失为1100万元；果园受灾面积100公顷，86.67公顷葡萄、苹果、桃树损失较严重，直接经济损失250万元；大田受灾1188公顷；28100间民房受到不同程度的损坏。

1997年6月19日12时50分至13时，津南区西小站、潘家洼、传字营、中义辛庄等村突降冰雹。最大雹径10毫米，一般直径2～3毫米。降雹范围东西长4千米，南北宽1千米，致使玉米、高粱倒伏，叶片成条，西瓜破裂。双闸乡3个村受灾面积176公顷，其中青菜84.67公顷，玉米66.67公顷，豆类22.67公顷，西瓜2公顷；北闸口村、传字营村受灾面积86.67公顷，其中高粱58公顷、果园10公顷，蔬菜西瓜14公顷。造成大田作物减产3成，瓜菜水果减产6～7成。

1998年5月20日3时10分，津南区小站、双闸、北闸口3个镇突降冰雹，其中双闸镇损失较重。冰雹最大直径8～10毫米，每平方米30～40粒。23.33公顷大豆损失3成，5.07公顷西瓜损失7成以上。因冰雹伴有阵雨大风，近26.67公顷小麦出现倒伏。同年6月17日零时30分至1时10分，葛沽镇突降冰雹，持续40分钟，密度为每平方米350粒，同时降雨90毫米。雹灾成灾面积1666.67公顷，其中中度灾情面积226.67公顷，重度灾情面积为菜田253.33公顷、西瓜66.67公顷、水果13.33公顷；沥涝受灾面积 286.67 公顷，其中重度受灾面积为菜田 160 公顷、粮田 33.33 公顷。

第四节 社 会 经 济

津南区位于天津市东南部，海河干流中下游南岸，经济发达，社会繁荣，特产富饶，气候宜人，素有天津“金三角”之称。截至 2010 年，全区面积 387.84 平方千米，耕地面积 13740.27 公顷。辖咸水沽、小站、双港、八里台、双桥河、葛沽、北闸口、辛庄 8 个镇及长青办事处，有 173 个村民委员会、29 个居民委员会。户籍人口 41.29 万人，居住有汉、回、朝鲜、蒙古、满等多个民族。2010 年全区实现生产总值 280 亿元，财政收入 91.2 亿元，其中区级财政收入 52.2 亿元，全社会固定资产投资 370 亿元，社会消费品零售总额 113.4 亿元，外贸出口额 10.3 亿美元，万元工业总产值能耗下降 6%，实现工业总产值 710 亿元。规模以上工业企业达到 850 家，总产值占全部工业的 92%；实施科技计划项目 79 项，申请专利 1000 项，完成投资千万元以上的技改项目 40 项，组建产学研联合体 45 家，新增市级企业技术中心 3 家。新增天津市名牌产品 4 个、著名商标 6 个；建筑企业发展到 133 家，建筑业总产值达到 115 亿元。业已形成机械、化工、轻工、纺织、建材、服装、铸造、金属制品，电子仪表、环保设备等 20 多个工业门类。工、商、建、运、服全面发展，农、林、牧、渔各具特色。“小站稻”状若珠玑、香气浓郁、久负盛名，驰名中外。“津南青韭”“津南实芹”“南菜”“西菜”等名优蔬菜风味独特。

一、服务行业

津南区政府采取规划引导、政策扶持、服务保障等措施，把服务业发展放在了突出的位置，成为了津南区经济发展和社会进步的重要支撑。

“十一五”期间，津南区有 67000 名失业人员从事服务行业。服务业增加值累计实现 327.7 亿元，由 2006 年的 36.5 亿元上升到 2010 年的 117.1 亿元，增长 2.2 倍，年均增幅 33.7%，保持高位增长态势，占全区生产总值的比重由 35.1%上升到 38.9%，提高 3.8 个百分点；服务业固定资产投资累计实现 173.2 亿元，由 2006 年的 7.6 亿元上升到 2010 年的 70.5 亿元，增长 8.3 倍，年均增幅高达 74.5%。引进项目逐年增多，实现投资亿元以上项目和区外投资项目从无到有、从少到多两个飞跃。“十一五”期间，共建成 47 个投资 2000 万元以上的服务业项目，其中投资亿元以上的 22 个；服务业税收累计实现 71.9 亿元，由 2006 年的 6 亿元上升到 2010 年的 25.6 亿元，增长 3.3 倍，年均增幅 43.7％，占全区税收总额的比重由 23.6％上升到 46％。服务业在吸纳劳动力就业方面发挥了巨大作用，2010 年服务业从业人员达到 9.8 万人，比 2006 年增长 75％。

示范镇建设和海河教育园的落户扩大了生活性服务业的需求。2010 年 1—6 月，全区服务业实现增加值 51.3 亿元，同比增长 35.7％，完成服务业固定资产投资 36.4 亿元，同比增长 43.9％，服务业税收完成 13.4 亿元，同比增长 85.1％，社会消费品零售额实现 56.7 亿元，同比增长 38％。全区新建服务业企业 751 家，其中千万元以上企业 28 家，亿元以上企业 4 家。服务业单位发展到 4.6 万个，服务业从业人员达 9.5 万人。

截至 2010 年，行内限额以上服务业企业 184 家。在建亿元以上项目 21 项，竣工 10 项；新建商业街 6 条、社区商业中心 2 个、标准化菜市场 3 个；商品房销售面积、成交金额分别增长 17.3％和 33.1％；新增运输企业 64 家；滨海观赏鱼科技园区、华天湖休闲渔业度假区等 6 个设施农业项目形成规模；现代物流业已初步形成金福临海产冻品物流配送中心冷链物流和天津国际金属物流园金属物流两大基地。

二、楼宇经济

津南区政府研究细化配套政策，严格审定规划设计方案，促进楼宇经济集群式发展。坚持因镇而宜、因区而异，打造楼宇经济群。树立“资源有限，创新无限，空间有限，发展无限”的理念，全区集中精力打造 6 个楼宇经济片区。

截至 2010 年，津南区在建的楼宇项目有广聚源、津台大厦、九州方圆、葛沽创意中心、长青创业中心、八里台中鼎创意园、开发区兴业创意园、双港科技产业园、双港总部经济大厦等 12 个（其中双港总部经济产业园和滨海创意中心为“亿元楼”）。已经注册的企业有 3000 余家，实现税收 5.8 亿元。

三、招商引资

2010 年新批外资企业 30 家，20 家外资企业增资，实际利用外资 3.2 亿美元，增长 20％；引进内资项目 158 项，内资到位 239.5 亿元，增长 53％。引进了联东集团、恒生集团、创新科存储技术公司、国家软件与集成电路公共服务平台、海尔市场创新产业园、北京邮电大学科技园、中能智能电网等一批大项目集团；天津市重大工业项目、区县重大项目、重大服务业项目建设，开工率达到 96％，思为机械等 36 个项目竣工投产。

四、城镇建设

按照天津市委、市政府的部署要求，津南区小站、八里台、葛沽、辛庄、咸水沽、双桥河、北闸口7个镇先后开展示范镇及双港中心镇建设，共涉及122个村、8.2万户、23.4万人口，建设规模1648万平方米，其中村民住宅1324万平方米，配套公建324万平方米。示范镇建设实现了4个示范：在土地整合上成为示范，达到土地资源的集约节约高效利用；在安置农民上成为示范，更加妥善地安置好农民，实现好、维护好、发展好广大人民群众的根本利益，达到安居乐业有保障；在转移非农就业上成为示范，把更多的农民从耕地上、农业上、农村中解放出来，转移到非农岗位非农行业就业创业；在城乡一体化上成为示范，实现农民身份的转变、素质和生活质量的提高。

截至2010年，农民回迁房累计开工面积1134万平方米，竣工438万平方米，在建696万平方米；拆涉97个村，面积1345公顷，完成土地复垦及土地平整597公顷；55个村、3.5万户、10万名农民住进了楼房。截至2010年年底，累计启动了55个村的整合拆迁工作，年内开工建设回迁楼463万平方米，竣工105万平方米，回迁农村居民1.34万户；7个示范镇中，小站示范镇已基本建成，6个示范镇群众陆续回迁。海河教育园区7所院校具备开学条件，二期建设的前期准备工作基本就绪。

五、道路交通

按照《天津市津南区总体规划》，2020年之前津南区将形成“三纵一横”4条高速公路网络和“二纵一横三条”区间快速路网络。这些道路和区域内的辅干道将共同构建津南区“环形放射强中心”的路网体系，区域内部将形成“15分钟”交通圈。“一横”是指津晋高速公路，两纵是指唐津高速公路和蓟汕高速公路。其中，津晋高速公路既是天津地区通往西部和北京的重要高速公路，也是通过津港快速路直达中心城区、向东联系天津港南疆港区、临港工业区、临港产业区的重要通道。按照规划，津晋高速在现有双向四车道的基础上形成双向八车道，在保留现有与津港公路、汉港公路相交处的2处出入口，增加1处出入口。唐津高速公路，规划在现有双向四车道的基础上形成双向八车道，保留现状与津港公路、津晋高速相交处的2处出入口。蓟汕联络线将规划为双向六车道，并在津南区沿线设出入口2处。

截至2010年，天津大道、津港高速已竣工通车；完成了津沽大街大修工程，分段实施津南大道建设，建成15条市政道路；白塘口、南边路等5座变电站竣工送电，新增主变容量294万千伏安；利用军粮城发电厂余热供暖一期工程竣工，新增集中供热面积 321 万平方米；延伸供水干线 156 千米；新增天然气用户 1.5 万户。

六、生态环境

根据国家《生态功能区划暂行规程》和《天津市生态功能区划》，结合城市总体规划，截至 2010 年，将津南区划分为 2 个生态功能区，分别是南部生态保育生态功能区和北部城郊平原产业生态功能区，两区以津港公路、唐津高速公路为界。

南部生态保育生态功能区涵盖津港公路、唐津高速以南地区，包括天嘉湖风景区等区域，该区是津南区生态环境较好地区，也是湿地相对密集和生态保持相对良好区域，在这一区域要改善湿地生态环境，保持湿地生态景观特色，重点发展以良好生态环境为依托的生态人居与休闲旅游和无污染产业，杜绝重污染型产业进入。在天嘉湖等生态环境脆弱的地区和重要生态功能保护区，实行限制开发，坚持保护优先，合理选择发展方向，发展生态人居、生态旅游、生态农业等特色优势产业，确保生态功能的恢复与保育，逐步恢复生态平衡，打造“滨海新区生态家园”。

北部城郊平原产业生态功能区涵盖津港公路、唐津高速以北地区，为重点建设开发区域，津南经济开发区、葛沽镇等天津市重点发展的经济板块均位于其中。上述区域在进行规模性开发建设时，应强化生态建设，严格控制污染物的产生，节约利用有限资源。

截至 2010 年，津南区完成津港公路等 4 条主干道路环境建设工程，新增城镇绿化面积 171 万平方米。实施唐津高速绿化带建设，全区绿化造林 590 公顷；综合治理幸福河等 5 条主要河道；基本建成双林、双桥、咸水沽 3 座污水处理厂，日污水处理能力增加 8.5 万吨；完成 10 蒸吨以上燃煤锅炉改造任务，二氧化硫减排 216 吨，空气质量达到二级天数 297 天；全区推广节约用水新技术，使工业用水重复利用率达到 85％以上，万元产值耗水控制在 15.5 立方米以下；分批改造自来水老管网，推广小区绿化节水技术，在有条件的居民小区、学校、机关单位使用中水绿化和冲厕率达 80％以上。城镇居民用水装表率达到 100％，节水器具普及率达 70％，自来水损失率小于 12％；以节水灌溉为重点，推广防渗渠道、低压输水管道等农业节水技术，配套输水管道及微灌设备，实现计量用水，推广大口径输水管道工程，建设双桥河、小站等镇的 3333.33 公顷土地节水工程。

七、投资融资

随着“东进、西连、南生态、北提升”发展战略的深入推进，津南区承接项目、吸引投资的能力不断增强。经天津市政府批准，津南经济开发区分东西两区，分别设在双港镇和双桥河镇。各镇也建立了镇级工业园区，已具备良好的投资条件，并且制定了非常优惠的投资鼓励政策，吸引外资。

截至2010年，碧桂园、天山集团、中信地产、海尔地产、昆明星耀、永泰红磡、金地、京基等一批知名企业驻区进行开发建设；世界拳击亚洲比赛中心、西部矿业天津制造业基地、蓝天立白等一批重大项目落户津南区；荣程钢铁、立林、宝成等一批骨干企业增资扩能；津南区实行政府项目投融资与财政收支一体化管理，对11家区镇政府融资平台进行规范整合，组建了津南城投公司，注册资金44.7亿元，总资产达到192亿元；2010年全年完成政府投资项目融资18项，帮助中小企业融资25亿元；加强金融服务体系建设。津南村镇银行挂牌营业，组建小额贷款公司2家，天津银行、中信银行、兴业银行、北京银行、齐鲁银行、民生银行等一批金融机构，在津南区设立分支机构，齐鲁银行、民生银行的津南支行发行天津滨海新城镇发展股权投资基金。津南区被确定为农村金融创新试点。

第二章

水资源

水资源是人类生存最重要的自然资源和物质基础，河流不仅具有自然生态功能、社会经济功能，而且具有强大的文化功能。海河作为天津的发祥地和母亲河，海河水系经历了初步形成、暂解体和再形成3个阶段。海河这个名字始见于明末。津南区地处九河下梢，位于海河干流中下游，伴随着海河水系的尾闾成陆而成，平均海拔3～3.5米。历史上客水过境入海，水源充沛。宋代即驻扎军队，营田屯稻，开挖河渠，曾是美丽富庶的鱼米之乡。近代为正在崛起的外向型工业重地，素有天津“金三角”之称。新中国成立以来，津南区大兴水利，整治河道，基本实现了河网化，达到了河河相通，渠渠相连，南北调度，排蓄自如。自1970年以后，华北地区严重干旱，海河流域上游河道兴修了大量的调蓄工程，致使津南区过境客水无望，连年遭遇极其严重的干旱，造成自产水锐减。1991年以来，津南区水资源主要由地表水、地下水、外调水、海河干流弃水构成，年均水资源占有量约为5000万立方米，水资源严重不足已经制约了津南区经济社会的发展。水资源匮乏的现状，要求必须加强水资源环境的科学管理，珍惜和保护水资源环境，实现水资源的可持续利用，才能为津南区社会经济的可持续发展提供可靠保证。

第一节　水资源条件

一、地表水径流

津南区位于海河干流中下游南岸。介于北纬38°50′02″～39°04′32″，东经117°14′32″～117°33′10″，昼长夜短，属北方长日照地区，年蒸发量大。1991年区内年蒸发量为1555.2毫米，2010年区内年蒸发量为1511.2毫米。近20年平均蒸发量1596.9毫米，5月蒸发量最大，12月蒸发量最小。

津南区境内年际间降雨量分配极不均匀，各季节降雨不均衡。雨季（6—9月），即汛期，降水量占全年降水量的80%左右，主要集中在7月、8月，多以暴雨形式出现。自1974年以来（36年）全区平均降水量为514毫米，最大年降水量为747毫米，出现在1987年。最小降水量为244.5毫米，出现在1989年。频率为75%的枯水年降水量为380.49毫米，出现在2006年；频率为50%的平水年降水量为478.55毫米，出现在

2000 年；频率为 25%的丰水年降水量为 582.76 毫米，出现在 2009 年。

津南区境内年内降水量最大的时期为汛期，主要集中在 7 月、8 月，开始产生径流。而其他时期由于降雨量少，无径流产生。1991—2010 年，20 年间区境内年均径流量为 12977.2068 万立方米，折径流深为 311.2 毫米。频率为 75%的枯水年年径流量为 9722.1635 万立方米，折径流深为 233.1 毫米，出现在 1993 年；频率为 50%的平水年年径流量为 12767.2046 万立方米，折径流深为 306.2 毫米，出现在 2010 年；频率为 25%的丰水年年径流量为 16003.4099 万立方米，折径流深为 383.8 毫米，出现在 2005 年。从年降雨量和年径流量可以看出，津南区境内自产地上水资源并不丰富，且分布不均。因此，津南区解决水资源短缺问题采取 3 条对策：一是清淤疏浚二级河道，修建中小型水库，增强存蓄地上水资源能力；二是严格取水许可制度，加强机井管理，合理开采地下水资源；三是适时拦蓄入境客水，引调弃水。1991—2010 年津南区降雨量、降水量、径流量统计情况见表 2-1-1，1991—2010 年津南区蒸发量统计情况见表 2-1-2。

表 2-1-1 **1991—2010 年津南区降雨量、径流量统计表**

年份	月降雨量/毫米												年降水量合计/毫米	年径流量/立方米	折径流量/毫米
	1月	2月	3月	4月	5月	6月	7月	8月	9月	10月	11月	12月			
1991	0.0	0.0	10.0	21.0	28.2	26.4	71.0	33.5	50.1	4.4	0.6	3.7	248.9	51895650	124.5
1992	3.1	0.0	2.4	5.3	22.0	53.2	127.5	77.9	18.9	65.8	13.4	1.3	390.8	81481800	195.4
1993	3.7	0.2	2.2	8.4	3.5	72.4	223.4	74.9	15.0	7.8	51.4	0.0	462.9	96514650	231.5
1994	0.1	0.9	3.0	15.0	24.0	36.5	137.9	160.5	127.4	8.6	18.8	5.1	537.8	112131300	268.9
1995	0.0	0.9	5.9	12.5	114.7	99.5	211.2	179.7	55.4	46.1	4.5	0.0	730.4	152288400	365.2
1996	2.6	0.0	0.2	6.7	12.4	70.0	49.2	137.4	31.4	51.8	3.6	0.8	366.1	91598220	219.7
1997	0.7	10.6	17.5	7.6	36.5	41.2	23.6	52.9	71.1	9.7	17.0	11.8	300.2	75110040	180.1
1998	1.3	25.6	4.7	74.0	79.2	96.8	172.8	182.1	16.3	31.3	6.4	0.3	690.8	172838160	414.5
1999	0.0	0.0	3.5	28.0	43.3	38.9	119.9	98.5	8.8	37.9	16.8	1.8	397.4	99429480	238.4
2000	8.8	2.4	2.7	13.5	29.3	5.8	228.9	153.2	15.9	19.6	10.3	0.3	490.7	122773140	294.4
2001	11.3	4.1	0.0	13.9	3.7	159.3	102.4	49.9	6.8	34.0	15.9	5.3	406.6	118686540	284.6
2002	0.0	0.0	1.4	7.2	9.8	55.4	75.6	97.7	20.0	16.3	0.4	4.5	288.3	84154770	201.8
2003	2.1	2.6	7.4	19.2	43.4	67.7	138.0	176.6	45.3	156.8	26.2	0.1	685.4	200068260	479.8
2004	0.0	18.1	0.0	32.6	49.4	127.5	65.5	178.2	125.3	10.3	0.6	2.7	610.2	178117380	427.1
2005	2.2	8.5	0.0	9.6	47.4	96.5	126.0	199.2	34.1	6.5	0.0	1.3	531.3	155086470	371.9
2006	2.1	8.4	0.9	7.2	59.0	41.8	199.2	43.0	1.5	7.5	8.4	1.9	380.9	119126475	285.7

续表

年份	月降雨量/毫米												年降水量合计/毫米	年径流量/立方米	折径流量/毫米
	1月	2月	3月	4月	5月	6月	7月	8月	9月	10月	11月	12月			
2007	2.3	0.0	50.1	9.0	70.0	89.7	41.0	146.3	54.7	76.2	0.0	7.7	547.0	171074250	410.3
2008	0.1	0.6	2.9	42.6	38.4	95.4	207.2	122.8	67.1	60.6	0.0	6.5	644.2	201473550	483.2
2009	0.0	16.2	10.7	49.7	12.4	174.0	147.0	113.9	49.8	11.4	6.2	0.5	591.8	185085450	443.9
2010	8.4	2.9	13.0	4.5	25.6	79.3	118.2	78.1	36.0	38.1	0.0	0.4	404.5	126507375	303.4
平均	2.4	5.1	6.9	19.4	37.6	76.4	129.3	117.8	42.5	35.0	10.0	2.8	485.3	129772068	311.2

表2-1-2　**1991—2010年津南区蒸发量统计表**　单位：毫米

年份	月份												合计
	1	2	3	4	5	6	7	8	9	10	11	12	
1991	42.5	59.6	102.1	187.3	215.3	227.6	188.5	181.7	122.2	123.4	73.8	31.2	1555.2
1992	36.2	82.5	104.6	247.6	241.5	225.8	236.4	166.3	156.1	105.7	56.8	28.5	1688.0
1993	36.9	69.8	130.0	209.7	251.3	212.5	160.6	167.5	167.0	123.6	46.7	51.0	1626.6
1994	40.8	54.2	127.9	196.6	266.7	250.8	184.6	172.3	174.4	118.6	61.4	33.6	1681.9
1995	56.1	61.5	137.4	231.1	237.0	166.0	144.1	121.8	118.4	103.4	78.8	48.6	1504.2
1996	44.9	73.6	139.7	190.6	246.6	199.7	164.0	120.1	119.5	84.2	58.0	40.1	1481.0
1997	36.1	61.6	119.9	184.3	224.9	243.9	238.3	194.1	143.7	137.2	43.8	26.1	1653.9
1998	37.5	63.5	115.5	146.2	209.7	186.3	169.4	149.7	153.9	110.4	68.0	36.6	1446.7
1999	50.7	76.5	90.8	179.1	222.2	262.0	204.8	186.0	150.8	113.8	51.4	50.9	1639.0
2000	35.8	55.5	159.2	238.3	244.9	270.4	229.7	143.8	142.9	93.2	55.3	42.3	1711.3
2001	34.3	43.3	164.2	203.7	291.1	216.8	185.2	178.9	136.8	95.5	58.9	47.9	1656.6
2002	60.2	71.6	170.4	202.7	233.6	207.3	208.2	177.0	151.7	112.4	64.8	29.7	1689.6
2003	40.5	50.3	94.5	193.1	238.8	228.4	185.7	168.2	120.3	114.0	53.4	47.7	1534.9
2004	46.2	82.7	138.6	199.0	238.7	203.1	180.8	142.9	129.4	106.8	67.0	41.5	1576.7
2005	47.9	49.0	133.8	231.4	226.9	229.5	190.7	136.5	141.7	115.6	67.1	50.6	1620.7

续表

年份	月份												合计
	1	2	3	4	5	6	7	8	9	10	11	12	
2006	34.6	49.7	144.1	175.9	224.5	256.3	148.9	145.3	139.9	102.9	69.7	35.7	1527.5
2007	42.6	62.1	81.6	201.7	281.2	211.6	205.8	168.9	130.8	78.3	59.8	40.6	1565.0
2008	45.0	72.5	147.6	191.3	265.4	182.5	166.5	166.2	150.0	121.9	89.3	52.9	1651.1
2009	44.3	44.3	127.5	210.0	283.5	269.4	169.6	124.8	122.7	128.7	47.5	44.3	1616.6
2010	39.5	42.3	107.0	189.3	242.8	186.3	175.1	147.8	127.0	108.3	88.3	57.5	1511.2
平均	42.6	61.3	126.8	200.4	244.3	221.8	186.8	158.0	140.0	109.9	63.0	41.9	1596.9

二、地表水存蓄量

津南区境内地表存蓄水能力不强，缺少大型的水利工程设施来存蓄地表水，只能依靠现有的二级河道、中型水库和坑塘来存蓄地表水资源。在降雨量相对集中的年份，还要将原有蓄水排除，以防止内涝，待汛后再适时存蓄水。津南区1991年原有区管二级河道14条，总长度为174.33千米。随着全区经济的发展，水利工程建设的不断实施，截至2010年津南区有区管二级河道16条，分别为马厂减河、洪泥河、月牙河、双桥河、双白引河、卫津河、十米河、幸福河、幸福横河、四丈河、咸排河、石柱子河、跃进河、八米河、胜利河、海河故道，总长度181.8千米，二级河道总蓄水能力约为1000万立方米；津南水库改造后可蓄水量为2019万立方米；22座坑塘蓄水量180万立方米，上述水利工程可蓄水量总计为3199万立方米。

三、地下水补给量

津南区地下水主要开采深层地下水，包括第四系孔隙水、第三系孔隙水、隐伏基岩岩溶裂隙水，深层地下水补给以侧向补给越流补给及含水介质压缩释水为主。根据《津南区地下水资源开发区划报告》结果，静储量8724万立方米，年可开采量1360万立方米。平均侧向补给量838.52万立方米，侧向排泄量183.55万立方米，纯补给量654.97万立方米。

第二节　水资源开发与利用

一、津南区水资源构成

津南区水资源的构成大致分为以下四个部分。

外调水源。1991—2000 年，主要是向市有关部门争取用水指标，从海河干流、北大港水库调入水源，共外调水源 26217 万立方米；2001—2010 年，主要利用“引黄济津”冲洗输水河道的废水，以及海河干流限量排放的弃水，作为津南区可利用的补充水源。10 年内共利用废弃水约为 7493 万立方米。

调蓄雨水。1991 年以来，津南区近 20 年的平均降雨量为 485.3 毫米，其中汛期（6—9 月）降雨量为 366 毫米，占全年降雨量的 76%。截至 2010 年津南区有区管二级河道 16 条，可调蓄水能力约为 1000 万立方米；津南水库可调蓄水量为 2019 万立方米；22 座坑塘可调蓄水量 180 万立方米，上述水利工程可调蓄水量共计 3199 万立方米，可以有效地利用汛期雨水、沥水进行地表水源存蓄。

开采利用地下水资源。截至 2010 年底，全区共有机井 970 眼，完好率 68.45%，其中市属企业拥有机井 40 眼，区属企事业、乡镇企业和私有制企业拥有机井 314 眼，农村生活用井 387 眼，农业灌溉井 129 眼，农村工副业用井 82 眼，地热井 9 眼，专用监测井 9 眼。1991—2010 年开采地下水资源总量为 62855.7 万立方米。

引污灌溉。大沽排污河津南区段两岸曾利用污水作为补充灌溉农田。1991—1996 年，全区共引用 7200 万立方米污水灌溉农田。截至 1996 年，津南区已全面禁止用污水灌溉农作物。

二、水资源利用

（一）外调水利用

津南区境内缺乏存蓄地表水的大中型水利设施，每年只能依靠二级河道蓄水和上游境外客水。1970 年以后，海河流域上游兴建了大量的拦蓄水工程，津南区境外客水逐年减少，农业生产用水短缺，只能依靠境内二级河道存蓄水解决农田灌溉。1991 年以来，津南区连年出现旱情，严重年份甚至出现春旱、冬旱连年旱，每年需协调天津市水利局主管部门，从北大港水库和海河干流调水。1991—2000 年期间，总计外调水约为

26217万立方米。

1996年，津南区遇到了35年来罕见的特大干旱，海河干流水位较低，多次告急。津南区没有自备水源，二级河道水质咸化严重，导致大田春播、水稻育秧无水可用。面对严峻的水源短缺形势，津南区水利局积极向上级部门争取用水指标。同时制定完善了《天津市津南区农业用水收费暂行办法》，保证了调水经费到位。调水期间，区水利局实行全天候服务，随时解决镇村群众遇到的困难。采取先易后难、先近后远、错开育插秧用水高峰等措施，按河系、渠系、地块调度水源，拉一块，肥一块，插一块，成活一块，确保偏远地区种上水稻，使有限的水源发挥最大的效益。区水利局组织水政监察人员沿送水线路巡视，做好护水保水工作。化验人员加强水质监测，保证农业用水水质良好。

1998年春，津南区又遇干旱少雨天气，农业生产面临困难。本着防汛、抗旱“两手抓”的方针，各项工作做到了早准备、早部署、早动手、早落实。津南区成立了冬灌工作领导小组，区农委主任冯国扬任组长，区水利局副局长崔希林任副组长。区水利局协调市水利局有关处室，争取抗旱调水指标2175万立方米（其中津南水库两次蓄水1803万立方米，用于农田灌溉372万立方米），保证了4666.67公顷水稻拉荒、插秧用水，以及小站镇、北闸口镇、葛沽镇和双闸镇2340公顷农田冬灌用水，耗电157770千瓦时，支付电费9.588万元。

1998年秋季，津南区降雨偏少，冬季少有较大降雪天气，导致农田普遍欠墒。1999年3月3日，区政府召开抗旱保春播会议。根据会议精神，区水利局适时监测水质，及时排除二级河道咸水，科学调蓄水源，3月20日开启双月泵站，从海河干流调水253万立方米，保证了葛沽、小站、双闸、北闸口镇春灌和水稻育秧用水。1999年从海河干流调水总计1015万立方米。

2000年汛后，区水利局利用“引黄济津”冲洗洪泥河河道的弃水，适时组织全区农田冬灌，同时向津南水库蓄水500万立方米，保证了2001年农田春灌用水，为农业生产打下了基础。1991—2000年津南区外调水源统计情况见表2-2-3。

表2-2-3 **1991—2000年津南区外调水源统计表** 单位：万立方米

年度	1991	1992	1993	1994	1995	1996	1997	1998	1999	2000
海河	4500	2754	1500	1053	1000	2600	120.41	2175	1015	500
独流减河	3200	3000	—	—	400	400	1000	—	—	—

（二）入境客水利用

2000年6月，天津市节约用水办公室发布了2号通告：“停止向农业提供引滦水，严禁私自引水”。2001—2010年，津南区利用“引黄济津”冲洗河道及汛末海河干流弃水的机会，及时向津南水库及二级河道补充水源，增加水源储备。

2002年，津南区持续第六年遇到干旱，1—9月总降雨量仅为264毫米，为常年的47.3%。针对严重旱情，区委、区政府召开抗旱工作会议，具体部署抗旱工作。区水利局采取有效措施：一是3月22—25日，葛沽泵站全天24小时满负荷（16立方米每秒）运行，排除河道咸水、污水；二是与市有关部门协调争取，调入微咸水880万立方米，用于农业和水产养殖用水；三是合理调度，调蓄水源，深入镇村上门服务，做好管水用水工作；四是实行24小时巡查，做好保水护水工作。

2003年9月，天津市政府决定第八次实施“引黄济津”工程，自8月底开始，津南区先后开启葛沽、双月、双洋渠、邢庄子和巨葛庄等8座泵站，为北大港水库、海河干流排除咸水，冲洗河道，共计排除河道咸水6500万立方米。同时为使有限的水资源发挥最大效益，区水利局安排专人，沿各二级河道全天候水质监测，随测随报，适时截蓄可用水源，科学调度，做好蓄水和农田灌溉工作。2003年全区共利用废弃客水1889万立方米。2001—2010年津南区利用废弃客水统计情况见表2-2-4。

表2-2-4 **2001—2010年津南区利用废弃客水统计表** 单位：万立方米

年度	2001	2002	2003	2004	2005	2006	2007	2008	2009	2010
利用客水利用量/万立方米	2111	880	1889	220	518	—	—	—	875	1000

（三）蓄水利用

1997年以后，津南区入境客水逐年减少，地表水资源匮乏，工农业供水只能依靠自然降水、外调水和开采地下水。受地理位置所限，排蓄措施不尽合理，津南区存在着雨大则涝，雨小则旱的现象，天然降雨和汛期沥水不能有效地开发利用。因此，津南区本着“旱涝兼治，排蓄结合，以蓄代排，综合治理”的原则，组织各镇利用废弃的河道、坑塘，进行开挖改造，修建相应的配套水利工程设施，形成小型水库，增强全区的存蓄水能力。1995—2004年，津南区共兴建小型水库44座，总库容为2315万立方米，兴利库容为1750万立方米。分布在各镇的小型水库最多时可调蓄水量为460万立方米。进入21世纪以来由于北方地区连续干旱少雨，津南区地表水资源严重匮乏，小型水库存在着无水可蓄的现象，开发利用价值逐年降低，2007年9月，津南区实施了小型水库的降等与报废，共报废小型水库22座，降等为坑塘的小型水库22座。22座坑塘可调蓄水量为180万立方米（详见第五章）。

同时，由于区境内没有大、中型水库，发挥以蓄代排的功能，汛期沥水大部分排入海河干流入海。按照市长张立昌在1995年视察了津南区灾情后作出的“津南区要减轻灾害，必须建设以蓄代排的水库工程”指示。1997年10月，津南区实施了中型水库津南水库建设工程，用于解决本区沥水出路问题，同时也增加了本区自备水源的能力。1998年9月，津南水库建成蓄水，可调蓄水量为2966.27万立方米。自2007年1月开始，根据津南区城市发展规划要求，津南水库实施了改造工程和综合开发，改造后的津南水库可调蓄水量为2019.1万立方米（详见第七章）。

自2005年2月开始，津南区逐年实施了双桥河、月牙河、马厂减河、海河故道、幸福河、胜利河等多条二级河道综合整治工程（详见第六章），进一步增强了二级河道调蓄水能力，截至2010年，全区二级河道可调蓄水量为1000万立方米。

（四）地下水开采利用

1970年以后，由于境外客水逐渐减少，每年从海河干流或大港水库调入部分指标水，已不能满足全区农业、工业、生活供水的需求。因此，需要开采地下水进行补充，每年地下水开采量均超过可开采量，地面沉降不断加剧。有鉴于此，天津市从2000年开始对地下水开采实行压采控制，津南区地下水开采量逐年减少，地面沉降速度得以缓解。1991—2010年地下水总取水量为6.29亿立方米，平均年取水量3142.785万立方米。

农业取用水量。根据《天津市津南区统计年鉴（2009年）》，津南区有耕地13743.6公顷，其中水田面积14.13公顷，水浇地3489.67公顷。2009年播种面积9323.4公顷，其中粮食作物4737.2公顷，蔬菜瓜类播种面积2003.2公顷，经济及其他作物2583公顷。津南区属于严重缺水地区，1991—2010年，本地区干旱少雨，上游各河系增设拦蓄工程，基本没有客水入境，致使农业用水更加紧张。1991—2000年，津南区的农业用水基本延续以前的用水模式“以供定需”，即争取市用水指标，从海河干流、独流减河调水。2001—2010年，农业用水除了调蓄雨水外，就是利用引黄济津冲洗河道或海河干流的废弃水，水源不足部分由开采地下水补充。截至2010年年底，全区共有农业用水井129眼。1991—2010年农业平均年取用水量为1159.471万立方米。

工业取水量。津南区的工业用水为城市自来水和地下水。其中自来水不能覆盖的地区和用水大户基本上依赖开采地下水。1991年全区工业用水年取水量为1025.07万立方米。自20世纪90年代初开始，由于加强了地下水资源管理，采取各项节水措施，加之高耗水企业转型，工业用水开采量呈逐年递减趋势。截至2010年年底，全区共有工业用水井（含事业单位，不含市管企业单位）354眼，取用地下水的用水户104户，年取水量为114.48万立方米。1991—2010年工业平均年取水量为521.423万立方米。

生活用水。1991年津南区生活用水年取水量为1701.49万立方米。1994年津南区实施了引滦入咸工程，以及随着城镇化建设和集中供水工程的实施，城镇农村生活用水逐渐改为引滦水和自来水。地下水取水量逐年递减，截至2010年底，全区生活用水井387眼，年取水量为1371.36万立方米。1991—2010年生活用水平均年取水量1425.494万立方米。

林牧渔副及生态用水。截至2010年底，津南区林牧渔副及生态用水井82眼，年取水量为77.76万立方米。1991—2010年林牧渔副及生态用水平均年取水量为57.789万立方米。

1991—2010年津南区地下水开采统计情况见表2-2-5。

表2-2-5 **1991—2010年津南区地下水开采统计表**

年份	农业		工业		生活（包括城镇生活供水）		林牧渔副及生态		取用水量合计/万立方米
	井数/眼	取用水量/万立方米	井数/眼	取用水量/万立方米	井数/眼	取用水量/万立方米	井数/眼	取用水量/万立方米	
1991	—	1722.71	—	1025.07	—	1701.49	—	—	4449.27
1992	—	1696.02	—	1214.42	—	1490.40	—	—	4400.85
1993	—	1604.22	—	1177.99	—	1376.56	—	—	4158.77
1994	—	1588.68	—	1055.62	—	1362.80	—	—	4007.10
1995	—	1545.41	—	1000.35	—	1370.91	—	—	3916.67
1996	—	1502.65	—	830.17	—	1512.79	—	20.50	3866.11
1997	453	1377.10	159	875.00	162	1279.00	2	269.90	3801.00
1998	391	1467.55	160	341.96	212	1525.76	18	55.77	3391.04
1999	383	1397.76	164	494.35	211	1178.08	21	42.60	3112.79
2000	405	1405.69	172	222.56	211	1360.32	0	36.44	3025.01
2001	349	1037.14	175	192.93	211	1149.51	0	31.62	2411.20
2002	359	1273.58	194	220.00	224	1267.08	0	37.84	2798.50
2003	353	999.50	208	203.00	247	1259.00	—	32.50	2494.00
2004	370	1083.00	235	243.00	242	1427.70	—	41.00	2795.20
2005	375	1017.00	245	300.00	253	1510.00	—	43.00	2870.00
2006	381	777.37	275	280.47	268	1700.00	—	—	2757.84
2007	392	733.96	293	266.03	272	1636.66	—	—	2636.65
2008	638	557.63	304	205.48	—	1583.96	—	—	2347.07

续表

年份	农业		工业		生活（包括城镇生活供水）		林木渔副及生态		取用水量合计/万立方米
	井数/眼	取用水量/万立方米	井数/眼	取用水量/万立方米	井数/眼	取用水量/万立方米	井数/眼	取用水量/万立方米	
2009	195	258.87	296	165.58	337	1446.50	61	38.50	1909.45
2010	129	143.58	354	114.48	387	1371.36	82	77.76	1707.18

注 1. 本表中不包含取用引滦水和自来水相关数据。
2. 本表不含地热井和专用监测井数。

（五）污水利用

20世纪90年代初期，津南区连续多年出现干旱，地上水资源严重匮乏，外调水源不能满足农业生产的需要，八里台镇和辛庄镇部分村引用大沽排污河污水进行农业灌溉。1991—1996年共引用污水7200万立方米用于农业灌溉，其中1991年引用污水量为3200万立方米；1992年引用污水量为1000万立方米；1993年引用污水量为1000万立方米；1994年引用污水量为1000万立方米；1995年引用污水量为1000万立方米。进入90年代后期，全市工业蓬勃发展，大量未经处理的工业废水排入大沽排污河，使污水中重金属、氯化物等有害物质严重超标。随着人们健康意识的不断增强，污水种植农作物已引起市、区政府的高度关注，行文要求全面禁止使用污水灌溉种植农作物，截至1996年津南区已不再使用污水灌溉。

第三节 水资源管理与保护

水资源的管理与保护是一项社会性的公益事业，涉及水资源、经济、环境三者平衡与协调发展的问题，还涉及各地区、各部门、集体和个人用水利益的分配与调整。必须正确客观地调查、评价水资源，合理地规划和管理水资源。通过各种措施和途径，进行宣传引导，依靠广大群众的共同参与，防止水质污染，减少水资源浪费，合理利用有限的水资源。

一、地下水资源费征收

（一）管理部门

依法征收地下水资源费，是合理开发利用地下水资源，提高水的利用率，实现节约用水的主要手段，津南区地下水资源费的征收，经历了长期复杂而艰难的过程。

1988年10月，南郊区水利局撤销了农田基本建设办公室，成立了农田水利科和地下水资源管理办公室。由地下水资源管理办公室负责有关地下水资源的各项管理工作。

自1988年开始，依据《水法》，津南区境内凡使用地下水资源的区属工厂、企业、事业单位、城乡联合工业企业、村办工业企业、个体工业企业，按规定要交纳地下水资源费，并由区地下水资源管理办公室装表计量进行地下水资源费的征收工作。

（二）收费标准

1988—2010年，地下水资源费征收标准历经以下调整：1988年10月，区属企事业、城乡企业、个体企业按照0.0968元每立方米标准，村办企业按照0.05元每立方米标准进行地下水资源费的征收，农村生活用水、农业灌溉用水暂不征收；2007年3月1日，根据天津市政府法制办《关于调整水资源费收费标准的通知》，城市公共供水范围内的，地下水资源费标准为2.6元每立方米。城市公共供水范围外的，地下水资源费标准为2元每立方米。以地下水资源为水源的城市公共自来水，收费标准为0.1元每立方米；2009年，根据天津市政府《关于调整水资源费收费标准的通知》，城市公共供水范围内的，地下水资源费标准调整为3.4元每立方米。城市公共供水范围外的，地下水资源费标准调整为2.8元每立方米；2010年4月1日，根据天津市物价局和市财政局联合印发的《关于调整水资源费收费标准的通知》，城市公共供水范围内的，地下水资源费标准调整为4.6元每立方米。城市公共供水范围外的，地下水资源费标准调整为4.0元每立方米。

（三）征收情况

1998年，收取地下水资源费12.59万元。

1999年，征收地下水资源费17.40万元。

2000年，在强化取水许可制度的同时，津南区进一步完善取水计量设施的安装工作。普查企业生产是否安装用水计量设施，以及计量表损坏的情况，及时采取措施，发出整改通知，限期安装或更换计量设施。在此基础上，区地下水资源管理办公室采取定期普查或不定期抽查的方式，加强计量设施管理，为水资源费征收工作提供依据。

全区共有地下水资源管理费征收单位46个，机井62眼。征收地下水资源费17.56万元。

2001年，征收地下水资源费8.29万元。

2002年，全区共有地下水资源管理费征收单位48个，机井58眼。由于产业结构调整，市场疲软，绝大部分工业亏损，给征收工作带来很大难度，到10月底共征收地下水资源费10.54万元。

2003年，全区共有地下水资源管理费征收单位67个，机井78眼。征收地下水资源费28.51万元。

2004年，全区共有地下水资源管理费征收单位77个，机井90眼。征收地下水资源费30.38万元。

2005年，全区共有地下水资源管理费征收单位82个，机井95眼，征收地下水资源费8.84万元。发放取水许可证224个，其中2005年发放8个。

2006年，全区共有地下水资源费征收单位94个，机井123眼。由于部分企事业未正式投入使用或者停产破产，年底征收地下水资源费10.61万元。

2007年，征收地下水资源费130.59万元。

2008年，为强化地下水资源管理，改善水资源管理状况，在总结、调研的基础上，起草、拟定了《津南区地下水资源管理办法》初稿，待《天津市水资源管理办法》出台后，进行重新修改。区政府下发了《关于加强征缴地下水资源费的通知》，做出了水资源费由区水利局统一征收等5项规定。区水利局专门成立了地下水资源费征收小组，并配备专车，对被征收单位进行巡查征收的同时，宣传《取水许可和水资源费征收管理条例》的有关内容。当年内，下达责令限期缴纳水资源费决定书3份，征缴地下水资源费210.60万元。

2009年，加强对新增建设项目及企业用水计量设施管理，组织专人负责，对不合格的水表督促企业及时更换。对50余家企业依法足额征收地下水资源费，征缴地下水资源费240.01万元。

2010年，全区共有地下水资源费征收对象为90户，全年征收地下水资源费511.81万元，

1991—2010年津南区征收地下水资源费统计情况见表2-3-6。

表2-3-6 **1991—2010年津南区征收地下水资源费统计表**

年份	公共供水范围之内		公共供水范围之外		合计/万元
	征收标准/元每立方米	用户/户	征收标准/元每立方米	用户/户	
1991	—	—	—	—	20.25
1992	—	—	—	—	18.54
1993	—	—	—	—	17.42
1994	—	—	—	—	18.10
1995	—	—	—	—	14.48
1996	—	—	—	—	26.39

续表

年份	公共供水范围之内		公共供水范围之外		合计/万元
	征收标准/元每立方米	用户/户	征收标准/元每立方米	用户/户	
1997	—	—	—	—	7.03
1998	—	—	—	—	12.59
1999	—	—	—	—	17.40
2000	—	—	—	—	17.56
2001	—	—	—	—	8.29
2002	—	—	—	—	10.54
2003	1.9	—	1.3	—	28.51
2004	1.9	—	1.3	—	30.38
2005	1.9	—	1.3	—	8.84
2006	1.9	—	1.3	—	10.61
2007	2.6	—	2.0	—	130.59
2008	2.6	—	2.0	—	210.60
2009	3.4	—	2.8	—	240.01
2010	4.6	—	4.0	104	511.81
总计	—	—	—	—	1359.94

二、取水许可管理

1993年8月1日，国务院颁布《取水许可制度实施办法》，1995年2月14日，天津市人民政府发布了《天津市实施〈取水许可制度实施办法〉细则》。取水许可制度的实施对加强国家水行政主管部门对水资源逐步实行统一管理，促进水资源合理开发利用和保护有着十分重要的意义。它标志着依法管理水资源进入了一个崭新阶段。1995年，津南区开始推行取水许可制度，当年年底，完成了取水许可证审核发放工作。

津南区地下水资源管理办公室具体负责全区地下水取水许可制度的组织实施和监督管理工作。取水许可证是企业单位依法取用地下水的唯一凭证，区地下水资源管理办公室每年都要对所发放的取水许可证进行年审，对取水单位的实际用水量、取水户的节水措施以及所在行业的平均用水水平等方面进行全面评估，审核下一年度计划取水指标，合理压缩用水指标，以便保护地下水资源。凡需在津南区境内取用地下水资源的单位或个人，在向区水利局提出取用水申请后，区地下水资源管理办公室将按照相关规定权限和时限进行审批。取水许可的审批工作按照“工业井一律不予审批，生活井、农用井填一打一”原则进行，同时对新建、改建、扩建的项目实行水资源的论证工作。

1998年年底，全区保有取水许可证198套，并逐一审核批准了其年度用水计划。年内，配合市地下水资源管理办公室完成了三星毛纺有限公司的水平衡测试工作，并出据了有效数据，给水资源管理部门提供了该公司用水的准确数据。

1999年，新增加用水单位7家，准备在转年的换证年度里，核发取水许可证。1999年全区下达用水指标3035万立方米，其中工业用水量235万立方米，生活用水1300万立方米，农业用水1500万立方米。

2000年是取水许可证换发年度，由于农业及农村生活用井免征水资源费，各镇村对换发取水许可证的意义认识不足。区地下水资源管理办公室组织有关人员，逐镇逐村进行宣传引导，使大家认识到实行取水许可制度的重要性和必要性，主动配合取水许可证的办理，按时完成了换证工作。核发取水许可证198套，其中工业44套，农业154套。同时对全区区属乡镇企业下发了核减本年度用水指标的通知，要求各用水单位对本年度用水计划削减10％～15％。2000年在增加用水单位的情况下，压缩用水指标100万立方米，审核企事业单位许可证49本，下达取水指标225万立方米，比1999年压缩10万立方米，使下达的取水指标趋于合理。

2005年，全区有区属征收单位82个，机井95眼，征收水资源费20万元。发放取水许可证224个，其中2005年发放8个。

2006年4月15日，正式施行了国务院第123次常务会议通过的《取水许可和水资源费征收管理条例》，1993年8月1日，国务院颁布的《取水许可制度实施办法》同时废止。

2008年，为强化地下水资源管理，改善水资源管理状况，区水利局起草拟定了《津南区地下水资源管理办法》，经区政府批准同意后公布实施。津南区水资源管理工作步入法制化、规范化轨道。

2010年，根据全市的统一安排，为进一步加强机井管理及地下水资源保护工作，落实津南区政府《关于加强机井管理的通知》精神，强化取水许可制实施，加大取水计量设施的管理力度。区地下水资源管理办公室对企业生产用水没有计量设施或计量设施损坏的，发出整改通知，限期安装或更换计量设施；加强对新增建设项目及企业用水计量设施管理；对全区各企事业单位和各村的取水许可证进行了延展换证，完成取水许可证换证299套。

截至2010年，全区共发放取水许可证299套，核定地下水用水指标1836.652万立方米。

三、机井管理

随着津南区经济社会的迅速发展，水资源的需求量急剧增加，连年干旱导致津南区地表水资源量逐年减少，新打工农业、生活机井数量逐年增多。加之机井管理人员更换频繁、业务生疏，机井管理系统化、规范化建设亟待改善。

区地下水资源管理办公室负责全区水资源的开发、利用、管理和保护，开展水资源调查评价和水资源综合规划，负责建设项目的水资源论证工作，负责权限范围内的取水许可制度实施，水资源费的征收管理，严格执行《中华人民共和国水法》《取水许可和水资源费征收管理条例》《建设项目水资源论证管理办法》和《天津市地下水资源管理办法》，依法做好机井管理工作。

2009年，区政府下发了《关于加强津南区地下水资源管理的通知》。2010年，下发了《关于加强机井管理的通知》，为进一步加强机井管理及地下水资源保护工作提供了依据。《通知》强调：严禁商业、工业新打机井；农业实行打一填一的办法；全力做好回填井工作。区地下水资源管理办公室组织全区凿井企业学习贯彻《通知》精神。

（一）凿井审批

严格执行《水法》《取水许可和水资源费征收管理条例》，按照禁采区、限采区有关规定，依据全区地下水资源开采规划，严格凿井审批管理程序，做好新打机井的审批工作，做好新增地下水取水户建设项目论证，特别是工业机井的水资源论证，论证率达100％。

凿井审批程序：用水单位在申请凿井之前，先到具有论证资质的部门进行水资源论证与论证报告审查；论证报告审查通过后，到区地下水资源管理办公室递交打井申请；由区地下水资源管理办公室会同区水利局控沉办、水政科出据初步审查后报主管局长审批；审批通过后，建设单位制定施工方案，报区地下水资源管理办公室审查；审查同意后，方可由具有一定资质的凿井队伍实施打井工程；成井后，报请区地下水资源管理办公室组织验收，验收合格后，方可办理取水许可证。

（二）队伍管理

为适应新《水法》《建设项目水资源论证管理办法》和《天津市地下水资源管理办法》等法律法规的需要，加强天津市凿井队伍的行业管理，2003年9月29日，天津市人民政府抗旱打井办公室制定了《天津市凿井队管理办法》。各区、县地下水资源管理办公室（打井办公室）是当地凿井队行业管理的主管部门；打井队必须持有天津市人民政府抗旱打井办公室颁发的《天津市凿井许可证》方能从事机井工程施工；外埠打井队在境内承揽打井工程时，必须事先经市政府抗旱打井办公室审核，办理《天津市临时凿井许可证》，否则不准施工；各井队只能在《凿井许可证》规定的业务范围内钻凿机井工程；井队的凿井井位和取水层位由主管部门统一安排；井队施工必须严格执行有关的规程、规范、条例及凿井审批文件中的有关规定，确保施工安全和机井质量；成井后向主管部门提交成井报告及有关资料，主管部门负责组织验收。

（三）机井建设

截至2010年年底，全区共有机井961眼，其中生活取用水井387眼，工业取用水井354眼，农业灌溉取用水井129眼，其他林牧渔副及生态取用水井82眼，地热井9眼。1991—2010年打井修井情况如下：

1991年，全区新打机井4眼，修复病井18眼，更新设备12台套，维修机井泵13台。

1992年，全区新打机井11眼，修复病井8眼，更新设备22台套，维修机井泵10台，封堵报废机井17眼。

1993年，全区新打机井7眼，修复病井48眼，其中维修机井8眼，更新设备21台套，维修机井泵19台。截至1993年年底，全区共有机井740眼，有完好机井679眼，完好率为91.76%。

1994年，全区新打机井15眼，修复病井22眼，其中维修机井2眼，更新设备13台套，维修机井泵7台。截至1994年年底，全区共有机井751眼，有完好机井675眼，完好率为89.88%。

1995年，全区新打机井16眼，其中农业抗旱机井13眼，工业生活机井3眼；全年修复病井8眼，更新设备2台套，维修机井泵15台。回填报废机井5眼，恢复使用能力机井25眼。截至1995年年底，全区共有机井745眼，有完好机井641眼，完好率为86.04%。

1996年，全区新打机井13眼，修复病井10眼，更新设备9台套，回填报废机井12眼。截至1996年年底，全区共有机井758眼，有完好机井668眼，完好率为88.1%。

1997年，全区新打机井14眼，修复病井30眼，更新设备45台套，维修机井泵35台。回填报废机井7眼。截至1997年年底，全区共有机井776眼，其中生活用水井162眼，工业用水井159眼，农业灌溉用水井453眼，其他用水井2眼。有完好机井650眼，完好率为83.76%。

1998年，全区新打机井10眼，修复病井40眼，机泵更新5台套，机泵维修46台套，回填报废机井 3 眼；鉴于津南区地属咸水层较深地区，区水利局向市主管部门争取微咸水开发项目，全年共打浅井 15 眼，新增井灌溉面积 313.33 公顷；截至 1998 年年底，全区共有机井 781 眼，其中生活用水井 212 眼，工业用水井 160 眼，农业灌溉用水井 391 眼，其他用水井 18 眼，共有完好井 525 眼，完好率为 67.22%。

1999 年，全年新打机井 12 眼，修复病井 53 眼，其中维修机井 25 眼，更新机泵 20 台套，维修机泵 37 台套，回填报废机井 4 眼；截至 1999 年年底，全区共有机井 779 眼，其中农业灌溉用水井 383 眼，生活用水井 211 眼，工业用水井 164 眼，农村工副业用水井 21 眼。完好机井 638 眼，机井完好率 81.89%；津南区共有地下水位动态观测井 48 眼，统测机井 82 眼，浅层观测井 2 眼。全年提供观测数据 4350 个，完成了全区地下水水位动态监测及开采量统计。根据资料分析，津南区地下水最低静水位埋深－97.97 米，最高静水位埋深－19.91 米，平均静水位埋深－78.92 米，静水位下降速度平均每年 1.5 米。

2000 年，全区新打机井 19 眼，总进尺 9200.09 米，单井最高出水量 110 立方米每时，平均单井出水量 80.52 立方米每时，其中农业用水井 6 眼，效益面积 213.33 公顷。生活用水井 5 眼，解决 11000 人饮水问题。乡镇、三资企业用井 8 眼；全年维修机井 20 眼，设备更新 15 台套，机泵维修 30 台套，回填报废机井 10 眼，总投资 675.16 万元；截至 2000 年年底，全区有机井 788 眼，其中生活用水井 211 眼，灌溉用水井 405 眼，工业用水井 172 眼，有完好机井 640 眼，完好率达 81.22%；全区有地下水水位观测井 48 眼，其中自动观测井 7 眼，浅层观测井 2 眼。设有地下水开采量观测井 48 眼，用于观测全区的地下水位动态及统计开采量，全年观测数据 4500 个。据资料分析，津南区地下水最低静水位埋深－103 米，最高静水位埋深－19.97 米，平均静水位埋深－83.21米。

2001 年，全区新打机井 28 眼，其中企业用井 4 眼，地震观测井 1 眼，总进尺 12587.69 米。单井最高出水量 120 立方米每时，平均单井出水量 80.11 立方米每时，工程总投资 609 万元，其中市补资金 7 万元，区补资金 7 万元，市交通委员会支援资金 35.3 万元，镇村自筹资金 559.7 万元；全年共维修机井 42 眼，更新设备 51 台套，维修机泵 39 台套，回填报废机井 2 眼，总投资 255.84 万元，其中市补资金 3 万元，区补资金 3 万元，市交通委员会支援资金 14.0545 万元，镇村自筹资金 235.79 万元；截至 2001 年年底，全区共有机井 735 眼，其中生活用水井 211 眼，灌溉用水井 349 眼，工业用水井 175 眼。共有完好机井 591 眼，完好率 80.41%。

全区有地下水位观测井 49 眼，浅层观测井 2 眼，地下水开采量观测井 47 眼（其中自动观测井 14 眼），统筹观测全区地下水位动态及统计开采量。全年观测数据 4500 个。据资料分析，津南区地下水最低静水位埋深－107.34 米，最高静水位埋深－15.887 米，平均静水位埋深－77.23 米。

2002 年，全区新打机井 49 眼，其中工业井 22 眼，农业井 7 眼，生活井 18 眼，养殖井 2 眼，总进尺 253947.18 米，单井最高出水量 120 立方米每时，平均单井出水量 75.48 立方米每时，工程总投资 1108.72 万元；全年共维修机井 47 眼，设备更新 38 台套，机泵维修 54 台套，报废机井 9 眼，总投资 281.3 万元；截至 2002 年年底，全区共有机井 777 眼，其中生活用水井 224 眼，农业灌溉用水井 359 眼，工业用水井 194 眼。完好机井 670 眼，完好率 86.22%；全区共有地下水位观测井 50 眼，其中浅层观测井 2 眼，地下水开采量观测井 48 眼（其中自动观测井 17 眼），全年提供观测数据 4500 个。据资料分析，津南区地下水最低静水位埋深－121.5 米，最高静水位埋深－16.027 米，平均静水位埋深－79.278 米。

2003 年，津南区新打机井 46 眼，其中工业井 16 眼，农业井 15 眼，生活井 13 眼，养殖井 2 眼。总进尺 22398.02 米，单井最高出水量 125 立方米每时，平均单井出水量 76.43 立方米每时；维修机井 40 眼，更新维修机泵 98 台套，报废机井 15 眼，总投资 1285.817 万元，解决了 102 个村的饮水困难问题；全区共有机井 808 眼，其中生活用水井 247 眼，农业灌溉用水井 353 眼，工业用水井 208 眼；其中完好机井 685 眼，完好率 84.77%；全区共有地下水位观测井 51 眼，其中浅层观测井 2 眼，地下水开采量观测井 49 眼（其中自动观测井 17 眼）。

2004 年，津南区新打机井 37 眼（含人畜饮水解困机井 8 眼），其中工业井 18 眼，农业井 4 眼，生活井 15 眼（含人畜饮水解困打井 8 眼）。总进尺 14181 米，单井最高出水量 130 立方米每时，平均单井出水量 80.48 立方米每时；同年 7 月，天津市水利局批复同意，津南区新增农村人畜饮水解困工程，总投资 252.1 万元，2004 年 11 月完工。新打机井 8 眼，解决 5 个镇 8 个村 12081 人口的饮水问题；全年共维修机井 65 眼，机泵维修 80 台套，回填报废机井 15 眼；截至 2004 年年底，全区共有机井 847 眼，其中生活用水井 242 眼，农业灌溉用水井 370 眼，工业用水井 235 眼。有完好机井 702 眼，完好率 82%；全年获得观测数据 3672 个，津南区地下水最低静水位埋深－167 米，最高静水位埋深－35 米。

2005 年，津南区新打机井 32 眼，其中工业井 14 眼，农业井 5 眼，工副业机井 2 眼，餐饮机井 2 眼，绿化机井 1 眼，生活井 8 眼。总进尺 16312.8 米，最大出水量 119 立方米每时，平均出水量 82 立方米每时；全年维修机井 80 眼，维修机泵 95 台套，回填报废机井 8 眼；截至 2005 年年底，全区共有机井 873 眼，其中生活用水井 253 眼，工业用水井 245 眼，农业用水井 375 眼。共有完好机井 725 眼，完好率 83.05%。

2006 年，全年新打机井 46 眼，维修机井 60 眼，维修机泵 105 台套，回填报废机井 3 眼；截至 2006 年年底，全区共有机井 924 眼，其中生活用水井 268 眼，工业用水井

275 眼，农业用水井 381 眼。完好机井 756 眼，完好率 81.82%。津南区地下水开采指标值为 3036.61 万立方米（含市属企业），压采比例为 3%。

2007 年，全区新打机井 30 眼，其中企事业用井 14 眼，农业用井 12 眼，生活用井 4 眼，总进尺 15600 米，最大出水量 118 立方米每时；维修机井 40 眼，机泵维修 90 台套，回填机井 3 眼。截至 2007 年年底，全区共有机井 957 眼，其中生活用水井 272 眼，企事业用水井 293 眼，农业用水井 392 眼，完好机井 756 眼，完好率 79%。

2009 年，全区新打机井 19 眼，其中绿化机井 9 眼，农业机井 2 眼，生活机井 2 眼，其他机井 6 眼；在完成市局下达回填机井 5 眼任务的同时，自筹资金完成回填报废机井 40 眼。

2010 年，全年完成回填机井 15 眼，封存机井 35 眼。

1991—2010 年津南区机井建设统计情况见表 2-3-7。

表 2-3-7　　**1991—2010 年津南区机井建设统计表**

<table>
<tr><th rowspan="2">年份</th><th colspan="5">新打机井/眼</th><th rowspan="2">修复病井/眼</th><th rowspan="2">回填机井/眼</th><th rowspan="2">封存机井/眼</th></tr>
<tr><th>农业</th><th>工业</th><th>生活</th><th>其他</th><th>合计</th></tr>
<tr><td>1991</td><td>—</td><td>—</td><td>—</td><td>—</td><td>4</td><td>18</td><td>—</td><td>—</td></tr>
<tr><td>1992</td><td>—</td><td>—</td><td>—</td><td>—</td><td>11</td><td>8</td><td>7</td><td>—</td></tr>
<tr><td>1993</td><td>—</td><td>—</td><td>—</td><td>—</td><td>7</td><td>48</td><td>—</td><td>—</td></tr>
<tr><td>1994</td><td>8</td><td colspan="2">7</td><td>—</td><td>15</td><td>22</td><td>—</td><td>—</td></tr>
<tr><td>1995</td><td>13</td><td colspan="2">3</td><td>—</td><td>16</td><td>8</td><td>5</td><td>—</td></tr>
<tr><td>1996</td><td>—</td><td>—</td><td>—</td><td>—</td><td>13</td><td>10</td><td>12</td><td>—</td></tr>
<tr><td>1997</td><td>—</td><td>—</td><td>—</td><td>—</td><td>14</td><td>30</td><td>7</td><td>—</td></tr>
<tr><td>1998</td><td>—</td><td>—</td><td>—</td><td>—</td><td>25（包括15 眼浅井）</td><td>40</td><td>3</td><td>—</td></tr>
<tr><td>1999</td><td>—</td><td>—</td><td>—</td><td>—</td><td>12</td><td>53</td><td>4</td><td>—</td></tr>
<tr><td>2000</td><td>6</td><td>8</td><td>5</td><td>0</td><td>19</td><td>20</td><td>10</td><td>—</td></tr>
<tr><td>2001</td><td>—</td><td>4</td><td>—</td><td>—</td><td>28</td><td>42</td><td>2</td><td>—</td></tr>
<tr><td>2002</td><td>7</td><td>22</td><td>18</td><td>2</td><td>49</td><td>47</td><td>—</td><td>—</td></tr>
<tr><td>2003</td><td>15</td><td>16</td><td>13</td><td>2</td><td>46</td><td>40</td><td>—</td><td>—</td></tr>
<tr><td>2004</td><td>4</td><td>18</td><td>15</td><td>0</td><td>37</td><td>65</td><td>15</td><td>—</td></tr>
<tr><td>2005</td><td>5</td><td>14</td><td>8</td><td>5</td><td>32</td><td>80</td><td>8</td><td>—</td></tr>
</table>

续表

年份	新打机井/眼					修复病井/眼	回填机井/眼	封存机井/眼
	农业	工业	生活	其他	合计			
2006	6	27	13	0	46	60	3	—
2007	12	14	4	0	30	40	3	—
2008	—	—	—	—	37	—	19	—
2009	2	0	2	15	19	—	45	—
2010	1	—	11	26	38	—	15	35
总计					498	631	158	35

(四)机井普查

1991年以来，津南区由于新打机井较多，机井管理人员更换频繁等诸多原因，给机井管理工作造成许多不便。为使机井管理系统化、规范化，根据天津市水利局和市地下水资源管理办公室的有关要求，津南区水利局分别于1999年、2001年、2009年，3次在全区范围内实施机井工程普查。区水利局成立了机井工程普查领导小组，主管局长任组长，精心作好前期准备工作，同时举办了机井普查工作学习班，组织全区各镇水利站站长、机井管理员和其他有关人员参加学习。专门聘请市机井普查办公室的专业人员授课指导，讲解外业用的GPS卫星定位仪的使用方法及业内表格填写要求，为全面完成机井普查工作打下了良好的理论基础。

1999年，区地下水资源管理办公室利用2个月的时间，在各镇水利站的配合下，完成全区机井普查定位工作。经普查：全区共有机井779眼，其中农业用水井383眼，生活用水井211眼，工业用水井164眼，农村工副业用水井21眼。机井完好率81.9%，机泵完好率77.68%，报废机井17眼。

2001年8月1日至10月31日，普查人员完成了全区791眼机井的定位工作。通过机井普查，截至2001年年底，全区共有机井735眼，其中生活用水井211眼，灌溉用水井349眼，工业用水井175眼。完好机井591眼，完好率80.41%。

2009年12月10日至2010年1月底，津南区自筹资金30万元，利用GPS卫星定位对全区机井进行了地毯式普查。完成了全区944眼机井和103个地面沉降水准监测点普查工作，对机井和水准点进行拍照，定位，整理成册。编制完成了《津南区2010年开展地下水压采及水源转换工程立项报告》，积极开展地下水压采工作，完成压采任务171.3万立方米。

(五)机井回填

由于部分机井使用年限过长，受地质变化的影响，致使水泥管井井管错位报废，同时随着各镇村土地整合、城乡一体化建设工作的推进，部分镇村出现机井废弃，无人管理的现象。针对这一情况，为有效保护地下水资源，津南区自2005年开始，有计划地逐年对报废机井进行回填、封存工作。采取清淤后用黏土球进行回填处理。截至2010年，共回填机井158眼，封存机井35眼。

四、控沉管理

地面沉降又称为地面下沉或地陷，是地质灾害之一。有自然的地面沉降和人为的地面沉降之分。自然的地面沉降一种是在地表松散或半松散的沉积层在重力的作用下，由松散到细密的成岩过程；另一种是由于地质构造运动、地震等引起的地面沉降。人为的地面沉降主要是大量抽取地下水所致，超量开采地下水资源是导致地面沉降的主要原因之一，这也是津南区成为全市地面沉降最为严重地区的主要原因。

地下水位动态监测工作是水资源保护的重要组成部分，及时掌握地下水位基础资料，分析水位变化情况，是合理开发利用地下水资源、控制地面沉降工作的基础。津南区地下水位动态观测工作开始于1980年，截至2010年年底，全区有地下水位动态观测井40眼，其中自动观测井18眼，人工监测井22眼；地下水量观测井45眼，部分机井处于封存或备用状态，多数不能用于观测；统测井54眼。上述机井用于统计开采量，统一观测全区地下水位动态。

2008年初，区水利局编制完成了《津南区2008年控制地面沉降工作计划》。

2009年出台了《关于加强津南区地下水资源管理的通知》，进一步规范了地下水资源管理积极做好控沉工作。津南区成立了区控制地面沉降工作领导小组，积极开展控沉工作；建有103个沉降水准点，随时监测地面沉降情况；编制完成了《津南区2009年地下水压采计划》和《2009年葛沽镇地下水压采计划》，2009年年底超计划完成216.5万立方米的压采任务目标，有效控制地面沉降。

津南区2009年度平均沉降量51毫米，比2006—2008年3年平均沉降量减少5毫米，仍是全市地面沉降最严重的地区。最大沉降量89毫米，位于双桥河镇北部；沉降量大于30毫米的面积为359平方千米，基本覆盖了外环线以外津南区的所有区域；沉降量大于50毫米的面积为223平方公里；沉降量大于70毫米的面积为23平方公里，位于双桥河镇和葛沽镇。

2010年采用GPS卫星定位系统，采取地毯式普查的方式，普查全区944眼机井和103个地面控沉水准监测点。对机井和水准点进行拍照、定位、整理成册；编制完成了《津南区2010年开展地下水压采及水源转换工程立项报告》；严格执行取水许可制度和凿井审批程序，严禁商业、工业新打机井，农业实行打一填一的办法，完成压采任务

171.3万立方米；继续做好回填井、封存井工作，2009—2010年津南区共回填机井55眼、封存机井35眼。

第四节 水生态环境

一、水生态环境现状

1991—2010年津南区平均降水量为485.3毫米，其中70%集中在7—9月。平均蒸发量约为1596.9毫米。地表水资源量为0.3亿立方米，地下水资源量为0.16亿立方米，水资源总量为0.46亿立方米，人均不足120立方米，属资源性缺水地区。

随着津南区乡镇工业的迅猛发展，城市化建设步伐的不断加快，人民生活水平的提高，用水量持续增加，污水排放量急剧升高，致使河道水污染严重，河道功能退化。污染主要来自以下几个方面。

随着全区城镇化和工业化的步伐加快，工业废水和生活污水排放量不断增加，加之污水处理基础配套设施建设的滞后，废污水直接排入河道。

由于群众环保意识偏低，把河道作为天然的垃圾场，生活垃圾淤填河道的同时，导致水体严重污染。

河道排蓄功能不分，形成封闭状态，加之长期严重缺水，导致污染物不能迁移转化，河道水体基本丧失了自净功能，个别河道淤积严重，河水颜色黝黑、气味难闻、水质严重恶化。

大沽排污河自西向东流经津南区全境，河面废弃漂浮物淤堵严重，跨河倒虹漏水致使二级河道水质受到污染。一些造纸厂、化工厂不能达标排放，加之部分村庄引污灌溉，加重了区内二级河道水质的污染。

在全区已基本实现了河河相通、渠渠相连的河网化管理的同时，也存在着各河系咸淡不分、清污合流的问题，造成土壤污染，生态环境日趋恶化。

2009年，津南区环保局对全区河道水质状况和水质污染变化趋势进行监测和评价。《2009年度津南区环境质量报告书》表明：月牙河西大桥景观断面的水质达到Ⅴ类水体标准，其他河道的总体水质为劣Ⅴ类。

2005—2010年，津南区先后对双桥河、月牙河、马厂减河、海河故道、大沽排污河、幸福河、胜利河实施了水环境综合治理工程，基本达到了“水清、岸绿”的治理目标，使全区的水污染状况逐年得到改善（详见第六章）。

2009年，为强化污水排放管理，改善水生态环境，区水利局组织人力、物力对辖区内各河道排水（污）口进行了普查登记，共登记排水（污）口154处（塘沽区界内3处），其中市政雨水泵站排水口8处，企业排水口22处，水利排水口116处，剩余8处排水（污）口性质为其他。通过此次普查登记，达到了如下几个目标：①掌握了入河排水（污）口数量及其分布情况；②取得了排水（污）口经纬度资料及照片；③基本掌握了入河排污口排污量及污染物种类；④初步建立了入河排水（污）口信息资料档案；⑤为管理单位提供了翔实的数据资料。

由于地表水资源匮乏，又受到不同程度的污染，全区的工农业生产及农村生活用水只有依靠开采地下水来维持，连年的超采地下水，造成地下水位下降，地下水漏斗面积不断扩大。2004年2月，天津市人民政府正式出台《天津市控制地面沉降管理办法》，全面规范了天津控沉工作，按照市政府要求，津南区开始开展控制地面沉降工作，监测区界内地面沉降量。2004年津南区平均沉降量为50毫米。截至2010年，津南区平均沉降量为57毫米。

二、水生态环境恢复目标

通过实施节水治污、水资源优化配置、水土保持以及水资源统一管理等措施，提高水资源承载能力。建立节水型农业、节水型工业和节水型社会，推广节水灌溉新技术、工业用水新工艺，提高工业用水重复利用率，统筹协调生产、生活、生态用水，提高水资源综合利用效益，使全区的水生态环境总体恢复到20世纪70年代初的水平，基本满足全区经济社会可持续发展的要求。

三、水生态环境恢复措施

调整产业结构和经济布局，发展低耗水产业。坚持以供定需原则，量水而行。在经济规模、城镇布局和人口发展等各项经济社会发展规划中，充分考虑全区水资源条件，实行总量控制、定额管理，促进水资源的节约与保护。合理配置生活、生产和生态用水，既要保证经济社会的稳定与发展，又要保护生态环境。适时调整经济布局和产业结构。大力发展节水高效农业，扩大旱作农业面积。

搞好水污染防治是恢复水生态环境的重要手段。水污染治理要从源头抓起，以防为主，防治结合，运用经济、政策法规、技术手段达到防治污染的目的。大力推进清洁生产，污染治理由从末端处理改为源头控制。实行排污总量控制，加强对入河排污口的管理，不达标的污水禁止排放。加快污水处理设施建设，提高污水处理率。增收污水处理费，用经济手段控制污染。

加强对地下水开采的管理。使用自来水的地区禁止开采地下水（特殊情况除外），新开采地下水要对开采水量及对环境的影响进行严格的可行性论证，根据地下水超采情况和造成的危害程度谨慎审批。

第五节 节 约 用 水

一、节水管理

津南区1985年8月15日成立津南区节约用水办公室，设为处级单位，由津南区建委管辖。2002年政府机构改革，节水管理职能划归津南区水利局，区水利局加挂津南区节约用水办公室的牌子，处级单位，负责津南区的供水、计划用水和节约用水的管理工作。

2002—2010年，按照水利部“从传统水利向现代水利、可持续发展水利转变，全面开展节水型社会建设，解决水资源的短缺问题，以水资源的可持续利用支撑经济社会的可持续发展”的治水思路，广泛开展节水宣传，提高全社会的节水意识。对全区非居民用水户实施了计划用水指标管理，以近3年用水量为参照，以用水定额为参考，对主要用水户开展水平衡测试，了解用水状况，提供科学管理依据。通过实行超计划用水累进加价等行政手段，促进用水单位采取各种措施节约用水。

2002年，津南区的节水管理工作成绩突出，被天津市城市节约用水办公室评为节水先进集体。2006年度，被评为“天津市节水统计工作先进集体”。

二、节水工程

（一）天津市通达服装厂整型车间熨烫尾水回收循环再利用工程

天津市通达服装厂位于葛沽镇，有职工800人，占地面积7500平方米，在服装烫整定型工序中，使用的18台自动、8台手动烫整机，产生大量蒸馏水，满负荷生产时日排放90℃以上热水30立方米。为了节约用水，兴建整型车间熨烫尾水回收循环再利用工程，提高水的利用率，保护有限的水资源。

1996年7月23日，天津市通达服装厂整型车间熨烫尾水回收循环再利用工程开工，10月1日竣工投入使用。完成工程项目包括：新建泵房1间，集水池1座，铺设管道

450米，安装热水循环泵3台套。完成投资21.55万元，市、区补助11.5万元，厂自筹10.05万元。

经试运转测算，按年开工率85%计算，每年可少开采地下水9.3万立方米，节约地下水资源费0.9万元，节约电费3.72万元，节约购煤款1.6万元，节约费用总计达6.22万元。

（二）津南大恒橡胶制品厂循环水工程

津南大恒橡胶制品厂是生产汽车内胎、胶管、胶板的福利企业，占地面积3320平方米。生产中轧胶机和挤出机需要大量循环冷却水，每日排水量为90立方米。按开工10个月计算，没有安装回收装置时，年用水量高达27000立方米，该厂决定实施循环水再利用工程。

1997年2月20日，循环水再利用工程动工，9月竣工，总投资19.48万元。完成工程包括：新建55立方米蓄水池1座，15平方米泵房1间，安装直径75毫米输水管道120米，直径75毫米回水管道120米，直径25毫米回水支管道400米，安装配套电气控制及辅助设施。

经试运转测算，年开工率按85%计算，每年可节约地下水2.7万立方米，节约地下水资源费0.263万元，节约排污费0.945万元，节约电费1.537万元，节约其他费用1万元，年节约各项费用总计3.745万元。

三、节水型社会建设

2005年，天津市启动节水型社会建设，津南区水利局组织开展了一系列节水型社会建设活动。以“世界水日”、“科技周”为契机，利用电视、报纸等宣传媒体，开展送法下乡、现场咨询、节水知识专题讲座、企业座谈、居民座谈等多种形式的节水宣传活动，提高全民节水意识，营造良好的节水社会氛围。

每年年初，区节约用水办公室组织非居民用水户制订用水计划，按时完成用水报表，做好计划用水管理，并上报到市节水事务管理中心。对全区用水户实行计划用水管理，严格执行《天津市行业用水定额》的有关规定，取水户计量率达100%，大指标小用量的局面得到改观，有效防止水资源浪费。

2005年3月22日，第十三届“世界水日”暨第十八届“中国水周”期间，区水利局围绕“珍惜水资源，保护母亲河，营造人水和谐环境”这一主题，以“节水、保水、护水”为重点，开展一系列水法制宣传活动。组织有关部门深入洪泥河引黄供水沿线各有关镇、村开展送法下乡活动。区节约用水办公室、区水利局水政监察科、地下水资源管理办公室等部门对全区境内用水单位进行节水专项检查，对没有办理用水许可证及节水措施不完善、用水计量设施不完整的单位，责令其限期改正。同时向用水单位发放《节水条例》等宣传材料100余份，为推进节水型社会建设营造良好的社会氛围。

2005—2010年，津南区相继完成双桥河、月牙河、马厂减河、大沽排污河、海河故道、幸福河、胜利河等多条区管二级河道的综合治理工程，改善提高了津南区的生态环境。

2006年，区水利局编制完成《津南区建设节水型社会规划》。

2007年，津南区政府审议通过《津南区节水型社会试点建设实施方案》，成立了以常务副区长为组长的节水型社会建设领导小组，构建区、镇、村三级节水管理机构。12月10日，津南区召开区节水型社会试点建设工作会议。常务副区长赵仲华、副区长李学义、水利局局长赵燕成、副局长赵明显和区节水型社会试点建设领导小组成员单位主要领导及各镇、长青办事处主管领导、水利站长参加了会议，副区长李学义主持会议。会议对全区节水型社会试点建设进行了部署。

2008年，区水利局主管副局长带领有关人员深入企业经济委员会、教育委员会等成员单位，就节水型社会试点建设的有关问题进行座谈，进一步推动节水型社会试点建设工作的实施。同时，津南区节约用水办公室聘请市节水事务管理中心的专家，对全区用水单位进行创建节水型企业（单位）工作培训，详细地讲解创建节水型企业（单位）的具体事项和要求，津南区节水型企业（单位）创建工作逐步展开。年内，津南区完成节水型城市建设自查工作。并通过市节水型企业（单位）创建工作专家验收小组的验收。

2010年，津南区实行超计划用水累进加价收费制度。区节约用水办公室重点检查了30个用水大户，现场更换不符合节水要求的用水器具。

四、节水型企业创建

2006年，天津市节约用水办公室、天津市经济委员会下发《关于进一步规范节水型企业（单位）评选活动的通知》，依据通知精神，区节约用水办公室开展了节水型企业（单位）的评选活动。2008年年底，有4家企业（单位）首次取得天津市节水型企业（单位）称号。截至2010年，全区节水型企业覆盖率约为非居民用水户取水量的10%。经过申报、检查、评审验收，全区有13家企业（单位）、小区获得天津市政府命名的节水型企业（单位）、小区的荣誉称号，分别是津南区劳动和社会保障局、津南区市容和园林管理委员会、津南区药品监督局、津南区咸水沽第三中学、津南区水利局、天津市先达精密压铸有限公司、津南区第一幼儿园、天津市立林机械集团有限公司、津南区少年宫、津南区城乡建设委员会、天津市长青水上物品管理有限公司、津南区咸水沽镇益华里社区委员会、津南区惠苑小区。

五、节水宣传

津南区水利局建立健全了节水宣传工作机制，“世界水日”、中国水周、城市节水宣传周、科技周为契机，组织有关科室人员进机关、进学校、进幼儿园、进企业、进社区、进乡村、进闹市，开展形式多样的节水宣传活动。2002—2010年，累计投入资金近20万元，利用各种宣传媒体，联合社会各界力量，组织节水宣传近60次，发放各类节水宣传材料近16万份，营造了全民节水的良好氛围。

（一）固定场所宣传

每年5月中旬，区节约用水办公室会同有关部门分别在区政府门前、各镇政府门前、集市路口等人群聚集的地方设立宣传咨询站，向过往群众宣传节水知识，发放节水宣传材料。区相关领导和部门负责人参加宣传。2010年5月15日，区节约用水办公室举行城市节水宣传周启动仪式，联合区科协共同举办综合性节水宣传活动。

（二）进农村、社区宣传

每年3月底，区节约用水办公室结合“中国水周”进行节水宣传进农村、社区活动，把节水宣传材料分发到各镇政府，会同各镇节水管理部门发放到各村委会及农民手中。组织社区老党员、居民代表座谈，深入居民家中宣传节水法律法规，发放节水宣传材料。2004年3月底以“中国水周”为契机，区节约用水办公室深入引黄输水沿线镇村开展节约用水常识宣讲会。2010年5月19日，区节约用水办公室邀请了天津市节水事务管理中心工程师在双港镇举办了节约用水专题讲座，60余名党员干部和村民代表参加了座谈。8月2日，区节约用水办公室联合区水务局水政监察科等相关科室对全区20世纪70—90年代的居民住宅楼用水器具进行典型调整，共入户143户，用水器具485个（套），其中节水器具377个（套），非节水器具108个（套）。

（三）进学校、幼儿园宣传

区节约用水办公室组织相关人员深入津南区实验小学、津南区第一幼儿园对学生和幼儿进行节水知识宣讲，节约用水从娃娃抓起。

（四）进企业宣传

向企业发放节水宣传材料，介绍节水新设备。2004年，区节约用水办公室会同区水务局水政监察科开展节水专项大检查。2010年3月26—27日，区节约用水办公室会同区水务局水政监察科、地下水资源管理办公室组成检查小组，在全区范围内开展节水设施大检查，对全区30家用水大户进行节水宣讲和重点检查，发放各类宣传材料300

份，对不合格节水设施进行了更换。

（五）进机关宣传

张贴节水提示牌，推介节水新器具。2006 年 3 月 23—24 日，区水利局组织干部职工参观中国节水用水先进技术设备展览会。2010 年 6 月 8 日，区水务局组织干部职工开展节水知识教育活动，参观天津节约用水科技馆。

第三章

防汛抗旱

津南区地处海河干流中下游南岸，地势低洼，汛期降雨集中，排水不畅，易发生沥涝。春季多风少雨蒸发量大，随着客水逐年减少，土地失墒干旱，盐碱化严重。1991—2010年，津南区以旱为主，间有洪涝，灾害连年。抗灾救灾工作始终贯彻“以防为主，常备不懈，安全第一，全力抢险”的方针，本着“宁可信其有，不可信其无”的指导思想，最大限度地保证人民群众生命财产安全，确保国民经济的可持续发展。

第一节　防　汛　准　备

一、组织机构

津南区设有防汛抗旱指挥部，每年根据各部门人事变动情况进行微调，并将调整后的指挥部成员构成以区政府正式文件形式下发至各相关单位。津南区防汛抗旱指挥部指挥由区长担任，副指挥由常务副区长、主管农业副区长、武装部部长、农委主任、建委主任及水利局局长担任。成员由区政府办、发改委、商务委、建委、科委、人防办、财政局、安监局、运管局、房管局、环保局、水利局、教育局、卫生局、文化局、公安分局、民政局、开发区管委会、农林局、农机局、畜牧水产局、气象局、预备役高炮二团、交警支队、石油公司、供电公司、电话局、供销社及各镇的负责人组成。

区防汛抗旱指挥部下设办公室，办公室设在区水利局，负责处理日常工作。各镇政府设有防汛指挥机构，由镇长负总责，主管副镇长具体负责防汛工作，加强对防汛抗旱工作的领导。

每年汛前由区武装部、预备役四团负责，组成以民兵预备役战士为主的2万～3万人的抢险队伍。这支队伍除担负本单位抢险任务外，区内抢险需要时可由市、区防汛指挥部统一调动。1991—2010年津南区防汛抗旱指挥部成员名单见表3-1-8。

二、物资储备

每年汛前采取国家备料和号料相结合的办法，责成区供销社、物资局、粮食局、水

表 3-1-8 **1991—2010 年津南区防汛抗旱指挥部成员名单表**

年份	指挥	副 指 挥	防办主任	备注
1991	李永安（区长）	许惠定（副区长）、王梦海（农经委主任）、王好科（水利局局长）、郭建楚（武装部部长）	赵燕成（水利局副局长）	
1992	李永安（区长）	孙希英（副区长）、王梦海（农经委主任）、王好科（水利局局长）、郭建楚（武装部部长）	赵燕成（水利局副局长）	
1993	李永安（区长）	孙希英（副区长）、王梦海（农经委主任）、王好科（水利局局长）、郭建楚（武装部部长）	赵燕成（水利局副局长）	
1994	何荣林（区长）	孙希英（副区长）、杜金星（水利局局长）	赵燕成（水利局副局长）	
1995	何荣林（区长）	孙希英（副区长）、杜金星（水利局局长）	赵燕成（水利局副局长）	
1996	何荣林（区长）	孙希英（副区长）、杨学义（农经委主任）、杜金星（水利局局长）	赵燕成（水利局副局长）	
1997	励小捷（区长）	孙希英（副区长）、杨学义（农经委主任）、杜金星（水利局局长）	赵燕成（水利局副局长）	
1998	郭天保（区长）	李树起（副区长）、宋健华（武装部部长）、杨学义（农经委主任）、杜金星（水利局局长）	崔希林（水利局副局长）	
1999	郭天保（区长）	李树起（副区长）、宋健华（武装部部长）、杜金星（农经委主任）、赵燕成（水利局局长）	崔希林（水利局副局长）	
2000	郭天保（区长）	李树起（副区长）、宋健华（武装部部长）、杜金星（农经委主任）、赵燕成（水利局局长）	郭凤华（水利局副局长）	
2001	郭天保（区长）	李树起（副区长）、宋健华（武装部部长）、杜金星（农经委主任）、赵燕成（水利局局长）	郭凤华（水利局副局长）	
2002	刘树起（区长）	李树起（副区长）、宋健华（武装部部长）、杜金星（农经委主任）、赵燕成（水利局局长）	毕永祥（水利局副局长）	
2003	刘树起（区长）	杨玉忠（副区长）、宋健华（武装部部长）、冯国扬（农经委主任）、赵燕成（水利局局长）	毕永祥（水利局副局长）	

续表

年份	指挥	副　指　挥	防办主任	备注
2004	刘树起（区长）	杨玉忠（副区长）、冯国扬（农经委主任）、赵燕成（水利局局长）、左军（武装部部长）	毕永祥（水利局副局长）	
2005	刘树起（区长）	杨玉忠（副区长）、冯国扬（农经委主任）、赵燕成（水利局局长）、陈恒斌（武装部部长）	毕永祥（水利局副局长）	
2006	刘树起（区长）	杨玉忠（副区长）、冯国扬（农经委主任）、赵燕成（水利局局长）、陈恒斌（武装部部长）	毕永祥（水利局副局长）	
2007	李广文（区长）	李学义（副区长）、陈恒斌（武装部部长）、冯国扬（农经委主任）、赵燕成（水利局局长）	赵明显（水利局副局长）	
2008	李广文（区长）	赵仲华（副区长）、李学义（副区长）、付永荣（武装部部长）、冯国扬（农经委主任）、刘凤禄（建委主任）、赵燕成（水利局局长）	王玉清（水利局副局长）	
2009	李广文（区长）	赵仲华（副区长）、李学义（副区长）、付永荣（武装部部长）、冯国扬（农经委主任）、刘凤禄（建委主任）、赵燕成（水利局局长）	王玉清（水利局副局长）	
2010	李广文（区长）	赵仲华（副区长）、李学义（副区长）、付永荣（武装部部长）、冯国扬（农经委主任）、刘凤禄（建委主任）、黄杰（水务局局长）	黄杰（水务局局长）	

利局、农机局、石油公司等单位，储备一定数量的防汛抢险物资，包括麻绳、尼龙绳、编织袋、救生衣、彩条布、雨衣、安全带、木桩、铁锹、铁镐、大锤、钢钎、铁丝、板斧、撬杠、多功能强光手电、对讲机、雨靴、电池、冲击舟、橡皮船、照明灯等，将所储备物资名称、数量、存放地点、联系电话一并列表报区防汛抗旱指挥部，以备汛期抢险调配使用。抢险物资的运输车辆由交通运输管理局负责安排。同时，各乡镇也储备必需的抢险物资、器材。津南区防汛物资仓库主要有 3 座，分别为区供销社仓库（位于小站镇盛塘路）、葛沽施易得化肥厂仓库（位于葛沽镇三合村施易得化肥厂院内）和区水利局仓库（区水利局院内）。供销社仓库储备大量的铁锹、铁镐、麻绳等物资；葛沽施易得化肥厂仓库储备数 10 万条编织袋；水利局仓库储备少量的手电、对讲机、雨衣、雨靴等防汛物资以备抢险急需。

三、汛前准备

每年汛前，由区防汛抗旱指挥部牵头，组织区河道管理所、区排灌管理站、各镇主要领导及有关人员，对区属河道、堤埝、闸涵启闭设备、水利设施及度汛工程、防汛物资储备情况进行全面彻底检查。检查出来的问题，按照“谁主管、谁负责”的原则，依照各自责任范围采取得力措施，及时整改与修复。供电部门拟定防汛供电计划，确保防洪排涝用电；通信、邮电部门保障汛期通讯联络畅通，准确及时地传递水情、雨情、险情电报和资料；气象部门及时提供市、区气象信息资料，尤其是灾害性天气的预测预报；城建房管部门及时检查维修危漏房屋，包括各单位的仓库、危房及商店、学校、幼儿园等公共建筑；组织行洪河道阻水清障，确保汛期行洪顺畅；培训演练抢险人员，保障防汛抢险预案的实施。

四、防汛预案

本着“防大汛，抗大洪”的指导思想，周密编制、完善年度防汛工作各项预案。每年汛前需要对各项预案进行修订完善，1991—2010年修订完善的预案包括：《上游排污河、上游排咸河、先锋排污河、大沽排污河防抢预案》《沙井子行洪道群众转移安置预案》《津南区农村排涝预案》《大沽排污河防汛抢险预案》《津南区洪泥河防洪抢险预案》《津南水库防汛抢险预案》《津南区防汛抢险机动队工作预案》《津南区防汛除涝应急预案》《津南区海河右堤防洪抢险预案》《津南区2009年防汛物资调运预案》《津南区2009年防汛除涝应急预案》《津南区2009年防洪抗旱应急预案》《津南区2010年防汛物资调运预案》等多项。修订完善后的预案在每年上汛前召开的全区防汛工作会议上，以正式文件形式下发至区防汛抗旱指挥部各成员单位。

第二节 防 汛 抢 险

一、1994年防汛抢险

1994年8月6日，天津市普降大雨，津南区平均降雨量为108毫米，最高降雨量出现在双闸乡达135毫米。受市区及邻区排沥的影响，海河干流、大沽排污河水位猛涨，二道闸闸上最高水位达3.95米，超出警戒水位0.45米。海河干流持续20天高水位。因海河干流禁排，八里台镇大孙庄村西排河倒灌，村庄、耕地被淹泡，100公顷鱼池被冲毁。8月8日凌晨，洪泥河与上游排污排咸河结合处堤埝冲毁，决堤40米，百米堤埝漫溢，沥水涌入洪泥河，沿河万亩农田淹泡成灾。

津南区及时启动防汛预案，区防汛指挥部做出紧急部署，贯彻执行市委、市政府和市、区防汛指挥部禁止向海河干流排沥的指令，确保市区安全排沥。8月7日凌晨，沿海河干流各乡镇1小时内调集1200余人，按预案防抢堤段，紧急部署，及时赶赴海河干流沿线各险工险段，检查封堵海河干流沿岸各沟口、闸站。

区水利局由局领导带队，分5路奔赴海河干流堤防的重点部位组织抢险。区排灌管理站紧急开动十米河泵站，向独流减河排放沥水。

在这次防汛抢险中，全区共组织抢险人员27393人次，加固堤埝83处9028米；共出动机动车925辆次；用草袋、麻绳、编织袋216920条；铅丝680千克；打木桩910根；动土方98956立方米。

二、1995年防汛抢险

1995年6—8月，津南区平均降雨量为464.3毫米，占全年平均降雨量的79.9%。特别是7月24日，全区普降暴雨，平均降雨量达86.4毫米。因海河干流禁排，上游客水下泄，加之本区排水、调蓄能力低，大沽排污河及二级河道水位长时间居高不下，堤埝多处出现漫溢，大沽排污河津南区辖段全线告急。2666.67公顷耕地被水托，719.4公顷耕地受到不同程度淹泡，部分地块面临绝收。

津南区委、区政府连夜召开各乡镇主要领导紧急会议，传达市防汛抗旱指挥部会议精神，部署防汛排涝工作。区水利局采取应急排涝措施，领导班子成员分别深入现场协调指挥，在禁止向海河干流排水的情况下，开动十米河泵站向独流减河排水，实施月牙河分流计划；安排沿海河干流各乡镇组织人员加固责任段的堤防，要求每200米设一专人巡视看守；在向市防汛抗旱指挥部发出《关于大沽排污河津南区段全线告急报告》的同时，组织人力、物力加高、加固大沽排污河险段；要求各乡镇组织群众封闭地块，安装临时泵排除积水，缩短淹泡时间。

7月24日暴雨后，副市长朱连康，市农委常务副主任梁文忠，副主任赵万里，市水利局党委书记王耀宗，局长刘振邦及有关处室领导，先后到津南区检查指导防汛排涝工作。西青区领导得知灾情后主动关闭沿河泵站，停止向大沽排污河排水。

截至7月28日，除双桥河乡266.67公顷水稻被淹泡外，大部分淹泡耕地的积水被排除。市领导得知情况后，解除津南区向海河干流排水禁令，允许启动双月泵站限量向海河干流排水，排除了双桥河乡 266.67 公顷稻田积水。

7 月 30 日，月牙河水位高达 4 米，超过警戒水位，市防汛抗旱指挥部再次下令，允许限量向海河干流排水，缓解了津南区排涝的紧张局势。

在这次抢险除涝任务中，7 座区管泵站开车 16913 台时，排除积水 9470.116 万立方米；完成大沽排污河抢险复堤工程 13 处，长度为 5470 米，动土方 4.18 万立方米；完成二级河道堤埝抢险加固 2340 米，动土方 1.37 万立方米。

三、2003 年防汛抢险

2003 年 10 月 10—12 日，天津市发生了历史上罕见的大暴雨。津南区平均降雨量为 119 毫米，最大降雨量为 155 毫米。这次降雨时间长、强度大，全区农田大范围受灾，农田积水深 10～50 厘米。二级河道全部出现持续高水位，特别是大沽排污河多处发生险情。

津南区组织人力、物力，采取措施，昼夜奋战，全力减少损失。一是服从市防汛抗旱指挥部统一调度，海河干流沿岸严禁向海河干流排放农田沥水，避免“引黄济津”水源受到污染；二是先后开动了葛沽、东沽、十米河泵站向外排水；三是组织大沽排污河抢险。为确保排除市区沥水，在封闭大沽排污河沿线所有泵站和排水口门的同时，东沽泵站以 19 立方米每秒的流量全负荷昼夜排水。由于上游来水量大，大沽排污河水位居高不下，因长时间浸泡，致使堤埝多处出现漫溢、渗漏和管涌险情。最为严重的是八里台镇大韩庄、团洼段，大沽排污河水位比堤外高近 4 米，多处发生管涌险情，情况十分危急。为防止发生溃堤事故，区政府主要领导带领水利局等有关部门负责人，紧急赶赴八里台镇，进行现场办公，研究制定抢险防护方案。组织 800 人的抢险队伍，调用 1.2 万条编织袋，80 余根木桩、110 余片竹笆，出动挖掘机 2 台、推土机 2 台，经过 3 个昼夜的抢护，巩固了大沽排污河堤防，防止了溃堤事故的发生。

四、2005 年防汛抢险

2005 年 8 月 8—9 日，受第九号台风“麦莎”的影响，天津市普降中到大雨，沿海地区出现强风暴潮。8 月 7 日 8 时至 9 日 8 时，津南区平均降雨量为 96.8 毫米，最大降雨量为 156.5 毫米。由于连日降雨，大沽排污河上游下泄流量加大，河道水位迅猛上涨至 3.0 米，高出正常水位近 90 厘米。多处堤段出现险情。区防汛抗旱指挥部总指挥、区长刘树起决定立即启动抢险预案，并多次到抢险一线，了解险情，研究部署抢险工作，要求措施、人员到位，全力抢险。区防汛抗旱指挥部副指挥、副区长杨玉忠，副指挥、区水利局局长赵燕成冒雨连夜赶赴现场，带领区防指部分成员单位领导检查指导防汛工作，研究制定4项措施：一是组织区排灌管理站职工40余人组成抢险突击队，携带400余条编织袋奔赴险段，抢险加固大沽排污河堤埝；二是立即启动巨葛庄泵站和东沽泵站，昼夜排水，降低双巨排污河上游和大沽排污河水位，调度区管泵站进行排水，迅速降低二级河道水位；三是组织有关人员深入各镇村了解灾情，督促搞好生产自救；四是落实预案，增加巡堤人员，随时注意海河干流、大沽排污河、二级河道水位变化情况，适时采取措施。

8月8日下午，天津市水利局副局长张志颇带领有关人员，来津南区检查防御9号台风工作的落实情况，在充分肯定成绩的基础上，要求克服麻痹思想，加强大沽排污河的巡查，保证防大潮、防大汛各项准备工作落到实处，确保市区排沥畅通和人民生命财产安全。

2005年8月16—17日，天津市经历了近55年来罕见的强降雨过程，最大降雨量为208.6毫米，津南区平均降雨量为69.8毫米，最大降雨量达到了85.3毫米。二级河道水位持续升高。8月17日14时30分，大沽排污河水位高达3.29米，严重超过警戒水位。尽管巨葛庄、东沽2座排污泵站全负荷排水，由于大沽排污河水位猛增，翟家甸桥附近100多米河堤出现险情，危及周边民宅及群众安全。区防汛抗旱指挥部决定启动防汛应急预案，立即出动区应急抢险队伍加固堤防。同时，区防汛抗旱指挥部召开紧急会议进行部署：一是沿河各镇党政一把手及主管副镇长要亲自上堤组织指挥抢险工作；二是增加巡查人员，及时准确地掌控堤埝情况，发现问题立即采取措施；三是增高加固薄弱堤段，防止漫溢决口，确保人民生命财产安全；四是协调市有关部门，控制客水有序排放，减轻大沽排污河的压力。

此次抢险，共出动人员900个工日，挖掘机、推土机、翻斗车51个台班；调运土方4170立方米；清运阻水悬浮杂物5400立方米；耗用草袋1.5万条、木桩50根、竹笆40片。

五、2007年防汛抢险

2007年8月26日凌晨，津南区普降大到暴雨，全区平均降雨量为86.5毫米，最大降雨量达127毫米，出现在双月泵站地区，最小降雨量为28.6毫米，出现在津南水库地区。大强度集中降雨造成津南区双港、辛庄、咸水沽、双桥河、葛沽、小站6个镇的农田大面积受淹，积水平均深度20～40厘米。全区积水面积达2108.07公顷，其中棉田708公顷、大田611.67公顷、园田788.4公顷。此次强降雨也造成咸水沽、葛沽镇区部分街道短时积水，最大积水深度约60～80厘米。

面对突如其来的强降雨，区防汛抗旱指挥部及时启动排涝预案，带领水利部门深入镇村察看受灾情况，指导各镇全力排泄农田积水。同时，要求区排灌管理站开动葛沽泵站以16立方米每秒的流量全负荷排水，区河道管理所开启相关河系闸门，及时降低二级河道水位。由于指挥正确，调度合理，措施到位，及时排除了农田积水，将群众的经济损失降低到最小程度。

六、2008年防汛抢险

2008年7月4—5日及7月14—15日，津南区经历了2次强降雨过程，其中，7月4—5日降雨量62.7毫米，7月14—15日降雨量82.7毫米，全区的排水系统承受了极大的压力。大沽排污河津南区辖段水位高达3.3米，超过最高警戒水位0.4米，沿河6处堤埝出现漫溢，部分险段面临决口的危险。

区防汛抗旱指挥部总指挥、区长李广文，副指挥、副区长李学义带领部分指挥部成员、区防汛办公室、排灌管理站、河道管理所等有关部门负责人，连夜赶赴现场检查汛情，制定部署防汛抢险方案：一是连夜组织抢险队伍，利用编织袋、草袋加高加固堤防；二是区排灌管理站出动防抢机动队，现场进行技术指导，控制堤埝漫溢情况发展；三是实施紧急分流降低水位。在马厂减河与大沽排污河交汇处打开宽5米、深3米的缺口，以15立方米每秒的流量3次分洪，减轻大沽排污河的压力；四是东沽泵站全负荷24小时排水，降低大沽排污河水位；五是增加巡堤人员，24小时不间断巡查大沽排污河堤埝，及时发现险情，采取有效措施。

两次抢险历经3个昼夜，有效控制了险情。共调集抢险人员600余人次，调用编织袋9万条，出动挖掘机4台、运输车9辆，动用土方3000立方米，加高加固堤防3千米，投入资金30万元。

第三节 抗 旱

津南区地处海河干流中下游南岸，特殊的地理位置、水源条件以及气候条件，形成春季干旱少雨，夏季降雨集中易涝，降雨地域分布及年季分布很不均匀。1991年以来，津南区连续遭受严重干旱，呈现春季干旱到来早、持续时间长的特点。春旱夏涝，晚秋又旱，旱涝交替，旱涝不均的地域特点，致使原本水源不足的津南区，水资源供需矛盾尤为突出。

一、组织机构

根据《水法》及防洪抗旱的相关法律法规，津南区成立了防汛抗旱指挥部，在市委和市政府的领导下，行使津南区政府抗旱指挥职能，领导和指挥全区抗旱工作。1991—2010年期间，根据领导干部的任免变化，津南区防汛抗旱指挥部及时调整成员。区长任总指挥，分管副区长及武装部部长、农委主任、水利局局长任副指挥。成员单位包括：农委、农林局、水利局、气象局、电话局、计委、财政局、民政局、广播电视局、统计局、交通局、供电公司、供销社、卫生局、公安局、双港镇人民政府、辛庄镇人民政府、咸水沽镇人民政府、双桥河镇人民政府、葛沽镇人民政府、北闸口镇人民政府、小站镇人民政府、八里台镇人民政府、长青办事处等。区防汛抗旱指挥部下设办公室在区水利局，作为其日常办事机构。在区防汛抗旱指挥部的统一领导下，各成员单位根据分工，各司其职，各负其责，密切配合，共同搞好抗旱工作。

二、专项工程

（一）南部抗旱

1. 组织领导

1993年春，天津市市长张立昌视察静海、大港、津南等区县抗旱工作时，提出了“南部缺水地区，要立足长期抗旱，主动抗旱，要制定抗旱规划，逐年实施”的要求。1994年1月天津市政府批复市水利局关于《南部缺水地区抗旱节水工程实施计划的意见》，做出了改变南部地区长期干旱缺水状况的重大决策，津南区被列为重点区域之一。为加强对抗旱工作的领导，天津市成立了南部抗旱专项工程领导小组。

1994年4月15日，津南区成立“津南区抗旱节水工程领导小组”，组长为常务副区长孙希英；副组长为农委主任刘玉柱、水利局局长杜金星、财政局副局长刘淑琴；成员为水利局副局长傅嗣江、赵燕成，财政局农财科科长李刚，水利局设计科科长朱文科，地下水资源管理办公室主任张文起，水利局农水科科长王培育。领导小组办公室设在区水利局，赵燕成兼任办公室主任。

2. 工程实施

根据天津市南部抗旱专项工程领导小组的部署，按照津南区抗旱节水工程规划及工程项目安排，1994年2月至2000年6月，津南区先后兴建了五登房四面平交闸、翟家甸倒虹吸、跃进河泵站3项抗旱节水专项主干工程。同期还完成南部抗旱打井46眼，新建防渗渠道74.71千米。

五登房四面平交闸工程。该工程坐落在南洋乡五登房村东北侧，南白排河与卫津河交汇处。卫津河设计流量15立方米每秒，设开敞式水闸2座。南白排河设计流量10立方米每秒，设箱涵式水闸2座，该工程为4座闸涵平交组成的枢纽工程。总投资367.30万元，其中市投146.9万元、区投220.4万元。工程于1994年12月3日开始围堰排水，1995年2月19日进场施工，6月9日主体工程完工，比计划工期提前40天。

1995年8月24日，工程通过天津市水利局、市农委的联合验收，被市水利局主管部门评为优良工程。该工程建成投入使用，充分发挥了同年新建的双洋渠泵站（设计流量10立方米每秒）的工程效益，改善了津南区南部地区缺水的状况，保障了沿河6400公顷耕地的灌溉与排沥。

翟家甸倒虹吸工程。该工程地处北闸口乡翟家甸村西北，从大沽排污河底穿越，连通幸福河与南白排河。结构形式为2孔2.2米×2米箱式涵洞，设计流量10立方米每秒。工程于1996年3月1日开工，同年7月竣工，总投资277万元，其中市投111万元，区投166万元。1997年12月天津市水利局对工程进行了验收。该工程建成后，通过双洋渠、双月2座泵站提水，经五登房四面平交闸调控后进入幸福河，解决了辛庄、南洋、北闸口、八里台、双闸5个乡镇6400公顷农田灌溉，以及沿途152平方公里农田的沥涝排咸任务。

跃进河泵站新建工程。该工程位于双桥河镇东泥沽村北，跃进河与海河干流交汇处，设计流量6立方米每秒。1997年10月24日开工，1998年10底主体工程完工，1999年5月全部竣工。完成主要工程项目：厂房、泵室、配变电间、进出水池及2座站前闸、东泥沽村配套涵洞2座；完成土方2.46万立方米，钢筋混凝土及混凝土2132立方米，砌砖石1990立方米；总投资609万元，其中市投243.6万元，区投365.4万元。

2000年6月16日，天津市水利局农水处、计划处、基建处有关人员组成验收小组，来津南区验收跃进河泵站工程，验收小组一致同意通过验收。

跃进河泵站投入使用后，担负着跃进河两岸20平方公里土地的排涝任务。可调引海河干流水源，解决海河二道闸下游地区水源及葛沽镇2533.33公顷菜田灌溉。

其他工程。1994年2月，津南区开始实施南部抗旱打井工程，截至1995年年底，完成新打机井46眼，新建防渗渠道74.71千米，总投资1351.256万元，其中市投317.1万元，区投317.1万元，乡村自筹717.056万元。新增井灌面积564.53公顷，其中270公顷旱地变成水浇田，改善灌溉面积261.6公顷。防渗渠道每年可节水15.25万立方米，节电15.02万千瓦时。1995年12月19日，津南区南部抗旱打井工程通过天津市南北抗旱工程领导小组验收。

3. 工程验收

津南区南部抗旱节水专项工程历时4年，除跃进河泵站工程延期外，其余工程均按时完成。1997年12月3日，津南区南部抗旱节水专项工程通过天津市南部抗旱工程领导小组有关部门的总体验收。南部抗旱节水专项工程的实施，为津南区南部干旱缺水地区提供了新的水源保障，在水稻育秧、大田春播中发挥了显著作用。为津南区农业发展创造了良好条件，显现了可观的经济和社会效益。

在南部抗旱节水专项工程实施中，天津市领导张立昌、罗远鹏、朱连康、陆焕生及市农委、市水利局、市财政局等部门和津南区委、区人大、区政府、区政协的领导多次到工地了解情况，现场办公，检查指导工作，推动工程顺利实施。

（二）人畜饮水解困

2002年是津南区连续遭受严重干旱的第6年，由于连年持续干旱，地下水位持续下降，部分镇村出现机井抽空吊泵，上水量严重不足，农村生活用水造成极大困难。按照天津市政府制定的解困实施方案，经市水利局批复同意，津南区委、区政府结合本区实际，决定用3年时间解决农村人畜饮水困难问题。

1. 组织领导

2002年，津南区政府成立了“津南区农村人畜饮水解困工程领导小组”，区长刘树起为责任人，副区长李树起、杨玉忠为组长，区水利局、财政局、审计局、计委等部门领导为成员。办公室设在区水利局，负责组织实施解困工程的具体工作。全区各镇、村成立了镇长为组长的工作小组，同时村委会领导班子组成村一级的工作小组，从而形成了区、镇、村三级领导服务网络。按照市水利局、计委、农委、财政局联合制定的《农村人畜饮水工程实施细则》，结合本区实际，津南区出台了《津南区解决农村人畜饮水工程管理办法（暂行）》《津南区凿井建设管理须知》。

2. 工程实施

津南区农村人畜饮水解困工程计划在2002—2004年实施，具体计划：2002年投资397.3万元，新打机井5眼，更新机井8眼，维修机井14眼，更新机泵8台套，解决35个村47392人口的饮水困难问题；2003年投资648.5万元，新打机井9眼，更新机井13眼，维修机井15眼，更新机泵10台套，解决47个村88262人口的饮水困难问题；2004年投资168.5万元，新打机井5眼，维修机井13眼，更新机泵2台套，解决20个村24231人口的饮水困难问题。

2002年3月，开始实施人畜饮水解困工程，截至2003年10月30日，需3年完成的解困工程2年全部完成，共完成新打机井20眼，更新机井20眼，维修机井42眼，更新水泵20台套。完成总投资1285.817万元，其中：2002年完成投资423.157万元（国补资金132.43万元，区财政补助资132.43万元，镇村自筹资金158.297万元）；2003年完成投资673.82万元（国补资金216.16万元，区财政补助资216.16万元，镇村自筹资金241.5万元）；2004年完成投资188.84万元（国补资金56.16万元，区财政补助资金 56.16 万元，镇村自筹资金 76.52 万元）。解决了 7 个镇 102 个村 159885 人口的饮水问题。

2004 年 9 月，经天津市水利局批复同意，津南区实施了新增农村人畜饮水解困工程。2004 年 11 月工程完工。共完成新打机井 8 眼，总投资 252.1 万元，解决了 5 个镇 8 个村 12081 人口的饮水问题。

3. 工程验收

2004 年 7 月 6 日，天津市农村人畜饮水解困办公室、市农委、市水利局计划处、农水处有关领导和人员组成验收小组，来津南区验收农村人畜饮水解困 3 年工程任务，验收小组一致同意通过验收。区计委、水利局、财政局、八里台镇、小站镇和咸水沽镇等有关部门的领导及人员参加了验收。

2005 年 1 月 31 日，天津市农村人畜饮水解困办公室、市农委、市水利局计划处、农水处、地下水资源管理办公室有关领导和人员组成验收小组，验收了津南区新增农村人畜饮水解困工程。验收小组一致同意通过验收。区农委、水利局、财政局等有关部门的领导、工作人员参加了验收。

三、抗旱减灾

津南区特殊的地理和气候条件导致旱灾频仍，区政府采取了 5 项应对措施：一是成立以主管区长为组长的津南区抗旱领导小组，统筹全区的抗旱工作。协调组织农口、财政、电力、气象、宣传等部门，统一思想，制定措施，采取对策，相互配合，认真抓好抗旱各项工作的落实；二是建立雨情、墒情监测预报系统，提高了雨情、墒情信息的时效性，增强了旱情预测的准确性，为制定抗旱措施提供了可靠保证；三是加强水源管理，科学用水，摒弃粗放型管理模式，实行水源集约型管理；四是调整种植结构，引进、推广耐旱粮种，种植耐旱高产作物；五是建立人工降雨系统，配备专业技术人员，安装降雨设备。

（一）1992 年抗旱减灾

1992 年春，津南区遭遇了自 1889 年有气象记录以来的第四个大旱年。1—5 月仅降雨 50 多毫米，全年平均降雨量为 390.8 毫米。受引滦明渠护砌工程影响，滦河水的输送锐减，海河干流水位一直很低。有限水源只能保证城区工业、人民生活和郊区菜田用水。全区小麦春播、小站稻育苗插秧面临着严重缺水的状况。

天津市政府召开抗旱工作紧急会议，决定从大港水库调水，解决津南区抗旱水源问题。区水利局认真制定调水方案，积极采取措施：一是实地勘察引水路径；二是 3 次监测化验大港水库及二级河道水质；三是在独流减河南深槽河打坝，引调大港水库水源。

按照小站稻育苗、拉荒、插秧分3个阶段适时供水。5月8日开始打坝，6月9日完成调水工作。历时33天，从北大港水库调水3000万立方米，基本满足全区6666.67公顷水稻用水。

在调水工作中，区水利局领导、有关科室、排灌管理站、河道管理所干部职工，服从区防汛抗旱指挥部的调度指挥，发扬水利人吃苦耐劳的传统，坚守岗位，加班加点，实行全天候服务，为大旱之年夺丰收提供了水源保证。八里台乡发扬“龙江风格”，主动封泵，让水给双桥河乡，保证了第二步调水方案顺利实施。依靠全区人民的共同努力，实现了区委、区政府提出的“种稻10万亩，一亩也不能丢”的奋斗目标，津南区农业获得了1986年以来的最好收成。

1992年，津南区全年从海河干流调水2754万立方米，利用污水1000万立方米，合理开采地下水4400.85万立方米，保障灌溉面积3976公顷，其中纯井灌1266.67公顷，井河混灌2709.33公顷。基本满足了全区工农业及人民生活用水。

（二）1993年抗旱减灾

1993年是继1992年后又一个大旱年。1—5月降水量仅为18毫米，5月滴雨未下，与上年同期相比降水量减少32毫米。因1992年大旱，天津市各水库蓄水量仅为上年的52%，大港水库无水可蓄。加之水价上调，津南区又无自备水源，用水形势相当严峻，尤其是农业生产，遇到了前所未有的水源危机。

区水利局落实区委、区政府抗旱调水保麦、保春播的目标，采取多项措施：一是局领导带领有关科室人员多次到天津市水利局、潘家口水库管理局等水管部门考察，协调争取用水指标；二是根据用水形势、供水需求等情况，重新制定水费征收办法，分配计划内用水指标；三是实行全天候服务，合理调度水源。采取先易后难、先近后远、错开育苗、插秧用水高峰等措施。按河系、渠系、逐地块调度水源，使有限水源发挥最大效益；四是开启十米河泵站排除咸水，给旱情严重的双闸、八里台等乡镇送水300万立方米，解决了麦田春灌和大田春播用水。

据统计，1993年全区共从海河干流调水1500万立方米，利用污水1000万立方米，开动机井642眼，开采地下水4158.77万立方米，实现灌溉面积4006.67公顷，缓解了旱情，基本保障了全区工农业生产及人民生活用水。

（三）1999年抗旱减灾

1999年，津南区遭遇连续第三个干旱年。自上年9月，降水明显偏少，造成秋旱、冬旱连春旱。为确保春灌、春播顺利进行，3月3日，区政府召开抗旱工作会议。区长郭天保、副区长李树起对全区抗旱工作提出要求。根据区政府部署，为满足春耕、春播、水稻育秧用水需求，区水利局采取了6项措施：一是监测水源及二级河道水质；二是排除二级河道咸水；三是开启双月泵站为南部地区送水253万立方米，保证了葛沽、小站、双闸、北闸口 4 个镇春灌和水稻育秧用水；四是津南水库为周边镇、村放水 640 万立方米；五是积极争取用水指标。全年从海河干流调水 3500 万立方米；六是合理开采地下水资源，完成农业灌溉面积 4853.33 公顷，其中纯井灌面积 2086.67 公顷。以上措施保证了全区工农业生产和人民生活用水，特别是保障了全区 5333.33 公顷水稻种植用水。

（四）2000 年抗旱减灾

2000 年是津南区自 1997 年以来连续第 4 个干旱年，引滦水源枯竭，全市生活用水出现困难。津南区作为严重缺水地区，旱情更为严重。6 月 1 日至 9 月 30 日，全区范围内降雨 22 次，降雨量为 403.8 毫米。由于有效降雨少，分布不均匀，无径流产生，农业用水面临极大威胁，严重旱情导致秧苗枯死、土地龟裂、水质恶化、池鱼暴死，部分镇村靠外运客水解决人畜饮水困难。

区政府召开抗旱节水会议，传达全国和天津市抗旱会议精神，通报全区旱情，做出抗旱工作部署。副区长李树起带队下基层落实抗旱任务，多次召开紧急会议调整、协调抗旱工作。区农委牵头，成立了抗旱节水工作推动小组，督查、指导全区抗旱工作。

区水利局采取有效措施：一是局领导带领有关人员到饮水困难村调研，设法帮助解困，稳定村民情绪；二是召开沿海河干流各镇领导紧急会议，传达天津市节约用水办公室《关于海河不再向农业提供水源》的 2 号通报，做好保护海河干流水源工作；三是津南水库向周边镇村放水 700 万立方米；四是充分发挥高标准农田等节水工程效益，充分利用有限水源；五是组织人员除草清障，保证输水渠道畅通，减少水源浪费；六是合理开采地下水，缓解全区旱情。全年开采地下水 3023.54 万立方米，保障了全区工农业及人民生活用水。

（五）2002 年抗旱减灾

2002 年，津南区连续第 6 年干旱，1—5 月累计降水量 18.4 毫米，其中 1—2 月没有降水。由于降水较少，农业蓄水严重不足，去冬气温较常年高 4℃，土壤失欠墒严重，部分地块干土层深达 40 厘米，春播生产难以进行。6 月 9 日全区普降喜雨，平均降雨量为 17.97 毫米。津南区成立了以副区长李树起为组长的抢种工作领导小组，分片包干，深入镇村，负责督促检查抢种、补苗、锄荒等工作。水利局局长赵燕成带领技术人员深入田间地头，推动抢墒播种工作，为农民提供技术指导，推广节水技术。10 天时间，全区共抢种农田 6670 公顷。

（六）2004 年抗旱减灾

2004 年，津南区遇到持续 7 年的干旱，针对上年降水较少、蓄水严重不足、土壤失欠墒严重、河道水源匮乏的情况，区水利局组织力量、科学调度、采取有力措施，积极做好抗旱工作。一是采取春旱冬抗的措施，积极组织冬灌，2003 年入冬以后，水利局采取各种措施调度水源，置换二级河道1400余万立方米咸水，保证了全区冬灌和养殖用水，同时也为春种春播提供了水源保障；二是抓住“引黄济津”冲洗河道有利时机调蓄水源，将津南水库和镇村小型水库蓄满；三是合理开采地下水，在干旱中发挥显著效益；四是搞好节约用水宣传工作；五是早动手，早安排，圆满完成人畜饮水解困任务；六是充分发挥节、蓄水工程作用，津南水库为库区周边供水160余万立方米；七是按照天津市水利局部署，做好水源调度工作。5月中旬，为保证市民饮水和城市景观用水的水质，天津市政府决定从大港水库调水置换海河干流的咸水。区水利局启动双月、葛沽泵站开车2121台时，通过月牙河、马厂减河排放海河干流咸水，共计排除咸水1527万立方米。同时开启万家码头洪泥河首闸和洪泥河北闸，将大港水库弃水7000余万立方米调入海河干流，为下一步“引黄济津”做好准备。

第四章

工程建设

1991—2010年期间，津南区实施了以新建泵站、闸涵为主的农田基本建设工程；以提高河道防汛排涝能力、改善生态环境、建设绿化景观为主要内容的二级河道综合治理工程；以提高饮水质量，改善居民用水条件为标准的饮水安全工程；以提高水的重复利用减少排放为重点的节约用水工程。1988年4月，成立了津南区水利建筑工程公司，参与并组织实施完成了大量工程，主要包括：海河干流治理工程，大沽排污河治理工程，四丈河、跃进河清淤工程，南白排河拓宽工程，双桥河复堤工程，洪泥河清淤复堤清障工程、洪泥河北闸新建工程、洪泥河首闸加固工程、洪泥河穿河倒虹维修加固工程、引黄济津完善配套工程，海河教育园区河系改造工程，双洋渠泵站重扩建工程，十米河南闸加固工程，跃进河泵站新建工程，葛沽泵站迁扩建工程等，累计完成投资8亿元。

第一节　海河干流治理工程

海河干流西起北运河与子牙河汇流处（三岔口），流经天津市的红桥、河北、和平、河东、河西、津南、东丽及滨海新区塘沽等区，东至海河闸入海，全长73.6千米。海河干流津南区段指的是自柳林排水河河口至马厂减河葛沽泵站，上下游与河西区、滨海新区塘沽相衔接，堤防全长32.274千米。

多年运行，疏于治理，海河干流（“海河干流”一词是在1966年11月水利电力部海河勘测设计院编制的《海河流域防洪规划（草案）》中首次使用）存在着严重的问题。一是堤防下沉，由于地面沉降，海河堤防自1958年以来，累计沉降在1.5米以上，严重削弱了海河干流的泄水能力。二是河口淤积，随着海河上游地区经济社会发展，客水径流量显著减少，淡不压咸，海水上溯，造成河口淤积，海河闸闸下淤积最为严重，闸下河床普遍抬高5～7米。据1989年实测，闸下累计淤积量达1860万立方米。按海河闸原设计，闸上水位为大沽高程2.6米时，泄水量为1200立方米每秒，由于淤积，治理前泄水量只有100立方米每秒，仅相当于原排泄能力的十二分之一。三是工程老化。海河市区段堤防多修建于建国前，郊区段堤岸多为1963年海河流域发生特大洪水时抢筑的堤埝形成，多年来堤防残破不全，防洪设施简陋，仅存排灌口门504座，沿河险工险段102处。

一旦外来洪水与本地沥水叠加，倘若通过河道淤积、堤埝破损、行洪能力锐减的海河干流入海，防洪压力及严重后果不堪设想。

有鉴于此，天津市委、市政府下决心投入巨资，实施海河干流治理工程。1991 年 11 月 15 日，海河干流津南区段治理工程开始实施，至 2000 年 10 月结束，治理长度 32.97 公里。

一、工程概况

海河干流治理工程分别坐落在滨海新区塘沽、东丽区和津南区界内，工程设计单位为天津市水利勘测设计院，工程设计标准等级为：天津市区、滨海新区塘沽城区内二级，郊区三级；堤型因地制宜，尽量采用土堤形式。软土层或透水层堤，分别采用深层拌高压喷射注浆、混凝土防渗墙和钢筋混凝土地下连续墙等办法，进行堤基防渗加固处理；穿堤建筑物与所在堤段同级，行洪过流能力为 800 立方米每秒。海河干流治理工程津南区段共分 2 个阶段实施，其中第一阶段从 1991—1997 年共治理了 27 标段，共计 16.093 千米，主要以治理险工险段为主；第二阶段从 1998—2000 年共治理了 25 个标段，治理标准均为 800 立方米每秒，共计 29.771 千米（其中对第一阶段治理标准为 400 立方米每秒的标段进行了 2 次治理），累计治理长度为 45.814 千米，工程总投资 11195.95 万元（不包括李楼段、小辛庄段、邢庄子段、双洋渠段、二道闸下游段、水利码头段、小韩庄段以及葛沽下游段的治理投资）。

二、建设管理

1991—1997 年，海河干流治理工程主要以下达任务的形式安排各区辖段的施工。1998 年开始实行议标，1999—2000 年实行公开招标，通过购买招标文件，编制投标书，投标竞包工程。

1991 年，海河干流治理工程建设单位为天津市水利基建管理处，设计单位为天津市水利勘测设计院，津南区辖段施工单位为津南区水利局，质量监督部门为津南区水利建设工程质量监督站；1992—1994 年，海河干流治理津南区辖段工程的建设单位为津南区水利局，施工单位为津南区水利工程设计施工站；1994—2000 年，海河干流治理工程建设单位为天津市水利局，津南区辖段的施工单位主要为天津市金龙水利建筑工程公司及其他施工单位（以下工程完成情况不包括其他施工单位负责的标段）。

三、工程施工

1991 年，天津市防汛抗旱指挥部办公室分配给津南区水利局的海河干流治理任务为洪泥河口下游段长 850 米、葛沽镇上游段长 350 米、葛沽镇下游段长 650 米，工程全长 1.85 千米，治理标准为行洪能力 400 立方米每秒。1991 年 11 月 15 日开工，1992 年 5 月 20 日竣工。完成工程量为：土方 8.7 万立方米，石方 1.077 万立方米。

1992—1993 年，津南区完成海河干流治理任务 4 个堤段，分别为：南洋乡赵北村卫津河西 340 米；双桥河乡柴庄子村西段 600 米；双桥河乡柴庄子东段 130 米；跃进河西段 196 米。全长 1.266 千米，治理标准为行洪能力达到 400 立方米每秒。该工程 1993 年 4 月 16 日开工，6 月 15 日全部竣工。完成土方 4.2 万立方米，石方 6824 立方米。同时葛沽镇杨惠庄村进行了 50 米试验段治理，只进行了河滩抛石、细石混凝土灌缝（该段未计入治理总长度内）。

1994 年 6 月 8 日，海河干流治理工程葛沽段一期开工，1994 年 8 月 20 日竣工。全长 187 米，治理标准为 400 立方米每秒。完成工程量为：复堤、护岸、浆砌石护坡；土方 2.44 万立方米，石方 600 立方米，混凝土 500 立方米。

1995 年，津南区完成了海河干流治理工程 2 个堤段任务，分别为葛沽段二期和柴庄子险工段，全长为 1.785 千米，治理标准为行洪能力 800 立方米每秒。其中葛沽段二期治理工程全长 1.325 千米，1995 年 3 月 8 日开工，1995 年 6 月 28 日竣工。完成工程量为：圆管涵闸 1 座；钢筋混凝土箱式涵闸 2 座；土方 7.82 万立方米，石方 2.45 万立方米，混凝土 2500 立方米。

柴庄子险工段治理工程全长 460 米，治理标准为行洪能力 800 立方米每秒，工程投资 232 万元。1995 年 7 月 1 日开工，1996 年 6 月 20 日竣工。完成工程量为：新建圆管涵闸 1 座；土方 1.3983 万立方米；石方 3735 立方米。

1996 年，天津市水利局下达给津南区海河干流治理工程任务 8 段，共计 6.449 千米，工程包括：

葛沽镇北园段海河干流治理工程，全长 1.18 千米，治理标准为行洪能力 400 立方米每秒。1996 年 3 月 18 日开工，1996 年 6 月 15 日竣工。完成工程量为：浆砌石挡土墙 400 米；复堤、护岸 1.18 千米；圆管涵闸 1 座；土方 1.485 万立方米，石方 1050 立方米，混凝土 33 立方米。

双桥河乡柴庄子老海河口段应急工程，全长 250 米，治理标准为行洪能力 400 立方米每秒。1996 年 4 月 5 日开工，1996 年 5 月 30 日竣工。完成工程量为：复堤 250 米，护岸 250 米；圆管涵闸 1 座；土方 8000 立方米。

海河二道闸水利码头段海河干流治理工程，全长 710 米，治理标准为行洪能力 400 立方米每秒。1996 年 4 月 6 日开工，1996 年 7 月 2 日竣工。完成工程量为：浆砌石墙混凝土贴面 710 米；护岸 710 米；圆管涵闸 2 座，交通口门 2 座；土方 1.165 万立方米，石方 1706 立方米，混凝土 3810 立方米。

葛沽镇杨惠庄下游段海河干流治理工程，全长 1.1 千米，治理标准为行洪能力 400

立方米每秒。1996 年 4 月 10 日开工，1996 年 6 月 30 日竣工。完成工程量为：浆砌石挡土墙 560 米，混凝土贴面 540 米，复堤、护岸 1100 米；圆管涵闸 1 座；土方 2.643 万立方米，石方 3814 立方米，混凝土 5047 立方米，抛石 4164 立方米。

葛沽镇杨惠庄上游段海河干流治理工程，全长 300 米，治理标准为行洪能力 400 立方米每秒。1996 年 4 月 11 日开工，1996 年 5 月 31 日竣工。完成工程量为：复堤、护岸 300 米；浆砌石挡土墙 300 米；圆管涵闸 1 座；土方 1.12 万立方米，石方 1700 立方米。

洪泥河口下游段海河干流治理工程，全长 476 米，治理标准为行洪能力 400 立方米每秒。1996 年 4 月 13 日开工，1996 年 6 月 18 日竣工。完成工程量为：复堤、护岸 476 米；圆管涵闸 2 座；土方 7900 立方米，石方 258 立方米，混凝土 60 立方米。

双月泵站段海河干流治理工程，全长 1020 米，治理标准为行洪能力 400 立方米每秒，1996 年 5 月 3 日开工，1996 年 5 月 27 日竣工。完成工程量为：复堤、护岸 1020 米；完成土方 1.233 万立方米。

八场引河段海河干流治理工程，全长 1.414 千米，治理标准为行洪能力 800 立方米每秒。1997 年 3 月 1 日开工，1997 年 6 月 30 日竣工。完成工程量为：浆砌石挡土墙 1414 米，复堤、护岸 1414 米；圆管涵闸 3 座，钢筋混凝土箱式涵闸 1 座；土方 2.339 万立方米，石方 8235 立方米，混凝土 314 立方米。

1997 年，天津市水利局下达津南区海河干流治理工程 8 段，共计 4.505 千米，治理标准为行洪能力 400 立方米每秒。1997 年 3 月 24 日陆续开工，1997 年 6 月 30 日全部竣工。完成工程量为：浆砌石挡土墙 3450 米，复堤、护岸 4505 米；圆管涵闸 8 座，钢筋混凝土箱式涵闸 7 座，渡口 4 个；土方 12.451 万立方米，石方 2.107 万立方米，混凝土 1729 立方米。

1998 年是津南区海河干流治理工程量、拆迁量、投资量最大的一年，涉及 5 个镇 20 个村。工程分两批下达，共 17 个标段，共计 17.926 千米，治理标准为行洪能力 800 立方米每秒。其中：

第一批 4 个标段，治理长度 3.799 千米，于 1998 年 4 月 5 日陆续开工，1998 年 10 月 30 日全部竣工。完成工程量为：浆砌石挡土墙 3.799 千米，复堤、护岸 3.799 千米；圆管涵闸 7 座，钢筋混凝土箱式涵闸 3 座，渡口 3 个；土方 28.616 万立方米，石方 2.866 万立方米，混凝土 2475 立方米。

第二批 13 个标段，治理长度为 14.133 千米，1998 年 8 月 15 日陆续开工，1999 年 5 月 15 日全部竣工。完成工程量为：浆砌石挡土墙 5.858 千米，复堤、护岸 9.015 千米；圆管涵闸 13 座，钢筋混凝土箱式涵闸 1 座；土方 41.75 万立方米，石方 3.59 万立方米，混凝土 1114 立方米（以上工程量不包括李楼段、小辛庄段、邢庄子段、双洋渠段）。

1999—2000年，海河干流治理工程津南区辖段完成8个标段，治理长度为11.839千米，治理标准为行洪能力800立方米每秒。工程于1999年5月7日陆续开工，2000年10月30日全部竣工。完成工程量为：浆砌石挡土墙3.686千米，浆砌石墙混凝土贴面205米，复堤8184千米；圆管涵闸7座，钢筋混凝土箱式涵闸2座，渡口1个；土方63.1387万立方米，石方4.5143万立方米，混凝土4464立方米（以上工程量不包括第八标段二道闸下游段、水利码头段、小韩庄段、10标段葛沽下游段）。

四、工程验收

1996年5月4日，天津市水利局基建处、规划处、计划处、财务处、审计处、工管处和市财政局、海河水利委员会、市水利质监站、市水利设计院组成验收小组，市水利局副局长何慰祖任验收小组组长。验收海河干流津南区段1996年治理工程，工程通过验收。

1999年5月21日，海河水利委员会、市财政局和市水利局有关领导组成验收小组对海河干流津南区段1996年治理工程进行竣工验收，工程通过验收。

1999年10月22日，天津市海河干流治理工程处组织水利勘测设计院，水利工程建设监理咨询中心和水利建设质量监督中心站对津南区1999年海河干流治理一期工程进行初步验收。

1999年12月14日，津南区1998年度海河干流治理工程通过验收。海河干流治理工程验收委员会主任、市水利局副局长戴峙东，副主任、市水利局副局长张新景主持了工程验收。

2002年12月25—26日，天津市海河干流治理工程1999年度工程验收会在津南区召开。市水利局副局长戴峙东、市农委、市计委、海河水利委员会和市水利局规划处、计划处、工管处、基建处、财务处等有关部门的主要领导及人员组成验收小组，对天津市1999年度海河干流治理工程津南段、东丽段和塘沽段进行总体验收，同意验收通过，交付使用。

天津市海河干流治理工程津南区段（1991—1997年）治理情况一览表见表4-1-9，天津市海河干流治理工程津南区段（1998—2000年）治理情况见表4-1-10，天津市海河干流治理工程津南区段（1991—2000年）治理情况见表4-1-11（见书末）。天津市海河干流治理工程津南区段（1991—2000年）工程投资一览表见表4-1-12。

表 4－1－9　　天津市海河干流治理工程津南区段(1991—1997 年)治理情况统计表

治理年份		1991			1992—1993				1994	1995		1996								1997								合计
工程位置		洪泥河口下游段	葛沽镇上游段	葛沽镇下游段	卫津河西段	柴庄子西段	柴庄子东段	跃进河西段	葛沽段一期	柴庄子险工段	葛沽段二期	八场引河段	老海河口段	洪泥河口下游段	双月泵站段	水利码头段	北园段	杨惠庄上游段	杨惠庄下游段	邢庄子泵站段	双洋渠上游段	双洋渠下游段	卫津河下游段	跃进河段	小韩庄段	殷庄段	杨惠庄渡口段	1991—1997 年共治理 27 段
治理长度/米		850	350	650	340	600	130	196	187	460	1325	1414	250	476	1020	710	1180	300	1100	520	480	970	380	440	320	640	755	16043
复堤工程	干容重实测平均值	1.62	1.62	1.62	1.55	1.55	1.55	1.55	1.53	1.61	1.52	1.56	1.59	1.6	1.61		1.59	1.61	1.55	1.62	1.63	1.55	1.61	1.55	1.59	1.64	1.67	
	单元工程数量	35	14	26	7	11-	3	3	11	13	8	37	4	14	23		29	7	21	10	10	17	5	7	5	22	18	360
	单元工程优良个数	31	11	12	6	2	3	2	11	13	8	31	3	12	18		24	6	21	8	9	15	4	5	4	20	16	295
	单元工程优良率/%	88.6	78.6	46.2	85.7	18.2	100	66.7	100	100	100	83.8	75	85.7	78.3		82.8	85.7	100	80	90	88.2	80	71.4	80	90.9	88.9	
砌石工程	单元工程数量	16	7	13	7	11	3	3	6	6	22	14	3	2		12	4	2	53	4	4	8	4	4	4	2	6	220
	单元工程优良个数	15	5	3	6	3	3	2	4	1	15	12	3	2		11	2	1	35	2	4	8	4	4	4	2	6	157
	单元工程优良率/%	93.8	71.4	23.1	85.7	27.3	100	66.7	66.7	16.7	68.2	85.7	100	100		91.7	50	50	66	50	100	100	100	100	100	100	100	
建筑物工程	单元工程数量								24	7		36	7	10		7	7	7	7	24	8	24	8	16	8	16	8	224
	单元工程优良个数								22	6		31	6	10		7	6	6	6	17	7	21	7	14	7	14	7	194
	单元工程优良率/%								91.7	85.6		86.1	85.7	100		100	85.7	85.7	85.7	70.8	87.5	87.5	87.5	87.5	87.5	87.5	87.5	
分部工程评定等级		优良	优良	合格	优良	合格	优良	优良	优良	优良	优良	优良	优良	优良		优良	优良	优良	优良	优良	优良	优良	优良	优良	优良	优良	优良	
完成主要工程量	土方/立方米	87000			42000				24400	13983	78200	23387	8000	7900	12331	11648	14848	11200	26430	17800	10269	41435	6398	6629	3480	25581	12920	485839
	石方/立方米	10767			6824				600	3735	24500	8235		258		1706	1050	1700	3814	3710	2250	5750	2814	2295	1280	1157	1810	84255
	混凝土/立方米								500		2500	314		60		3810	33		5047	402		434	103	362	88	120	220	13933
	抛石/立方米																		4164									4164

表 4-1-10 天津市海河干流治理工程津南区段(1998—2000年)治理情况统计表

治理年份		1998(一期)				1998(二期)													1999							2000	合计	总计
工程位置		张嘴段	双月段	盘沽段	葛沽下游段	李楼段	小辛庄段	邢庄子段	双洋渠段	芦庄子段	老海河口段	生产圈段	张嘴段	北洋段	赵北段	柴庄子段	东泥沽段	二道闸上游段	8标段 二道闸下游段	8标段 水利码头段	8标段 小韩庄段	10标段葛沽下游段	23标段(环岛)	9标段(葛沽上游)	11标段(杨惠庄)	11标段(洪泥河闸)	1998—2000年共治理25段	1991—2000年共治理52段
治理长度/米		1243	766	1200	590	1570	780	1073	1695	776	470	1533	780	1286	1520	1100	580	970	519	720	1116	1300	3475	1914	2695	100	29771	45814
复堤工程	干容重实测平均值	1.61	1.53	1.6	1.59					1.53	1.57	1.54	1.53	1.57	1.61	1.57	1.56						1.54	1.53	1.56	1.54		
	单元工程数量	63	52	48	29					34	11	49	34	34	59	25	15						23	22	21	2		
	单元工程优良个数	32	26	41	14					33	7	15	21	6	24	17	7						13	12	12	0		
	单元工程优良率/%	50.8	50	85.4	48.3					97.1	63.6	30.6	61.8	17.6	40.7	68	46.7						56.5	54.5	57.1	0		
砌石工程	单元工程数量	8	6	16	9					15	10	10	11	24	24	20		25					43	22	33	12		
	单元工程优良个数	2	5	13	8					14	7	1	7	18	15	16		15					21	13	23	8		
	单元工程优良率/%	25	83.3	81.3	88.9					93.3	70	10	63.6	75	62.5	80		60					48.8	59.1	69.7	66.7		
建筑物工程	单元工程数量	18	34	18	18					30		10	10	20	10								53	16		13		
	单元工程优良个数	12	28	16	15					27		7	7	14	7								28	11		9		
	单元工程优良率/%	66.7	82.4	88.9	83.3					90		70	70	70	70								52.8	68.8		69.2		
分部工程个数		9	9	10	7					7	2	5	4	7	7	4	1	4					19	11	8	7		
分部工程优良个数		4	8	7	4					4	2	2	3	3	4	3	0	3					11	7	5	5		
分部工程优良率/%		44.4	88.9	70	57.1					57.1	100	40	75	42.9	57.1	75	0	75					57.9	63.3	62.5	71.4		
分部工程评定等级		合格	优良	优良	优良					优良	优良	合格	优良	合格	优良	优良	合格	优良					优良	优良	优良	优良		
完成主要工程量	土方/立方米	110700	69800	53760	51900					27000	16500	74600	54000	83800	83500	23700	35200	19200	75340			85344	145645	149300	163400	12358		
	石方/立方米	6300	8700	7055	6600					4800	1900	4000	2900	6603	8000	4500		3200	8048			7608	14737	5441	7601	1708		
	混凝土/立方米	200	1300	475	500					350	12	64	93	174	300	42		79	935			64	782	252	1030	1401		
	抛石/立方米																											

注 1998年和1999年工程中不包括李楼段、小辛庄段、邢庄子段、双洋渠段、第八标段(二道闸下游段、水利码头段、小韩庄段)以及10标段(葛沽下游段),以上工程为其他单位施工。

表 4-1-12　**天津市海河干流治理工程津南区段（1991—2000 年）工程投资情况一览表**

年份	投资金额/万元									实际完程数	完成工程项目
	合计	水利部	以工代赈	市筹	自筹	区集资	防洪费	义务工	国债贷款		
1991	283	133		150						283	洪泥河口段、葛沽上游段、葛沽下游段，全长 1850 米
1992	220	100	10	110						220	卫津河西段、柴庄子西段、柴庄子东段、跃进河西段，全长 1266 米
1993	0									0	
1994	922.54	77.93	390	454.61						922.54	葛沽一期、葛沽二期，全长 800 米
1995	569.94	110		85.94		191	183			569.94	葛沽二期 520 米、柴庄子险工段 460 米，全长 980 米
1996	1607.46			602.32	176		829.14			1607.46	老海河口段、洪泥河口段、双月泵站段、水利码头段、北园段、杨惠庄上游段、杨惠庄下游段，全长 5036 米
1997	1592.06	782.23		311.3	120			118	260.53	1592.06	八场引河段、邢庄子泵站段、双洋渠上游段、双洋渠下游段、卫津河下游段、跃进河段、小韩庄段、殷庄段、杨惠庄渡口段，全长 5919 米

续表

年份	投资金额/万元									实际完程数	完成工程项目
	合计	水利部	以工代赈	市筹	自筹	区集资	防洪费	义务工	国债贷款		
1998	3969.96			1185.2	150				2634.76	3969.96	一期：张嘴段、双月段、盘沽段、葛沽下游段，全长3799米。二期：芦庄子段、老海河口段、生产圈段、张嘴段、北洋段、赵北段、柴庄子段、东泥沽段、二道闸上游段，全长9015米。全年治理总长12814米
1999	1758.17			1588.17	170					1758.17	23标段（环岛）、9标段（葛沽上游）、11标段（杨惠庄），全长8084米
2000	272.82			272.82						272.82	11标段（洪泥河闸）
合计	11195.95	1203.16	400	4760.36	616	191	1012.14	118	2895.29	11195.95	

注　1998年和1999年工程投资中不包括李楼段、小辛庄段、邢庄子段、双洋渠段、第八标段（二道闸下游段、水利码头段、小韩庄段）以及10标段（葛沽下游段）。

第二节　大沽排污河度汛工程

大沽排污河开挖于1958年，流经南开、河西、西青、津南、滨海新区塘沽5区，全长81.6千米，承担着市区咸阳路、纪庄子、双林3个排水系统和沿河两岸雨污水排放任务，是天津市西南地区重要的排水河道。1965年曾实施河道改造工程，截至2008年运行40余年未做彻底疏浚。河道淤积深度达到平均2～3米，河床高于周边自然高程 0.3～0.5 米，特别是津南区段，淤积尤为严重，汛期经常发生漫堤、溃堤现象，污水漫溢给沿河乡村农田带来极大危害。为解决上述问题，保证汛期大沽排污河正常运行，市有关部门每年都要批拨一定资金，实施大沽排污河应急度汛工程。

1991 年，根据天津市建委、市财政局的批复，由津南区水利局负责，在东沽泵站南侧 30 米，新建 30 立方米每秒自流闸 1 座，开挖引河 350 米与大沽排污河相连。工程 1991 年 4 月开工，年底竣工。完成工程量为：混凝土 708.9 立方米；浆砌石 274.044 立方米；河道开挖土方 2.266 万立方米；建筑物土方开挖 2.005 万立方米；土方回填 1.203 万立方米；安装 3 米×3.5 米铸铁闸门 3 面；每面闸门装有 2 台×8 吨双吊点手动、电动两用闸门启闭机，共计安装启闭机 6 台。

1992—2000 年，大沽排污河津南区段共完成清淤、复堤土方 49.3 万立方米和多项改造加固工程，共计完成投资 3705 万元。

1992 年，完成清淤土方 2.5 万立方米。当年 9 月 1 日特大风暴潮后，实施了东沽泵站防浪墙应急加高工程，泵站区域内 100 米防浪墙由 4.5 米加高至 5.5 米，砌砖石约为 40 立方米。

1993 年，完成清淤土方 2 万立方米，复堤土方 6 万立方米，更换节制闸闸板 5 面及海挡修复工程。

1994 年，完成清淤土方 2.8 万立方米，巨葛庄排污泵站新打机井 1 眼。

1995 年，完成清淤土方 3.5 万立方米。

1996 年，完成清淤土方 3.5 万立方米。

1997 年，完成清淤土方 4.5 万立方米。

1998 年，完成复堤土方 7 万立方米。同年实施了东沽泵站整修工程。东沽泵站历经多年海潮冲蚀和风暴潮袭击，发生过海水漫过防浪墙、浸入泵站院内和机房，造成了设备锈蚀与损坏。经市主管部门批准，实施了防浪墙加高加固工程，改造后的防浪墙呈梯形，为混凝土重力式结构，全长 300 米，高 2 米，底宽 1.75 米，完成混凝土量 640 立方米。同时完成了 900 毫米口径卧式轴流泵抢修工程，更换进水管 10 节。

1999 年，完成复堤土方 6.4 万立方米，清淤土方 1.5 万立方米。加固了双桥河倒虹吸，完成混凝土 380 立方米。

2000 年，完成清淤土方 2.8 万立方米，复堤土方 6.8 万立方米，更新巨葛庄泵站 30 米×3.0 米木渡槽 1 座。

2001 年，完成清淤土方 1.5 万立方米，复堤土方 1.7 万立方米，砌石墙 510 立方米。

2002年，完成清淤2.6万立方米。

2003年，完成清淤3000立方米。

2004年，完成复堤8.61万立方米。

2005年，完成复堤土方3万立方米，石墙440立方米，混凝土墙1142立方米。

2006年，完成清淤土方2.6万立方米，复堤土方1.3万立方米，改造三道沟倒虹吸。

2007年，完成清淤土方2.4万立方米，复堤土方2.7万立方米。

2008年，根据全市统一安排，实施了大沽排污河治理工程（详见第六章）。

第三节　二级河道改造工程

截至2010年，津南区共有二级河道16条，其中景观河道（海河故道）1条、排水河道（双白引河）1条、灌排两用河道14条，总长181.8千米。作为津南区调水和排涝的水利通道，经多年运行，二级河道淤积严重，河床抬高，调蓄能力大幅度降低。为发挥二级河道的原有功能，自1991年开始，津南区政府决定逐年实施二级河道治理工程。

一、四丈河清淤工程

四丈河北起北闸口镇西右营村，与幸福横河相连，南至小站镇西小站村，与马厂减河相连，全长7.82千米。1991年11月至1992年2月，区水利局组织实施了河道清淤工程，清淤长度7.82千米，完成土方量12.6万立方米，使用农民劳动积累工156.074万个工日。

二、跃进河清淤工程

跃进河北起双桥河镇东泥沽村，与海河干流相连，南至葛沽镇邓岑子村，与大沽排污河相连，全长8.1千米。1992年，根据区政府安排，区水利局组织实施了跃进河清淤工程。1992年11月12日开工，1993年初完工。完成工程量为：清淤长度5.3千米，清淤土方6.9万立方米，筑堤土方500立方米。使用农民劳动积累工10.248万个工日。

三、南白排河拓挖工程

南白排河北起双洋渠泵站出口，南至大沽排污河。1993年12月至1995年11月，实施了南白排河拓挖工程，作为双洋渠泵站的完善配套工程分两期进行。

一期工程治理长度为4.233千米，其中津沽公路北长2.876千米，路南长1.357千米。开挖前的南白排河河道底宽5米，底标高±0米，上河口宽约20～25米。为满足双洋渠泵站运行需要，在南白排河单侧拓宽5～8米，工程投资108万元。按照设计要求，南白排河拓宽后河底宽为8米，河底高程－1米，河坡1∶2.5，马道标高2.5米，马道宽1米，马道处河口宽25.5米，马道以上筑堤，堤顶标高4.0米，堤顶宽4米，堤内坡比1∶2.5，堤内顶河口宽35米。开挖土方13.778万立方米。

南白排河拓宽二期工程全长3.89千米。1995年11月5日开工，11月20日竣工。开挖土方13.13万立方米，使用农民劳动积累工22.10万个工日。

2009年8月30日至2009年11月20日，实施了天津海河教育园区（北洋园）一期基础设施工程中的河道改造工程，园区内长度为1.5千米的南白排河，进行了清淤改线工程，经由五登房四面平交闸与幸福河相通，贯通教育园区与津沽路至双洋渠泵站的南白排河相通，全线统称为幸福河。

四、双桥河复堤工程

1995年11月5日，双桥河津沽公路桥南侧两岸长5.6千米复堤工程开工，11月底竣工。完成土方5.898万立方米，使用农民劳动积累工2.949万个工日。

五、“引黄济津”输水河道——洪泥河治理工程

洪泥河北起津南区辛庄镇生产圈村，与海河干流相连，南至滨海新区大港万家码头，与独流减河相连，全长25.8千米。它是津南区的一条引灌排沥的主要河道，也是贯通大港水库、马厂减河及海河干流的主要渠道。沿河有耕地面积373.33公顷，其中菜田133.33公顷，粮田240公顷，养鱼池2333.33公顷。

2000年天津市遭遇特大干旱，全市工农业和生活用水极其短缺，天津市政府决定实施“引黄济津”工程。确定洪泥河作为“引黄济津”的输水河道。作为输水前的洪泥河治理工程，主要实施了河道清淤、复堤和口门封堵工程。

津南区政府成立了“引黄济津”工程指挥部，区长郭天保担任指挥，分管农业

的副区长李树起任副指挥，有关委、局、镇领导为成员，指挥部办公室设在区水利局。

2000年8月14日，区政府召开了“引黄济津”工程动员大会，会上分配了工程任务并提出具体要求。海河干流津南区辖段沿线和洪泥河沿线口门封堵任务由沿河各镇负责，其余工程由区水利局下属各基层单位负责施工。2000年8月15日开工，当年10月竣工。

2000年9月13日，副市长孙海麟视察了津南区“引黄济津”工程。水利部海委、天津市水利局、市财政局、市计委、市农委、市建委、市经委等有关部门领导多次到工地，检查指导工作，帮助解决施工中的问题。

（一）口门封堵工程

2000年8月15日，海河干流津南区辖段、洪泥河沿线口门封堵工程开工，当年10月竣工。投入施工人员180人，各类施工机械42台。完成工程量为：封堵洪泥河两岸口门102座，土方6.65万立方米；封堵海河干流津南区段堤岸口门43座，土方6.94万立方米。2002年，天津市决定实施“引黄济津”工程。津南区实施“引黄济津”应急工程，涉及津南区海河干流段、洪泥河沿线112座口门的封堵、加固。工程于2002年10月8日开工，当月20日完成。共完成海河干流段口门封堵43座，洪泥河沿线口门封堵69座。

2003年，按照天津市政府再次实施“引黄济津”的部署，津南区再次实施海河干流津南区辖段、洪泥河沿线口门封堵工程。8月31日，区政府召开“引黄济津”应急工程动员会，海河干流、洪泥河沿线各镇主要领导参加了会议。会议部署了任务，确定了工期，明确了要求。9月1日，各镇施工队伍开始进场施工。9月15日，除上级要求预留不封堵的部分口门外，按时完成了海河干流口门封堵36处，洪泥河口门封堵77处，共计完成土方9.6万立方米；维修闸涵4座，完成土方7740立方米，混凝土80立方米，浆砌石50立方米。

2004年，天津市政府决定再次实施“引黄济津”，缓解天津市的水危机。根据市水利局的安排，津南区负责界内洪泥河、海河干流沿线口门封堵、加固工程。工程于9月22日开工，12月15日竣工，完成土方9.86万立方米。

2005年初，天津市政府决定实施“引黄济津”回供水工程，经洪泥河将蓄存在北大港水库的引黄水源输送到海河干流。为了保证顺利实施“引黄济津”回供水工程，津南区水利局组织完成了口门封堵加固工程，完成工程量为：封堵洪泥河沿岸口门77处；海河干流沿岸口门36处；维修改造涵闸1座；出动挖掘机3台，拖拉机6台，推土机2台，人员160人次，清除堤岸垃圾杂物1500立方米；共完成土方9.6万立方米。

2009年，天津市实施“引黄济津”工程，津南区自9月26日至10月12日，实施了“引黄济津”口门封堵工程，共封堵口门38处，完成土方4.65万立方米。

2010年按照全市“引黄济津”工作总体部署，津南区自9月26日至10月20日实施了“引黄济津”口门封堵工程，共封堵海河干流口门40处、洪泥河口门85处。

（二）洪泥河清淤复堤清障工程

2000年8月15日，洪泥河清淤复堤清障工程正式开工，当年10月24日工程竣工。完成工程量为：清淤长度14千米，清淤土方为37.41万立方米；复堤长度2.66千米，土方为1.02万立方米；清运垃圾0.15万立方米；北大港水库排咸沟清淤工程752米，清淤土方为3.1万立方米。

（三）洪泥河穿河倒虹维修加固工程

洪泥河河道内建有3处穿河倒虹，坐落于八里台镇巨葛庄村附近，分别是双巨排污河穿洪泥河倒虹、上游排污河穿洪泥河倒虹和上游排咸河穿洪泥河倒虹。3处倒虹始建于20世纪60年代，由于当时的设计水平及施工水平较低，加之年久失修，又受到1976年唐山大地震的破坏，存在不同程度的渗漏问题，严重污染了洪泥河水质。

洪泥河清淤复堤工程结束后，区水利局通过津南区政府和天津市水利局，分别向市有关部门上报了“关于引黄济津工程洪泥河倒虹吸维修加固的紧急报告和请示”。市政府决定实施洪泥河穿河倒虹加固维修工程，以保证“引黄济津”水质安全，确保全市人民喝上放心水。

2000年12月5日，洪泥河穿河倒虹维修加固工程正式开工，总投资274.65万元，当年12月底竣工。完成工程量为：土方2.416万立方米，混凝土3759立方米，其中双巨排污河倒虹维修加固工程，土方1.066万立方米，现浇混凝土436立方米；上游排咸河倒虹维修加固工程，土方6300立方米，现浇混凝土2975立方米；上游排污河倒虹维修加固工程，土方7200立方米，现浇混凝土348立方米。

（四）“引黄济津”完善配套工程

洪泥河作为“引黄济津”输水河道，实施封堵口门工程后，沿河农田灌排体系被打乱，为使农业生产不受损失，居民正常生活不受影响，津南区水利局积极向市有关部门反映情况，呈报洪泥河灌排体系完善配套工程方案。市有关部门批复同意予以实施。

2001年3月2日，“引黄济津”完善配套工程开工，当年4月底竣工。工程涉及双港、辛庄、八里台3个镇的8处积水严重地段。该工程完善了沿河农田灌排体系，保证了沿线农业生产和居民生活的正常进行。完成工程量为：清淤、扩挖、新挖河道12条，长度22.205千米；新建涵闸、涵洞34座；新建泵站6座；跨河输水管线1座；改造桥梁1座；土方39.35万立方米，砌石1000立方米，混凝土850立方米。

2002年，再次实施“引黄济津”完善配套工程。该工程为跨年度工程，2002年10月开工，2003年6月底竣工。完成工程量为：清淤渠道18条，长度43.56千米；新建涵闸43座、泵站3座、钢管渡槽1座；完成公路顶管1座；维修涵闸9座、倒虹1座；土方43.4万立方米；浆砌石5517立方米；混凝土2263立方米。

六、胜利河清淤改线工程

2009年8月30日至2009年11月20日，实施了天津海河教育园区（北洋园）一期基础设施工程中的河道改造工程，完成了胜利河清淤改线工程。作为新增的二级河道，其上游与月牙河相通，下游至幸福河，河道长度为3.95千米。

经过几年的河道治理，区管二级河道打破了供排水河道的界限，达到了“河河相通、沟渠相连、南北调度、排灌自如”，在恢复扩种小站稻中发挥了显著作用。但同时也显现出“一河污染，河河污染”的弊端。2005年以来，津南区逐年实施了二级河道水环境综合治理工程，全面改善了津南区的水环境，营造了人水和谐的环境氛围（详见第六章）。

第四节　海河教育园区河系改造工程

2009年3月3日，天津市政府第26次市长办公会议决定：在津南区建设海河教育园区（北洋园）项目。天津市海河教育园区是国家级高等职业教育改革实验区、教育部直属高等教育示范区、天津市科技研发创新示范区。旨在实现天津市城市总体发展战略，推进天津高等教育和职业教育发展，整合全市教育资源，增强综合竞争力，支撑海河干流中游地区开发，带动津南区实现跨越式发展。

海河教育园区位于海河干流中下游南岸的津南区界内，周边紧邻咸水沽镇、八里台镇、双港镇和西青区大寺镇。用地范围东起咸水沽镇西外环，西至规划的蓟汕高速联络线，南接津港公路、津晋高速，北邻天津大道，规划总占地面积37平方千米。规划远期办学规模20万人，居住人口10万人。其中，一期规划占地面积9平方千米。规划办学规模5.8万人，居住人口4万人左右。规划区域内植被茂盛，河流水系遍布，经过规划建设，营造出优美宜人的生态环境。

一、工程概况

根据天津市发改委《关于北洋园一期基础设施工程项目建议书的批复》（以下简称《批复》）意见，该项目在海河干流中游南岸的津南区界内，北至规划的蓟汕高速联络线后退25米和天津大道，南至津晋高速公路，东至月牙河，西至幸福河，规划面积为10.16平方千米区域内，一期基础设施工程项目包括：道路及附属工程、市政配套管线工程、交通场站工程、生态环境工程。项目由天津北洋园投资开发有限公司组织实施。

根据《批复》要求，海河教育园区（北洋园）一期基础设施工程中的河道改造工程，是生态环境工程中的子项目，主要是对穿越园区的胜利河、幸福河和卫津河进行清淤、改造和护砌，其中胜利河和幸福河进行改线、清淤、生态护砌，卫津河园区内部分改线，其余部分进行清淤、浆砌石护砌。

二、工程施工

天津海河教育园区（北洋园）一期基础设施工程河道改造工程投资8430.34万元，由天津振津工程集团有限公司负责施工，工程于2009年8月30日开工，2009年11月20日竣工。采用机械配合人工的施工方法，施工高潮时每天现场有施工人员300余人，挖掘机、运输车等施工机械100多台。完成的工程主要包括：

胜利河清淤改线工程。胜利河在北洋园内完全改线，上游与月牙河相通，下游至幸福河，设计河道长度为3.95千米。完成工程：清淤、挖方、生态护砌。

卫津河清淤改线工程。卫津河清淤、改线、挖方、浆砌石护砌。改线河道长度为0.62千米，清淤河道长度为2.83千米。

幸福河清淤、护砌工程。幸福河五登房四面平交闸至胜利河闸段的0.86千米，先期进行了清淤、挖方和浆砌石护砌。

南白排河清淤改线工程。南白排河经由五登房四面平交闸与幸福河相通，更名为幸福河，从津沽公路至五登房四面平交闸，改线后与原河道上下游相通。设计河道长度为1.5千米。主要工程包括清淤、挖方、生态护砌。

天津海河教育园区（北洋园）一期基础设施工程中的河道改造工程完成工程：河道清淤3.69千米，清淤土方39.6万立方米；河道改造6.07千米，挖方67.72万立方米；旧河道回填3.32千米，回填土方34.17万立方米；生态网格护砌长度5.45千米，护砌6.67万立方米；浆砌片石护砌长度667米，砌石1.31万立方米；穿津沽路顶管工程，直径2400毫米顶管170延米。

三、海河教育园区一期河道改造增项工程

海河教育园区一期河道改造增项工程包括6项：训练湖浆砌石工程、胜利河与月牙河交口处出水闸工程、胜利河东外环顶管连接工程、胜利河与幸福河出水闸工程、翟家甸倒虹吸出水闸维修工程、体育场环路护砌工程。工程于2010年3月开工，5月底全部完成。完成工程量为：混凝土512.67立方米；浆砌片石6160.82立方米；开挖、回填土方36.98万立方米。

第五节 泵站闸涵新建与维修

一、双洋渠泵站重扩建工程

双洋渠泵站坐落于津南区咸水沽镇南洋村村北，南白排河入海河干流处，始建于1959年，初建时为木桩架设的临时泵点，1962年改建为砖石结构的半永久性排灌两用泵站，担负着洪泥河沿岸2余万公顷农田的排沥和灌溉任务。历经近30年运行，破损严重已不能使用，1991年天津市水利局批准报废，并批复同意在原址实施双洋渠泵站重扩建工程。

双洋渠泵站重扩建工程总投资640.80万元，1992年9月正式开工，由津南区水利局农田基本建设专业队负责实施，1994年5月20日竣工，当年汛期投入使用。完成工程：土方31.03万立方米；混凝土4584立方米；砌石1964立方米；砌砖1080立方米；安装36WZ-80轴流泵5台。

重扩建后的双洋渠泵站设计流量为10立方米每秒，担负着辛庄、咸水沽、八里台、双闸4个乡镇的2.16万公顷农田的灌溉排沥任务，排沥标准由3年一遇提高到了5年一遇。

二、十米河南闸维修加固工程

十米河南闸坐落于十米河与独流减河交汇处，1980年修建，有直径为1.65米的钢筋混凝土涵闸6孔，设计流量20立方米每秒。该闸为津南区排放南部地区沥水的主要

通道，也是调引独流减河水源的控制闸。运行多年已严重破损，区政府决定对其实施维修加固工程。

十米河南闸维修加固工程 1996 年初开工，1996 年汛前完成。主要工程：涵闸两侧翼墙浆砌石护坡，重建钢筋混凝土闸墩及机架桥，将原浆砌石挡土墙用混凝土贴面 25 厘米，将原 6 面木闸门更换为铸铁闸门，将原 6 台手动启闭机更换为手电两用 10 吨启闭机。

三、跃进河泵站新建工程

跃进河泵站新建工程，位于双桥河镇东泥沽村北，跃进河与海河干流交汇处，设计流量 6 立方米每秒，工程总投资 609 万元。工程于 1997 年 10 月 24 日动工，1999 年 5 月底全部竣工，通过了天津市水利局有关部门的验收，交付使用。跃进河泵站投入使用后，对于解决海河二道闸下游地区水源，发展津南区东部农业经济具有十分重要的意义。近期可灌溉葛沽镇 2533.33 公顷菜田，同时可担负跃进河两岸 20 平方千米土地的排涝任务。

四、洪泥河首闸加固工程

洪泥河首闸坐落于洪泥河与独流减河交汇处，1984—1985 年修建，为 3.5 米×3.8 米×5 孔箱形钢筋混凝土结构，设计流量为 70 立方米每秒。该闸作为天津市“引黄济津”配套工程，具有调节海河干流与独流减河水量，调蓄北大港水库储存水量的功能，担负着津南区、滨海新区大港、西青区 1.67 万公顷农田的排灌任务。

经多年运行与河水侵蚀，出现多处破损。为确保启闭自如，运行良好，自 1997 年开始，连续 3 年实施了更新加固工程，完成工程投资 194 万元。

1997 年的工程项目包括：更换 2×15 吨启闭机 5 台，安装配套配电柜 2 个；完成闸两侧翼墙浆砌石护坡工程；操作室内外墙水泥砂浆抹面工程；共完成石方 1083 立方米，混凝土 256 立方米。

1998 年的工程项目包括：拆除重建洪泥河首闸北侧工作桥 1 座；上下游翼墙贴面加固 200 毫米厚钢筋混凝土；上下游浆砌石护坡、护底；上下游闸墩胸墙涂抹环氧树脂砂浆；共完成石方 1083 立方米，混凝土 256 立方米。

1999 年的工程项目包括洪泥河首闸闸洞维修加固工程。该闸箱涵经多年河水冲刷侵蚀，出现多处破损。在维修加固工程中，主要是对钢筋混凝土破损部分进行拆除、绑扎、浇筑。采用水工建筑物钢筋混凝土贴面补强新技术，实施钢筋混凝土现场浇筑加固补强。工程于当年4月开工，6月中旬竣工，拆除混凝土93.2立方米，新浇混凝土372.6立方米。

2000年7月26日，天津市及津南区专家对该工程进行了验收，并对工程中采用的“水工建筑物钢筋混凝土贴面补强”新技术进行了鉴定。该技术获得2000年津南区科技成果一等奖。

五、葛沽泵站迁建工程

葛沽泵站原坐落于葛沽镇葛万路与津沽路交口处，建于20世纪60年代初，经多年运行，泵站设施破损老旧。1985年12月海河二道闸建成投入使用后，闸下海河干流海水倒灌，导致水源严重咸化。葛沽泵站地处海河二道闸以下，因此已经失去了原有的灌溉功能。1999年9月24日，天津市水利局以《关于葛沽泵站迁建工程可行性研究报告的批复》，同意津南区将葛沽泵站迁至马厂减河与海河干流汇合处的葛沽镇西关村北，设计流量16立方米每秒。

葛沽泵站迁建工程总投资1100万元，2000年3月8日动工，2000年年底竣工。共完成工程量为：土方4445.4立方米；混凝土2040立方米；安装9000Z－125潜水轴流泵5台套；S11－1600kVA10/0.4kV变压器1台；S9－20kVA10/0.4kV变压器1台。

葛沽泵站迁建工程建成投入使用后，通过排除二级河道咸水，起到调蓄水源、改善水质的作用，灌溉面积可达5333.33公顷。同时该泵站还承担着马厂减河两岸55平方千米的排涝任务。汛期可排除双闸、小站、北闸口、葛沽等4个镇的沥水入海河干流，排涝标准由不足3年一遇提高到10年一遇。

六、洪泥河防洪闸新建工程

洪泥河防洪闸新建工程是海河干流治理工程的一部分，坐落于海河干流与洪泥河交口处的津南区辛庄镇生产圈村西北部，建成后成为“引黄济津”输水的必经之路。该闸为4.5米×4.5米×3孔的方涵结构，设计流量为50立方米每秒。工程于2000年6月1日开工，由津南区水利局农田基本建设专业队负责施工。10月15日，天津市水利建设工程质量监督中心站、市水利局规划处、计划处、基建处和设计单位共同组成验收小组对该工程水下部分进行了阶段验收，一致认为该工程水下4个分部工程（包括基础工程、洞身工程、上游连接段和下游连接段）具备通水条件，同意阶段验收。

2000 年 10 月 26 日，该工程全部竣工交付使用。主要工程量为：土方 8597 立方米；混凝土 1448 立方米；砌石 1140 立方米；水泥搅拌桩 428 根。

七、葛沽泵站扩建工程

2000 年 3 月，葛沽泵站迁建至葛沽镇西关村北后，经过几年的运行已不能满足马厂减河沿线排涝的需要，特别是 2003 年 10 月 10 日，津南区平均降雨量超过 100 毫米，局部地区降雨量达 180 毫米。由于不能及时排出沥水，造成马厂减河沿线区域严重积水，出现淹泡现象，给工厂企业、农田及人民生活造成严重影响。经有关部门调研分析，区政府决定实施葛沽泵站扩建工程。

（一）工程概况

2005 年 3 月 31 日，津南区水利局向天津市水利局上报《关于津南区葛沽泵站扩建工程可行性研究的请示》。2005 年 7 月 21 日，市水利局批复同意葛沽泵站扩建工程。2005 年 9 月 12 日，津南区水利局又向市水利局上报《关于津南区葛沽泵站扩建工程初步设计的请示》，并要求给予资金补助。2005 年 12 月 7 日，市水利局下达文件批复同意葛沽泵站工程扩充设计。2006 年 8 月 22 日，市水利局和市财政局联合行文下达工程投资计划。总计投资 1413 万元，其中市财政补助 630 万元、区自筹 783 万元。

2006 年 3 月 14 日，天津市普泽工程咨询有限责任公司就葛沽泵站扩建工程进行公开招标，天津市金龙水利建筑工程公司中标。

（二）工程施工

2006 年 3 月 22 日，葛沽泵站扩建工程开工，当年 12 月 31 日竣工。完成主要工程量为：土方 3.17 万立方米；砌石 2856.75 立方米（含浆砌石拆除及砌砖）；混凝土及钢筋混凝土 3169.72 立方米；安装 1200QZB－160 型潜水轴流泵 4 台，配套电机采用 YQJN450－12 型潜水电机；安装 S11－1600kVA 变压器 1 台；S11－100kVA 变压器 1 台；配套电气设备KYN28A－10 型高压开关柜 5 台、GCS 型低压配电柜 7 台。

（三）工程验收

葛沽泵站扩建工程 2006 年 12 月建成投入使用，经两年多的试运行已达到设计标准。2009 年 9 月，通过了天津市水利局工程验收委员会组织的验收，葛沽泵站交付津南区排灌管理站管理。

津南区二级河道汇总表（2010 年）见表 4－5－13，2010 年津南区管河道闸涵一览表见表 4－5－14，2010 年津南区泵站汇总表见表 4－5－15。

表 4－5－13　**津南区二级河道现状汇总表（2010 年）**

序号	河道名称	性质	起止地点	长度/千米	河宽/米		边坡系数	高程/米		流量/立方米每秒	备注
					上口	下口		河底	堤顶		
1	马厂减河	灌排	万家码头旧首闸至海河（葛沽泵站）	28.85	42～50	12	2.5	－2.70	3.0～5.0	35	
2	洪泥河	灌排	海河（生产圈）至独流减河（万家码头）	25.8	43～50	20～25	2.5	－2.70	4.0～5.0	35	
3	月牙河	灌排	海河（赵北庄）至马厂减河（小站）	16.2	45	15	2.5	－2.70	3.5～5.0	30	
4	双桥河	灌排	海河（潘庄子）至马厂减河（东花园）	9.87	32.5	10	2.5	－2.7	3.5	20	
5	双白引河	排水	郭黄庄至洪泥河（白塘口）	3.02	25	5	2.5	－1.50	3.5	10	
6	卫津河	灌排	海河（赵北庄）至清和村西	11.5	25	10	2.5	－2.20	3.0	10	
7	十米河	灌排	马厂减河（大安）至独流减河	9.5	38.4～40	15	2.5	－1.00	3.7～4.0	30	
8	胜利河	灌排	月牙河（咸水沽北）至幸福河	3.95	26	7	3.0	－1.80		10	
9	幸福河	灌排	海河（双洋渠泵站）至马厂减河（北中塘）	21.03	22.5～25.5	5～8	2.5	－2.20	3.5	10	
10	幸福横河	灌排	月牙河至幸福河	3.5	22.5～25.5	5～8	2.5	－2.20	3.5	10	
11	四丈河	灌排	幸福横河（北义村北）至马厂减河（西小站）	7.82	25	5	2.5	0.00	4.0	10	
12	咸排河	灌排	津沽公路（南房子）至双桥河镇小营盘村	2.76	20.5	3	2.5	0.00	3.5	5	
13	石柱子河	灌排	北闸口镇裕盛村至马厂减河（南北河村）	9.23	19.5～22.5	4	2	－1.00	3.5	8	含支河
14	跃进河	灌排	海河（东泥沽）至大沽排污河（邓岑子）	8.1	21.5	4	2.5	0.00	3.5	8	含支河
15	八米河	灌排	十米河（十九倾）至营盘圈东	13.2	28.5	6	2.5	－1.0	3.5	10	含西排干渠
16	海河故道	生态	月牙河（米兰小区）至海河（柴庄子）	7.47	50	20	2.5	－3.00			
	合计			181.8							

注　马厂减河、洪泥河、月牙河、双桥河、卫津河、胜利河、幸福河已治理完毕，高程采用 1972 年大沽高程，2003 年成果。

表 4-5-14

2010 年津南区管河道闸涵一览表

序号	水闸名称	所在河道	地点	建设年份	最近维修年份	设计流量/立方米每秒	孔数	闸孔宽度/米
1	马厂减河腰闸	马厂减河	万家码头	1977		26	3	中间孔 6；两边孔 3
2	九道沟闸		九道沟村	1986—1987		30	3	中间孔 6；两边孔 3
3	东闸		东闸（现不能发挥作用）	1896	1974	25.3	5	
4	月牙河南闸	月牙河	盛字营村	1970		15	1	6
5	秦庄子闸		秦庄子北	1967	1988	25	3	中间孔 6；两边孔 3
6	月牙河北闸		潘庄子海河南岸	1977		30	3	3
7	月牙河节制闸		咸水沽二道桥村	2001		30	3	3
8	幸福河南闸	幸福河	北中塘村南	1958	1982	12	1	4
9	四面闸南闸		五登房村北	1995		10	2	2.5
10	四面闸北闸		五登房村北	1995		10	2	2.5
11	幸福河北闸		北洋村北			20	3	3
12	大芦庄闸		大芦庄村南	1992		10	2	3
13	翟家甸倒虹北闸		翟家甸村西北	1996		10	2	3
14	翟家甸倒虹南闸		翟家甸村西北	1996		10	2	3
15	翟家甸闸		翟家甸村西北	1992		10	2	3.3
16	双桥河南闸	双桥河	西沟村东南	1982		20	2	3
17	双桥河北闸		孙庄子村北	1977		30	3	3
18	闫家圈节制闸		闫家圈村南	1985—1986		20	3	3.3
19	四丈河北闸	四丈河	北义村北	1977		10	2	2
20	四丈河南闸		西小站村东	1880	1983	12	1	2.5

续表

序号	水闸名称	所在河道	地点	建设年份	最近维修年份	设计流量/立方米每秒	孔数	闸孔宽度/米
21	卫津河闸	卫津河	赵北庄村北	1978	1990	10	1	2.5
22	田嘴闸		田嘴村北	1988	2009 年拆除	10	2	3.6
23	四面闸东闸		五登房村西北	1995		15	3	3.3
24	四面闸西闸		五登房村西北	1995		15	3	3.3
25	柴家圈闸		柴家圈村南	1988		20	2	3
26	十米河南闸	十米河	大港区胜利村	1978	1980	20	6	ϕ1.65
27	荒地排河闸		大港区胜利村	1984—1985		20	2	3
28	十米河北闸		大港区中塘镇大安村北	1978		30	3	3
29	胜利河东闸	胜利河	胜利桥西北	2010		6	2	2
30	胜利河西闸		五登房村	2010		6	2	2
31	石柱子河闸	石柱子河	石柱子横河东花园村	1977	2012	10	2	2
32	西排干闸	八米河	东大站村东	1964	1979	10	3	3
33	西排干下闸		大站村东南西排干与马厂减河交汇处	1969	2012	10	3	1.8
34	南天门闸		八米河四道沟村	1979		5	2	ϕ1.65
35	跃进河泵站闸	跃进河	李家圈村南	1958	1976	10	2	2
36	跃进河河闸		双桥开发区东侧		2012	10	2	2
37	洪泥河防洪闸	洪泥河	生产圈（海河）	2000		50	3	4.5
38	洪泥河南闸		万家码头	1970		20	1	6
39	洪泥河首闸		万家码头	1984		70	5	3.5

表 4-5-15

2010 年津南区泵站汇总表

序号	泵站名称	坐落地点	用途	机组台数	孔口直径/毫米	设计流量/立方米每秒	变压器/(台/千伏安)	装机容量/千瓦	占地面积/平方米	建设年份
1	双月泵站	双桥河镇柴庄子村	排灌	10	900	20	1/2400	1600	9030.7	1980
2	十米河泵站	大港区十米河南头	排	8	900	16	2/800	1240	22477.5	1981
3	葛沽泵站（1#）	葛沽镇西关村	排	5	900	16	2/1600	1030	25361.1	2001
4	葛沽泵站（2#）		排	4	1200	16		1120		2006
5	第六扬水场	辛庄镇新桥村	排灌	3	2×900+1×600	4.8	1/1800	430	27586.7	1956
6	双洋渠泵站	辛庄镇柴庄子村	排灌	5	900	10	1/1000	775	19585.2	1993
7	后营扬水场	北闸口镇后营村	排灌	3	900	6	1/630	465	22639.2	1960
8	石柱子河泵站	双桥河镇闫家圈村	排	3	600	2.4	1/315	165	27453.2	1978
9	幸福河泵站	北闸口镇翟家甸村	排灌	4	600	3.2	1/315	220	30038.1	1981
10	跃进河泵站	双桥河镇东泥沽村	排灌	3	900	6	1/630	465	20798.6	1997—1999
11	南义泵站	八里台镇南义村	排灌	3	900	6	1/1000	465	54854.8	1962
12	花园泵站	小站镇东花园村	排灌	2	900	4	1/560	310	9030.7	1963
13	巨葛庄泵站	八里台镇巨葛庄村	排污	6	900	12	2/630	930	57028.8	1959
14	东大沽泵站	塘沽区东沽	排污	8	3×1000+5×900	19	2/1000	1555	41407.5	1960
	合计			67		141.4	17/16710	10770		

第五章

农村水利

津南区是海河流域农业开发较早的地区之一，具有悠久的治水种稻历史。每年冬春季节，利用农闲大搞农田水利基本建设，通过兴修水利、改土治碱、推广科技成果，改善农业生产条件，提高了农业抵御各种自然灾害的能力，受到农民群众的普遍欢迎。

第一节　农田水利建设

农田水利建设，是水利最基础设施的建设。津南区委、区政府十分重视农田水利建设工作，组建了农田水利基本建设指挥部，各镇相应成立了领导机构，做到镇镇有人抓、村村有人管、户户有任务。区水利局始终坚持“旱涝兼治、以蓄代排、多方开源、综合治理”的原则，1991—2010年，先后制定了农田水利基本建设的“八五”“九五”“十五”及“十一五”规划，按照长远规划与当年计划相结合原则，针对津南区地势低洼易涝、土地盐碱的特点，采取得力措施，逐年实施并及时调整以高标准农田、小型水库建设为重点的农田水利基本建设计划。每年冬春季节，区水利局都要抽调工程技术人员，深入镇村进行技术指导。区财政在资金紧张的情况下，逐年增加农田水利基本建设投入，全区各个镇村也集资投劳，注入配套资金，形成国家、市、区、镇、村5级集资投劳的水利建设投资体制，保证了以河渠清淤整治、闸涵泵站建设为主要内容的农田水利基本建设任务的顺利完成。

一、河渠清淤整治

1991—2004年，津南区围绕高标准农田建设和小型水库建设进行了以河渠清淤整治为重点的农田水利基本建设工作。期间全区完成农田水利基本建设投资39419.597万元。共清淤开挖二级河道40条，清淤干支渠3385条，清淤斗毛渠15420公顷，改造中低产田8421.34公顷，集中连片治理6425.33公顷，平整土地18256.01公顷。完成新建、维修、改造等各类农田水利工程410项。

1991年，农田水利基本建设投资871.13万元，其中国补428.95万元，区投资247.23万元，乡镇村群众自筹194.95万元。完成土方15.5万立方米，砌砖石7984立方米，浇筑混凝土3884立方米。

1990年冬至1991年春，全区清淤开挖二级河道2条，清淤干支渠172条，清淤斗毛渠5400公顷，改造中低产田906.67公顷，共动土方212.5万立方米。完成市下达130万立方米土方任务的178%，完成区下达188万立方米土方任务的123.7%。共计使用劳动积累工71.666万个。完成新建、维修、改造等各类水利工程73项，其中小型水利工程53项，基建工程12项。

1992年，农田水利基本建设投资1131.91万元，其中国补433.57万元，区投资262.67万元，乡镇村群众自筹435.57万元。完成土方7.73万立方米，砌砖石3500立方米，浇筑混凝土5130立方米。

1991年冬至1992年春，全区清淤开挖二级河道1条，清淤干渠52条、支渠171条，清淤斗毛渠4380公顷，改造中低产田906.67公顷，完成土方228万立方米。完成市下达93万立方米土方任务的245%，完成区下达150万立方米土方任务的152%。累计使用劳动积累工100.75万个。完成新建、维修、改造等各类水利工程69项，其中小型水利工程45项。

1993年，农田水利基本建设投资1628.81万元，其中国补1009.2万元，区投资286.1万元，乡（镇）、村、群众自筹333.51万元。完成土方21.79万立方米，砌砖石1.174万立方米，浇筑混凝土4914立方米。

1992年冬至1993年春，全区清淤开挖二级河道1条，清淤以区级工程对待乡镇骨干渠道100条、支渠177条，总长度218.25千米。集中连片治理2786公顷，平整土地596.67公顷。共完成土方196.778万立方米，完成区下达131万立方米土方任务的150.21%。累计使用劳动积累工232万个。完成新建、维修、改造等各类水利工程44项，其中防汛工程10项，基建工程4项，小型水利工程17项，节水工程2项，供水工程1项，拆封堵工程10项。

1994年，农田水利基本建设投资951.79万元，其中国补445.34万元，区投资141.5万元，乡（镇）、村、群众自筹364.95万元。完成土方11.52万立方米，砌砖石6335.57立方米，浇筑混凝土1745.92立方米。

1993年冬至1994年春，全区清淤开挖二级河道1条，清淤以区级工程对待乡镇骨干渠道7条、干支渠234条，总长度251.42千米。集中连片治理2000公顷。完成土方207.827万立方米，完成区下达148万立方米土方任务的139.8%。累计使用劳动积累工307.685万个。增加蓄水能力75万立方米，恢复改善灌溉面积4000公顷。完成新建、维修、改造等各类水利工程19项，其中防汛工程2项，抗旱专项工程2项，基建工程1项，小型水利工程3项，供水工程2项，拆封堵工程9项。

1995年，农田水利基本建设投资2726.2万元，其中国补1297.252万元，区投资

493.652万元，乡（镇）、村、群众自筹935.396万元。完成土方35.55万立方米，砌砖石1.528万立方米，浇筑混凝土5185立方米。全年完成新建防渗渠道17.7千米。

1994年冬至1995年春，全区实施了9条二级河道的复堤工程。工程按照堤埝高程（大沽高程）4米、堤顶宽度4米的标准施工，共计完成堤埝复堤16段，长度为29.78千米，土方31.5万立方米；同时完成乡镇骨干渠道和干支渠清淤186条，总长度169.34千米，土方109.32万立方米；集中连片治理1239.33公顷，土方28.79万立方米。累计使用劳动积累工169.61万个。新增灌溉面积9783.33公顷。完成新建、维修、改造等各类水利工程66项，其中防汛工程5项，抗旱专项工程15项，小型水利工程3项，供水工程2项，拆封堵工程8项。

1996年，农田水利基本建设投资3620.87万元，其中国补2236.89万元，区投资590.97万元，乡（镇）、村、群众自筹793.01万元。完成土方64.59万立方米，砌砖石2.23万立方米，浇筑混凝土7600立方米。全年完成新建防渗渠道17.01千米。

1995年冬至1996年春，全区完成清淤二级河道1条，实施复堤二级河道1条，清淤以区级工程对待乡镇骨干渠道1条、干支渠272条，集中连片治理400公顷。共完成土方213.22万立方米，完成市下达80万立方米土方任务的266.5%。全区累计使用劳动积累工213.22万个。增加调蓄水能力85.28万立方米，改善灌排标准面积33.34公顷。完成新建、维修、改造等各类水利工程66项，其中防汛工程4项，抗旱专项工程15项，小型水利工程4项，供水工程2项，拆封堵工程12项。

1997年，农田水利基本建设投资4713.12万元（不包括津南水库投资），其中国补2360.2万元，区投资526.1万元，乡（镇）、村、群众自筹1826.82万元。完成土方49.17万立方米，砌砖石3.55万立方米，浇筑混凝土4930立方米。全年完成新建乡村小水库5座，新建防渗渠道19.32千米。

1996年冬至1997年春，全区完成清淤干渠120条，长度120.45千米；支渠208条，长度156.63千米；斗毛渠面积3786.67公顷；新建和维修各类水工建筑物106座（处），共完成土方185.16万立方米，完成市下达84万立方米土方任务的220.4%。全区累计使用劳动积累工185.16万个。增加调蓄水能力400万立方米，恢复改善灌溉面积1000公顷。完成新建、维修、改造等各类水利工程54项，其中防汛工程16项，抗旱专项工程15项，供水工程1项，节水工程2项。

1998年，完成农田水利基本建设投资6969万元（不包括津南水库投资），其中国补5542.6万元，区投资535.40万元，镇村群众自筹890.90万元。完成土方91.67万立方米，砌砖石148.43万立方米，浇筑混凝土0.92万立方米。全年完成新建镇村小水库4座，防渗渠道13900米。

1997 年冬至 1998 年春，全区完成二级河道整治 1 条，干渠清挖 108 条，支渠 153 条，清淤斗毛渠 1853.33 公顷，平整土地大畦改小畦 833.33 公顷，共完成土方 115.1 万立方米，完成市下达土方任务的 101.2%。累计使用劳动积累工 249.5 万个工日。增加蓄水能力 220 万立方米，新增有效灌溉面积 533.33 公顷，恢复改善灌溉面积 2333.33 公顷。完成新建、维修、改造等各类水利工程 12 项。

1999 年，农田水利基本建设投资 426.52 万元，其中市投资 30 万元，区投资 55.6 万元，镇村自筹资金 340.92 万元。完成土石方 193.737 万立方米。

全年清淤二级河道 1 条，土方 2.2 万立方米；干支渠清淤 219 条，长度 147.78 千米，土方 75.757 万立方米；平整土地 2089.34 公顷，土方 20.68 万立方米，完成计划的 313%，改造低产田 1900 公顷，完成计划的 143%，完成混凝土防渗渠道 39 千米，新建维修支渠以上配套建筑物 122 座，其中新建 55 座，维修 67 座，新建小水库 4 座，新增蓄水能力 352 万立方米，新增灌溉面积 406.67 公顷，改善灌溉面积 2073.33 公顷。累计使用劳动积累工 237.74 万个。

2000 年，农田水利基本建设投资 2849.127 万元，其中：区投资 1129.55 万元，镇投资 602.15 万元，群众自筹资金 1117.427 万元。完成土方 267.34 万立方米。

全区（不含高标准农田）完成排沥河道整治 3 条，长度 1188 千米，动土方 5.1094 万立方米；干、支渠清淤 430 条，长度 255.09 千米，动土方 262.227 万立方米，完成市下达计划的 252%。平整土地 3716 公顷，完成市下达任务的 186%。新建维修支渠以上配套建筑物 263 座，其中新建 254 座，维修 9 座。改造中低产田 3766.67 公顷。累计使用劳动积累工 223.5857 万个。增加蓄水能力 65 万立方米，新增节水面积 2313.33 公顷，改善灌溉面积 4046.67 公顷。

2001 年，农田水利基本建设投资 3892.13 万元，其中区投资 474.20 万元，镇投资 650 万元，群众自筹资金 2767.93 万元。完成土石方 490.42 万立方米，完成市下达土方任务的 173%。

全年完成排沥河道整治 5 条，长度 10.60 千米，动土方 10.80 万立方米；干、支渠清淤 323 条，长度 162.80 千米，动土方 130.80 万立方米，完成市下达计划的 304%；平整土地 1407.34 公顷，动土方 21.80 万立方米，新建、维修支渠以上配套建筑物 342 座。累计使用劳动积累工 83.838 万个。

2002 年，农田水利基本建设投资 3747.94 万元，其中区投资 237.9 万元，镇投资 353.3 万元，群众自筹资金 3162.74 万元。完成土石方 765.1 万立方米，完成市下达土方任务的 189%。

全年完成排沥河道整治 14 条，长度 10.80 千米，动土方 20.60 万立方米；干、支渠清淤 259 条，长度 107 千米，动土方 105.3 万立方米，完成市下达任务的 176%；平整土地5480千公顷，动土方271.26万立方米；改造中低产田941.33公顷。增加蓄水能力693万立方米，新增节水面积941.33公顷，改善除涝面积2633.33公顷。累计使用劳动积累工137.01万个。

2003年，农田水利基本建设投资1885.35万元，完成高标准农田建设333.33公顷，节水配套工程66.67公顷，新建镇村小水库3座，低压输水管道112.883千米，增加蓄水能力170万立方米，新增节水面积227.33公顷，改善除涝面积560公顷。

2004年，农田水利基本建设投资3713.7万元，完成土方51.2973万立方米，石方3.21万立方米，混凝土8870.63立方米。

全年完成清淤干支渠193条（段），总长度49.2千米；完成新建镇村小水库3座，维修加固2座；新挖坑塘5处，增加蓄水能力5.3万立方米；平整土地4133.33公顷，土方39.70万立方米；新建、维修支渠以上配套建筑物42处。改善除涝面积1500公顷，改善灌溉面积1933.33公顷。年内争取市水利局小型水利工程7项，工程总投资292万元，其中国补资金152万元（含市地下水资源管理办公室补助资金12万元）。工程包括：小型水利工程6项，新建小型水库3座，新增蓄水能力215万立方米，兴利库容168万立方米。新建蓄水配套泵站6座，节制闸7座，涵闸16座，排涝泵站2座；天津市地下水资源管理办公室单项批准的小水库工程1座，新建配套泵站1座、节制闸9座、混凝土防渗渠道1条，长度1000米。

二、闸涵泵站建设

随着高标准农田和小型水库建设的顺利实施，津南区农田水利基本设施得到极大改善，提高了农业抵御各种自然灾害的能力，推动现代农业的向前发展。2005—2010年，津南区在河渠清淤整治的基础上，进行了以闸涵泵站建设为重点的农田水利基本建设。全区完成农田水利基本建设投资10565.35万元。新建泵站66座，重建泵站2座，维修泵站42座，新建、维修配套闸涵245座，新建、维修其它各类配套建筑物42座。

2005年，农田水利基本建设投资2524.07万元。完成土石方98.5万立方米，混凝土2185立方米。新建泵站11座，维修泵站19座，新建闸涵81座，维修涵闸22座，新打灌溉机井9眼。新建小型水库3座，加高加固河道堤防15千米，疏浚河道19.7千米，干、支渠清淤52.4千米；新增蓄水能力215万立方米，改善灌溉面积9000公顷，新增除涝面积5533.33公顷。年内，争取市水利局小型水利工程3项，投资118万元，其中国补资金59万元，自筹资金59万元，完成新建小型泵站5座，新建节水工程26.67公顷，配套闸涵2座，灌溉机井1眼。

2006年，农田水利基本建设投资947.71万元。完成土石方22万立方米。新建低压管道63千米，新建泵站9座，新建各类闸涵、涵洞16处，维修倒虹农用桥各1座，新打灌溉机井6眼，疏浚镇级河道7.4千米，清淤渠道32.1千米；完成北闸口镇节水工程666.67公顷，铺设大口径低压管道8.9千米，支管54.1千米，新打机井6眼。改善灌溉面积5666.67公顷，改造中低产田666.67公顷，新增节水灌溉面积666.67公顷。

2007年，农田水利基本建设投资1394万元。完成土石方6万立方米。新建泵站19座，重建泵站1座，维修泵站6座，新建闸涵51座，维修农用桥2座，清淤渠道7.4千米，改善灌溉面积3396公顷。

2008年，农田水利基本建设投资2595.22万元。完成土石方160.36万立方米。新建泵站5座，维修泵站1座，新建闸涵21座。清淤渠道37.86千米，疏浚河道3.5千米，加高加固堤防7千米。改善灌溉面积666.67公顷。年内，区水利局会同八里台镇农业服务中心，完成八里台镇水系改造工程，完成工程投资1016.8万元，新建泵站2座，维修泵站3座，新建闸涵26座，清淤干支渠8.23千米，管网改造7个村，改造管道长度3.6千米，新打农用机井7眼，维修机井9眼。

2009年，农田水利基本建设投资1289.55万元。完成土石方24.16万立方米。新建泵站7座，维修泵站8座，新建、维修闸涵24座。清淤渠道12.5千米，疏浚河道2.9千米，加高加固堤防5.8千米。改善灌溉面积2000公顷。年内，争取市水利局小型水利工程5项，投资200万元，其中市补资金100万元，自筹资金100万元。完成新建泵站4座，重建泵站1座。完成土石方1.67万立方米，混凝土235立方米，浆砌石285立方米，改善灌排面积731.87公顷。

2010年，投资54万元完成新建双桥河镇西官房泵站工程，工程量为：土方1071立方米，浇筑混凝土74立方米，砌石78立方米；投资150万元完成北闸口镇老左营村3座泵站改造工程，工程量为：混凝土264立方米，土方6465立方米，砌石879立方米；投资35万元完成葛沽镇殷庄泵站维修工程。工程量为：土石方536.4立方米，复堤土方964立方米；完成镇级河道清淤2千米，累计完成土方3.2万立方米，混凝土420立方米，浆砌石550立方米（其中秃尾巴河清淤长度1.5千米，土方2.6万立方米）。年内，争取市水利局小型水利工程5项，投资200万元，其中市补资金100万元，镇村自筹100万元。完成新建泵站3座，维修泵站1座，配套涵闸2座。改善灌溉面积1633.33公顷。1991—2010年津南区农田水利基本建设情况表见5-1-16。

表 5-1-16

1991—2010 年津南区农田水利基本建设情况表

年份	总投资/万元	清淤复堤河道及干支渠		新建维修各类配套建筑物/座	土石方/万立方米	清淤斗毛渠/公顷	集中连片治理/公顷	平整土地/公顷	新建、维修、改造水利工程/项	改造中低产田/公顷	新增蓄水能力/万立方米	新增节水灌溉面积/公顷	改善灌溉面积/公顷
		条数	长度/千米										
1991	871.13	174	—	—	214.85	5400.00	—	—	73	906.67	—	—	—
1992	1131.91	224	—	—	236.08	4380.00	—	—	69	906.67	—	—	—
1993	1628.81	278	218.25	—	219.74	—	2786.00	596.67	44	—	—	—	—
1994	951.79	242	251.42	—	219.98	—	2000.00	—	19	—	75.00	—	4000.00
1995	2726.20	195	199.12	—	206.69	—	1239.33	—	66	—	—	9783.33	—
1996	3620.87	275	—	—	280.04	—	400.00	—	66	—	85.28	—	33.34
1997	4713.12	328	277.08	106	229.88	3786.67	—	—	54	—	400.00	—	1000.00
1998	6969.00	262	—	—	355.20	1853.33	—	833.33	12	—	220.00	533.33	2333.33
1999	426.52	220	147.78	122	193.737	—	—	2089.34	—	1900.00	352.00	406.67	2073.33
2000	2849.127	433	1443.09	263	267.34	—	—	3716.00	—	3766.67	65.00	2313.33	4046.67
2001	3892.13	328	173.40	342	490.42	—	—	1407.34	—	—	—	—	—
2002	3747.94	273	117.80	—	765.10	—	—	5480.00	—	941.33	693.00	941.33	—
2003	1885.35	—	—	—	—	—	—	—	—	—	170.00	227.33	560.00
2004	4005.70	193	49.20	84	54.51	—	—	4133.33	7	—	220.30	—	1933.33
2005	2784.07	—	87.10	150	98.50	—	—	—	3	—	215.00	26.67	9000.00
2006	947.71	—	39.50	27	22.00	—	—	—	—	666.67	—	666.67	5666.67
2007	1394.00	—	7.40	79	6.00	—	—	—	—	—	—	—	3396.00
2008	3612.02	—	56.59	58	160.36	—	—	—	—	—	—	—	666.67
2009	1489.55	—	21.20	44	25.83	—	—	—	5	—	—	—	2731.87
2010	480.00	—	2.00	5	4.25	—	—	—	5	—	—	—	—

第二节 高标准农田建设

津南区高标准农田建设经历了自发、示范和规模建设 3 个阶段。自 1998 年初开始，葛沽镇与双桥河镇以设施农业建设为目标，开始了高标准农田建设的尝试。1998 年 11 月至 1999 年 5 月，依托津南水库周边农业综合开发工程，进行了以节水灌溉工程为目标的高标准农田示范建设。1999 年 5 月 27 日，召开了高标准农田建设现场会，津南区委、区政府决定，在总结津南水库周边高标准农田示范建设经验的基础上，结合津南区农业实际，在全区推广高标准农田规模建设，大力发展农业节水增效灌溉工程，提高农业集约化、规范化、产业化水平，全面提高津南区农业综合生产能力。

一、领导机构

为了加强对高标准农田建设的领导，1999 年 5 月，津南区政府成立高标准农田建设领导小组。组长为区长郭天保，副组长为主管农业副区长李树起，成员单位为区农委、区科委、水利局、财政局、农林局、畜牧水产局、农机局、土地管理局、优质小站稻开发公司。

领导小组办公室设在区水利局，负责高标准农田建设的具体组织与实施。

各镇政府为高标准农田建设的主要责任单位，负责本镇高标准农田建设的选址、规划、实施及管理。

农口各单位按照各自的行政及业务职能，协助各镇政府搞好高标准农田建设施工、管理，做好新技术的引进、示范、推广等服务工作。

区水利局抽调工程技术人员 5 名，修订调整规划，搞好工程设计，制定施工方案，并分别深入各镇高标准农田建设现场，指导工程施工，实行旁站监理，严把工程质量关。

二、制定规划

根据区委、区政府的要求，1999 年年初，津南区农业委员会组织农口单位制定了《津南区高标准农田建设规划》。该规划提出高标准农田建设突出“四个体现”：体现整体规模、体现体系配套、体现整体形象、体现增产效果；真正做到“五高、五化、一美”，“五高”为规划标准高、工程质量高、科技含量高、管理水平高、产出效益高，“五化”为建设形成规模化、防渗形式多样化、配套设施科学化、管理模式规范化、供水灌溉商品化，“一美”为总体造型新颖、美观、先进、适用。

高标准农田建设要“打破镇、村地界，统一规划，统一标准，分头施工”，实行水、林、路综合治理，井、渠、库配套成龙，渠道衬砌化、节水化、能灌能排。通过土地集中连片治理，改造中低产田，便于实施农机作业。采用多种节水形式，实施农业结构调整，从而实现农业的高产稳产。

规划实施时间为1999—2004年，共计6年，每两年为一个阶段，分步实施。1999—2000年是高标准农田建设第一阶段，为重点发展时期。2001—2002年是第二阶段，为巩固发展阶段，全部完成7324公顷的高标准农田主体建设项目。2003—2004年是第三阶段，为完善提高阶段，进行产业结构调整，更好地发挥高标准农田的经济效益。津南区高标准农田建设规划见表5-2-17。

表5-2-17　**津南区高标准农田建设规划表**　单位：公顷

乡镇	年度					小计
	1998—2000年	2000—2001年	2001—2002年	2002—2003年	2003—2004年	
双港	—	10.00	—	—	—	10.00
辛庄	—	108.00	120.00	160.00	146.67	534.67
南洋	86.67	233.33	106.67	100.00	73.33	600.00
咸水沽	178.67	225.33	64.00	117.33	52.00	637.33
双桥河	110.40	259.33	67.33	74.67	105.87	617.60
葛沽	133.33	200.00	133.33	146.67	66.67	680.00
八里台	1180.00	—	—	140.00	266.67	1586.67
北闸口	33.33	393.27	109.60	150.33	202.40	888.93
小站	533.33	133.33	333.33	—	—	999.99
双闸	266.67	273.33	73.33	86.67	—	700.00
合计	2522.40	1835.92	1007.59	975.67	913.61	7255.19

三、投资方式

津南区高标准农田建设工程规划总投资6828万元，本着“谁受益、谁负担”的原则，建立了区、镇、村三级投资机制。每亩地按600元标准投资，区、镇、村各占三分之一，在保证各级财政投资的前提下，各镇还将一定比例的财政收入、村提留土地承包费、以工建农基金用于高标准农田建设，并积极争取国家和市开发办支持，争取低息贷款。

四、工程实施

（一）高标准农田自发建设

1998年初，葛沽镇和双桥河镇政府逐年加大农田基本建设的投入，不断提高设施农业水平，开始了高标准农田自发建设阶段。其中双桥河镇王庄村投资60万元，改造土地66.67公顷，完成工程量为：土石方2.62万立方米、防渗渠道7.06千米、桥闸涵3座；葛沽镇杨岑子村投资65万元，改造土地73.33公顷，完成工程量为：土石方2.62万立方米、防渗渠道4.03千米、桥闸涵3座。

（二）高标准农田示范建设

1998年下半年，区委、区政府为充分发挥津南水库功能，决定投资1213.6万元，实施高标准农田建设示范工程，对津南水库周边760公顷耕地进行农业综合开发，其中双闸镇266.67公顷，八里台镇493.33公顷。工程于1998年11月动工，截至1999年5月基本完成。完成主要工程量为：土方215.15万立方米，混凝土防渗渠道38.49千米，渠系配套工程包括干支渠节制闸56座、口门1000个、穿堤涵洞43座、农业交通桥20座及混凝土田间路面工程。

1999年，小站镇组织完成了高标准农田示范工程200公顷，其中：东闸村6.67公顷，黄营村66.67公顷，二道沟73.34公顷，头道沟53.34公顷。总投资为180万元，完成工程量为：土方15.21万立方米，混凝土防渗渠道4.90千米，渠系配套工程7座。

1999年5月30日，津南水库为周边高标准农田供水。在1999年大旱之年，八里台镇大孙庄村高标准农田种植的小站稻，每亩产量达到750斤。

（三）高标准农田规模建设

1999年3月4日，副市长孙海麟、市政府副秘书长陈钟槐和市农委的有关领导视察津南水库周边农业综合开发工程。区水利局局长赵燕成在八里台镇大孙庄村施工现场进行了汇报。市领导充分肯定并指出：今后的农田水利基本建设要坚持高标准，建立起农业现代化的框架，采取高标准节水灌溉模式，今后的农村要遵循城市化管理模式，走工业管理的路子，逐步走向现代化、规范化、科学化。

1999年5月27日，津南区召开实施高标准农业示范田现场会，推动高标准农田的建设进展。区长郭天保、副区长李树起、农口有关局的领导和各镇镇长、主管农业副镇长、水利站长、农业公司经理、重点村领导参加了会议。会议由区农委主任杜金星主持。会议共3个议程：一是与会人员观摩八里台镇大孙庄村和双闸镇水库周边农业综合开发工程，听取工程建设方面的汇报；二是区水利局局长赵燕成对高标准农田建设提出安排意见；三是区长郭天保做重要讲话。

1999年冬至2000年春，按照《津南区高标准农田建设规划》，利用农闲时节，在全区分步实施高标准农田建设1355.73公顷，其中南洋镇86.67公顷，咸水沽镇178.67公顷，双桥河镇110.4公顷，葛沽镇133.33公顷，八里台镇680公顷，小站镇133.33公顷，北闸口镇33.33公顷。主要工程量为：土石方204.49万立方米，防渗渠道49.616千米（其中低压管道6.71千米），渠系配套工程包括农用桥27座、节制闸97座、穿堤涵洞71座。完成总投资2916.82万元。

津南区高标准农田建设得到市领导的关注。2000年7月22日，市长李盛霖、副市长孙海麟率市农委（所属委办局）、市水利局和全市12个区县党政主要领导视察了津南区高标准农田建设工程。市水利局党委书记王耀宗、副局长单学仪、津南区区委书记何荣林、区长郭天保、副区长李树起及区有关部门领导陪同视察。区水利局局长赵燕成向各级领导详细介绍了全区高标准农田建设情况。市长李盛霖要求津南区要继续发展高标准农田，推广节水灌溉技术，大力发展节水设施农业，增加农田产量，提高农民收入。

截至2000年春，津南区共完成了高标准农田建设2455.73公顷，其中八里台镇1173.33公顷，双闸镇266.66公顷，葛沽镇206.67公顷，咸水沽镇178.67公顷，南洋镇86.67公顷，小站镇333.33公顷，双桥河镇177.07公顷，北闸口镇33.33公顷。总投资为4435.42万元。完成工程量为：土石方440.09万立方米，干、支渠防渗渠道104.096千米，桥47座，节制闸159座，涵114座。

2000年冬至2001年春，按规划建设高标准农田1567.34公顷，其中八里台镇200公顷，咸水沽镇172公顷，双桥河镇106.67公顷，葛沽镇200公顷，北闸口镇180公顷，小站镇406.67公顷，双闸镇302公顷。总投资为2325.73万元。完成工程量为：修建防渗明渠28.955千米，铺设低压管道139.694千米，完成土石方219.12万立方米，完成配套桥闸涵148座，新建枢纽工程1处。

2001年冬至2002年春，按规划建设高标准农田941.34公顷，其中八里台镇200公顷，咸水沽镇158.67公顷，双桥河镇226.67公顷，葛沽镇356公顷。总投资为1340.85万元。完成工程量为：修建防渗明渠16.746千米，铺设低压管道75.4千米，土石方 99.78 万立方米，配套桥闸涵 116 座，新打机井 3 眼。

2002 年冬至 2003 年春，按规划建设高标准农田 230.66 公顷，其中咸水沽镇 227.33 公顷，八里台镇建设微灌工程 3.33 公顷。总投资为 357.01 万元。完成工程量为：铺设低压管道 48.54 千米；土石方 5.5 万立方米。

截至 2003 年春，津南区总计完成高标准农田建设 4995.07 公顷，完成总投资 8459.01 万元，修建干、支渠防渗渠道 149.797 千米，铺设低压管道 270.344 千米，新建渠系配套工程桥闸涵 573 座，土石方 764.49 万立方米。

五、工程效益

（一）经济效益

高标准农田建设实施了田间整治和渠道二级防渗输水，大幅度提高了灌溉水利用率。通过合理调整作物种植结构，对作物进行适时、适量的灌溉，达到充分利用有限水源，提高土地利用率，实现增产增效的目的。

2000 年初，津南区开始推广大口径管灌工程，实现了由大水漫灌向节水灌溉的转变。科技人员在管灌输水管道里加装了恒压变频装置，实现了恒压变流供水，使灌溉水源形成地上、地下联合运用的多水源灌溉模式，体现了该技术成本低、造价小、施工速度快、增产增收显著的特点。

2000—2002 年，津南区推广大口径管灌工程 1458 公顷，种植葡萄、枣树、玉米、高粱等作物，其中小站镇 466.67 公顷，八里台镇 302 公顷，葛沽镇 356 公顷，咸水沽镇 333.33 公顷。应用该技术后，节水、节地、增产、增效效果显著，深受当地农民欢迎。工程年效益为节水 248.7 万立方米，节地 51.73 公顷，新增经济效益 249.67 万元。

（二）社会效益

长期以来，津南区受到水资源短缺的制约，粮食产量低而不稳。实施高标准农田建设后，采用农业节水灌溉技术，增加水资源的利用率，有利于稳定和扩大灌溉面积，促进了农业生产持续稳定增长。随着科学技术的发展，广泛有效地推行节水技术，农业用水比重逐渐降低，给工业等部门快速发展提供了水源条件，水资源综合效益显著提高。

（三）生态效益

高标准农田建设极大地节约了农业灌溉用水，提高了水的利用率，减少了水资源的浪费，可以有效地涵养地下水，减缓和防止地面沉降。同时，由于减少了用水量，减少了水资源的污染，促进了环境保护，生态效益非常明显。

津南区高标准农田建设完成情况见表 5-2-18。

表5-2-18　津南区高标准农田建设完成情况表

年份	所属镇	面积/公顷	土石方/万方	防渗渠道/千米		桥闸涵/座	投资/万元	备　注
				明渠	暗管			
1998	双桥河镇	66.67	2.62	7.06	—	3	60	
	葛沽镇	73.33	2.62	4.03	—	3	65	
	小计	140	5.24	11.09	—	6	125	
1999	小站镇	200	15.21	4.90	—	7	180	
	双闸镇	266.67	76.30	13.51	—	37	425.82	
	八里台镇	493.33	138.85	24.98	—	82	787.78	
	小计	960	230.36	43.39	—	126	1393.6	
2000	南洋镇	86.67	8.25	4.872	—	9	167.05	
	咸水沽镇	178.67	13.9	8.15	—	24	211.97	
	葛沽镇	133.33	17.97	5.45	—	20	249.77	
	双桥河镇	110.4	2.83	3.54	—	7	99	
	小站镇	133.33	3.5	—	6.71	—	138.02	
	八里台镇	680	117.04	20.894	—	117	1971.01	含200公顷喷灌
	北闸口镇	33.33	41	—	—	—	80	
	小计	1355.73	204.49	49.616	6.71	177	2916.82	
2001	咸水沽镇	172	29.65	4.89	5.211	29	437.45	
	双桥河镇	106.67	7398	2	—	20	143	
	葛沽镇	200	18.97	4.35	—	19	229.851	
	小站镇	406.67	72.51	14.4	64.343	60	317.48	
	双闸镇	302	9.61	—	70.14	16	376.959	
	北闸口镇	180	16.4	3.315	—	21	115.74	
	八里台镇	200	64	—	—	13	705.25	高标准鱼池
	小计	1567.34	219.12	28.955	139.694	148	2325.73	

续表

年份	所属镇	面积/公顷	土石方/万方	防渗渠道/千米		桥闸涵/座	投资/万元	备　注
				明渠	暗管			
2002	咸水沽镇	158.67	6.06	2.38	—	14	237.35	含1000亩鱼池
	葛沽镇	356	20	—	75.4	60	450	
	双桥河镇	226.67	23.57	14.366	—	29	287	
	八里台镇	200	50.15		—	13	366.5	高标准鱼池
	小计	941.34	99.78	16.746	75.4	116	1340.85	
2003	咸水沽镇	227.33	5.5	—	48.54	—	337.01	
	八里台镇	3.33	—	—	—	—	20	微灌
	小计	230.66	5.5	—	48.54	—	357.01	
	合计	5195.07	764.49	149.797	270.344	573	8459.01	

第三节　农村供水工程

20世纪60年代末，津南区水源日趋紧张，到90年代呈现出严重短缺的状况，加之连年干旱，特别是1997年的严重干旱，全区农村用水异常缺乏。津南区坚持开源节流并重，一方面合理开采地下水，另一方面建设节水工程，推广节水新技术，降低和改善水资源浪费现象，发挥有限水资源的最大经济效益。逐步实施了农村集体供水工程、农村饮水安全工程和农村管网入户改造工程，从而改善了农村生活用水供水不足、供水点分散、饮用水含氟量较高的状况，缓解了工农业和生活用水紧缺的难题，进一步解决了农村居民饮用水水质不达标、农村供水管网未入户和老化失修问题。

一、农村集中供水工程

20世纪90年代，随着水资源短缺，干旱情况的愈加严重，津南区部分镇村出现生活用水供水不足，加之含氟量较高，且供水点分散，不便于集中和规范管理。

按照天津市城乡规划要求，天津市政府批准津南区部分乡升级为镇。新镇区建设与发展要求实施集中供水工程，既满足了群众生活需要，也提高了饮水安全标准，便于集中和规范管理，推进“以水养水”的供水机制建设。

津南区农村集中供水工程资金由市补资金、区地下水资源费和镇村自筹3个部分组成。需实施集中供水工程的镇村向区地下水资源管理办公室提出申请，区地下水资源管理办公室上报市地下水资源管理办公室批准后，即可施工。工程竣工后由市、区地下水资源管理办公室和水利局有关人员组成验收小组，经验收合格后方可使用。由镇水利站设立供水服务站，负责供水工程日常维护和供水收费。水费按区物价局统一批准价格收取。

20世纪90年代，津南区相继兴建8项乡镇集中供水工程。

（一）双港镇桃源沽村集中供水工程

津南区双港镇桃源沽村共有810户，人口2618人，园田面积66.93公顷，以种植蔬菜为主。1974年新打地下深水井3眼，运行至1994年，损坏机井2眼，另一眼机井上水量严重不足，且含氟量很高，直接危害着村民的身体健康。1994年10月，适逢津南区实施自来水“引滦入咸”工程，桃源沽村抓住时机，拟在供水主干管开口实施“引滦入桃”工程，及时向津南区水利局上报了《关于实施“引滦入桃”乡镇集中供水工程的申请》，并向市有关部门上报了《关于乡镇供水贷款项目情况申请》的报告，批复同意工程投资预算为123万元。

1995年4月，桃源沽村集中供水工程开工，1995年12月竣工，1996年9月4日通过验收，正式交付使用。该工程由天津市水利局农水处设计，津南区节水设备装修服务队施工。完成工程项目包括：新建蓄水池1个（175立方米），2间加压泵房（35平方米），安装供水自动调控设备1台，安装入户水表800余户，接装6寸塑料管材2000米。完成工程投资92.195万元。

双港镇水利站设立桃源沽供水工程服务站，配备5名人员，负责日常供水和设备维护工作。

（二）八里台镇集中供水工程

1992年12月31日，经天津市政府批准，八里台乡升级为八里台镇。根据总体规划设计，新镇区为2平方千米。为满足群众的生活需要和镇区发展需求，需在新镇区内修建集中供水水厂1座。

1994年，八里台镇集中供水工程开始立项规划，由天津市水利局农水处协助设计和办理各项申请、论证、审报等立项手续。1995年10月，办理了水利部专项贴息贷款80万元，自筹资金96万元（其中市补资金9万元，区补资金4万元），共计176万元。

1995年10月20日，八里台镇集中供水工程开工，1995年12月24日全部竣工，并一次试车供水成功。完成工程量为：新建供水厂房98平方米；新建蓄水池2个（350立方米）；配备自动恒压供水设备3台套；新打机井1眼（井深543米）；铺设新镇区供水管网 1450 米。

该工程投入使用后，由八里台镇水利站负责日常管理维护和供水工作，解决了新镇区楼群 1.7 万居民和八里台村部分居民生活用水，同时解决了学校、派出所、供销社和工商银行等 11 个单位的生产、生活用水。

（三）葛沽镇三村集中供水工程

葛沽镇三村共有村民 907 户，人口 2837。为改善村民居住条件，集资统一兴建了村民住宅小区。由于葛沽镇原自来水厂每日供水 2～3 小时，且压力不足，不能满足住宅小区楼群的供水。葛沽镇三村村委会决定利用本村原有机井和自来水厂的水源，修建 1 座集中供水站。供水站将水源集中到新建的蓄水池，经恒压调速供水设备加压到恒定压力后，为住宅小区居民 24 小时供水。

经市、区地下水资源管理办公室批准，1997 年 9 月 10 日，葛沽镇三村集中供水工程开始实施。工程总投资 57.264 万元，完成工程量为：新建泵房 1 座，蓄水池 1 个，配套增容变压器（100 千瓦）1 台，安装恒压供水设备 1 台套，安装入户水表 328 块。1997 年 11 月 8 日完工，经验收合格后投入使用。

葛沽镇水利站成立了集中供水站，编制为 4 人，负责葛沽镇三村供水主干管道、设备的日常维护和水费征收工作。

（四）双港镇南马集村集中供水工程

双港镇南马集村有村民 2160 人，地处外环线边的地下水控制开采区，每年开采地下水约 9.5 万吨，由于地下水储量不断减少，井水含氟量较高。为此，南马集村决定利用“引滦入咸”管线贯穿双港镇的时机，实施“引滦入南”，新建集中供水工程，改善村民的饮水质量。同时可封存供水机井 1 眼，减少地下水的开采量。

1996 年 3 月 5 日，南马集村集中供水工程开工，完成工程投资 128.64 万元，其中市水利局补助资金 10 万元。完成工程量为：新建蓄水池 1 座（300 立方米）；加压泵房 2 间；安装供水自动调控设备 2 台套；铺设 6 寸塑料管材 3100 米；安装入户水表 600 余块。工程于当年 12 月 20 日竣工。

工程投入运行后，成立了在双港镇水利站管理下的供水站，编制 4 人。负责工程管道设备的日常管理维护和水费征收工作。

（五）咸水沽镇头道沟村集中供水工程

咸水沽镇头道沟村有村民 2800 人。全村有生活机井 3 眼，由于机井设备年久老化，供水量不足且含氟量较高，村民饮水安全得不到保障。头道沟村委会决定申请建设集中供水工程，利用临近引滦水主干管道的优势，让村民喝上滦河水。

1996 年 10 月 15 日，经市、区地下水资源管理办公室审批，头道沟村集中供水工程正式动工，当年 12 月底竣工。完成工程量为：铺设供水管道 7680 余米，其中 6 寸铁管

640米，4寸铁管1980米，3寸铁管3850米，2寸铁管1210米；新建蓄水池1座（200立方米）；新建加压泵房及管理室（38平方米）；新增容变压器1台，架设高压线路450米。工程总投资88.7622万元（变压器增容费不包括在内）。

工程建成后，成立了由咸水沽镇水利站领导的头道沟村供水管理站，编制5人。供水站负责日常供水、收费和供水管道、设备的检查维护工作。

（六）双桥河镇王庄村集中供水工程

双桥河镇王庄村共有村民1685人，由2个自然村组成。兴建住宅小区后，加上双桥河中学、供销社、粮油站等用水单位，原有供水设施已不能满足增长的用水需求。为此，王庄村委会决定在新住宅小区内打机井1眼，申请兴建供水站1座，既解决了用水问题，又便于水资源的管理。

1998年7月18日，王庄村集中供水工程开工，10月8日完工，总投资42.826万元。完成工程量：新建蓄水池1座（80立方米）、泵房3间，安装恒压供水设施1台套。

工程建成后，恒压供水设备给蓄水池加压，确保新住宅区全天候供水。建立了由双桥河镇政府领导下的供水领导小组和王庄村住宅小区供水管理站，负责日常管理维修及供水、收费工作。

（七）小站镇第二水厂集中供水工程

小站镇自来水厂隶属津南区建委管理，固定资产540万元，机井5眼，职工20人，供水面积3.5平方千米，供水人口2万余人，日供水量1780立方米。每日供水时间为平房8小时，楼房2小时。

随着镇区的建设，原有的供水设施远不能满足日益增长的用水需求。因此，小站镇政府决定实施集中供水工程，扩建小站镇第二水厂，增加供水量，扩大供水面积，延长供水时间，保证全镇20～24小时高压供水。

小站镇集中供水工程坐落在小站镇幸福村界内，经市、区地下水资源管理办公室批准立项后，1998年2月，由小站镇建筑公司负责工程施工，6月底建成投入使用。总投资110.55万元，完成工程量：新打机井1眼，新建蓄水池1座（500立方米）、泵房1间（78平方米），安装恒压、调速供水设备2台套及配套附属设施，水表安装入户，规范了计量收费。

集中供水站建成后，成立了由小站镇政府直接领导下的供水服务组织，设站长1名、管理维修人员3名、查表收费人员2名，解决了小站镇红旗路两侧4000多居民及12个单位的生产、生活用水。

（八）葛沽镇集中供水工程

葛沽镇位于津南区东部，与滨海新区塘沽相邻，镇域面积43.38平方千米，镇区面积3.11平方千米，全镇人口5.1万，其中镇内人口3万。该地区处于高氟水地区，多年来，居民一直饮用含氟量超标的地下水，患有氟骨病、黄斑牙，给人民的身心健康造成了严重影响。由于长期大量开采地下水，地下水量逐年减少，地面沉降加剧。

葛沽镇只有1座建筑面积不足200平方米的小供水站，蓄水池容量500立方米，有机井3眼，加压泵2台套。深井泵长期超负荷运转。供水设备旧、水压低、耗能高、供水难，供水安全存在隐患。随着城镇建设的发展，有限的水源、恶劣的水质，超量的供水，供需矛盾日益突出。为彻底解决以上问题，葛沽镇政府决定报请津南区政府，实施“引滦入葛”工程。

“引滦入葛”工程输水管线位于津沽路北侧，起始处接二道闸公路南侧的武警指挥学院入口，平行于津沽公路，自西向东铺设，终点位于葛万公路的叉道口，全长约4千米。工程于1999年9月1日开工，2000年5月1日竣工，总投资500万元，其中镇财政投资200万元，群众自筹300万元。完成工程量：铺设DN300毫米球墨铸铁管道4000米，改造、扩建加压泵站1座（500平方米），新建清水池一座（1000立方米），增加变频稳压设备2套，征用废耕地0.67公顷，拆除房屋400平方米。

工程投入使用后，建立了由葛沽镇水利站领导的集中供水站，编制4人，负责工程的日常管理、维护和水费征收工作。

此项工程建成后，停用机井2眼，地下水开采年减少量29.2万立方米，对缓解葛沽镇地区地面沉降起到了积极作用。同时，结束了葛沽镇3万居民饮用高氟水的历史，也为葛沽镇招商引资创造了良好的投资环境。

二、农村饮水安全工程

按照天津市政府“利用五年时间，全部解决全市农村居民饮水水质不达标、农村供水管网未入户或老化失修问题”的总体部署，市水利局发布了《关于天津市农村饮水安全及管网入户改造工程建设安排意见》。津南区委、区政府将农村饮水安全工程列为“民心工程”之一，区水利局采取有效措施，完成了农村饮水安全工程各项任务。

按照市局的要求，津南区制定了《津南区农村饮水安全工程实施方案》，“十一五”期间，津南区计划分3期，市、区、镇三级投资889万元，在8个镇50个村实施饮水安全（除氟）工程，解决103596人的饮水安全问题。

津南区农村饮水安全工程分3期进行，总投资782.05万元，其中中央及市财政资金393.3万元，区财政资金233.254万元，镇村自筹资金155.496万元。第一期工程于2006年3月22日开工，2007年9月25日竣工；第二期工程于2006年10月10日开工，2007年6月30日竣工；第三期工程于2007年3月10日开工，2007年5月29日竣工。3期工程共完成安装除氟设备41套，新建管理房屋2025平方米，解决了45个村88258

人的饮水安全问题。

咸水沽镇北洋村、头道沟村，葛沽镇小高庄村、大滩村，八里台镇八里台村共计3个镇5个村，虽然经市水利局批复同意，匹配资金已经到位，但由于小城镇建设土地整合的原因，未予实施农村饮水安全工程。

2010年9月9日，由市水务局、市财政局、市卫生局和市发改委等组成天津市农村饮水安全工程验收组，对津南区2006—2007年3期41处农村饮水安全工程进行了总体验收，完成总投资782万元。工程实施严格执行“六制”，质量全部合格，资金全部到位。3期工程全部被评为良好工程。

三、农村管网入户改造工程

天津市政府为彻底解决农村饮水不安全问题，让农村居民喝上“放心水”，决定实施农村饮水安全及管网入户改造工程。按照市政府批准的《天津市农村饮水安全及管网入户改造工程规划方案（2006—2010年）》，2007年津南区政府在实施农村饮水安全工程的基础上，开始实施农村管网入户改造工程，对已有老化失修管网进行改造。

2007年6月27日，天津市发展和改革委员会下发《关于津南区、北辰区2007年农村管网入户改造工程实施方案的批复》，2007年8月16日，天津市水务局、财政局下发《关于下达2007年农村管网入户改造工程资金计划的通知》。津南区实施农村管网入户工程计划解决8个镇、15个村、9798户、2.92万人饮水含氟量轻度超标和供水管网老化失修问题。主要建设任务包括：铺设和改造管道工程268.99千米；购置安装恒压变频设备14套；安装水表9581块；安装消防栓84处；建设60平方米降氟站1处，安装降氟设备1套。

2008年，津南区由于实施农村城市化建设，多数村进行土地整合的原因，天津市发展和改革委员会同意取消原批复的津南区下汀等12个村的管网入户工程，只实施批复的韩城桥、北中塘村管网入户改造工程和桃源沽村轻度除氟工程，3个村的工程建设内容不变。2008年9月12日，天津市发展和改革委员会下发《关于津南区静海县农村饮水安全及管网入户改造工程初步设计变更的复函》，2008年10月10日，天津市水务局下发《转发市发改委关于津南区静海县农村饮水安全及管网入户改造工程初步设计变更的复函的通知》，2008年10月29日，天津市水务局下发《关于调整2007年度农村管网入户改造项目投资明细计划的通知》。变更后，主要建设任务包括：除氟设备1套，恒压变频设备2套，消毒设备2套，输水管道44.99千米，安装水表1649块，管理间160平方米，解决3个镇，3个村，0.68万人饮水含氟量轻度超标和供水管网老化失修问题。

表 5-3-19 津南区农村饮水安全工程投资计划明细表

乡镇名称	村名	人口/人	解决饮用水水质不达标工程					投资/万元			
			除氟设备		灌装设备数量/套	管理房	总计/万元	中央预算内专项	财政资金	区自筹	
			规格/立方米每时	数量/套		面积/平方米				区财政(60%)	镇村自筹(40%)
合计		103596	66	46	46	2250	889.14	224.4	223.8	264.564	176.376
双港镇	南马集村	2072	1.5	1	1	45	18.55	4.69	4.46	5.640	3.760
	北马集村	2769	1.5	1	1	45	18.55	4.69	4.46	5.640	3.760
辛庄镇	继泰	1640	1.0	1	1	45	16.05	4.06	3.86	4.878	3.252
	前辛庄村	3322	2.0	1	1	45	20.55	5.2	4.95	6.240	4.160
	邢庄子	1289	1.0	1	1	45	17.75	4.51	4.34	5.34	3.56
	张满庄村	800	0.5	1	1	45	15.05	3.72	4.43	4.14	2.76
	张家咀村	833	0.5	1	1	45	15.05	3.72	4.43	4.14	2.76
	中辛庄村	772	0.5	1	1	45	15.05	3.72	4.43	4.14	2.76
咸水沽镇	李庄子村	441	0.5	1	1	45	14.05	3.56	3.38	4.266	2.844
	潘庄子村	593	0.5	1	1	45	14.05	3.56	3.38	4.266	2.844
	苑庄子村	900	0.5	1	1	45	14.05	3.56	3.38	4.266	2.844

续表

乡镇名称	村名	人口/人	解决饮用水水质不达标工程					投资/万元			
			除氟设备		灌装设备数量/套	管理房	总计/万元	中央预算内专项	财政资金	区自筹	
			规格/立方米每时	数量/套		面积/平方米				区财政(60%)	镇村自筹(40%)
咸水沽镇	王家场	2796	1.5	1	1	45	20.25	5.14	4.96	6.09	4.06
	南洋村	4633	2.0	1	1	45	22.25	5.65	5.45	6.69	4.46
	北洋村	3310	2.0	1	1	45	22.25	5.65	5.45	6.69	4.46
	五登房村	2361	1.5	1	1	45	20.25	5.14	4.96	6.09	4.06
	韩城桥村	2807	1.5	1	1	45	20.25	5.14	4.96	6.09	4.06
	田嘴村	1729	1.5	1	1	45	20.25	5.14	4.96	6.09	4.06
	四里沽	1326	1.0	1	1	45	17.75	4.51	4.34	5.34	3.56
	头道沟村	2170	1.5	1	1	45	19.55	4.83	5.76	5.38	3.58
双桥河镇	西官房	1535	1.5	1	1	45	18.55	4.69	4.46	5.640	3.760
	王庄	1561	1.5	1	1	45	19.05	4.83	4.67	5.73	3.82
	东泥沽村	4139	2.0	1	1	45	22.25	5.65	5.45	6.69	4.46
葛沽镇	盘沽	1670	1.5	1	1	45	18.55	4.69	4.46	5.640	3.760
	十间房	719	0.5	1	1	45	14.05	3.56	3.38	4.266	2.844

续表

乡镇名称	村名	人口/人	解决饮用水水质不达标工程					投资/万元			
			除氟设备		灌装设备数量/套	管理房	总计/万元	中央预算内专项	财政资金	区自筹	
			规格/立方米每时	数量/套		面积/平方米				区财政（60％）	镇村自筹（40％）
葛沽镇	小高庄	1352	1.0	1	1	45	16.05	4.06	3.86	4.878	3.252
	邓岑子	2035	1.5	1	1	45	18.55	4.69	4.46	5.640	3.760
	杨惠庄	2125	1.5	1	1	45	18.55	4.69	4.46	5.640	3.760
	西关	2369	1.5	1	1	45	20.25	5.14	4.96	6.09	4.06
	大滩	1178	1.0	1	1	45	17.05	4.21	5.02	4.69	3.13
	刘庄	1436	1.0	1	1	45	17.05	4.21	5.02	4.69	3.13
	南辛房	1339	1.0	1	1	45	17.05	4.21	5.02	4.69	3.13
	三合	1729	1.5	1	1	45	19.60	4.84	5.77	5.398	3.592
八里台镇	西小站村	1020	4.0	1	1	225	46.2	11.72	11.17	13.986	9.324
	小黄庄村	1512									
	和顺地村	1608									
	南义村	2398									
	双闸村	1288									

续表

乡镇名称	村名	人口/人	解决饮用水水质不达标工程					投资/万元			
			除氟设备		灌装设备数量/套	管理房	总计/万元	中央预算内专项	财政资金	区自筹	
			规格/立方米每时	数量/套		面积/平方米				区财政（60%）	镇村自筹（40%）
八里台镇	巨戈庄村	5217	3.0	1	1	45	24.55	6.21	5.91	7.458	4.972
	毛家沟	1093	1.0	1	1	45	16.05	4.06	3.86	4.878	3.252
	大孙庄	4918	2.0	1	1	45	22.25	5.65	5.45	6.69	4.46
	八里台村	7328	4.0	1	1	45	32.19	8.18	7.88	9.676	6.454
	刘家沟	1550	1.0	1	1	45	17.05	4.21	5.02	4.692	3.128
北闸口镇	义和庄村	1053	1.0	1	1	45	16.05	4.06	3.86	4.878	3.252
	西右营	1668	1.5	1	1	45	20.25	5.14	4.96	6.09	4.06
	吕坨子	1601	1.5	1	1	45	20.25	5.14	4.96	6.09	4.06
	老左营村	2121	1.5	1	1	45	20.25	5.14	4.96	6.09	4.06
	北义心庄	1760	1.5	1	1	45	19.05	4.83	4.67	5.73	3.82
小站镇	东大站	1332	1.0	1	1	45	16.05	4.06	3.86	4.878	3.252
	东花园	2634	1.5	1	1	45	18.55	4.69	4.46	5.640	3.760
	盛字营村	3745	2.0	1	1	45	22.25	5.65	5.45	6.69	4.46

表 5-3-20 **2006—2007 年津南区农村饮水安全工程完成情况一览表**

乡镇名称	村名	人口/人	解决饮用水水质不达标工程					投资/万元			
			除氟设备		灌装设备数量/套	管理房	总计/万元	中央预算内专项	财政资金	区自筹	
			规格/立方米每时	数量/套		面积/平方米				区财政（60%）	镇村自筹（40%）
合计		88258	56.5	41	41	2025	782.05	197.47	195.83	233.254	155.496
双港镇	南马集村	2072	1.5	1	1	45	18.55	4.69	4.46	5.640	3.760
	北马集村	2769	1.5	1	1	45	18.55	4.69	4.46	5.640	3.760
辛庄镇	继泰	1640	1.0	1	1	45	16.05	4.06	3.86	4.878	3.252
	前辛庄村	3322	2.0	1	1	45	20.55	5.2	4.95	6.240	4.160
	邢庄子	1289	1.0	1	1	45	17.75	4.51	4.34	5.34	3.56
	张满庄村	800	0.5	1	1	45	15.05	3.72	4.43	4.14	2.76
	张家咀村	833	0.5	1	1	45	15.05	3.72	4.43	4.14	2.76
	中辛庄村	772	0.5	1	1	45	15.05	3.72	4.43	4.14	2.76
咸水沽镇	李庄子村	441	0.5	1	1	45	14.05	3.56	3.38	4.266	2.844
	潘庄子村	593	0.5	1	1	45	14.05	3.56	3.38	4.266	2.844
	苑庄子村	900	0.5	1	1	45	14.05	3.56	3.38	4.266	2.844

续表

乡镇名称	村名	人口/人	解决饮用水水质不达标工程					投资/万元			
			除氟设备		灌装设备数量/套	管理房	总计/万元	中央预算内专项	财政资金	区自筹	
			规格/立方米每时	数量/套		面积/平方米				区财政（60%）	镇村自筹（40%）
咸水沽镇	王家场	2796	1.5	1	1	45	20.25	5.14	4.96	6.09	4.06
	南洋村	4633	2.0	1	1	45	22.25	5.65	5.45	6.69	4.46
	五登房村	2361	1.5	1	1	45	20.25	5.14	4.96	6.09	4.06
	韩城桥村	2807	1.5	1	1	45	20.25	5.14	4.96	6.09	4.06
	田嘴村	1729	1.5	1	1	45	20.25	5.14	4.96	6.09	4.06
	四里沽	1326	1.0	1	1	45	17.75	4.51	4.34	5.34	3.56
双桥河镇	西官房	1535	1.5	1	1	45	18.55	4.69	4.46	5.640	3.760
	王庄	1561	1.5	1	1	45	19.05	4.83	4.67	5.73	3.82
	东泥沽村	4139	2.0	1	1	45	22.25	5.65	5.45	6.69	4.46
葛沽镇	盘沽	1670	1.5	1	1	45	18.55	4.69	4.46	5.640	3.760
	十间房	719	0.5	1	1	45	14.05	3.56	3.38	4.266	2.844
	邓岑子	2035	1.5	1	1	45	18.55	4.69	4.46	5.640	3.760

续表

<table>
<tr><th rowspan="3">乡镇名称</th><th rowspan="3">村名</th><th rowspan="3">人口/人</th><th colspan="5">解决饮用水水质不达标工程</th><th colspan="4">投资/万元</th></tr>
<tr><th colspan="2">除氟设备</th><th rowspan="2">灌装设备数量/套</th><th>管理房</th><th rowspan="2">总计/万元</th><th rowspan="2">中央预算内专项</th><th rowspan="2">财政资金</th><th colspan="2">区自筹</th></tr>
<tr><th>规格/立方米每时</th><th>数量/套</th><th>面积/平方米</th><th>区财政(60%)</th><th>镇村自筹(40%)</th></tr>
<tr><td rowspan="5">葛沽镇</td><td>杨惠庄</td><td>2125</td><td>1.5</td><td>1</td><td>1</td><td>45</td><td>18.55</td><td>4.69</td><td>4.46</td><td>5.640</td><td>3.760</td></tr>
<tr><td>西关</td><td>2369</td><td>1.5</td><td>1</td><td>1</td><td>45</td><td>20.25</td><td>5.14</td><td>4.96</td><td>6.09</td><td>4.06</td></tr>
<tr><td>刘庄</td><td>1436</td><td>1.0</td><td>1</td><td>1</td><td>45</td><td>17.05</td><td>4.21</td><td>5.02</td><td>4.69</td><td>3.13</td></tr>
<tr><td>南辛房</td><td>1339</td><td>1.0</td><td>1</td><td>1</td><td>45</td><td>17.05</td><td>4.21</td><td>5.02</td><td>4.69</td><td>3.13</td></tr>
<tr><td>三合</td><td>1729</td><td>1.5</td><td>1</td><td>1</td><td>45</td><td>19.60</td><td>4.84</td><td>5.77</td><td>5.398</td><td>3.592</td></tr>
<tr><td rowspan="7">八里台镇</td><td>西小站村</td><td>1020</td><td rowspan="5">4.0</td><td rowspan="5">1</td><td rowspan="5">1</td><td rowspan="5">225</td><td rowspan="5">46.2</td><td rowspan="5">11.72</td><td rowspan="5">11.17</td><td rowspan="5">13.986</td><td rowspan="5">9.324</td></tr>
<tr><td>小黄庄村</td><td>1512</td></tr>
<tr><td>和顺地村</td><td>1608</td></tr>
<tr><td>南义村</td><td>2398</td></tr>
<tr><td>双闸村</td><td>1288</td></tr>
<tr><td>巨戈庄村</td><td>5217</td><td>3.0</td><td>1</td><td>1</td><td>45</td><td>24.55</td><td>6.21</td><td>5.91</td><td>7.458</td><td>4.972</td></tr>
<tr><td>毛家沟</td><td>1093</td><td>1.0</td><td>1</td><td>1</td><td>45</td><td>16.05</td><td>4.06</td><td>3.86</td><td>4.878</td><td>3.252</td></tr>
</table>

续表

乡镇名称	村名	人口/人	解决饮用水水质不达标工程					投资/万元			
			除氟设备		灌装设备数量/套	管理房	总计/万元	中央预算内专项	财政资金	区自筹	
			规格/立方米每时	数量/套		面积/平方米				区财政(60%)	镇村自筹(40%)
八里台镇	大孙庄	4918	2.0	1	1	45	22.25	5.65	5.45	6.69	4.46
	刘家沟	1550	1.0	1	1	45	17.05	4.21	5.02	4.692	3.128
北闸口镇	义和庄村	1053	1.0	1	1	45	16.05	4.06	3.86	4.878	3.252
	西右营	1668	1.5	1	1	45	20.25	5.14	4.96	6.09	4.06
	吕坨子	1601	1.5	1	1	45	20.25	5.14	4.96	6.09	4.06
	老左营村	2121	1.5	1	1	45	20.25	5.14	4.96	6.09	4.06
	北义心庄	1760	1.5	1	1	45	19.05	4.83	4.67	5.73	3.82
小站镇	东大站	1332	1.0	1	1	45	16.05	4.06	3.86	4.878	3.252
	东花园	2634	1.5	1	1	45	18.55	4.69	4.46	5.640	3.760
	盛宇营村	3745	2.0	1	1	45	22.25	5.65	5.45	6.69	4.46

津南区管网入户改造工程涉及咸水沽、双港、八里台3个镇，其中双港镇桃源沽村轻度除氟工程于2007年3月15日开工，2007年4月25日竣工；咸水沽镇韩城桥村和八里台镇北中塘村管网入户改造工程于2008年8月12日开工，2008年11月12日竣工。工程总投资为240.52万元，其中市补资金72.16万元，区财政匹配资金96.21万元，镇村自筹资金72.15万元。实际完成工程量：安装除氟设备1台套、恒压变频设备3套、消毒设备2套，铺设输水管道48.67千米，安装水表2005块，管理间160平方米。工程共解决3个镇3个村0.68万人的饮水轻度超标和供水管网老化失修的问题。

津南区农村饮水安全工程投资计划明细表见表5-3-19，津南区农村饮水安全工程完成情况一览表见表5-3-20。

第四节 小型水库建设

津南区北靠海河干流，南有马厂减河，区内河渠纵横交织，洼淀坑塘星罗棋布，历史上水源丰足，旱涝保收，是有名的北国鱼米之乡。1963年海河全流域洪水灾害后，由于海河治理中强调了除害，兴利用水分配不当，津南区供水出现严重困难。特别是1970年以后，津南区地表水资源匮乏，农业生产只能依靠自然降水和开采地下水。长期开采地下水，使地下水位下降幅度增大，机井出水量降低，一些机井出现抽空、吊泵的现象。同时，受地理位置所限，排蓄措施不尽合理，全区存在着雨小则旱、雨大则涝的现象。加之农业结构不尽合理，用水不平衡等问题，水资源短缺成为制约津南区农业现代化发展和农村经济增长的瓶颈。

1991—2010年，津南区贯彻"旱涝兼治、排蓄结合、以蓄代排、综合治理"的治水方针，各镇在兴建节水工程的同时，开挖改造废弃的河道、坑塘，修建相应的配套工程，形成一批小型水库。此举既解决了农田排水出路，又增加了蓄水能力，有效改善了农业用水条件。由于津南区水源严重匮乏，小型水库无水可蓄，致使灌溉、养殖效能逐年丧失。2007年，经专家论证，报请上级部门批准，津南区报废小型水库22座，降等小型水库22座。

一、小型水库自发建设时期

自1987年2月至1999年11月底，津南区先后兴建11座小型水库，包括小站镇迎新村小水库、东花园村小水库、黄营村小水库、咸水沽镇老海河小水库、辛庄镇老海河小水库、双桥河镇老海河小水库、葛沽镇三村小水库、十间房村小水库、杨岑子村小水库、辛庄子村小水库、北闸口镇北义村小水库。工程总投资为553.24万元，新增库容525万立方米，总蓄水面积达216.59公顷，受益面积为2230.65公顷。

（一）小站镇迎新村小水库

为缓解农业生产用水的紧缺状况，存蓄雨季降雨和排涝的水源，小站镇迎新村决定投资46.98万元，连片治理本村几块相邻的洼地、苇塘，改造成1座小型水库。

1987年2月，小站镇迎新村小水库工程开工，水库占地面积33.33公顷，蓄水面积23.33公顷，蓄水量60万立方米，兴利库容55万立方米。当年5月4日竣工并投入使用。完成工程量：维修改造泵站1座；更新500毫米机泵1台套；新建配套闸涵3座；新建农用桥1座；完成土方6.5万立方米。

（二）咸水沽镇老海河小水库

1995年，咸水沽镇政府为改善地下水超采状况，增加自备水源，决定利用老海河（海河裁弯取直后废弃的河道）咸水沽镇段河道修建老海河小水库。该河道西起月牙河咸水沽镇秦庄子村，东至咸水沽镇四里沽村，全长4千米，河床平均宽度46米，常年平均水位2.5米。

1996年1月31日，咸水沽镇老海河小水库及配套工程开工。工程总投资216.17万元，其中市补资金10万元，区补资金2.5万元，镇自筹资金203.67万元。完成工程量：兴建排灌两用泵站1座；新装250千伏安变压器1台套；兴建孔径2米×2米调蓄总控制闸1座；2米×50米涵洞1座；砖砌明方涵93米；新挖明渠20米；修建分水闸5座；新建1.8米×36米输水涵洞1座；加固部分堤段，清淤水库主干渠。当年5月18日全部竣工，一次性试车成功。水库水面面积23.33公顷，总库容45万立方米，兴利库容41万立方米。交付使用后，灌溉面积达273.33公顷。

（三）葛沽镇三村小水库

1996年11月底，葛沽镇三村决定投资35万元，兴建小型水库1座，1997年4月底，工程竣工并投入使用。该水库占地面积18公顷，水面面积14.33公顷，库容40万立方米，兴利库容36万立方米，灌溉面积73.33公顷。完成工程量：新建20平方米泵房1座；配套300毫米机泵1台套；修建涵闸2座；清淤土方6.5万立方米。

（四）小站镇东花园村小水库

1997年1月，小站镇东花园村将9个养鱼池相连，改造成1座小型水库。水库水面面积30公顷，库容51万立方米，兴利库容45万立方米，灌溉面积173.33公顷。当年4月工程竣工，投入使用。完成工程量为：新建45平方米泵房1座，新装500毫米机泵1台套，新建40平方米工作间和管理间各1座，新建1米×1米放水闸4座，维修配套160千伏安变压器1台套，水库围埝动土方3.5万立方米。工程完成投资50.99万元。

小水库建成后，基本满足了该村 166.67 公顷稻田用水。

（五）辛庄镇老海河小水库

辛庄镇地区由于过量开采地下水，地面沉降速度逐年加快。因此，辛庄镇政府决定投资 164.636 万元，改造利用废弃的海河故道，兴建辛庄镇老海河小水库。

1997 年 1 月，辛庄镇老海河小水库工程开工，1998 年 3 月全部竣工。水库面积 24.07 公顷，库容 60 万立方米，兴利库容 50 万立方米，灌溉面积达 722 公顷。完成工程量为：大修邢庄子泵站，更新 900 毫米机泵 1 台套，修建涵洞 4 座，更新改造小型泵站 4 座，土方 42.92 万立方米。

（六）葛沽镇十间房村小水库

1997 年，葛沽镇十间房村为改善农业生产条件，决定将废弃的养鱼池连通，改造成为 1 座小型水库。与原有水利设施配套，既能存蓄雨季沥水，又可经双桥河引调海河干流水源，达到旱涝兼治的目的。

1997 年 4 月，十间房村小水库开工，总投资 41.85 万元。完成工程量为：新建 45 平方米泵房 1 间，新装 300 毫米机泵 1 台套，维修 100 千瓦变压器 1 台，新建工作间 30 平方米，维修管理间 54 平方米，修建闸涵 5 座，架设电线 1000 米，电杆 10 根，水库围埝土方 6 万立方米。当年年底工程竣工。水库水面面积 13.33 公顷，库容 33 万立方米，兴利库容 28 万立方米，灌溉面积 60 公顷。该水库投入使用后，解决了该村水源紧缺状况，改造园田 6.67 公顷，逐年改造 46.67 公顷旱田为稻田。

（七）北闸口镇北义心庄村小水库

1997 年 9 月，北闸口镇北义心庄村投资 59.8 万元，将本村的 4 个养鱼池连通，配套建设成 1 座小水库，存蓄雨季沥水，调蓄月牙河可用水源，解决本村 120 公顷农田干旱缺水的现状。水库水面面积 26.67 公顷，库容 58 万立方米，兴利库容 52 万立方米。1997 年 11 月 30 日小型水库建成并投入使用。完成工程量为：新建 35 平方米泵房 1 座；新装 300 毫米机泵 2 台套；新建 45 平方米管理间 1 座；新建 1.2 米×1.2 米放水闸 5 座；维修配套 160 千伏安变压器 1 台套；土方 4.2 万立方米。

（八）葛沽镇辛庄子村小水库

1997 年，葛沽镇辛庄子村决定投资 44.25 万元，改造废弃的鱼池，兴建小型水库 1 座，工程于年底竣工并投入使用。该水库占地面积 18 公顷，水面面积 14.67 公顷，库容 44 万立方米，兴利库容 40 万立方米，蓄水能力 44 万立方米，灌溉面积 113.33 公顷。完成工程量为：新建 20 平方米泵房 1 座，办公室 4 间，共计 68 平方米，配套安装 100 千瓦变压器 1 台套，修建涵闸 3 座，配套 300 毫米机泵 1 台套，清淤动土方 55000 立方米。

（九）双桥河镇老海河小水库

双桥河镇政府为增加自备水源，减少地下水开采，决定投资 85 万元，实施老海河小水库工程，将海河干流裁弯取直废弃的双桥河以东至柴庄子段的河道改造成小型水库，在汛期以蓄代排，为周边农业用水提供保障。

1997 年 12 月，开始实施改造工程，1999 年 6 月，工程竣工并交付使用。水库水面面积 20.53 公顷，库容 57 万立方米，兴利库容 50 万立方米，灌溉面积 400 公顷。完成工程量为：加深加宽老海河河道，清淤开挖土方 5.66 万立方米；新建泵站 2 座。

（十）葛沽镇杨岑子村小水库

1998 年，葛沽镇杨岑子村决定投资 44.25 万元，更新改造原有的小水库，充分发挥水库原有功能。完成工程量为：水库主渠道南端新安装 300 毫米机泵 4 台套；维修老旧泵房；重新砌筑过水闸 25 个，砌石量 325 立方米；安装 1.2 米×1.2 米铸铁闸门 25 面；埋设直径为 1.0 米圆涵 100 节；新建排水口 9 处，砌石 90 立方米；埋设直径为 1.2 米圆涵 36 节。

工程于 1998 年 4 月 25 日开工，动用挖掘机 1 台，搅拌机 2 台，铲车 1 台，运料汽车 2 部，拖拉机 5 台。当年 8 月 30 日竣工并投入使用。改造工程完成后，水库水面面积达到 6.33 公顷，库容 12 万立方米，兴利库容 8 万立方米，灌溉面积 62 公顷。

（十一）小站镇黄营村小水库

为缓解农业用水紧缺状况，存蓄雨季降雨和排涝的水源，小站镇黄营村决定投资 52 万元，连片治理本村的鱼池、洼地和苇塘，改造成 1 座小型水库。

1999 年 11 月底，小站镇黄营村小水库工程开工，水库蓄水面积 23.33 公顷，蓄水量 65 万立方米，兴利库容 55 万立方米。2000 年 5 月初竣工并投入使用。完成工程量为：维修改造泵站 1 座，更新 500 毫米机泵 1 台套，配套建设闸涵 2 座，完成土方 15 万立方米。

二、小型水库集中建设时期

进入 20 世纪 90 年代后期，华北地区连续发生干旱，水资源严重短缺，津南区水资源状况也日趋紧张。针对全区水资源的严重不足，本着“开源节流、旱涝兼治、排蓄结合、以蓄代排、综合治理”的治水思路，区委、区政府制定了《津南区小水库建设五年规划》，计划用 5 年的时间，结合津南区高标准农田建设，走自备水源的路子，在全区兴建小型水库 51 座，缓解水资源短缺问题，减少地下水开采量，改善地面沉降状况。

2000 年 10 月，按照区政府要求，区水利局编制完成了《津南区 2001—2005 年小型水库建设规划实施方案》，计划利用 5 年时间，到 2005 年全区新建小型水库 51 座，水面面积1016.47公顷，蓄水量2245万立方米，兴利库容1671万立方米，效益面积5110公顷，总投资4860万元。自2001年开始逐年分步实施，形成节水、蓄水配套，养殖合理的小型水库布局。

2001年，全区共建成小型水库18座（含扩建水库3座）。水面面积394.93公顷，蓄水量达1077万立方米，兴利库容759万立方米，效益面积2526.67公顷。完成工程量为：土方258.07万立方米，新建泵站4座，维修泵站5座，新建配套涵闸22座，工程总投资1016.1万元。

2002年，全区共建成小型水库12座。水面面积158.13公顷，蓄水量448万立方米，兴利库容339万立方米，效益面积1186.67公顷。完成工程量为：土方104.6万立方米，新建泵站2座，维修泵站4座，新建配套涵闸10座，工程总投资546.2万元。

2003年，全区共建成小型水库3座。水面面积59.33公顷，蓄水量170万立方米，兴利库容127万立方米，效益面积596公顷。完成工程量为：土方72万立方米，维修泵站1座，新建配套涵闸5座，工程总投资219.5万元。

2004年，全区共建成小型水库3座。水面面积93.33公顷，蓄水量215万立方米，兴利库容168万立方米，效益面积273.33公顷。完成工程量为：土方38万立方米，新建配套涵闸7座，工程总投资224万元。

截至2004年，全区共建成小型水库44座，水面面积871.81公顷，蓄水量2315万立方米，兴利库容1750万立方米，效益面积6177.97公顷。完成工程量为：土方552.33万立方米，新建泵站9座，维修泵站14座，新建配套涵闸66座，累计工程总投资2538.04万元。

随着津南区土地整合工作的不断深入，区政府对《小型水库建设规划实施方案》进行了调整，2004年以后不再实施小型水库建设。

津南区小型水库建设情况见表5-4-21。

表5-4-21 **津南区小型水库建设情况统计表**

序号	工程名称	水面面积/公顷	库容/万立方米	兴利库容/万立方米	效益面积/公顷	主要工程量	建成（扩建）年份	总投资/万元
1	小站镇迎新村小水库	23.33	60	55	33.33	土方10万立方米，新建泵站1座，新建涵闸3座	1987	55
2	咸水沽镇老海河小水库	23.33	45	41	273.33	土方8万立方米，维修泵站1座，新建涵闸3座	1996	40
3	葛沽镇三村小水库	14.33	40	36	73.33	土方6.5万立方米，新建涵闸2座	1997	35

续表

序号	工程名称	水面面积/公顷	库容/万立方米	兴利库容/万立方米	效益面积/公顷	主要工程量	建成（扩建）年份	总投资/万元
4	葛沽镇十间房小水库	13.33	33	28	60	土方5万立方米，新建涵闸2座	1997	30
5	葛沽镇辛庄子小水库	14.67	44	40	113.33	土方8万立方米，新建涵闸2座	1997	40
6	小站镇东花园小水库	41.33	120	90	173.33	土方3.5万立方米，新装机泵1台套；新建水闸4座	1997	50.99
						土方10万立方米	2001	25
7	北闸口镇北义心庄小水库	26.67	58	52	120	土方8万立方米，维修泵站1座，新建涵闸3座	1997	50
8	辛庄镇老海河小水库	24.07	60	50	722	土方10万立方米，新建涵闸2座	1998	50
9	葛沽镇杨岑子村小水库	10.33	22	17	46.67	砌石415立方米，安装机泵4台套，重砌水闸25座，安装闸门25面，新建排水口9处	1998	44.245
						土方5万立方米	2001	13.5
10	小站镇黄营村小水库	20	65	55	200	土方15万立方米，新建涵闸2座	2000	52
11	双桥河镇老海河小水库	33.33	90	70	400	土方5.66万立方米，新建泵站2座	1999	85
						土方33.6万立方米	2001	84
12	双港镇秃尾巴河小水库	16.67	33	25	100	土方13.2万立方米，维修泵站2座	2001	53
13	辛庄镇清河村小水库	7.47	22	18	33.33	土方8万立方米，新建涵闸2座	2001	30
14	南洋镇五登房村小水库	40	90	70	133.33	土方42.7万立方米，维修泵站1座，新建涵闸2座	2001	140

续表

序号	工程名称	水面面积/公顷	库容/万立方米	兴利库容/万立方米	效益面积/公顷	主要工程量	建成(扩建)年份	总投资/万元
15	南洋镇赵北村小水库	10	28	20	53.33	土方10万立方米	2001	50
16	咸水沽镇北环河小水库	20	40	32	266.67	土方28.8万立方米	2001	57.6
17	双桥河镇王庄村小水库	6.67	16	13	66.67	土方8万立方米，新建涵闸2座	2001	27
18	双桥河镇官房村小水库	7.33	21	15	66.67	土方10万立方米，新建泵站1座，新建涵闸2座	2001	51
19	双桥河镇西泥沽村小水库	7.47	21	16	73.33	土方4.6万立方米，新建泵站2座，新建涵闸4座	2001	65
20	葛沽镇高二村小水库	13.33	30	22	100	土方9.5万立方米，新建涵闸2座	2001	62.5
21	葛沽镇石闸村小水库	13.33	25	18	133.33	土方9.6万立方米，新建涵闸2座	2001	55
22	八里台镇大孙庄村小水库	80	240	160	466.67	土方24万立方米，维修泵站2座，新建涵闸2座	2001	115
23	北闸口镇光明村小水库	4	12	9	13.33	土方3.6万立方米	2001	18
24	双闸镇北中塘村小水库	66.67	210	120	200	土方25万立方米，新建泵站1座，新建涵闸2座	2001	121
25	葛沽镇葛一村小水库	16.67	40	32	133.33	土方8万立方米，新建涵闸2座	2001	26
26	双桥河镇小营盘村小水库	6.67	17	12	66.67	土方4.5万立方米	2001	22.5
27	辛庄镇建明村小水库	14.67	60	48	133.33	土方10万立方米，维修泵站1座	2002	60.5
28	咸水沽镇南洋村小水库	26.67	84	63	200	土方13万立方米	2002	65
29	北闸口镇吕坨子村小水库	19.33	55	39	133.33	土方15万立方米，维修泵站1座，新建涵闸2座	2002	87
30	小站镇东闸村小水库	17.47	59	44	133.33	土方8.5万立方米	2002	17

续表

序号	工程名称	水面面积/公顷	库容/万立方米	兴利库容/万立方米	效益面积/公顷	主要工程量	建成（扩建）年份	总投资/万元
31	双港镇双白河小水库	10.67	25	20	53.33	土方 7.5 万立方米，维修泵站 1 座	2002	23.7
32	双桥河镇韩家圈村小水库	4	10	7	26.67	土方 3 万立方米，新建泵站 1 座	2002	19
33	葛沽镇邓岑子村小水库	6.67	25	18	100	土方 9.6 万立方米，维修泵站 1 座，新建涵闸 2 座	2002	61
34	双桥河镇东泥沽村小水库	6.67	10	7	66.67	土方 3 万立方米，新建泵站 1 座，新建涵闸 2 座	2002	33
35	辛庄镇小水库	6	20	15	133.33	土方 7 万立方米，新建涵闸 2 座	2002	42
36	小站镇头道沟村小水库	23.33	50	43	73.33	土方 10 万立方米	2002	40
37	双桥河镇闫家圈村小水库	9.33	20	15	66.67	土方 7 万立方米，新建涵闸 1 座	2002	38
38	八里台镇团洼村小水库	13.33	30	20	66.67	土方 11 万立方米，新建涵闸 1 座	2002	60
39	葛沽镇九道沟村小水库	30	100	75	356	土方 45 万立方米	2003	107
40	北闸口镇正营村小水库	20	50	37	213.33	土方 20 万立方米，维修泵站 1 座，新建涵闸 2 座	2003	80
41	双桥河镇李家圈村小水库	9.33	20	15	26.67	土方 7 万立方米，新建涵闸 3 座	2003	32.5
42	辛庄镇张满庄村小水库	6.67	25	18	40	土方 8 万立方米，新建涵闸 2 座	2004	53
43	北闸口镇老左营村小水库	20	40	30	133.33	土方 12 万立方米，新建涵闸 3 座	2004	81
44	八里台镇中义村小水库	66.67	150	120	100	土方 18 万立方米，新建涵闸 2 座	2004	90
	合计	871.81	2315	1750	6177.97	土方 552.33 万立方米，新建维修泵站、闸涵 89 座		2538.04

三、小型水库降等报废时期

津南区小型水库建设，增加了全区的蓄水能力，在农田排水、农田灌溉、水产养殖中发挥了积极的作用，推动了农业生产发展，促进了农业产业结构的调整。进入20世纪80年代以后，北方地区连续干旱少雨，地上水源严重匮乏，水库无水可蓄，小水库功能和利用价值逐年降低。部分小水库被相邻河道、深渠取代，有的失于管理修缮，堤埝坍塌、配套设施丢失损坏严重，已不能发挥其应有的作用。加之受周边环境影响，水质恶化严重，导致水库灌溉、养殖效能完全丧失。

鉴于津南区小型水库的现状，受津南区各镇政府的委托，区水利局组织工程管理科、防汛抗旱办公室、农田水利科等相关科室工程技术人员，依据《水库降等与报废管理办法》中关于水库降等、报废的相关规定，勘察论证了全区44座小型水库。

2007年9月，报经天津市水利局审查批准，津南区水利局分别下发了《关于辛庄镇小型水库报废的批复》《关于双港镇小型水库报废的批复》《关于葛沽镇小型水库报废的批复》《关于八里台镇小型水库报废的批复》《关于双桥河镇小型水库报废的批复》《关于咸水沽镇小型水库报废的批复》《关于小站镇小型水库报废的批复》7个文件，批复同意双港镇秃尾巴河小水库、双白引河小水库、辛庄镇老海河小水库等共计22座镇管及村管小型水库实施报废。

2007年9月，报经天津市水利局审查批准备案，津南区水利局分别下发了《关于八里台镇小型水库降等的批复》《关于咸水沽镇小型水库降等的批复》《关于双桥河镇小型水库降等的批复》《关于葛沽镇小型水库降等的批复》《关于北闸口镇小型水库降等的批复》《关于辛庄镇小型水库降等的批复》6个文件，批复同意辛庄镇张满庄村小水库、咸水沽镇五登房村小水库、双桥河镇老海河小水库等共22座镇管及村管小型水库降等为坑塘。

截至2007年年底，津南区自1987—2004年建成的44座小型水库中：报废22座，降等为坑塘的22座。津南区小型水库不复存在。降等后22座坑塘，总蓄水能力为180万立方米，可用水量118万立方米。其中辛庄镇1座，蓄水量8万立方米；咸水沽镇3座，总蓄水量24万立方米；双桥河镇6座，总蓄水量48万立方米；北闸口镇5座，总蓄水量44万立方米；葛沽镇5座，总蓄水量36万立方米；八里台镇2座，总蓄水量20万立方米。

降等后的坑塘多数由所属村委会承包给个人用于水产养殖，按照“谁受益，谁负责”的原则，由承包人负责坑塘及其配套设施的运营与维护。

2007年津南区报废小型水库统计表见表5-4-22，小型水库降等为坑塘后蓄水能力统计表见表5-4-23。

表5-4-22　**2007年津南区报废小型水库统计表**

序号	水库名称	蓄水量/万立方米	所属镇
1	秃尾巴河小水库	33	双港镇
2	双白引河小水库	25	双港镇
3	老海河水库	60	辛庄镇
4	清河村小水库	22	辛庄镇
5	建明村小水库	60	辛庄镇
6	辛庄镇小水库	20	辛庄镇
7	老海河水库	45	咸水沽镇
8	南洋村小水库	84	咸水沽镇
9	小营盘村小水库	17	双桥河镇
10	韩家圈村小水库	10	双桥河镇
11	李家圈村小水库	20	双桥河镇
12	东花园村小水库	120	小站镇
13	迎新村小水库	60	小站镇
14	黄营村小水库	65	小站镇
15	东闸村小水库	59	小站镇
16	头道沟村小水库	50	小站镇
17	葛三村小水库	40	葛沽镇
18	十间房小水库	33	葛沽镇
19	辛庄子小水库	44	葛沽镇
20	葛一村小水库	40	葛沽镇
21	中义村小水库	150	八里台镇
22	团洼村小水库	30	八里台镇
合计		1087	

表 5-4-23 **2007 年津南区小型水库降等为坑塘蓄水能力统计表**

序号	坑塘所在地	蓄水量/万立方米	可用水量/万立方米
1	辛庄镇张满庄村坑塘	8	6
2	咸水沽镇五登房村坑塘	10	7
3	咸水沽镇赵北村坑塘	8	6
4	咸水沽镇北环河坑塘	6	3
5	双桥河镇王庄村坑塘	6	3
6	双桥河镇官房村坑塘	8	6
7	双桥河镇西泥沽村坑塘	8	6
8	双桥河镇老海河坑塘	10	7
9	双桥河镇东泥沽村坑塘	10	6
10	双桥河镇闫家圈村坑塘	6	3
11	北闸口镇北义坑塘	10	6
12	北闸口镇光明村坑塘	5	3
13	北闸口镇吕坨子村坑塘	10	6
14	北闸口镇正营村坑塘	10	6
15	北闸口镇老左营村坑塘	9	5
16	葛沽镇九道沟村坑塘	10	7
17	葛沽镇高二村坑塘	6	3
18	葛沽镇石闸村坑塘	5	3
19	葛沽镇杨岑子村坑塘	8	5
20	葛沽镇邓岑子村坑塘	7	5
21	八里台镇大孙庄村坑塘	10	8
22	八里台镇北中塘村坑塘	10	8
合计		180	118

第六章

水环境治理

《津南区城市总体规划》把津南区定位为“以电子信息、现代冶金和机械制造产业为主导的新型产业聚集区，以生态、文化、旅游为底蕴，充满活力和魅力的海河南岸生态宜居城区”。

截至2010年，津南区东西长25千米，南北宽26千米，地形南高北低，高程在1.0～3.7米之间，总面积387.84平方千米，人口41.2万人，耕地13740公顷。多年来，津南区委、区政府高度重视城市生态环境建设，把河道治理、改善水环境作为城市建设的重要内容，城乡水环境质量有了很大提高。特别是2005—2010年期间，先后完成了双桥河、月牙河、马厂减河、大沽排污河、海河故道、幸福河等多条河道的综合治理工程，水环境治理工作取得显著成效，城市的外在美感和内在品位得到大幅度提升，营造出宜居城市良好的生态环境，形成了吸引外资的聚集能力。

第一节 双桥河治理工程

双桥河位于津南区东部双桥河镇，开挖于1878年，全长9.87千米，南北走向。北起咸水沽镇潘庄子村东北与海河干流相连，流经咸水沽镇、双桥河镇、葛沽镇、小站镇，穿大沽排污河，南至小站镇东花园村，与马厂减河相连。该河设计流量20立方米每秒，上口宽32.5米，下口宽10米，河底高程－1.0米。截至2005年已运行了127年，除1988年进行了一次疏浚外，再未进行过治理。由于河道较长、断面偏小，经过多年的运行，河道淤积，污染严重，排涝标准大大降低。2005年初，区政府决定实施双桥河海河干流至大沽排污河段综合治理工程。

一、工程实施

2005年2月18日，双桥河综合治理工程开工，2005年4月30日竣工，治理长度6.66千米。完成工程量：清淤土方12.25万立方米，复堤土方7.39万立方米，淤泥外运0.38万立方米，浆砌石护坡800延米，工程投资428.94万元。

二、工程验收

2005年10月24日，津南区对双桥河清淤护砌工程进行总体验收。区水利局、财政局主要领导和有关人员及咸水沽镇、双桥河镇、北闸口镇、小站镇和葛沽镇主管镇长、水利站长参加了验收。验收小组在肯定成绩的同时指出不足并限期整治。10月30日再次验收通过。

三、工程效果

双桥河治理工程恢复了原河道功能，提高了调蓄能力，改善了河道水环境。该河设计流量20立方米每秒，全长9.87千米，上口宽32.5米，下口宽10米，河底高程－2.7米，坡比为1∶2.5。

第二节 月牙河治理工程

月牙河是津南区的历史名河，开挖于1875年。北起咸水沽镇赵北庄，与海河干流相连，南至小站镇，与马厂减河相连，流经咸水沽、北闸口、小站3个镇，全长16.2千米。截至2005年，在运行的130年中，仅在1966年进行了疏浚治理，嗣后40年间，由于地面沉降，水土流失等原因，月牙河堤顶高程普遍不足3米，河底淤积深达2米左右，水质污染严重。

2003年，为改善咸水沽镇区段月牙河水环境，区政府决定实施月牙河二道桥北至南环桥段两岸浆砌石护砌工程。2003年8月21日工程开工，10月21日竣工。完成工程量：护砌长度600延米，完成土方1950立方米，钢筋混凝土730立方米，浆砌石2500立方米，砌砖墙100立方米。

2005年，为推进“宜居津南”建设进程，区政府决定实施月牙河水环境综合治理工程，把月牙河改造成为集防汛排涝、调蓄供水、生态绿化于一体的景观河道。2005年8月14日，区政府第21次区长办公会议讨论并原则同意区水利局拟定的《月牙河综合治理工程方案》。工程预计投资2600万元。

一、工程实施

2005年9月28日，津南区召开月牙河综合治理工程动员大会，标志着月牙河综合治理工程开始实施。月牙河水环境综合治理工程包括：清淤、复堤、护砌、污水治理、绿化和河岸两侧的环境治理。

2005年9月至2006年4月完成清淤工程。清淤工程与护砌工程穿插进行施工，护砌工程2006年3月开工，5月底月牙河护砌工程全部竣工。完成工程量为：口门封堵160处（其中农田排水口61处，工业、生活、市政排水口99处），土方3.88万立方米；清淤长度16.2千米，清淤土方72.67万立方米；浆砌石护坡11.30千米。工程总计完成土方76.55万立方米，完成投资4004.05万元，（其中区财政投资3046.05万元，镇自筹资金958万元）。

工程实施当中，沿河3镇拆除各类房屋面积3982平方米，围墙765延米，大棚720平方米；地上附着物补偿果树4645棵，其他树木6650棵；赔偿鱼池130.67公顷；迁移坟墓760座。

二、工程验收

2009年9月27日，天津市水利局基建处、规划处、计划处、农水处和市财政局组成验收小组，对月牙河（海河干流至秦庄子段4188米）治理工程进行了验收。验收小组一致同意通过验收，交付使用。

三、工程效果

治理后的月牙河恢复了原河道功能，全长16.2千米，上口宽45米，下口宽15米，河底高程－2.7米，坡比为1∶2.5，设计流量达到30立方米每秒。

第三节 马厂减河治理工程

马厂减河位于津南区南部，开挖于1876年。北起万家码头，南至葛沽泵站，与海河干流相连，流经八里台、小站、葛沽3个镇，全长28.85千米。设计流量35立方米每秒。运行至2006年已有130年，其间在1964—1974年的10年里，分别在1964年、1970年和1974年，全线分为上、中、下3段，分3次实施了疏浚治理工程。

其后，经过32年运行，由于地面沉降、水土流失、河道淤积等原因，河道原有功能逐年降低。2006年8月30日，津南区政府第32次区长办公会议研究决定，同意区水利局拟定的《马厂减河清淤护砌工程实施方案》。2006年10月至2007年5月，实施马厂减河清淤护砌工程，预计工程总投资4000万元，其中区财政分2年划拨资金3000万元，由八里台、小站、葛沽3个镇合计投入配套资金1000万元。

一、工程实施

2006年10月15日，马厂减河治理工程开工，2007年6月30日竣工。治理长度28.85千米，完成工程量为：房屋拆迁9442平方米；清淤土方103.86万立方米；浆砌石护坡8300米。实际完成工程投资4924.59万元，其中区财政投资3614.66万元、3个镇自筹资金1309.93万元。

二、工程效果

马厂减河治理工程完成后，恢复了原有河道的功能。该河全长28.85千米，上口宽42～50米，下口宽12米，河底高程－2.7米，坡比为1∶25，设计流量35立方米每秒。从而提高了津南区二级河道的调蓄水能力，减轻了中心城区汛期排涝压力，为镇区经济发展提供了良好的水环境。

第四节 海河故道综合治理工程

1897年，由天津海关税务司英籍德国人德璀琳提出海河航道裁弯取直的措施。经李鸿章同意，成立海河工程局，1901（清光绪二十七年）—1923年，海河工程局先后对海河航道进行6次裁弯取直工程。其间的1913年7月，实施了津南区大赵北庄至东泥沽段的裁弯取直工程，全长为12.86千米。原河道秦庄子（月牙河畔）至东泥沽段全长约7千米被弃用，俗称为老海河，亦称为海河故道。海河故道久未疏浚治理，致使河道淤积、河水黝黑，两岸杂草丛生、垃圾遍地，夏季蚊蝇孳生、环境恶劣，严重影响了附近群众的生活。

根据津南区总体规划，作为津南区政治、经济、文化中心——“津南新城”建设的起步工程，津南区委、区政府决定实施海河故道综合治理工程。海河故道位于津南区“北提升”板块的中心区域，也是津南新城和旧城的分界。地理位置和历史角色，决定了它是托起新城的根基，新城因海河故道而厚重，海河故道也因新城而鲜活。实施海河故道景观改造工程，建成集防洪排涝、生态环保、休闲娱乐等多功能于一体的河道景观，营造环境优美的河岸带状公园，成为津南一道具有城乡特色的靓丽风景线。

2007 年 7 月 31 日，区委、区政府召开重点工程建设项目分解推动会议做出决定，实施海河故道综合治理工程，西起月牙河咸水沽镇秦庄子段，东至津南环线北环路下郭庄村，治理长度为 3.5 千米。

会议确定由副区长李学义主抓海河故道综合治理工程，区水利局局长赵燕成具体组织实施。计划完成时限为 2007 年 11 月 15 日。

一、工程实施

海河故道综合治理工程规划设计工作由中国对外建设深圳园林设计公司负责，设计理念为充分利用海河的知名度，挖掘自然、历史和人文等方面的素材，以沽水生态文化为纽带，串联码头商埠文化、运河风情文化和津南名人文化，从时间和空间上再现天津独特的地域文化和深厚的历史沉淀，用现代的手法和生态的理念诠释津南的昨天、今天和明天。

海河故道景观改造工程——“五行欢乐园”的设计宗旨为“故道漕运留烟云，五行播撒绘今篇”，即以“借古开今”的创作手法描绘全园。总体布局由海河故道串联起 6 大功能区，自西向东分别为滨水游憩区、船舫美食区、综合娱乐区、水上商娱区、水鸟湿地区、名人文化区。区内建有各具特色的景点 18 处，建成后给大家提供游憩、商娱和品赏的欢乐天地。

工程规划设计初稿完成后，津南区委书记李国文、区长李广文等区领导亲自参加设计方案论证，经过 6 次的反复论证修改，区委常委扩大会议通过后，由区水利局组织施工。

（一）拆迁工程

2007 年 11 月 15 日，海河故道综合治理工程拆迁工程开始，12 月 31 日结束。完成拆迁面积 11.63 万平方米，其中拆迁住宅 385 户，面积 7.63 万平方米；拆迁津南区供销社、咸水沽东粮库、津南师范学校、咸水沽第四中学、咸水沽第三小学、咸水沽镇办企业等单位公共建房 4 万余平方米。上述单位与个人的拆迁工作，按照土地整合拆迁补偿办法，由咸水沽镇政府具体组织实施。

（二）清淤工程

2007年8月9日，津南区水利局起草了《关于海河故道治理工程项目立项的请示》，申报津南区发展和改革委员会。津南区发展和改革委员会批复同意该工程立项。2007年12月3日，区水利局组织了海河故道综合治理清淤工程公开招标工作，委托天津市南华工程建设招标有限公司按程序组织实施。天津市金龙水利建筑工程公司中标。

2007年12月3日，海河故道清淤工程开工，2008年2月3日完工。完成投资271.99万元。完成工程量为：清淤长度3.5千米，土方33.74万立方米；驳岸护砌11千米，打木桩4.3万根，浇注混凝土0.23万立方米，砌筑毛石1.1万立方米。

（三）绿化工程

2007年12月3日，津南区水利局向区发展和改革委员会报送了《关于海河故道咸水沽上刘庄段绿化工程项目立项的请示》。区发展和改革委员会批复同意该项目实施。

2008年1月3日，津南区水利局向区发展和改革委员会报送了《关于海河故道咸水沽下郭庄东张庄段绿化工程项目立项的请示》。区发展和改革委员会批复同意该项目实施。

2008年1月22日，受津南区水利局委托，天津市联发建设工程招标代理有限公司就海河故道咸水沽上刘庄段和咸水沽下郭庄东张庄段绿化工程公开招标。天津市绿化工程公司、上海市园林工程有限公司分别中标。

2008年1月31日，两处绿化工程同时开工，2008年4月30日完工，完成绿化面积35.65万平方米。共种植乔木1.76万株、旱园竹0.6万株、灌木30万株、地被草皮35.65万平方米。

（四）园内建筑与景点工程

2008年5月，园内建筑和景点工程开工。园林建筑规模1.26万平方米，工程项目主要包括：漕运菜舫586平方米，临水特色餐屋447平方米，篓吧[1] 3313平方米，葡萄园架（5种类型）360延米，龙图腾柱、铸铜马，攀爬架10座。

2009年6月30日完工。完成工程项目为园内基础设施、园内建筑、园内景点3个大项：

园内基础设施建设：园区内安装埋设供水、排水、强弱电各种型号管道12种，总长度为95.8千米；土方造景挖填土方58万立方米；铺装园内广场、道路面积13万平方米。

---

[1] 为海河故道建有形似鱼篓装饰的餐饮建筑，称作“篓吧”，“篓吧”再现了海河漕运文化，寓意“篓”中装满“鱼虾蟹蚝”，捞尽“江海河鲜”。

园内建筑建设：欢乐天地、篓吧 2 个。

园内景点建设：独钓园、沽水花簟、雅石趣园、信步闲庭、沽水花洲、龙马圣境、龙马圣境入门牌坊、葡萄园架、攀爬乐园、飘台醉月、欢乐广场、漕运官署菜舫、临水特色餐屋、生态观鸟廊、苇荡鸥鹭等 15 处；完成园林小品景墙 49 处、木亭 7 个、木栈道 2879 平方米、摆放景观石 1.71 万吨；完成增加项目过河摆渡、广场鸽放飞、观赏鱼养殖、野鸭等水禽放养。河道内种植了睡莲、香蒲、荷花等净化水质的观赏性水生植物。

（五）施工管理

落实重点工程项目负责制，成立施工现场指挥部。区水利局成立了海河故道治理工程建设指挥部，局长赵燕成任指挥，副局长赵明显、工程管理科科长张文起任副指挥，下设 4 个组，分别为土建组、绿化组、水电组、资料组。工程建设有关单位进驻现场办公，形成了建设单位、工程监理、施工单位、设计单位“四位一体”的工程管理体系，便于工程施工的组织协调与沟通。

实行总监理工程师负责制，建立监理组织机构。工程监理人员吃住在现场，实行全天候在岗，进行旁站监理，做到质量、进度、资金、安全“四控制”，达到合同、信息“两管理”；工程指挥部管理人员实行现场旁站式施工，掌握工程进度，及时协调、解决施工中出现的问题。每天召开 1 次碰头会，确保工程建设的质量与监督。每周至少召开 1 次监理会，协调好各方面的关系，确保工程保质保量按期完成。

实行项目经理负责制，成立项目经理部。各施工单位落实项目经理负责制，配备施工员、计划员、安全员、材料员、资料员等现场管理人员。各施工单位合理安排施工计划，精心组织、统筹安排、科学调度，保证工程进度和质量，确保工程按期完成。

设计单位进驻施工现场，及时修改设计方案。指挥部要求设计单位指派专人进驻现场指导，设计人员随叫随到，及时解决施工中出现的技术问题，采取边设计边施工的方式，保证了工程进度与质量。

二、工程验收

2009 年 4 月 15 日和 5 月 1 日，由津南区水利局、方正园林建设监理中心、深圳市中外园林建设有限公司、天津市绿化工程公司和上海市园林工程有限公司组成验收小组对海河故道治理工程进行了验收，验收合格交付使用。

三、工程效果

海河故道综合治理工程全长3.5千米，南北平均宽度约200米，总占地面积约75万平方米，其中水面面积21万平方米，绿化面积35.65万平方米，建筑物面积12642平方米，总投资3.097亿元。工程于2009年6月竣工，建成后形成了环境优美的河岸带状公园。海河故道公园于2009年7月正式对外免费开放。

2009年7月15日，天津市委书记张高丽率市委、市政府等四大机关主要领导和18个区县的主要负责人视察了海河故道治理工程。几十家党政机关和社会团体代表团参观考察了海河故道公园，各级领导对海河故道工程给予了很高评价，市、区领导多次在各种场合提出表扬。

海河故道综合治理工程受到全区上下的共同关注，在工程实施中区委书记李国文、区长李广文、区人大主任刘树起、区政协主席邢纪茹、常务副区长赵仲华、区纪检委书记杨国法等区领导多次深入施工现场视察、指导工作。主管副区长李学义不仅每天白天深入工程现场，而且多次深夜亲临施工现场，督察施工进度。在一期工程施工中，全区共有15个单位，组织了1465人次的义务劳动。

第五节 大沽排污河综合治理工程

大沽排污河开挖于1958年，自天津市南开区咸阳路泵站起，流经南开区、河西区、西青区、津南区、滨海新区大港、滨海新区塘沽，至东沽泵站汇入渤海，全长81.6千米，是天津市西南部地区重要的排污河道，承担着市区咸阳路、纪庄子、双林3个排水系统和沿河6个区的雨污水排放任务。1965年进行过一次清淤改造后，截至2008年，未再进行彻底疏浚。据勘测，河道淤泥平均深达2.5米以上，流量由1965年的24.7立方米每秒减少为11立方米每秒，部分河段河底高程已高于周边自然高程0.28～0.35米。汛期排水不畅，溃堤、漫堤现象时有发生。

大沽排污河全长81.6千米，属天津市建委管理的河道，津南区区内辖段长度49.87千米，其中：上游排咸河8.37千米，先锋河环外段10.18千米、环内段3.75千米，大沽排污河27.57千米。沿途有构筑物85处。由西向东流经双港镇、辛庄镇、八里台镇、北闸口镇、咸水沽镇、双桥河镇、葛沽镇等7个镇。该河1965年实施了改造工程，嗣后40余年未做疏浚治理。河道淤堵严重、堤防破损不堪，沿岸建筑物功能丧失。

2008 年 9 月 26 日，天津市政府召开全市水环境治理工程动员大会，部署水环境建设工程任务，确定大沽排污河综合治理工程为市级重点工程。津南区政府责成区水利局负责实施大沽排污河津南段治理工程。

大沽排污河综合治理工程分为清淤工程、沿河构筑物维修改造工程和沿河两岸绿化工程。

一、清淤工程

大沽排污河清淤工程津南区段长度 41.5 千米（不包括上游排咸河），环内段 3.75 千米由天津市水环境治理工程指挥部安排队伍施工，津南区组织实施的清淤工程实际长度为 36.71 千米（不包括沿河建筑物）。共分为 7 个标段，分别由沿河的双港镇、辛庄镇、八里台镇、咸水沽镇、北闸口镇、双桥河镇、葛沽镇 7 个镇组织实施。

大沽排污河清淤工程分标段明细表见表 6－5－24。

表 6－5－24　　**大沽排污河清淤工程分标段明细表**

<table>
<tr><th>施工单位</th><th>工　程　桩　号</th><th>长度
/米</th><th>清淤工程量
/立方米</th></tr>
<tr><td>双港镇
第一标段</td><td>先锋河环外段　0＋000～2＋038
2＋109～3＋666</td><td>3595</td><td>198622</td></tr>
<tr><td>辛庄镇
第二标段</td><td>先锋河环外段　3＋666～6＋613</td><td>2947</td><td>157409</td></tr>
<tr><td rowspan="3">八里台镇
第三标段</td><td>先锋河环外段　6＋613～7＋093
7＋160～7＋794　8＋613～9＋724</td><td>2225</td><td rowspan="4">374364</td></tr>
<tr><td>大沽排污河（西青津南区界至巨葛庄泵站）
0＋000～7＋070　7＋144～8＋655</td><td>8581</td></tr>
<tr><td>大沽排污河（巨葛庄泵站至马厂减河）
0＋000～0＋934</td><td>934</td></tr>
<tr><td colspan="2">小计</td><td>11740</td></tr>
<tr><td rowspan="2">咸水沽镇
第四标段</td><td>先锋河环外段　7＋898～8＋613</td><td>715</td><td rowspan="2">442297</td></tr>
<tr><td>大沽排污河（巨葛庄泵站至马厂减河）
0＋934～＋210　4＋818～8＋092</td><td>4550</td></tr>
</table>

续表

施工单位	工 程 桩 号	长度/米	清淤工程量/立方米
北闸口镇第五标段	大沽排污河（巨葛庄泵站至马厂减河）2+210～4+705	2495	194179
双桥河镇第六标段	大沽排污河（巨葛庄泵站至马厂减河）8+092～10+158	2066	188310
葛沽镇第七标段	大沽排污河（巨葛庄泵站至马厂减河）10+158～18+828	8670	833931
合计		36710	2389112

2008年12月19日上午，大沽排污河治理工程开工仪式在津南区双港镇双辛工业园隆重举行。市长黄兴国出席开工仪式并宣布大沽排污河治理工程开工。市委常委、滨海新区管委会主任苟利军主持开工仪式。副市长熊建平作重要讲话。市水环境治理工程指挥部常务副指挥陈玉恒安排部署工程任务并提出要求。津南区区长李广文代表津南区、西青区、塘沽区和大港区人民政府郑重承诺，一定按照市委市政府的部署，发扬“五加二、白加黑”的精神，苦干冬三月，决战一百天，保质保量如期完成大沽排污河综合治理工程任务。施工单位代表也在会上做了表态性发言。

出席开工仪式的领导还有市政府秘书长李泉山，市发改委、市建委、滨海新区管委会、市规划局、市国土房管局、市政公路局、市环保局、市水利局、公安局、城投集团主要负责人和东丽区、西青区、北辰区、塘沽区、大港区区长、分管副区长及各区工程分指挥部成员单位负责人，建设、施工、设计、监理单位代表，津南区区委书记李国文、区长李广文、副区长赵仲华、李学义。参加开工仪式的共有400余人，其中津南区治理工程指挥部成员单位领导和工程技术人员、施工人员共计200人。

2008年12月19日，大沽排污河津南区段清淤工程正式开工，2009年3月4日全部完工，2009年4月8日通过验收。完成清淤长度为36.71千米，土方238.91万立方米，完成投资7465万元。

二、沿河构筑物维修重建工程

大沽排污河津南区段长41.5千米，沿途有泵站、桥梁、倒虹等构筑物工程70余座。按照天津市大沽排污河综合治理工程指挥部的安排，津南区段主要工程任务包括：

维修改造巨葛庄、东沽2座泵站，拆除重建巨葛庄泵站1号、2号、3号节制闸，拆除重建双巨排污河下穿洪泥河、上游排污河下穿洪泥河、大沽排污河下穿月牙河、大沽排污河下穿马厂减河4座倒虹吸工程。

2009年1月9日，大沽排污河津南区段沿河构筑物维修重建工程开工，由天津市金龙水利建筑工程公司负责施工。4月初，完成拆除重建巨葛庄泵站3座节制闸、4座倒虹吸工程。6月底，完成维修改造巨葛庄、东沽2座泵站工程。上述工程6月底全部通过验收。完成工程量：土方39.22万立方米，浆砌石8639立方米，混凝土6537立方米；排水能力为19立方米每秒的东沽泵站，完成拆除旧机房624立方米、更新水泵8台套、更新变压器3台、更新高低压配电柜22面、更新闸门13面；排水能力为12立方米每秒的巨葛庄泵站，完成机房维修、更新高低压柜19面、更新变压器2台。上述9项工程完成总投资7239.01万元。

三、绿化工程

大沽排污河津南区段清淤工程竣工后，根据治理方案和总体安排，由津南区农委负责组织实施沿河两岸绿化工程。绿化工程2009年3月1日开工，2010年5月31日竣工。绿化工程共计植树17万余株，沿河两岸主要种植国槐、柳树、杨树、椿树等树种，巨葛庄泵站、东沽泵站采用部分名贵树种并配植灌木花草美化环境。

大沽排污河津南区段治理工程于2008年12月19日开工，2010年5月31日竣工，完成总工程量：土方278.13万立方米，混凝土6537立方米，浆砌石8639立方米。完成总投资为15104.01万元，其中清淤工程7465万元，沿河构筑物工程7239.01万元，绿化工程400万元。

第六节 幸福河综合治理工程

幸福河全长19.9千米（包括横河3.5千米），北起双洋渠泵站，与海河干流相连，南至八里台镇北中塘村，与马厂减河相通。幸福河综合治理工程包括河道清淤、生态护砌、堤岸绿化3个部分。通过封堵沿河污水排放口门，恢复河道的防汛排沥、调蓄水源、灌溉农田的能力。

一、设计标准

综合治理工程结合幸福河地形现状，设计标准：河道断面型式为梯形；河底高程为－2.2～－2.4米，河底宽度为6～8米；堤顶高程3.1米；堤内坡比1∶2.5，外坡为自然坡；部分地段实施生态护砌；河道两岸绿化带宽10米，天嘉湖路段绿化带宽10～30米。

二、工程任务

2008年11月25日，幸福河综合治理工程开工，2010年11月12日竣工。完成主要工程量：河道清淤19.9千米，清淤土方63.54万立方米；生态网格护砌9.9万立方米，长度5.5千米；生态袋护砌1.5万立方米，长度3.5千米；绿化面积38万平方米。

按照幸福河综合治理方案，由津南区建委负责实施津港路—天嘉湖段3.5千米治理任务。2008年11月25日开工，2009年4月30日竣工。完成工程量：清淤土方11万立方米；生态袋护砌1.5万立方米。其余16.4千米治理工程任务，由区水利局负责实施。2010年8月26日开工，2010年11月12日竣工，2010年11月18日验收合格。完成工程量：清淤土方52.54万立方米，生态网格护砌9.9万立方米，绿化面积38万平方米。

三、工程投资

幸福河综合治理工程总投资1.8亿元，其中清淤工程投资1955.87万元，生态网格护砌工程投资4567.66万元，生态袋护砌工程投资1898.89万元，堤岸绿化工程投资9577.58万元。

第七章

津南水库

津南水库（天嘉湖）为中型平原型水库，面积约7.82平方千米，水面面积7.06平方千米，最大库容2966.27万立方米，最高水位6.5米，最小库容1280万立方米，死水水位3米，死水库容214万立方米，水深4～8米。2000年，为便于津南水库的开发与利用，区政府在全区范围内为津南水库征名，确定津南水库又名“天嘉湖”，并成功申报为“国家AAA级风景区”。

地理位置：津南水库位于津南区西南部八里台镇区域内，水库中心点为北纬38°47′、东经117°21′，东依幸福河，西傍洪泥河，河西侧为万亩高标准农田。南界毛家沟高型渠，北靠八一横河，临近津南国家高科技农业园区、花卉产业区。

工程概况：津南水库工程等级为3级，使用年限80年。水库建筑物包括围堤、泵站和穿堤建筑物。

（1）围堤：总长度为11.584千米；堤顶高程8.5米，堤顶宽度8米；内坡坡肩有1米高的现浇混凝土防浪墙，堤迎水坡全部为12厘米厚薄板式混凝土护坡。

（2）泵站：库区西北侧有设计流量为24立方米每秒的中型泵站1座，担负着向水库蓄水的任务。安装流量为4立方米每秒的立式轴流泵6台，装机容量为3000千瓦，配置35千伏变电站1座。

（3）穿堤建筑物：水库围堤上建有节制闸8座，其中供水闸4座，进水闸1座，泄水闸1座，节制闸2座。总流量为82立方米每秒。

第一节 前期论证

津南区地处海河干流中下游，地势低洼，土地盐碱，历史上旱涝灾害频发。为增强抵抗自然灾害的能力，增加自备水源，津南区历届政府都曾筹划修建1座平原水库。

1987年秋季，津南区政府初步确定在八里台镇东南部修建1座中型水库，占地面积300公顷，库容1500万立方米，但由于种种原因未能实施。

1995年汛期，津南区普降大雨，为保证市区安全，市防汛抗旱指挥部严令禁止向海河干流排沥，致使津南区二级河道水位居高不下，多处河堤出现险情，全区大片农田被淹。市长张立昌在视察了灾情后指出：津南区要减轻灾害，必须建设以蓄代排的水库工程。

1995年10月19日，区长办公会确定："九五"期间，力争在本区兴建1座以蓄代排的水库工程。

1996年1月14日，津南区筹建水库指挥部综合开发组，经调查论证，向区委、区政府呈报了《关于"八里台水库"的初步设想补充》(八里台水库是津南水库的原名)。

1996年2月13日，副市长朱连康在实地调研津南水库建设情况时指出：兴建津南水库是造福子孙后代的好事，市政府高度重视，津南区要加强领导，抓紧水库论证工作。

1997年3月，市长张立昌、副市长朱连康圈阅了《津南区关于兴建津南水库有关问题的汇报》后，批示相关部门进行专题研究。

1997年4月22日，副市长朱连康主持津南水库建设协调会。市农办、市计委、市建委、市财政局、市规划土地管理局、市水利局领导参加会议。副市长朱连康在会议上提出6点意见，要求5月上旬上报立项请示，争取汛后动工。

1997年5月19日，市农委起草《关于津南区津南水库可行性论证意见的报告》，上报市长张立昌、副市长朱连康。市领导作出重要批示，同意市财政解决资金1500万元，一期工程秋后开工，先蓄水，后完善，两年内完成。

1997年7月11日，津南区召开区委常委扩大会议，会议决定汛后兴建津南水库。

1997年7月16日，副市长朱连康在津南区主持召开了现场办公会，根据市长张立昌对《关于津南区津南水库可行性论证意见的报告》的批示，研究津南水库建设前期工作：本着"早开工、先蓄水、后完善"的原则，确定1997年汛后开工，1998年汛前完成一期工程；预计一期工程总投资7390万元，其中市财政补助资金2600万元；要求津南区尽快成立工程指挥部，做好集资、征地、施工准备工作。

1998年7月10日，市计委、市建委下发了《关于将津南水库项目转为市重点建设项目的通知》，同意津南水库项目转为1998年市重点建设项目。

第二节 勘察设计

一、前期准备

1995年8月，津南区政府确定由区水利局和八里台镇水利站共同完成津南水库勘测工作。

1995年9月3日，津南区水利局编写了《关于"八里台水库"的初步设想》。

1995年9月6日，津南区副区长孙希英、区农委主任刘玉柱在八里台镇政府召开水库建设座谈会，区水利局、八里台镇、八里台村委会的主要领导和工程技术人员参加。综合各方面意见，确定将库址南移1千米。

1995年9月14日，津南区水利局编写了《关于“八里台水库”的初步设想补充》，上报区委、区政府。

二、工程确定

1995年10月15日，津南区政府委托沧州水利勘测设计院对水库进行勘探、测量和设计工作，编写了《津南水库可行性研究报告》。

1995年11月8日，兴建水库工作推动组会同区水利局、土地局初步确定了水库的位置和占地面积，开始与八里台镇、双闸镇、武警部队协商占地问题。

1996年7月11日，经过反复勘察、修改设计，沧州水利勘测设计院完成了《津南水库可行性研究报告》（第三稿）（以下简称《报告》），津南区区长何荣林签发上报天津市政府。《报告》主要内容：津南水库库址选定在八里台镇东南、双闸镇西北，东依幸福河，西邻洪泥河、南界毛家沟村，北靠八一横河，占地面积780.93公顷，蓄水面积706公顷，总库容2966.27万立方米，调蓄库容2752.21万立方米。预计总投资15001.45万元。

1997年7月22日，津南区政府向天津市农委呈报了《关于确定建设津南水库可行性研究报告的请示》。

1997年8月13日，成立了津南水库建设指挥部。

1997年8月19日，天津市政府办公室做出了《关于津南水库立项可行性研究报告（代项目建议书）的批复》，同意津南区在八里台镇东南、双闸镇西北部新建1座以蓄代排的蓄水水库。水库占地面积780.93公顷，东依幸福河，西傍洪泥河，南界毛家沟高型渠，北靠八一横河。建设规模：总库容2966.27万立方米，主要工程项目包括：引水工程、蓄水工程、供水闸、泄水闸、截渗沟等工程。总投资14657万元，其中一期工程投资7390万元，二期工程2582万元，征地补偿费4685万元。

第三节 工 程 施 工

一、津南水库一期工程

1997年8月25日上午，水库建设指挥部总指挥、区委书记何荣林主持召开津南水库建设指挥部全体成员单位会议。会上明确指挥部下设各组、室的职责，要求会后指挥部全体成员立即开始工作。

1997年9月8日，水库建设指挥部总指挥、区委书记何荣林签发了《关于上缴津南水库围堤工程集资款的通知》，给11个乡镇下达了土方任务。

1997年9月11日，区政府召开了津南水库建设动员大会。区五大机关和各部、委、办、局领导，各乡、镇主要领导及有关村委会负责人共600人参加会议。水库建设指挥部常务指挥、副区长孙希英主持会议，区水利局局长杜金星介绍了津南水库工程概况。区委书记何荣林作了《为完成津南水库建设工程而努力奋斗》的动员报告。

1997年9月17日，水库建设指挥部顾问、区政协主席郝学全主持召开了指挥部第二次会议，听取了各组、室的汇报。会议确定成立水库工程招（议）标委员会，并决定在兴建水库过程中每项工程都要公开向社会招标（津南水库建设过程中共有73个施工队伍参加招投标）。

1997年9月18日上午，津南水库工程建设指挥部组织建设单位、设计单位、监理单位，召开了水库围堤土方工程招标会，参加投标的有28支施工队伍。铁道部十八局、中建六局、山东黄河工程局和武清水利工程公司4个土方施工队伍中标。

1997年9月22日，副市长朱连康视察津南水库建设，听取了工程筹备情况的汇报。区委书记何荣林陪同视察。

1997年10月1日11时，津南水库建设指挥部举行挂牌仪式。指挥部下发了《津南水库指挥部工作人员管理规范》，明确规定了指挥部“七组一室”的职责和工作制度。建立了由工程管理组、设计单位、监理监督部门、施工单位组成的“四位一体”的工程质量保障体系。

1997年10月18日，津南区五大机关领导率领津南区各部、委、办、局、乡、镇领导到水库建设工地检查，并带来了全区人民的捐款1000万元。副区长孙希英主持捐赠仪式，区水利局副局长赵燕成介绍了水库的建设情况，区政协主席郝学全、区人大副主任刘运良代表指挥部接受捐款，区委书记何荣林到会讲话。会后，又有6个单位赶到现场捐款39.1万元。

1997年10月25日，津南水库建设指挥部在八里台镇政府召开拆迁工作现场办公会。

1997年10月27日，津南水库建设指挥部在区水利局召开了水库扬水站工程招标会议，有3个施工单位参加了投标。经过评（议）标，最后确定由铁道十八局建筑工程处负责承建。

1997年11月1日，津南水库建设指挥部召开第八次办公会议，听取了工程组、征地拆迁组的工作汇报和监理组关于工程质量工作的意见，同意由铁道十八局建筑工程处承建扬水站工程，责成工程组进一步论证修改水库灌溉枢纽工程方案。

1997 年 11 月 12 日，津南水库扬水站工程动工，1998 年 9 月 5 日竣工并试车成功。

1997 年 12 月 2 日，由天津市电力设计院承接的水库扬水站 35 千伏输电线路工程开始进行勘测。

1997 年 12 月 5 日，库区降中雨，气温骤降至零下 7℃，土体冻结冰，4 个工区全部停工。截至 1997 年 12 月 5 日，围堤土方工程施工 48 天，完成土方 88.04 万立方米，完成年计划的 70%。

库区拆迁共计完成：迁坟 1150 座；迁移企业 4 家；拆除水利工程设施 140 处；拆迁居民住房 300 间，共计 3216 平方米；赔偿树木 5000 棵；赔偿养鱼承包户 15 家，鱼池水面 420 公顷；征用农田 4.67 公顷。

1997 年 12 月 16 日，铁道十八局建筑工程处为确保水库扬水站工程施工进度，打破冬季不宜施工的常规，现场搭设暖棚，采用热水拌沙石料的方法，连续施工 48 小时，完成了扬水站基础浇注工程。

1997 年 12 月 25 日，铁道部十八局、中建六局、山东黄河局、武清水利工程公司 4 个施工单位开始库区鱼塘清淤施工。1998 年 2 月 15 日，完成清淤、清基、开挖排水沟等前期工作，做好水库建设工程春季施工的各项准备。

1998 年 2 月 10 日上午，津南水库建设指挥部召开第十二次现场办公会。听取了工程组、拆迁组的工作汇报。会议研究制定了严控使用建设资金的 4 项措施：一是实行公开招标，采用招、议标结合的方法，节省建设资金；二是严把进料价格关，在保证质量的前提下，货比三家，压低单价，节省开支；三是严格执行合同条款，实行投资包干，严格控制追加工程投资；四是严格财务管理制度，精打细算，力求节约。

1998 年 3 月 3 日，《天津日报》刊登了天津市政府 1998 年改善农村人民生活十项工作，津南水库工程位列其一。

1998 年 3 月 27 日，津南水库建设指挥部评（议）标委员会在区水利局召开津南水库护坡工程招标会，有 26 家施工队伍参加投标。经评议确定 12 个单位中标：沧州工程处、青县水利工程公司、津水水利工程公司等 4 个施工队伍第一批进场施工，中石化四公司、河北工程局、中建六局、中铁十八局 4 个施工队伍第二批进场施工，南洋建筑工程公司、地方铁路工程公司等 4 个施工队伍第三批进场施工。

1998 年 4 月 20 日，护坡工程各施工单位陆续开工。是年 4—8 月期间，津南区降雨达 60 次，降雨量 636.5 毫米，超出常年近 100 毫米。4 月 19 日突降暴雨，导致土方过湿无法筑堤，道路泥泞物料运不进场，施工面临极大困难，预计将延误工期 2 个月。为保证工期，建设指挥部决定采取 4 项措施：一是为施工队提供 30 台排水机械，全部开动及时排水；二是组织人员挖沟排水，降低取土区水位，晾晒场地，确保雨一停就能施工；三是要求各施工队备足物料，以防停工待料贻误工期；四是采取一系列奖惩措施促进施工进度。在不宜土方施工的雨季，抢回了近一个月工期。

1998 年 5 月 9 日，沧州工程处段作为护坡工程试验段开始浇筑混凝土，水库建设指挥部组织设计单位、监理单位和各施工单位召开现场会，共同解决斜坡面浇筑混凝土的施工技术问题。

1998 年 8 月 21 日，津南水库变电站送电成功。

1998 年 8 月 22 日，水库建设指挥部召开专题会议，研究部署水库蓄水工作，决定报请市有关部门，从海河干流调水入洪泥河，开启水库扬水站，完成津南水库首次蓄水工作。

1998 年 9 月 8 日，津南水库围堤护坡工程全部顺利完成。

1998 年 9 月 15 日，天津市农办、市计委、市财政局、市水利局有关领导和工程技术人员组成验收小组，验收通过了津南水库一期主体工程，同意津南水库蓄水运行。

1998 年 10 月 1 日，天津市水利局下达调水令，准予津南区从海河干流调水为津南水库蓄水。

1998 年 10 月 2 日，津南水库正式蓄水，宣告一期工程全部完成。共完成围堤土方 256.61 万立方米，护坡混凝土 2.6 万立方米。

二、津南水库二期工程

1998 年 10 月 8 日，津南水库二期工程批准实施。主要工程包括：11 千米钢筋混凝土防浪墙，12 千米堤顶环行路，南、西、北堤 3 个渡槽，12 千米库区铁丝网，688 平方米临时办公室和仓库，洪泥河泵站两侧清淤，大堤后戗平整，拦鱼设施安装，背坡反滤。

水库建设指挥部采取了 5 项措施：一是实行招（议）标制，根据投标施工队伍的资质等级、技术装备、施工能力、信誉程度，确定中标队伍；二是聘请了天津市水利工程监理中心的蒋庆文等 3 位监理工程师，施工全过程实施旁站式监理；三是严把进料关，严格按照技术规范，认真核对原材料的“三证”（出厂合格证、使用许可证、复验报告），检测报告全部合格后方可使用；四是浇注混凝土过程中，搅拌时严格按照设计要求的砂石料配比操作，做到盘盘过磅，随时抽检。同时加强混凝土中后期养护与检查，对违反要求和规定者，责令停工、整改，合格后才能进入下一道工序；五是每道工序检验合格后，认真填写表格，收集、整理、装订成册存入档案备查。

1999 年 10 月底，津南水库二期工程全部完成，总计完成工程量：土方 9.077 万立方米，钢筋混凝土 1.007 万立方米，砌石 0.003 万立方米。完成投资 875.9 万元。

三、津南水库防渗工程

1999年10月，在津南水库正式蓄水一年后，水库管理人员发现水库大堤截渗沟水量有所增加，由此推断库底存在着一定程度的水平渗漏。2007年实施水库改造工程，工程技术人员在库区原始地质勘测资料中发现，库底地层顶高程－0.06～－3.31米层段存在着粉砂层。原设计中计划实施库底垂直防渗工程，由于种种原因未能实施。2010年，津南水库改造工程基本完成后，为减少水库的渗漏量，保证水库蓄水安全，区政府批准实施津南水库防渗工程。

2010年9月，津南水库防渗工程开工，该工程由中水北方勘测设计研究有限公司设计，天津市金龙水利建筑工程公司施工，当年年底完成。总投资2472.63万元，由区财政统筹解决。主要工程量包括：津南水库周边大堤迎水坡堤脚做垂直防渗，土方开挖99.6万立方米，土方填筑99.6万立方米，铺设防水毯23.4万平方米。

第四节 组 建 机 构

一、津南水库筹建机构

津南区政府动议筹建津南水库以来，区领导投入了很大精力，区主要领导牵头，区水利局做了大量的前期准备工作。1995年10月23日，成立兴建水库推动组和前期工作组，并酝酿成立筹建水库指挥部，指挥部下设办公室、工程组、后勤组、综合开发组、资金组、宣教保卫组。

1995年11月24日，区委、区政府下发了《关于成立津南区水库筹建指挥部的通知》。津南区水库筹建指挥部组成人员名单如下：

总指挥：郝学全 （政协主席）

指　挥：孙希英 （副区长）

副指挥：刘玉柱 （农经委主任）

杜金星 （水利局局长）

郭建楚 （武装部部长）

潘志平 （预备役四团团长）

王志坚 （宣传部副部长）

李　刚　　（财政局副局长）

傅嗣江　　（水利局副局长）

杨　晓　　（畜牧水产局副局长）

张凤坡　　（公安局副局长）

金建国　　（八里台镇党委书记）

杜玉林　　（双闸乡党委书记）

指挥部下设办公室在区水利局，杜金星兼任办公室主任，王景春任副主任，于立人任秘书。指挥部设有工程组、后勤组、综合开发组、资金组、宣传保卫组。

二、津南水库建设指挥部

1997 年 7 月 15 日，随着津南水库建设工程前期准备工作的就绪，津南水库筹建指挥部的使命圆满完成。区委、区政府决定成立津南水库建设指挥部。津南水库建设指挥部成员名单如下：

总 指 挥：何荣林　励小捷

常务指挥：郝学全

副 指 挥：孙希英　刘运良　郭天保

成　　员：王明德　　（组织部）

李丛田　　（宣传部）

李纪克　　（计　委）

杨学义　　（农　委）

刘海岭　　（财政局）

杜金星　　（水利局）

许香玉　　（规划土地局）

李世孝　　（司法局）

杨　晓　　（水产局）

刘宝珠　　（三电办）

张凤坡　　（公安局）

郭有富　　（农林局）

杨玉忠　　（审计局）

刘国梁　　（供电局）

宋建华　　（武装部）

潘志平　　（预备役四团）

陈　斌　　（双闸镇）

金建国　　（八里台镇）

1997 年 8 月 15 日，由于部分领导工作变动，区委、区政府对津南水库建设指挥部成员进行了相应的调整。调整后的成员名单如下：

总 指 挥：何荣林

顾　　问：郝学全

常务指挥：孙希英

副 指 挥：刘运良　杜金星

成　　员：宋建华　　（武装部）

王明德　　（组织部）

李丛田　　（宣传部）

杨学义　　（农　委）

周文莹　　（监察局）

郭有富　　（农林局）

张凤坡　　（公安局）

李世孝　　（司法局）

潘志平　　（预备役四团）

李纪克　　（计　委）

李　刚　　（财政局）

刘子明　　（审计局）

许香玉　　（规划土地局）

杨　晓　　（水产局）

刘国梁　　（供电局）

金建国　　（八里台镇）

陈　斌　　（双闸镇）

刘宝珠　　（三电办）

指挥部下设办公室、征地拆迁组、资金财务组、工程组、监理组、设计代表组、输变电工程组、宣传保卫组，“七组一室”共计 98 人。

三、津南水库管理处

（一）津南水库管理处成立

1998 年，经区委、区政府研究决定，报经市编委批准，建立天津市津南区津南水库管理处，为区水利局所属副处级全民事业单位，核拨事业编制35名，所需经费近年内由区财政差额拨款，以后逐步过渡到自收自支，所需人员从区水利局和农口其他单位内部调配解决。

（二）津南水库管理处主要职责

（1）负责水库的日常维修养护、安全监测和保护工作，依法查处水事案件。

（2）严格执行水库汛期防洪预案，执行区防汛办调度指令，做好防洪、蓄水工作，发挥水库以蓄代排的功能。

（3）科学组织库区周边农田的抗旱灌溉，并依法收缴水费。

（4）编报工程维修改造计划，组织实施水库维修改造工程。

（5）承担区委、区政府及上级主管部门交办的其他事项。

（三）津南水库管理处内设机构

1998年6月25日，区机构编制委员会下发《关于津南水库管理处内设机构的批复》，同意津南水库管理处内设办公室、水政保卫科、水源工程管理科、财务科、综合经营科，确定这5个职能科室规格为正科级。

（四）津南水库管理处领导更迭

1998年10月至2001年5月，津南水库管理处领导班子：党支部书记赵燕成，副书记毕永祥，支部委员潘秀义、尹同源、冯秀东，主任毕永祥，副主任潘秀义、尹同源，管理处工作人员共18人。

1998年10月8日，津南区委任命毕永祥为津南水库管理处主任（副处级）。区委组织部任命尹同源、潘秀义为津南水库管理处副主任（正科级）。

1998年11月10日，区水利局任命冯秀东为津南水库管理处办公室主任（正科级），邱富强为办公室副主任（副科级），邢继槐为水政保卫科科长（正科级），吴洪福为水源工程管理科副科长（副科级），管传武为财务科副科长（副科级），李相如为综合经营科科长（正科级）。

2001年5月至2002年7月，津南水库管理处领导班子：党支部书记赵燕成，副书记张树庄，支部委员潘秀义、冯秀东，主任于庆智，副主任潘秀义，管理处工作人员共26人。

2001年5月24日，津南区委组织部任命于庆智为津南水库管理处主任。

2001年5月25日，毕永祥调任津南区水利局副局长。

2001年8月9日，津南区委组织部任命张树庄为津南水库管理处党支部副书记（正科级）。

2001年12月26日，区水利局任命吴洪福为津南水库管理处水源工程管理科科长（正科级）。

2002 年 7 月 30 日，津南区委组织部任命孙文祥为津南水库管理处副主任，主持水库日常工作。于庆智调离津南水库管理处。

2002 年 7 月至 2003 年 12 月，津南水库管理处领导班子：党支部书记赵燕成，副书记孙文祥、张树庄，支部委员潘秀义、冯秀东，副主任孙文祥（主持日常工作）、潘秀义。

2003 年 12 月 8 日，津南区委组织部任命孙文祥为津南水库管理处主任（副处级）。

2003 年 12 月至 2007 年 1 月，津南水库管理处领导班子：党支部书记赵燕成，副书记孙文祥、张树庄，支部委员潘秀义、冯秀东。主任孙文祥，副主任潘秀义。

2007 年 1 月 24 日，津南水库管理处主任孙文祥调离。

2007 年 2 月至 2008 年 4 月，津南水库管理处副主任潘秀义临时负责日常工作。

2008 年 4 月 30 日，津南区委组织部任命王玉清为津南水库管理处主任（兼）。

2008 年 4 月至 2010 年 7 月，津南水库管理处领导班子：主任王玉清，副主任潘秀义，水库管理处人员共计 9 人。

四、津南水库管理处人员分流

2005 年 2 月 6 日，津南区政府与天津泛亚投资有限公司签订津南水库管理处（天嘉湖水库）开发协议。

2007 年 2 月至 2008 年 4 月，津南水库开发改造后，水库管理人员进行了分流安置，此期间水库管理处事宜由副主任潘秀义临时负责。

2007 年 3 月 19 日，区委常委、组织部长祖大祥，副区长李学义召集专题会议，研究津南水库管理处人员安置问题。区委组织部副处级组织员、干部科科长刘保国，区编委办公室主任李德泉，区人事局局长王庆义，区财政局局长刘子明，区劳动和保障局局长孙凤岐参加了会议。会议纪要如下：

根据区委、区政府领导的指示，在津南水库出让后，津南水库管理处中的大部分工作人员予以分流安置到区内适当单位和岗位。

津南水库管理处原有 27 名工作人员，管理处主任孙文祥已调出，实际为 26 人。潘秀义、冯秀东、邢纪槐、李相如、邱富强、管传武（2007 年 10 月到龄退休）6 人继续在津南水库管理处工作。

将邵玉涛调去区农业广播电视学校工作，郭鸿忠调去区残联所属事业单位工作，马全乐调回畜牧水产局工作。

安排艾胜海、李玉山、赵云娟、李寿林、杨勇、强英、白连禄、詹问涛 8 人到各乡镇事业单位工作（具体到哪个镇由区委组织部协调安置）。

临时抽调吴洪福、胡秋立、王礼峰3人，到区“9341”指挥部办公室帮助工作，人事、工资关系仍在津南水库管理处。

职工何保国、王树明、赵厚志、董占文、董文贵、张志立6人，回区水利局另行安置工作。

安置到各镇的8人要求安置在差额或自收自支事业单位，回区水利局的6人要求安置在差额事业单位。

明确津南水库管理处今后的经费来源名义上为区财政差额拨款，实际执行为区财政全额拨款。

以上各项，经区委、区政府主要领导同意后执行。

2008年3月6日，津南区水利局《关于津南水库管理处变更经费来源的申请》得到批复，同意津南水库管理处的经费来源由差额补助变更为区财政全额拨款。

第五节 开 发 利 用

津南水库作为1座以蓄代排的平原水库，涝时存蓄排沥水，以减轻市区及津南区的排涝压力，旱时供水灌溉，增强农田抗旱能力，提高农业生产效益；水库以海河干流、独流减河作为水源，溶氧充足，生物多样，适合多种鱼虾类生长繁殖，是绿色水产品生产基地；水库北侧有丹拉、津晋高速公路和天津国际机场，周边道路纵横，立体交通十分便利，东距天津港25千米，濒临滨海新区大港仅3千米，得天独厚的地理位置昭示着不可限量的开发前景。

一、蓄水与供水

津南水库管理处严格执行市、区防汛办的调度，搞好水源调蓄，做到旱能灌、涝能排，科学组织库区周边农田的抗旱灌溉，为库区周边农业生产服务。

津南水库管理处利用电价“峰、谷、平”的规律，选在电价最低的夜间开泵蓄水，1998—2006年，节省电费100多万元。每年水库蓄水需开泵1个月左右，且多在冬季，全体人员分成水、陆两支队伍，24小时巡逻护水，圆满完成蓄水任务。9年时间蓄水9175万立方米，为库区周边供水3694.6万立方米。

1998—2006年津南水库蓄供水明细表见表7-5-25。

表 7-5-25 **1998—2006 年津南水库蓄供水明细表** 单位：万立方米

项目	年份								
	1998	1999	2000	2001	2002	2003	2004	2005	2006
蓄水	2600	800	500	2111	518	1889	220	518	19
供水	—	666	586	650	370	800	136.6	370	116

二、水产养殖

津南水库水面面积 706 平方千米，为利用水资源发展水产养殖，水库管理处多次邀请市、区水产专家来水库调研指导，外出考察兄弟水库的成功经验。自 1998 年底开始至 2001 年，利用 3 年的时间，水库管理处充分发挥自身技术和设施优势，完成了平原型水库高效养殖技术综合开放项目，利用津南水库与大水面池塘相近似的特点，将大水面池塘“稀放精养”技术嫁接到水库中来，利用水质好、水质稳定的优势，开发适宜的淡水珍稀品种鱼和高值鱼养殖，如匙吻鲟、大银鱼、青虾、白虾、暇虎鱼、美国大口胭脂鱼、梭鱼等，逐步摸索出了适合津南水库水产养殖的鱼类种群组成，水库养殖获得了可观的经济效益。

1998 年 12 月 23 日，经过多方的考察、研究，结合自身实际，津南水库首次投放太湖大银鱼受精卵 1900 万粒。

1999 年，适时适量投放：鲫、鲂、鲢、梭鱼等各类鱼苗 14 万斤；扣蟹 107 万只，仔蟹 130 万只；移植太湖大银鱼受精卵 5000 万粒；引进美国珍贵匙吻鲟 3572 尾。

2000 年 5 月，津南水库走“饲、养、育”一条龙道路，发展饲料加工和鱼卵培育工作，进一步节约成本、提高效益。他们利用废弃的仓库作为车间，引进加工设备，建起了鱼饲料加工车间，总投资 10 万元，自产高质量饲料 150 吨，节省资金 20 多万元。同年 12 月底，自制大银鱼受精卵 2000 万粒，节省资金 30 万元。

2001 年，津南水库管理处与天津市水产研究所签订了研发基地协议。

2002 年，津南水库通过了农业部无公害养殖基地产地认证和无公害水产品品种认定，与天津农学院签订了产、学、研基地协议。

1999—2001 年，水库投放面积 706 平方千米，3 年内引进淡水优良品种 12 种，其中匙吻鲟的引进与养殖填补了天津市水库养殖新品种的空白，大银鱼、松薄银鲫、美国大口胭脂鱼的引进与养殖填补了津南区淡水养殖新品种的空白。《津南水库实施的平原型水库高效养殖技术开发》项目获“2002 年天津市科技进步三等奖”，另获“津南区

2002年科技进步一等奖”。

1999—2002年津南水库水产养殖情况表见表7-5-26。

表7-5-26 **1999—2002年津南水库水产养殖情况表**

项 目	年 份				合计
	1999	2000	2001	2002	
水产品产量/吨	51	244	230	265	790
水产品收入/万元	89	244	175	160	668

2003—2007年，津南水库水产养殖实行了承包经营，分别与唐山市天山饲料有限公司和天津市鑫发企业管理服务中心签订了津南水库水产养殖承包合同，承包时间分别为3年。承包合同中明确规定：水库水面养殖承包必须在水库正常运行基础上进行，在保证发挥水库基本功能的同时，大力发展水产养殖业，提高水库的综合效益。

三、综合开发

（一）津南水库农业综合开发项目

1999年12月25日，天津市农业综合开发办公室和市财政局、市水利局、市农林局、市农机局以及市农科院的有关专家和领导，对津南区水库库区及周边农业综合开发、节水示范区等项目进行可行性论证。副区长李树起、区农委、水利局、农林局、财政局、农机局、畜牧水产局等有关委、局和八里台镇、双闸镇领导参加了论证会。通过各位专家和领导的论证，同意该项目纳入天津市2000年农业综合开发计划，并对今后工作提出要求。

2001年6月，天津市农业综合开发办公室批复实施《津南水库库区市农业综合开发多种经营项目》，总投资985万元，其中中央财政农业综合开发专项经费197万元；天津市财政农业综合开发专项经费197万元；津南区财政农业综合开发专项经费197万元；津南水库自筹资金197万元；银行贷款197万元。

2002年6月，完成津南水库南、北围堤背坡网格护砌面积3.6万平方米。网格内种植苜蓿等植物，此乃固土护坡、美化环境、饲草喂鱼一举三得之举。

（二）天津市节水中心工程

2001年1月，天津市水利局投资423万元，与津南区水利局共同建立天津市金泽节水灌溉技术试验研究中心。该工程作为天津市水利系统进行节水灌溉技术试验研究的基地，位于津南水库西北角，占地面积1.33公顷。主要工程量包括：拆迁建筑物410平方米；场地平整 2.13 万平方米；换填种植土 1.028 万立方米；修筑进场道路 1140 平方米；埋设直径为 3 米过路涵管 4 处；铺设混凝土生产路 510 平方米；铺设红砖工作路 314 平方米；新建彩砖小院 820 平方米；新建生产库房 85 平方米；开挖排水沟 342 平方米；修筑围墙 62 延米；铺设草坪 2900 平方米；新建花坛 100 平方米；种植花木 4500 株；粉刷墙壁 1430 平方米；修筑检查井、收水井 14 座；安装测桶 12 套；新建日光温室 5 栋，每栋长 55 米，宽 7.5 米，总面积为 2062.5 平方米。主体结构为三面砖墙，中间填充保温材料，房顶为钢管支架，覆盖透光塑料薄膜，装有自动卷帘设施；办公用房面积 155 平方米；采用美国胖龙公司产品，建设文洛-108 式全光智能温室 1 座，面积 1310 平方米，钢架结构，聚碳酸酯中空保温板，内设湿帘、风机、供热、内遮阳和苗床等设施；安装 2 吨热水锅炉 2 台，保障办公房、全光温室、日光温室、普通大棚的供热保温。

2002 年 5 月 22 日，金泽节水灌溉技术试验研究中心举行了揭牌仪式。天津市水利局、市科委、市财政局、市农委及津南区委、区政府和区有关部门领导参加了揭牌仪式，并检查验收了工程项目，均达到优良。

2003 年 7 月至 2007 年 5 月，金泽节水灌溉技术试验研究中心实施了完善改造工程项目，完成投资 100.05 万元。完成工程量：新打机井 1 眼，安装水处理设备 1 套，安装风机 10 台，安装湿帘箱体 10 套，安装潜水泵 1 台，铺装苗床 1950 平方米，安装外遮阳及自动补水系统 1 套，安装旁通及滴箭 4.85 万个，安装供电设备、供暖管道及其设施。工程完工后试运行效果良好，达到设计要求，发挥了节水工程示范和试验研究的功效。通过种植精品花卉、蔬菜等高附加值作物，取得了一定的经济效益。

（三）津南水库综合开发

津南水库管理处在做好主业的同时，依据库区得天独厚的地理优势，积极做好综合开发工作。管理处经过多方考察论证，多次请示，获得上级领导部门的支持，决定以发展房地产为着眼点，带动水库多种经济形式发展，创造更大的效益。

2001 年 1 月，津南区政府批复同意建立天嘉湖旅游度假区，将津南水库及周边地区定名为“天津天嘉湖生态风景区”。

2002 年，津南区规划和国土资源局批复同意津南水库管理处在库区东侧新征土地 66.67 公顷。

1. 津南水库一期开发工程

2002 年 8 月 15 日，津南区委书记郭天保、区长刘树起、水利局局长赵燕成、规划和国土资源局副局长刘建国，会同河西区区委书记吴金祖、区长王九鹏、区人大党组书记雷伯轩、天津市河西房地产开发有限公司姜德义，洽谈津南水库（天嘉湖）开发项目，对有关问题原则上达成一致意见。会议纪要如下：

天津市河西房地产开发有限公司可以采取买断土地、独立开发的形式，参与津南区天嘉湖开发项目。也可以采取合作开发的形式，津南区以土地入股，共同成立经营实体合作开发。规划设计过程中产生的相关费用和项目投资收益按双方投资比例分担、分享。

开发形式二选其一。若采取买断土地、独立开发形式，津南区按每亩5万元的价格出让土地。若采取合作开发形式，津南区按每亩土地6万元价格入股。

按“两期三步”的步骤实施开发：一期第一步开发津南水库管理处综合管理区2公顷土地，津南区不收取土地出让费，工程竣工后开发商无偿提供其中的一部分，作为津南水库管理处办公用房；第二步在工程建设期间完成天嘉湖生态风景区的整体规划；二期是第三步实施开发津南水库以东、以北地区的土地。

由天津市河西房地产开发有限公司与津南区水利局具体协商签订合作协议，成立合作公司，确定人员构成，制定公司章程，双方密切配合、共同努力，逐步将天嘉湖周边地区改造成为生态风景区。

津南区在招商引资政策的基础上，给予一定的优惠。

2002年8月16日，天津市规划和国土资源局批准津南水库建设项目使用土地768.0125公顷。

2002年10月10日，津南区水利局与天津市河西房地产开发有限公司签订了天嘉湖一期工程开发协议。一期工程位于津南水库东北角，建设用地2公顷，建筑面积2.5万平方米，新建集餐饮、会议中心为一体的综合楼，其中包括为津南水库管理处修建1座面积为3000平方米的4层办公楼。

2003年4月4日，津南区、河西区政府主要领导以及协议双方负责人参加了隆重的天嘉湖一期工程开工奠基仪式。2005年年底一期工程完成。

2. 津南水库二期开发项目

2002年7月，津南水库管理处成立了天津市天嘉湖生态风景区开发有限公司。

2003年5月23日，津南水库管理处取得津南水库土地使用证。

2003年8月8日，天津市天嘉湖生态风景区开发有限公司与天津恒华房地产有限公司签订了天嘉湖二期工程（天嘉湖花园项目）土地开发协议。

2004年3月，天津市天嘉湖生态风景区开发有限公司与天津恒华房地产有限公司签订了33.33公顷土地的使用协议，协助办理了相关的法律手续。

2004年3月，天嘉湖花园开发项目开工。2006年12月完成并交付使用。天嘉湖花园项目位于天嘉湖生态旅游度假区内，距离天嘉湖近百米。占地面积31.4公顷，建有305套纯正美式风格别墅，180～770平方米的上品户型，产品设计上讲究低调奢华、高调舒适的建筑理念。社区内采用尽端路（CUL－DE－SACS）设计，净化环境，和谐生活，减少了非本组团人流和车流的影响。各个组团巧妙排列，外檐风格迥异，配备宽敞完善。天嘉湖花园楼盘以得天独厚的地理位置和亲水宜居的优美环境，短期内全部售罄。

3. 津南水库改造工程

2004 年 12 月 6 日，津南区政府签发《关于同意津南水库管理处交回土地使用权的批复》，津南水库管理处交回津南水库土地使用权。此举乃区政府总结前期开发经验，寻求更大的发展，进一步加大津南水库开发力度，美化水库周边的自然环境，以优越的水域环境带动全区经济社会的发展。

2005 年 2 月 6 日，津南区规划和国土资源局与天津泛亚生态产业投资有限公司签订了津南水库国有土地使用权出让合同。

2006 年 12 月 12 日，天津泛亚生态产业投资有限公司取得津南水库土地使用证。

2007 年 1 月，开始实施津南水库改造工程。该工程由中水北方勘测设计研究有限公司设计，由天津泛亚生态投资有限公司负责施工。津南水库改造工程旨在不改变水库原有功能的情况下，根据城市发展规划要求，降低围堤高程，浚深库底，库内填筑岛屿，满足水库周边发展规划的要求。津南水库改造前后的工程技术指标：堤顶高程由大沽高程 8.5 米变为 6.5 米，设计水位由 7.0 米变为 4.5 米，库容由 2966.27 万立方米变为 2019.1 万立方米，兴利库容由 2752 万立方米变为 1805.04 万立方米。水库原地面高程平均 3.0 米，浚深后库底高程为 0.0 米，水库浚深 3 米。浚深土方用于库内筑岛，库内填筑岛屿 273.33 公顷。工程 2007 年 9 月完成，交付使用。

4. 星耀五洲建设项目

津南水库位于环渤海及海河干流下游环形旅游经济带的中心，是天津市规划的八大休闲风景区之一，被市建委、市发改委列为天津市 2009 年重点工程项目。

2007 年 10 月 19 日，津南水库 273.33 公顷岛屿进行了招拍挂（招标、拍卖、挂牌），星耀投资有限公司以 62.9 亿元竞得土地使用权，实施星耀五洲项目建设。星耀五洲项目是由天津星耀投资有限公司投资建造，澳洲 U/A 设计集团总体规划设计，多家国际优秀建筑及景观设计公司参加设计的超复合型国际旅游度假居住区。项目区域总面积 733.33 公顷，其中 466.67 公顷是水域，273.33 公顷为水中岛开发用地。水陆比例与世界真实的水陆比例大体一致。总建筑面积 300 万平方米，其中公建面积 40 万平方米，住宅面积 260 万平方米。总体规划参照世界版图排布，形成地理意义上的五大洲不同风格的建筑集群。项目设计由 78 座世界各地的著名桥梁贯穿连接五大洲不同风格的建筑群及运动主题公园。

星耀五洲项目充分利用津南水库独特的生态环境优势，在库内水上岛屿群中，分别以亚欧、北美、南美、非洲和大洋洲各自的建筑特色、地域文化、景观名胜及风土人情来定位和设计，精心打造六星级超豪华酒店、国际会议会展中心，兴建亚洲最大室内滑雪场、多功能体育休闲馆、游艇俱乐部、水上大型音乐喷泉、运动主题公园、万人国际文化广场、高档时尚住宅和医院，建成集娱乐、购物、健身、休闲、居住、度假为一体的世界花园、世界建筑博览园以及世界桥梁博览园。2008 年 4 月，星耀五洲项目开工，预计 2014 年完成。

第八章

工程管理

1991—2010年，津南区水利局充分发挥区政府水行政主管部门的职能作用，贯彻水利工程“建设是基础、管护是关键、效益是目的”的思路，坚持“建设与管理并重”，按照“谁建设、谁负责，谁受益、谁管理”的原则，建立制度、规范管理，明确建后工程产权和管护主体，把工程管理措施明确到基层站所。截至2010年年底，津南区有市管一级河道2条——海河干流、外环河，代管河道1条——大沽排污河，区管二级河道16条，区管闸涵39座，区管泵站14座，中型水库（津南水库）1座。区水利局下属的水管单位津南水库管理处、排灌管理站、河道管理所，在长期的水利工程设施管理中，形成了一整套的制度措施，保证了水利设施的安全运行。

第一节　水利工程建设管理

一、水利工程建设管理机构

1991—1997年，津南区水利局水利工程建设管理由设计施工站负责，1997年机构改革后，水利局设工程规划管理科，作为津南区水利工程的管理机构，其主要职责：组织本区水利科学技术发展规划的编制和实施；参与有关国民经济发展规划、城市规划、区域规划的制定；组织技术引进、推广与合作交流工作；组织制定区水利工程项目建议书和可行性研究报告；负责区水利工程项目的立项，指导水利基本建设项目评估工作；负责区管河道堤防、闸涵等工程设施的运行管理；指导水利设计；负责区重点工程设施的建设与管理；组织指导河道的治理和开发；负责水利工程设施的确权发证工作；负责水利工程管理范围内建设项目涉水事务审批工作。

二、水利工程建设单位

1988年4月，由津南区司法局公证处公证，津南区政府批准，津南区建委进行资质审查，报经市建委审批，成立津南区水利建筑工程公司，由水利局所属水利工程设计施工站、农田基本建设专业队、钻井队、排灌管理站、双闸乡水利站组成。1989年经津南区编委批准更名为津南区水利工程设计施工站。

1994年3月，成立了天津市金龙水利建筑工程公司。公司下辖11个分公司，分别为区水利局基层单位和部分乡镇水利站。公司注册资金600万元，在职员工480人，专业技术人员152人，其中高级工程师9人，工程师23人，助理工程师32人，其他专业技术人员88人。经天津市建委批准，天津市金龙水利建筑工程公司具有水利水电工程施工总承包三级资质，可承包合同额不超过注册资金5倍的水利水电工程、房屋建筑工程、堤防工程、市政公用工程等。

金龙水利建筑工程公司自1994年成立，先后承担以下工程：天津板纸厂给排水工程，津南卫校宿舍楼工程，巨葛庄泵站改造工程，津港公路八米河桥改建工程，双洋渠泵站工程，五登房四面平交闸工程，咸水沽光明南里4号、5号、6号楼工程，海河干流葛沽段护坡工程，海河干流柴庄子险工段工程，1996—2009年的海河干流治理工程，跃进河泵站工程，翟家甸倒虹吸工程，小孙庄桥、寝园桥工程，津南水库建设工程，北辰区庞嘴交通桥工程，石闸村污水河桥工程，小营盘桥工程，葛沽泵站迁扩建工程，咸水沽东大桥、津沽公路污水河桥、马厂减河桥、月牙河桥工程、石柱子河桥工程、双港工业园区兴港桥工程、静海姜家场桥工程、天津港琦晟桥工程，引黄济津洪泥河堵口、清淤、复堤、倒虹吸及完善配套工程，十米河泵站修建工程，海河故道综合治理工程，大沽排污河综合治理工程，月牙河治理工程，幸福河治理工程，洪泥河治理工程，海河教育园区河道改造工程，津南水库防渗工程等多项各类大中型工程。各分公司在各项工程建设中认真履行合同，遵循设计标准，优质安全施工，按时交付使用。

第二节 水利基建工程管理

一、质量安全生产监督管理

1998年，在天津市水利建设工程质量与安全生产监督中心站的指导下，津南区水利局成立水利建设工程质量与安全生产监督分站，负责津南区水利工程监督与安全工作。按照《水利工程质量管理规定》《水利工程建设安全生产管理规定》《天津市水利工程建设质量监督和安全监督实施细则》等有关文件，对全区水利工程及承揽的区外水利工程进行安全检查。制定并实施了“项目法人质量管理制度”。在工程质量管理中，建立健全了“四大体系”，即工程建设单位质量检查体系、监理单位质量控制体系、施工单位质量保证体系及设计单位现场服务体系。加强工程质量检查，及时、规范地做好工程日志，会同设计、监理、监督部门制定工程检测计划，做好工程材料和工程质量的检测工作，配合有关部门做好工程验收工作。

津南区水利建设工程质量与安全生产监督分站，实行站长负责制的安全管理体系，坚持安全生产责任制，一级抓一级，逐级负责，逐级落实。严格贯彻ISO9000国际安全管理标准，做好工程建设范围内的环境保护、劳动卫生和安全生产等各项工作。坚决贯彻“安全生产、预防为主”的方针，选择具备相应资质等级并取得安全生产许可证的单位施工。各施工工地设立安保组，规模比较小的项目设专职安全员。各分公司与施工队层层签订《安全生产责任书》，明确安全员的职责。施工前做好安全生产的宣传教育和管理工作，检查施工单位施工现场安全管理制度和相应措施，针对工程的特点编制具体的安全技术措施和安全操作规程。施工中检查施工现场的各种施工设备设施，是否符合防火、防雨、防风要求，挖掘机工作时，任何人不得进入挖掘机的危险半径之内。多年来，工程质量管理井然有序，安全措施得当，保护了施工人员的安全，防止了各类事故的发生，保障了工程顺利进行。

截至2010年，在津南区水利工程建设施工中，均依据国家有关的法律、法规、规章和规范文件，做好参加建设工程项目的建设单位、勘查单位、设计单位、施工单位、工程监理单位及其他有关单位的质量检查与监督，依法承担水利建设工程质量责任，并接受天津市水利工程质量与安全生产监督中心站的监督管理。

二、基建财务管理

津南区水利局始终认真贯彻《基本建设财务管理若干规定》和《会计条例》。加强基本建设财务管理和监督，依法、合理、筹集、使用建设资金。做好基本建设资金的预算编制、执行、控制、监督和考核工作，严格控制建设成本，减少资金损失和浪费，提高投资效益。在初步设计和工程概算获得批准后，主管部门及时向同级财政部门提交初步设计的批准文件和项目概算，并按照预算管理的要求，及时向财政部门报送项目年度预算建设项目停建、缓建、迁移、合并、分立以及其他主要变更事项，提交有关文件、资料的复印件，实行汇总核算制。

三、文明工地管理

津南区水利局成立了创建文明建设工地的组织机构，制订创建文明建设工地的计划，组织职工扎实开展创建文明建设工地活动。

施工区环境：施工区与生活区悬挂文明施工标牌或文明施工规章制度，办公室、宿舍、食堂等公共场所整洁卫生；现场材料堆放、施工机械摆放整齐有序，施工现场道路平整、畅通，作业区排水通畅；危险区域有醒目的安全警示牌，夜间作业设警示灯，施工现场做到工完场清，建筑垃圾集中堆放并及时清运。

区水利局组织实施的津南水库建设工程、葛沽泵站迁建工程和海河故道综合治理工程，均作为水利建设文明工地向国家水利部和市水利局等主管部门申报。

第三节 水利基建工程四制建设

津南区水利局在工程建设中，认真执行基建工程建设“四制”的要求，贯彻实施项目法人制、建设监理制、招标投标制和建设合同制。

一、项目法人制

建设项目法人责任制是适应社会主义市场经济发展，转换项目建设和经营体制，提高投资效益，建立建设项目投资责任约束机制，实现项目建设与经营全过程负责的现代企业管理制度。

项目法人的主要职责。项目法人对项目的策划、资金筹集、建设实施、生产经营、债务偿还和资产保值增值实行全过程负责，并承担投资风险。

项目法人与各方关系。建设项目管理是基本建设的一个系统管理体系，在项目建设过程中，参与项目建设活动的主体有项目法人、设计单位、施工单位和监理单位。相应的项目管理职能及其相互关系如下所述。

项目法人。项目法人是建设项目的投资主体和责任主体，项目法人的项目管理覆盖建设项目的各个阶段及其每一个组成部分，是全过程、全面的项目管理。

设计单位。设计单位是面向设计阶段的项目管理，根据项目法人委托设计的范围，管理的覆盖面可以是整个建设项目，也可以是该项目的某些单项工程或分部、分项工程的设计管理。

施工单位。施工单位是一种阶段性的项目管理，根据项目法人的发包方式，其项目管理的覆盖面是整个建设项目（施工总包）或其一部分（分项发包）的建设管理。

监理单位。监理单位是建设项目实施全过程（或阶段性）的建设监理，项目法人将合同管理、投资控制、进度控制、质量控制和组织协调等具体的项目管理业务委托给监理单位。监理单位的项目管理是项目的建设监理。

项目法人与参加项目建设活动各方的关系，均以双方签署的合同为依据，负责各自承担的建设和管理任务，互相尊重、友好合作、相互监督、信守合同、共同努力、高效优质完成项目的建设任务。

项目法人制的实施。为确保水利工程建设项目的顺利实施，津南区水利局健全了以政府部门监督指导，建设主管部门宏观控制，项目法人为龙头，设计、监理、施工单位共同实施的管理体系。项目法人对项目建设的全过程负总责。2009—2010年，项目法人制不断完善，明确项目法人质量管理、施工单位质量管理和质量检测、项目法人安全生产管理制度、项目法人技术档案管理制度、项目法人财务管理制度、项目法人内部审计制度，为全面实行工程招投标和建设监理制提供可靠保证。

在各类工程项目建设中，实施项目法人责任制，全部成立现场指挥部，设立现场建设管理机构，充分发挥项目集中管理的优势，强化工程的科学管理。各施工单位加强现场建设管理机构的建设，制定相应的管理制度，分别成立工程质量、环境监测、审计、安全生产和文明施工领导小组，构成了较为合理的组织机构。按标准配备现场管理人员，明确岗位职责和工作程序，确保了工程质量和进度及资金的合理使用。

二、招标投标制

招标投标制是市场经济条件下建筑市场买卖双方一种主要的竞争性交易方式。全国在工程建设领域推行招标投标制，是为了适应社会主义市场经济发展的需要，在建设领域引进竞争机制，形成公开、公正、公平和诚实守信的市场交易方式，择优选择勘查、设计、施工、监理、材料设备（制造）供应单位，以最优实现建设项目目标，并促进建设项目管理水平和专业技术水平的不断提高。

（一）招标投标制的法律依据

根据《中华人民共和国招标投标法》，在中华人民共和国境内进行下列工程建设项目包括项目的勘查、设计、施工、监理以及与工程建设有关的重要设备、材料等的采购，必须进行招标：大型基础设施、公用事业等关系社会公共利益、公共安全的项目；全部或者部分使用国有资金投资或国家融资的项目；使用国际组织或者外国政府贷款、援助资金的项目。

招标方式分为公开招标和邀请招标。招标投标活动应当遵循公开、公平、公正和诚实守信的原则。

（二）招标投标制的范围

根据《工程建设项目招标范围和规模标准规定》，关系社会公共利益、公众安全的基础设施项目的范围包括以下项目：煤炭、石油、天然气、电力、新能源等能源项目；铁路、公路、管道、水运、航空以及其他交通运输业等交通运输项目；邮政、电信枢纽、通信、信息网络等邮电通信项目；防洪、灌溉、排涝、引（供）水、滩涂治理、水土保持、水利枢纽等水利项目；道路、桥梁、地铁和轻轨交通、污水排放及处理、垃圾处理、地下管道、公共停车场等城市设施项目；生态环境保护项目；其他基础设施项目。

（三）项目招标标准

根据《工程建设项目招标范围和规模标准规定》，达到相应标准规定的项目勘查、设计、施工、监理以及与工程建设有关的重要设备、材料等的采购，必须进行招标。项目招标标准如下所述：

勘查设计、监理单项合同估算价在50万元人民币以上（含50万元）的。

施工单项合同估算价在200万元人民币以上（含200万元）的。

货物采购单项合同估算价在100万元人民币以上（含100万元）的。

单项合同估算价低于本条上述3项规定的标准，但项目总投资额在3000万元人民币以上（含3000万元）的。

（四）招标投标制的实施

根据《天津市水利工程建设项目招标投标管理规定》，津南区水利局作为水行政主管部门负责本区所管水利工程项目招标投标活动的监督管理。在天津市水利建设工程招标投标管理站和天津市水利工程建设交易管理中心的具体管理下进行工作。

水利项目勘察设计招标条件。按照国家有关规定需要履行项目审批手续的，已履行审批手续，取得批准；勘查设计所需资金已经落实或已有明确安排；必需的勘查设计基础资料已收集完成；法律法规规定的其他条件。

水利项目监理招标条件。可行性研究报告或初步设计已经批准，或已通过技术审查且初步设计概算已核定；监理所需资金来源已经落实或已有明确安排；招标所需基础资料已收集完成。

水利项目施工招标条件。招标人已经依法成立；初步设计已经批准；年度投资计划已下达或资金来源已经落实；有招标所需的设计图纸及技术资料已齐全；有关建设项目的拆迁征地工作已落实或有明确安排。

水利建设的招投标。①水利项目的招标一般应当采用公开招标的方式，采用邀请招标的，招标人应当依法按照审批权限报批后方可进行；②投标人应当按照招标文件的要求编制投标文件，投标文件应当对招标文件提出的实质性要求和条件作出响应；③投标人根据招标文件载明的项目实际情况，拟在中标后将中标项目的部分非主体、非关键性工作进行分包的，应当在投标文件中载明。

1998年开始，津南区水利工程建设项目执行招投标制。工程规划管理科认真组织投标工作，本区工程中标率达到100%，外区县工程中标率超过50%，截至2010年12

月底，共参与工程招投标中标 80 余项。

三、建设监理制

建设监理制是规范建筑市场，提高工程质量和项目投资效益的一种建设管理制度。建设监理是指监理单位受法人委托，依据国家有关工程建设监理合同，对工程建设实施的管理。

建设监理的主要任务有投资控制、质量控制、进度控制、合同管理、信息管理、组织协调 6 个方面。其中 3 大目标控制为核心，合同管理为依据，信息管理为基础，组织协调为手段，6 个方面有机配合，并贯穿于项目建设全过程，使项目建设的目标最优实现。

1997 年，津南区水利局开始实行工程建设监理制。建设项目均委托天津市水利工程建设监理咨询中心负责工程质量的监督工作。在承建各类工程中，与勘查、设计、施工、监理等单位签订水利工程建设合同后，与水利工程建设监理咨询中心办理质量监督手续。明确质量责任人及其责任。水利工程建设监理咨询中心受理后的 10 个工作日内，签发水利工程建设质量监督书。

1997 年实行水利工程建设监理制以后，津南区水利局在工程建设中坚持做到：不任意压缩工期；不明示或暗示设计、施工单位违反工程建设强制性标准，降低工程质量；不明示或暗示设计、施工单位使用不合格的建筑材料、建筑构配件、设备、商品混凝土及其制品。坚持实行监理制，密切配合监理部门，保证了工程质量和工期，得到有关部门的好评。

四、建设合同制

按照《中华人民共和国合同法》的规定，建设工程合同与承揽合同一样，在性质上属以完成特定工作任务为目的的合同，但其工作任务是工程建设，不是一般的动产承揽，建设工程合同也称建设工程承发包合同，是指由承包人进行工程建设，发包人支付价款的合同。当事人权利义务所指向的工作物是建设工程项目，包括工程项目的勘察、设计和施工成果。建设工程合同包括 3 种，即建设工程勘察合同、建设工程设计合同、建设工程施工合同。

建设工程勘察合同。建设工程勘察合同是承包方进行工程勘察，发包人支付价款的合同。建设工程勘察单位称为承包方，建设单位或者有关单位称为发包方（也称为委托方）。建设工程勘察合同是为建设工程需要而作的勘察成果。工程勘察是工程建设的第一个环节，也是保证建设工程质量的基础环节。为了确保工程勘察的质量，勘察合同的承包方必须是经国家或省级主管机关批准，持有《勘察许可证》，具有法人资格的勘察单位。

建设工程勘察合同必须符合国家规定的基本建设程序，勘察合同由建设单位或有关单位提出委托，经与勘察部门协商，双方取得一致意见，即可签订，任何违反国家规定的建设程序的勘察合同均是无效的。

建设工程设计合同。建设工程设计合同是承包方进行工程设计，委托方支付价款的合同。建设单位或有关单位为委托方，建设工程设计单位为承包方。

建设工程设计合同是为建设工程需要而作的设计成果。工程设计是工程建设的第二个环节，是保证建设工程质量的重要环节。工程设计合同的承包方必须是经国家或省级主要机关批准，持有《设计许可证》，具有法人资格的设计单位。只有具备了上级批准的设计任务书，建设工程设计合同方能订立；小型单项工程必须具有上级机关批准的文件方能订立。如果单独委托施工图设计任务，应当同时具有经有关部门批准的初步设计文件方能订立。

建设工程施工合同。建设工程施工合同是工程建设单位与施工单位，也就是发包方与承包方以完成商定的建设工程为目的，明确双方相互权利义务的协议。建设工程施工合同的发包方可以是法人，也可以是依法成立的其他组织或公民，而承包方必须是法人。

1998年，津南区水利局开始实行水利工程招标投标制，建设单位发出中标通知后，发包方与承包方签订合同，形成协议书、中标通知书、投标报价书、专用合同条款、通用合同条款、技术条款、已标价的工程量清单、履约担保书、图纸、组成合同的其他文件等项内容的合同文件。截至2010年，水利工程建设实行项目法人合同管理制度。认真执行建设合同制，履行合同规定的各项义务，建立严格的合同台账和管理制度。

在幸福河综合治理工程和津南水库防渗等工程建设中，工程项目在津南区发改委进行立项，委托津南区水利工程建设管理处作为项目法人办理环保、能耗等评价，进行公开招标，聘请天津市津帆工程建设监理有限公司进行监理，津南区水利建设工程质量与安全生产监督分站对工程实施全程监督，工程开工前施工单位编写各项相应预案；工程建设实施期间，严格按照签订的合同条款履行资金管理，各参建单位相互配合，完成工程建设任务。

五、水利工程造价

水利工程造价是指各类水利建设项目从筹建到竣工验收交付使用全过程所需的全部

费用。工程造价的费用构成及计算按现行有关规定执行。

水利工程造价管理是指对水利建设项目建议书、可行性研究报告、初步设计、施工准备、建设实施、生产准备、竣工验收后评价等各阶段所对应的投资估算、设计概算、项目管理预算、标底价、合同价、工程竣工决算等工程造价文件的编制和招标进行规范指导和监督管理。

水利工程造价计算的主要依据是所从事的工程项目划分、工程定额、费用标准、造价文件编制办法、工程动态价差调整办法等水行政主管部门颁发的水利工程造价标准。水利工程造价，应在水利工程建设的不同阶段，根据相应的计价依据和满足不同的精度要求确定。

第四节 水利工程建后管理

长期以来，由于历史及机制、体制的原因，水利工程产权归属不清、管理职责不明，重建轻管现象普遍存在。造成工程有人用无人管，工程效益不能正常发挥，在一定程度上制约农业生产的发展。

津南区水利局坚持“建设与管理并重”，贯彻水利工程“建设是基础、管护是关键、效益是目的”思路，按照“谁建设、谁负责，谁受益、谁管理”的原则，建立制度、规范管理，制定了农田水利工程建后管理办法。坚持遵章管护、签订合同、落实经费、奖惩分明、建立起长效工程管护措施，明确建后工程产权和管护主体，确定管护组织，落实管护经费，把工程管理措施明确到基层站所、落实责任到人，使工程做到建成一处、管好一处，长期发挥效益一处，向管理要效益。局工程规划管理科定期对工程建管成效进行督促检查，严格考核奖惩，杜绝了重建轻管、边建边毁现象的发生。经过多年的不断努力，水利工程实现了“建得起、用得好、有效益、管长远”的目标。

区水利局所属的水管单位津南水库管理处、排灌管理站、河道管理所，在长期的水利工程设施管理中，形成了一整套行之有效的规章制度，保证了水利设施的安全运行，充分发挥了区政府水行政主管部门的职能作用。

一、水库管理

1997 年 10 月 8 日，津南区举行津南水库建设工程奠基仪式。1998 年 10 月 2 日津南水库正式蓄水。津南水库为中型平原水库，占地面积 7.82 平方千米，水面面积 7.06

平方千米，最大库容 2966.27 万立方米，最高水位 6.5 米，最小库容 1280 万立方米，死水水位 3 米，死水库容 214 万立方米。

1998 年，津南区委、区政府研究决定，经天津市编委批准，成立了津南水库管理处。津南水库管理处为副处级全民事业单位，隶属津南区水利局，核拨事业编制 35 名，所需经费近年内由区财政差额拨款，以后逐步过渡到自收自支，所需人员从区水利局和农口其他单位内部调配（详见第七章）。

2007 年 7 月，天津市水利局开始实施水利工程管理体制改革。2008 年 10 月，津南区政府将津南水库管理处定性为纯公益性水管事业单位，主要负责津南水库工程的安全运行、工程及配套工程的维修养护管理工作。

1996—2004 年，津南区先后兴建了辛庄镇老海河、咸水沽镇老海河、双桥河镇老海河、葛沽镇三村、十间房村、杨岑子村、辛庄子村、小站镇迎新村、东花园村、黄营村和北闸口镇北义村等 44 座小型水库。总计水面面积 871.81 公顷，蓄水量 2315 万立方米，兴利库容 1750 万立方米，效益面积 6177.97 公顷。按照“谁建设、谁负责，谁受益、谁管理”的原则，由小型水库所在镇村享有工程产权，并做好管理与维护工作（详见第五章）。

二、河道闸涵管理

（一）管理机构

津南区河道管理所是区水利局所属的基层单位，编制人数 41 人（含领导干部人数 3 人），承担着本区境内河道、堤防、闸涵的管理与维护。1991 年津南区境内有区管二级（排沥）河道 14 条，河道总长度 180 千米，其中二级用水河道 7 条，总长 108 千米。二级排水河道 7 条，总长 72 千米，水闸 21 座。代管市管一级河道 2 条，即海河干流、外环河。

2007 年 7 月，天津市水利局对水利工程管理实施管理体制改革，津南区河道管理所负责境内市管河道和区管二级河道的堤防、闸涵的管理、巡视、检查、维修养护工作。

2008 年 10 月，津南区政府将区河道管理所定性为纯公益性水管事业单位，主要负责区境内河道堤防闸涵的管理、巡视、检查、维修养护工作。

截至 2010 年，河道管理所管理的区管二级河道 16 条，河道总长度 181.8 千米，两岸堤防长度 363.6 千米，其中双白引河为排水河道，海河故道为生态河道，其余为灌排河道。根据《天津市引黄济津保水护水管理办法》，洪泥河作为“引黄济津”输水供水河道，在“引黄济津”期间为市管河道，区管闸涵 39 座。

（二）管理制度

1. 河道堤防管理

2000年，为加强河道管理，保障防洪安全，发挥河道的综合效益，根据有关法律、法规和规章，津南区政府制定了《津南区河道管理办法》，明确了区水利部门是本区河道行政主管部门。津南区河道管理所负责洪泥河、马厂减河、月牙河、双桥河、卫津河、南白排河、跃进河、十米河、四丈河、幸福河、石柱子河、双白引河、咸排河、八米河14条区管二级河道的管理。

2010年8月26日，津南区政府发布了重新修订的《津南区河道管理办法》，根据本区水利建设的实际发展情况，对河道管理范围进行了新的调整，规定区河道行政主管部门负责洪泥河、马厂减河、月牙河、双桥河、卫津河、南白排河、跃进河、十米河、四丈河、幸福河、石柱子河、双白引河、咸排河、八米河、胜利河、海河故道16条区管二级河道的管理，使河道管理工作更加规范化、制度化。

为加强河道堤防的管理，明确职责，提高管理水平，津南区河道管理所先后制定了《河道堤防管理制度》《河道巡查岗位责任制度》《河道堤防维修养护制度》等一系列规章制度。落实岗位责任制，明确任务，责任到岗，任务到人，坚持日常不间断巡查。及时发现、制止各类水事违法行为、案件，并立即向上级主管部门汇报，不得超过24小时。不定期抽查巡查人员到岗履责情况，定期召开河道管理人员汇报会，对水事违法案件进行分析、总结，按时收集（堤防违章情况呈报表）入档备查，做好日常工作记录表的检查及月末的整理存档工作。堤防维修养护人员要明确工作责任区，确保堤顶平整，堤坡顺平，戗台整洁完好。严格执行《水法》和《天津市河道管理条例》的各项规定，在河道管理范围内，严格禁止乱掘滥挖，私搭乱盖，堆放垃圾等违法现象的发生，在河道管理范围内严格实行行政审批制度。

2. 闸涵管理维护

津南区河道管理所先后制定了《闸涵机操工岗位工作职责》《闸涵安全运行制度》《闸涵安全生产纪律》《汛前汛后检查制度》《闸涵管理制度》等一系列管理制度，规范闸涵维护管理工作，严格执行安全操作规程，确保安全运行，保证人身安全。按照上级主管部门的统一调度，及时启闭闸门，按时填写日志；对启闭设备、闸门进行定期检查、维修和养护工作，及时掌握设备状况，确保设备能够及时投入运行。特别是做好汛前、汛后检查工作，包括：机泵及其附属设备、闸门、上下游的河道护坡、安全生产及规章制度的落实。汛前检查时间为每年4月底前完成，汛后检查时间为每年10月底前完成；做好雨量和水位的测报工作，做到数据准确无误，及时填报雨量表、水位表，并整理存档。做好安全保卫工作，杜绝危害水利工程行为的发生。

实施各项河道管理制度以后，河道堤防管理工作趋于制度化、规范化。堤顶平整，堤肩顺直，堤坡平顺。有效控制了河堤管理范围内违章建筑物、违法取土、排放污水、堆放杂物、倾倒垃圾等违法违章行为，河道水面漂浮物明显减少。保证了水利工程、水利设施完好，机电设备启闭自如，维修维护工作到位，闸站环境整洁。

三、国有泵站管理

（一）管理机构

津南区排灌管理站负责津南区境内国有泵站（扬水站）管理、运行、维修养护工作。1991年主要负责花园泵站、双月泵站、石柱子河泵站、幸福河泵站、后营泵站、第六扬水场、巨葛庄泵站、南义泵站、东沽泵站、十米河泵站、第八扬水场11座国有泵站的管理。

2007年7月，天津市水利局对水利工程管理实施管理体制改革。2008年10月，津南区政府将区排灌管理站定性为纯公益性水管事业单位，主要负责区境内区管泵站的管理、巡视、检查、维修养护以及大沽排污河堤防的管理、巡视、检查工作。

根据全区社会经济发展的需要，1993年新建双洋渠泵站，2000年新建跃进河泵站，2001年和2006年分别新建了葛沽一号泵站和二号泵站。以上新建泵站均由区排灌管理站负责管理。2008年，根据城镇建设需要，第八扬水场已失去原有作用，报请上级主管部门批准，该扬水场被拆除。

截至2010年年底，津南区排灌管理站负责管辖国有泵站14座，其中3级中型泵站7座，分别为双月泵站、东沽泵站（排污）、葛沽一号泵站、葛沽二号泵站、十米河泵站、巨葛庄泵站（排污）、双洋渠泵站；4级小（1）型泵站7座，分别为跃进河泵站、南义泵站、后营泵站、第六扬水场、东花园泵站、幸福河泵站、石柱子河泵站。

（二）管理制度

制定制度。为了确保泵站正常运行，安全生产，津南区排灌管理站先后制定了《国有泵站运行管理规程》《国有泵站岗位责任制》《国有泵站巡视制度》《泵站值班制度》和《泵站交接班制度》等一系列管理制度，并坚持定期或不定期检查各泵站安全生产和管理制度落实情况，严格执行各项规章制度。

泵站运行。泵站实行24小时值班制度，工作人员坚守岗位，不脱岗、不空岗；开车前后要对机电设备进行全面检查，及时发现问题，妥善解决，认真填写泵站运行日志；交接班时，交班人员必须向接班人员交代清楚机电设备运行情况，才能离岗。若在交班时间发生设备故障，两班人员必须同时在岗，待故障排除、查明故障原因后，方能交班。

维修养护。区排灌管理站注重泵站机电设备的维修养护工作，坚持日常养护和定期检查维修相结合的原则。泵站运行管理人员对机电设备做到“四日常”：日常巡视、日常清扫、日常检查、日常维护。从而使泵站达到机房整洁、设备无锈蚀、无故障、无隐患，运行安全可靠。每年汛前汛后2次组织专业技术人员，对泵站机电设备进行大修检查养护，发现问题，及时上报，立即解决，保持机电设备时刻都能运作自如，启闭灵活。

四、大沽排污河管理

大沽排污河是津南区一条代管河道。津南区排灌管理站受天津市建委委托，负责代管大沽排污河津南区段至入海口河道、堤防的管理、巡视、检查维护养护工作。

结合工作实际，先后制定了《大沽排污河属地管理责任制》《大沽排污河属地管理责任分解表》《大沽排污河巡查管理养护制度》和《完善大沽排污河管理监督体系》等一系列规章制度，为科学管理大沽排污河提供了依据。

根据属地管理的原则，将大沽排污河管理工作划分了责任段，由沿线各镇建立专职巡查队伍，每个辖段至少设1名巡查员，对辖段内大沽排污河进行巡查，巡查中发现问题及时上报区排灌管理站。

区排灌管理站成立了大沽排污河管理组，强化大沽排污河管理工作。大沽排污河管理组对各镇报告的各种问题进行汇总、复核，并按规定时间和要求报告主管部门。重点河段巡查由区排灌管理站水政巡查人员，分片定期沿堤巡查。建立巡查记录和台账，发现问题及时落实整改措施并向主管部门报告。从而保持了河道畅通，充分发挥了大沽排污河河道功能。

第五节 水利工程管理体制改革

水利工程是国民经济和社会发展的重要基础设施。新中国成立以来，津南区兴建了一大批水利工程，初步建成了防洪、防潮、排涝、灌溉、供水和抗旱等工程体系，发挥了巨大的社会和经济效益。同时，水利工程管理体制上还存在一些问题：水利工程管理基本支出和日常维修养护经费不足；除涝、抗旱灌排体系年久失修，经费来源无法保证；水利工程管理的规范化、现代化水平低等。上述问题影响了水利工程设施的效益发挥和安全运行，所以全面推进水利工程管理体制改革势在必行。

一、水利工程管理体制改革准备

根据2002年9月17日，《国务院办公厅转发国务院体改办关于水利工程管理体制改革实施意见的通知》精神，于2003年1月14日，津南区水利局成立水利工程管理体制改革工作领导小组。组长为赵燕成；副组长为郭风华、赵明显；成员为王仰信、杨慧莉、张文起、和平、于源茂、王培育、韩竞、刘云恒、徐道琮、孙文祥。办公室设在局农田水利科。由于天津市水利工程管理体制改革具体实施方案尚未出台，因此当年津南区水管体制改革没有实质性的进展。

2004年12月30日，天津市政府《批转市水利局市发展改革委市财政局市编委拟定的天津市水利工程管理体制改革实施方案的通知》，全市水管体制改革工作分3个阶段进行：

试点阶段。2005年初开始试点工作。采取试点先行、以点带面的方式进行。

准备阶段。2005年上半年完成：水管单位分类定性；管理基本支出和维修养护经费测算；维修养护定额编制和审查。2005年下半年全面展开水管单位改革，年底完成市级水利工程管理单位体制改革。区、县水管体制改革可在2005年、2006年2年内完成。

验收阶段。2006年年底，分级组织水管单位体制改革工作验收，验收中发现的问题，按照要求督促改革到位并解决好实际问题。

按照天津市水利局水管体制改革工作的部署，2007年3月20日，津南区成立了水管单位体制改革领导小组，组长为副区长李学义；副组长为区水利局局长赵燕成；成员为区编委办主任李德全、区财政局副局长李刚、区人事局副局长蔡胜利、区水利局副局长赵明显、区排灌管理站站长刘云恒、区河道管理所所长徐道琮、区水利局人事保卫科科长杜金艳、区水利局农田水利科科长于源茂。办公室设在水利局，办公室主任赵明显兼；联系人于源茂兼。

区水利局多次专门召开推动会，落实水管单位体制改革各项工作。2007年5月，编制完成了《津南区水利工程管理单位体制改革方案》和《小型农村水利工程产权制度改革方案》，一并上报津南区政府审批。

二、水利工程管理体制改革完成

（一）确定水管单位管理体制、工作责任和性质

经津南区机构编制委员会审核，确定了区水利局3个水管单位管理体制、工作责任

和性质：

津南水库管理处为区水利局所属副处级全民事业单位，核定事业编制 35 名。内设办公室、水政保卫科、水源工程管理科、财务科和综合经营科 5 个职能科室，确定规格为正科级。其主要职责任务是涝时蓄水排沥以减轻市区及津南区的排涝压力；旱时供水灌溉，增强抗旱能力，提高农业生产效益；平时维护、管理、保卫好水库及各种设备设施安全良好。

津南区河道管理所负责管理一级河道 2 条（津南区辖段内海河干流 32.274 千米；外环河环外段 6.7 千米），二级河道 14 条（长度 181.8 千米）。其主要职责为对河道进行检查观测，掌握河道岸、堤防工程险工险段的状态及河势变化情况；负责堤防的养护维修，消除隐患，维护配套工程完整，确保工程安全；依法管理河道的水质，实施水质监测和排污口管理；依照有关法律和水利部颁发的《河道堤防工程管理通则》，监督制止侵占、破坏或损坏堤防及其配套设施的行为；对违反《天津市河道管理条例》和危害堤防运行安全的行为进行处罚。

津南区排灌管理站负责区境内 15 座国有泵站的管理、巡视、检查、维修养护工作，担负着全区 13740 公顷耕地和城镇、企业、工业园区以及市区的排沥任务。受天津市城市建设委员会委托，负责津南区界至入海口段大沽排污河（69.944 千米）堤防的管理、巡视和检查工作。

（二）完成定岗定员和经费测算

2008 年 10 月完成了津南水库管理处、河道管理所、排灌管理站 3 个水管事业单位的定岗、定员工作和经费测算工作。

1. 津南水库管理处

定岗定员情况。按部颁标准测算，水库及泵站混编共需工作人员 39 人，其中管理岗位 20 人，运行观测管养岗位 15 人，辅助岗位 4 人。实际在职在岗人员 27 人，其中管理岗位 15 人，运行观测类岗位 10 人，其他辅助岗位 2 人。按照标准并结合现状，本着部分岗位合并兼职的原则，计划定员 35 人，其中管理岗位定员 18 人，运行观测管养类岗位 13 人，其他辅助类岗位 4 人。工程维修养护费测算情况。按照水利部、财政部下发的《〈水利工程维修养护定额标准〉（试点）实用指南》有关规定测算，库区和泵站维修管养工程费用总额为 996115 元，其中：库区工程年维修养护费 654370 元，泵站工程年维修养护费 341745 元。

2. 津南区河道管理所

定岗定员情况。按照部颁标准测算总需人员 71 人，其中管理岗位 12 人，运行观测管养类岗位 55 人，其他辅助类岗位 4 人。截至 2008 年，河道管理所在岗人员 34 人，其中管理岗位 8 人，运行观测管养类岗位 21 人，其他辅助类岗位 5 人。按照测算结果，结合现状，本着部分岗位合并兼职的原则，计划定员 44 人，其中管理岗位 10 人，运行观测管养类岗位 28 人，其他辅助类岗位 6 人。

工程维修养护费测算情况。按照水利部、财政部下发的《〈水利工程维修养护定额标准〉（试点）实用指南》有关规定测算，维修管养工程包括 14 条二级河道堤防工程、二级河道涵闸 26 座、一级河道穿堤涵闸等设施 70 座（海河干流 68 座，独流减河 2 座）。以上工程年维修养护费用总额为 4193018 元。其中河道堤防工程年维修养护费 3340032 元（其中河道管理用房屋机电等设施费 127500 元），穿堤涵闸工程年维修养护费 852986 元。

3. 津南区排灌管理站

定岗、定员情况。津南区排灌管理站管辖 15 座国有泵站。其中 5 级泵站 5 座，分别为双月泵站、西关一站、西关二站、十米河泵站和东沽泵站。担负全区 13740 公顷耕地和城镇、企业、工业园区以及市区的排沥任务。按部颁标准测算，管理类及泵站混编共需工作人员 131 人，其中管理岗位 22 人，包括单位负责类 3 人、行政管理类 6 人、技术管理类 6 人、财务与资产管理类 5 人、水政监察类 2 人以及运行观测管养岗位 109 人。

工程维修养护费测算情况。按照水利部、财政部下发的《〈水利工程维修养护定额标准〉（试点）实用指南》有关规定测算，津南区排灌管理站管辖 15 座国有泵站，其中：5 级泵站 5 座，分别为双月泵站、西关一站、西关二站、十米河泵站和东沽泵站。安装 35 台套水泵机组，总装机容量 5525 千瓦。其余 10 座泵站装有 34 台套水泵机组，总装机容量 5565 千瓦。每年需维护费 3064689 元，正常年份电费开支 480000 元，以上 2 项共计 3544689 元。

（三）实施水管单位体制改革

1. 安置分流人员

2007 年 2 月至 2008 年 4 月，津南水库管理处对管理人员进行了分流安置。2007 年 3 月 19 日，区委常委、组织部长祖大祥，副区长李学义召集专题会议，研究津南水库管理处人员安置问题。区委组织部副处级组织员干部科科长刘保国，区编委办公室主任李德泉，区人事局局长王庆义，区财政局局长刘子明，区劳动和保障局局长孙风岐参加了会议。会议纪要如下：

根据区委、区政府领导的指示，在津南水库出让后，现津南水库管理处中的大部分工作人员予以分流安置到区内适当单位和岗位。

津南水库管理处原有 27 名工作人员，管理处主任孙文祥已调出，实际为 26 人。潘秀义、冯秀东、邢纪槐、李相如、邱富强、管传武（2007 年 10 月到龄退休）6 人继续在津南水库管理处工作。

将邵玉涛调去区农业广播电视学校工作，郭鸿忠调去区残联所属事业单位工作，马全乐调回区畜牧水产局工作。

安排艾胜海、李玉山、赵云娟、李寿林、杨勇、强英、白连禄、詹问涛8人到各乡镇事业单位工作（具体到哪个镇由区委组织部协调安置）。

临时抽调吴洪福、胡秋立、王礼峰3人，分配到区“9341”指挥部办公室帮助工作，人事、工资关系仍在津南水库管理处。

职工何保国、王树明、赵厚志、董占文、董文贵、张志立6人，回津南区水利局另行安置工作。

分配到各镇的8人要求安置在差额或自收自支事业单位，回区水利局的6人要求安置在差额事业单位。

2. 财务经费拨款方式

2007年3月19日，区委常委、区组织部部长祖大祥，副区长李学义组织召开的研究津南水库管理处人员安置问题专题会议上，明确津南水库管理处今后的经费来源名义上为区财政差额拨款，实际执行为区财政全额拨款。

2008年3月6日，津南区财政局批复同意津南区水利局《关于津南水库管理处变更经费来源的申请》，同意津南水库管理处的经费来源由差额补助变更为区财政全额拨款。

2008年10月24日，副区长李学义主持召开专题会议，研究水利工程管理体制改革相关问题。参加会议的有区政府办公室主任么俊东、编委办主任李德泉、发改委主任马明扬、农经委主任冯国扬、人事局局长孟繁兰、财政局副局长李刚、劳动和社会保障局局长韩凤敏、水利局局长赵燕成和副局长赵明显。会议纪要如下：

会议原则同意区水利局拟定的《津南区水利工程管理单位体制改革方案》，同意津南水库管理处、河道管理所、排灌管理站3个水管单位机构编制定为全额拨款事业单位。

津南水库管理处所有人员的经费由区财政全额拨款。

河道管理所人员的经费2009年由区财政拨付70%，逐年增加，至2012年达到全额拨款。

排灌管理站的经费主要依靠天津市城乡建设委员会拨付的经费，差额部分每年年底由区财政补齐。

区财政每年汛前向以上3个水管单位拨付50万维修养护经费，由区水利局按需分配。其他大中型工程维修费用，采取年底报计划，一事一议的方法筹措工程资金。

三、水利工程管理体制改革验收

2009年2月3日，按照天津市政府办公厅《转发市水利局拟定的〈天津市水利工程管理体制改革验收方案〉的通知》要求，于6月24日，天津市水务局副局长王天生带队验收津南区水利工程管理体制改革工作。津南区水利工程管理体制改革验收组组长：市水务局副局长王天生，成员：工管处处长梁宝双、工管处副处长肖承华、农水处正处级调研员朱志强、人事处副处级调研员解晓林、市水务局财务处处长蔡淑芬、津南区发改委科长张爱莲、津南区编委主任李德泉、津南区水利局副局长赵明显、津南区财政局科长谢广。

经过验收工作领导小组全体成员检查与讨论，得出一致的验收意见："你局根据国务院、水利部和市政府下发和批转的水管体制改革意见和实施方案，完成了定岗、定编及'两费'的测算，经区政府会议同意，人员编制已落实，'两费'正在逐步到位，其他改革工作符合政策要求的内容。按照《天津市水利工程管理体制改革验收方案》的评分标准，经市水利工程管理体制改革验收组讨论，津南区水库管理处评定分数83分，评定为合格；津南区河道所评定分数85.5分，评定为合格；津南区排灌管理站评定分数84.7分，评定为合格，同意验收。"

第九章

基础工作

津南区水利局按照中央和市、区委对水利工作的要求，贯彻科学发展观，制定水利发展规划，明确了水利发展的思路、目标、任务和工作重点；依托水利科技成果的推广与应用，大力推广节水灌溉新技术，实施高标准农田、防渗渠道、暗管排咸、风力提水工程，推广使用微喷、微灌、FA抗旱剂等节水新技术、新产品，促进了设施农业的发展；依靠科学技术进步，推动水利信息化的进程，建设水资源管理和防汛抗旱指挥管理2个系统；开展水利普查，查清经济社会发展对水资源的需求，了解水利行业能力建设状况，建立津南基础水信息平台，为津南区经济社会发展提供可靠的基础水信息支撑和水利保障。

第一节　水　利　规　划

津南区水利局作为区政府的水行政主管部门，依据中央和市、区委对水利工作的要求，每年都要制定符合津南区实际的水利工作计划。囿于规范化建设的短板，“八五”期间，没有制定详尽地津南区水利规划。自1996年开始，区水利局先后制定了《津南区农田水利基本建设“九五”计划》《津南区水利发展“十五”规划》《津南区水利发展“十一五”规划》《津南区农村骨干河道综合治理规划》等一系列水利规划，这些规划明确了水利发展的思路、目标、任务和工作重点，对于加快水利改革与发展，发挥水利促进津南经济和社会发展的支撑和保障作用，具有十分重要的指导和实践意义。

一、津南区“八五”期间水利工作

（一）农田水利建设

“八五”期间，津南区各级领导十分重视农田水利建设，水利投入逐年增加。在积极争取市投资的同时，按照“谁受益，谁负担”的原则，实行区、镇、村三级共同投资，形成了大力兴建农田水利建设的良好势头。

1991—1995年全区新打机井53眼，修复病井104眼，更新设备70套，维修机井泵64套，封堵报废机井22眼，恢复机井15眼，截至1996年年底，全区共有机井745眼，其中完好机井641眼，完好率86.04%。5年间，全区清淤开挖二级河道5条、以区级工程对待的乡镇骨干渠道7条，干渠、支渠1092条，斗渠、毛渠7780公顷，改造中低产田1513.33公顷，共动土方460.5万立方米、集中连片治理6115.33公顷，平整土地596.67公顷，动土方582.025万立方米，新建防渗渠道17.71千米，使用农田水利建设劳动积累工881.71万个。

（二）抗旱调水

1991年以后，津南区连年出现冬旱连春旱的状况，海河干流长期处于低水位，二级河道水质咸化，本区无自备水源，大田春播及水稻育秧和生长面临严重威胁。为确保农业生产用水需要，水利局积极争取用水指标，加强水质监测，妥善调度水源，全线护水保水，发挥了有限水源的最大效益。

1991—1995年，津南区从海河干流共调水10807万立方米；引独流减河水6600万立方米；利用污水7200万立方米；开采地下水20932.66万立方米。满足了灌溉面积16669.33公顷，其中纯井灌5606.67公顷，井河混灌11062.67公顷，满足了全区农业及人民生活所需水源。

（三）水利工程建设

1991—1995年，津南区完成投资7315.7万元，完成新建、维修、改造等各类水利工程271项，完成土方155.68万立方米，砌石4.51万立方米，混凝土量2.09万立方米。

1. 东沽泵站自流闸工程

1991年，根据市建委、市财政局和市水利局的批复，在东沽泵站南侧30米，新建30立方米每秒自流闸1座，开挖引河350米与大沽排污河相连。工程1991年4月开工，年底竣工。该工程由津南区水利局自行设计并负责施工。

2. 海河干流治理工程

津南区界内海河右堤全长32.0千米，“八五”期间完成海河干流治理长度4896米。

1991年海河干流治理工程完成治理长度1850米，分为洪泥河下游、葛沽镇上游、葛沽镇下游3段，工程于1991年11月15日开工，1992年5月20日竣工。

1993年海河干流治理工程完成治理长度1316米，分为卫津河西段、双桥河柴庄子西、老海河西、跃进河西、杨惠庄试验段5段，1993年4月16日开工，至6月15日全部竣工。

1994年完成葛沽段一期治理工程，治理长度187米，治理标准为流量800立方米每秒，1994年6月8日开工，1994年8月20日竣工。

1995年完成柴庄子险段度汛工程和葛沽段二期治理工程，治理长度1785米，治理标准为流量800立方米每秒。1995年3月8日开工，1996年6月20日竣工。

3. 双洋渠泵站重扩建工程

1992 年 9 月，双洋渠扬水站重扩建工程开工，设计流量 10 立方米每秒，装机 36WZ－82 轴流泵 5 台，总投资 640.80 万元。1994 年 5 月 20 日竣工。该泵站建成后担负着辛庄、南洋、八里台、双闸 4 个乡镇的 6400 公顷农田的灌溉和 15240 公顷区域的排沥任务，排沥由 3 年一遇提高到 5 年一遇标准。

（四）南部抗旱节水专项工程

南部抗旱节水专项工程是市委、市政府为改变南部地区长期干旱缺水现状所采取的重大决策，津南区是重点区域之一。自 1994 年 12 月开始，先后实施五登房平交闸工程和翟家甸倒虹吸工程，截至 1997 年 12 月全部竣工。从而充分发挥了新建的双洋渠泵站的功能与效益，改善了津南区南部缺水状况，保障了沿河 6400 公顷耕地的灌排。同期完成新打机井 46 眼，新建防渗渠道 33 千米。

（五）津南水库建设前期准备

1987 年秋季，津南区政府初步确定在八里台镇东南修建一座中型水库，水库占地面积 300 公顷，库容 1500 万立方米，但由于种种原因未能实施。

1995 年 8 月，津南水库建设正式开始启动，截至 1996 年 3 月，7 个多月的时间里，相继完成了大量的前期准备工作。

1995 年 8 月，区水利局和八里台镇水利站共同完成津南水库勘测工作；9 月 3 日，区水利局编写《关于“八里台水库”的初步设想》。

1995 年 9 月 6 日，副区长孙希英、区农委主任刘玉柱在八里台镇政府召开水库建设座谈会，区水利局、八里台镇、八里台村委会的主要领导和工程技术人员参加了会议，确定将库址南移 1 千米。

1995 年 9 月 14 日，区水利局编写《关于“八里台水库”的初步设想补充》，上报区委、区政府。

1995 年 10 月 15 日，津南区政府委托沧州水利勘测设计院对水库进行勘测和设计工作，编写了《津南水库可行性研究报告》。

1995 年 11 月 8 日，兴建水库推动组会同区水利局、土地局初步确定了水库的位置和占地面积，开始与八里台镇、双闸镇、武警部队协商占地问题。

1995 年 11 月 24 日，区委、区政府下发了《关于成立津南区水库筹建指挥部的通知》。

1996 年 3 月，经过 7 个月的紧张工作，津南水库筹建指挥部拟制了《水库可行性研究综合报告》等 5 个报告，先后向津南区五大机关领导和人大代表、政协委员、离休干部、乡镇及有关委局主要领导进行了汇报和论证。

1996 年 12 月 6 日，天津市农委主持召开津南水库专家论证会，前期论证工作获专家首肯，为水库工程建设做好了各项准备。

（六）防汛除涝

1991—1995年，津南区多次出现汛情和沥涝灾害，特别是1994年受到自1963年以来少有的洪水和沥涝的袭击，造成万亩农田淹泡。1995年严重的沥涝使全区719.4公顷耕地受到不同程度的淹泡，2666.67公顷耕地被托。津南区水利局本着“安全第一，常备不懈，以防为主，全力抢险”的方针，立足于防大汛、排大涝，做到早动手、早安排、早准备，采取得力措施。

区水利局自筹资金，在每年3月，组织农水科、排灌管理站、河道管理所相关人员对区内一级、二级河道和国有泵站、节制闸进行全面检查维修。制定防汛工作安排意见，召开全区防汛工作动员大会，落实行政首长防汛责任制，严格执行汛期24小时值班制度。抓好各项防汛预案落实，汛前组织修订《行洪河道防抢预案》《蓄滞洪区疏散人员安置预案》和《遇有特大洪水做好生活供应的安排预案》。组建万人抢险队伍，组织区、镇两级防汛指挥部和防汛抢险人员，进行紧急集结和拉练演习。落实抢险物资储备。做好海河网箱渔具等阻水障碍物清除和海河沟口险段封堵工作。抓好河道堤防险工险段治理工程。执行市防指严禁向海河排沥的指示，严格检查沿海河各沟口、闸站，确保市区排沥。区水利局先后被市政府评为1994年度、1995年度、1996年度天津市防汛工作先进单位。

二、津南区农田水利基本建设“九五”计划（1996—2000年）

（一）“九五”水利计划主要内容

津南区农田水利基本建设在“九五”期间的总体任务：新建库容3200万立方米中型平原水库1座；清淤二级河道5条、深渠155条；改造中低产田5333.33公顷；打机井35眼、维修改造泵站56座、涵闸配套185处，斗渠、毛渠清淤14941.8公顷；新建防渗渠道80千米；改造三类泵站5座。计划总投资15592.3615万元，具体内容如下所述。

1. 1996年度

蓄水工程建设，计划新建中型平原水库1座，库容3200万立方米，清淤二级河道1条，深渠25条，增加蓄水3238万立方米，动土方438万立方米，计划投资7400万元。

节水工程建设，修建防渗渠道16.5千米，计划投资41.25万元。

三类泵站改造，幸福河泵站流量3.2立方米每秒，计划投资192万元。

中低产田改造，计划改造933.33公顷。

斗渠、毛渠清淤，计划清挖2988.33公顷。

排沥河道清挖，月牙河上段双月泵站至北闸口长 8 千米，土方 20 万立方米。

2. 1997 年度

蓄水工程建设，完成津南水库续建工程，清淤二级河道 1 条，深渠 30 条，增加蓄水 35 万立方米，动土方 35 万立方米。

节水工程建设，修建防渗渠道 14 千米，计划投资 35 万元。

三类泵站改造，鸭子湖泵站流量 1.6 立方米每秒，计划投资 96 万元。

中低产田改造，计划改造 933.33 公顷。

斗渠、毛渠清淤，计划清挖 2988.33 公顷。

排沥河道清挖，月牙河下段北闸口至马厂减河长 8 千米，土方 20 万立方米。

3. 1998 年度

蓄水工程建设，完成津南水库续建工程，清淤二级河道 1 条，深渠 35 条，增加蓄水 25 万立方米，动土方 25 万立方米。

节水工程建设，修建防渗渠道 16 千米，计划投资 41.25 万元。

三类泵站改造，葛沽泵站流量 6 立方米每秒，计划投资 360 万元。

中低产田改造，计划改造 1066.67 公顷。

斗渠、毛渠清淤，计划清挖 2988.33 公顷。

排沥河道清挖，双白引河双港至白塘口长 6.56 千米，土方 10 万立方米。

4. 1999 年度

蓄水工程建设，计划清淤二级河道 1 条，深渠 30 条，增加蓄水 32 万立方米，动土方 32 万立方米。

节水工程建设，修建防渗渠道 16.5 千米，计划投资 41.25 万元。

三类泵站改造，八场泵站流量 4 立方米每秒，计划投资 240 万元。

中低产田改造，计划改造 1237.8 公顷。

斗渠、毛渠清淤，计划清挖 2988.33 公顷。

排沥河道清挖，八米河下段十米河至西排干长 12 千米，土方 12 万立方米。

5. 2000 年度

蓄水工程建设，计划清淤二级河道 1 条，深渠 35 条，增加蓄水 200 万立方米，动土方 200 万立方米。

节水工程建设，修建防渗渠道 16.5 千米，计划投资 41.25 万元。

三类泵站改造，东花园泵站流量 6 立方米每秒，计划投资 360 万元。

中低产田改造，计划改造 1237.8 公顷。

斗渠、毛渠清淤，计划清挖 2988.33 公顷。

排沥河道清挖，洪泥河生产圈至马厂减河长 24 千米，土方 180 万立方米。

(二)“九五”完成水利工程项目

津南区在“九五”期间建设重点：兴建以提高旱涝保收面积为核心的水利设施，合理调配、开发和利用水资源，缓解农业水资源供需矛盾，大力发展节水型农业。

1. 海河干流治理工程

“九五”期间，在市水利局统一指挥下，高标准、高质量地完成了海河干流南岸津南段防洪工程，主要包括：

葛沽北园段治理工程，长度为1180米，按流量400立方米每秒的标准治理。1996年3月18日开工，1996年6月14日竣工。

津南区水利码头段筑堤工程，长度为710米，1996年4月6日开工，1996年7月2日竣工。

葛沽杨惠庄上游段治理工程，长度为300米，1996年4月11日开工，1996年5月31日竣工。比原计划提前45天完成，工程达优良等级。

葛沽杨惠庄下游治理工程，长度为1100米，由天津振津管道工程总公司负责施工，1996年4月10日开工，1996年6月30日竣工。

洪泥河口下游段治理工程，长度为476米，1996年4月13日开工，1996年6月18日竣工。

应急工程老海河口段治理工程，长度为250米，1996年4月15日开工，1996年5月30日竣工。

双月泵站段治理工程，长度为1020米，泄洪量达到400立方米每秒的标准，1996年5月3日开工，1996年5月27日竣工。

八场引河段海河干流治理工程，全长1.414千米，治理标准为行洪能力800立方米每秒。1997年3月1日开工，1997年6月30日竣工。

1997年，市下达津南区海河干流治理工程8段，共计4.505千米，治理标准为行洪能力400立方米每秒。1997年3月24日陆续开工，1997年6月30日全部竣工。

1998年，津南区海河干流治理工程分两批下达，共17个标段，共计17.926千米，治理标准为行洪能力800立方米每秒，其中：第一批4个标段，治理长度3.799千米，于1998年4月5日陆续开工，1998年10月30日全部竣工；第二批13个标段，治理长度为14.133千米，1998年8月15日陆续开工，1999年5月15日全部竣工。

1999—2000年，津南区海河干流治理工程共计8个标段，治理长度为11.839千米，治理标准为行洪能力800立方米每秒。工程于1999年5月7日陆续开工，2000年6月10日全部竣工。

2. 排涝工程建设

根据市水利局排涝能力达到十年一遇标准的要求，津南区共划分4个排涝小区。

“九五”期间，双洋双月小区、洪泥河小区、邢庄子小区3个排涝小区基本达到了10年一遇的排涝标准。马厂减河小区仅有3年一遇的标准。在“十五”规划期间，实施葛沽泵站易地重建工程，在马厂减河口的西关村北建1座16立方米每秒排水泵站，2000年3月8日开始动工，当年年底竣工。该泵站建成后，马厂减河排涝小区可达到10年一遇的排涝标准。

3. 水资源利用仍存在供需矛盾

按照规划全区平均年用水量为15000万立方米，其中农田灌溉用水7600万立方米，菜田用水1400万立方米，工副业等项用水4700万立方米，人畜用水1300万立方米。“九五”期间实际供水量为9000万立方米，缺水量为6000万立方米。

4. 基本完成农田水利基本建设规划

(1)“九五”期间，完成津南区二级河道、干渠、支渠、斗渠疏浚清淤工程，动土方686万立方米。

(2) 新增旱涝保收耕地2386.67公顷，加上原有旱涝保收耕地5800公顷，旱涝保收耕地已经达到8186.67公顷。

(3) 高标准节水示范农田建设成就显著。截至2000年春，津南区共完成了高标准农田建设2455.73公顷，其中八里台镇1173.33公顷，双闸镇266.66公顷，葛沽镇206.67公顷，咸水沽镇178.67公顷，南洋镇86.67公顷，小站镇333.33公顷，双桥河镇177.07公顷，北闸口镇33.33公顷。总投资为4435.42万元。完成工程量为：土石方440.09万立方米，完成干、支渠防渗渠道104.096千米，桥47座，节制闸159座，涵114座。

(4)“九五”期间，改良治理盐碱地541.67公顷。津南区已改良盐碱地达到13742.07公顷，未改良盐碱地面积尚有1231.27公顷。

(5) 津南区水稻种植面积4360.67公顷，“九五”期间计划实施稻田节水面积2638.67公顷，已实行稻田浅、湿、晒节水灌溉面积为337.93公顷。

(6)“九五”期间，新打机井78眼，更新5眼，维修98眼。津南区农业灌溉用井达到405眼，控制灌溉面积4233.33公顷。

三、津南区“十五”水利规划（2001—2005年）

（一）“十五”水利规划主要内容

治理疏浚区内所有二级河道及镇村干支斗渠。2001—2005年，计划投资31200万元，完成工程量为：二级河道复堤360.4千米，维修和新建建筑物76座，重新规划排灌河系，逐步实现灌排分离、咸淡分开、清浊分家；治理镇村干渠183条，长度320.86

千米。支渠 432 条，长度 363.41 千米。斗渠 560 条，长度 380.5 千米。

除涝工程规划。津南区共有排涝面积 385.7 平方公里。划分 4 个排涝小区，排涝控制面积为双洋双月小区 10806.67 公顷，洪泥河小区 8500 公顷，邢庄子小区 2500 公顷，马厂减河小区 16770 公顷。目前设备能力为双洋双月小区 33.2 立方米每秒，洪泥河小区 24 立方米每秒，邢庄子小区 10.8 立方米每秒（以上 3 个小区排涝标准基本达到 10 年一遇的标准），马厂减河小区 12 立方米每秒，排涝标准达不到 3 年一遇。津南区多数扬水站始建于 60—70 年代，设备老化、年久失修。

新建万家码头泵站。2005—2006 年投资 2000 万元，在万家码头村，洪泥河上建 1 座 20 立方米每秒排水泵站，提高马厂减河小区排水能力，达到 10 年一遇的标准。

实施葛沽泵站迁建工程。2000 年投资 1200 万元，在马厂减河西关村新建 1 座 16 立方米每秒排水泵站（葛沽泵站迁建工程），替代葛沽、八场、鸭子湖泵站的功能。

更新改造双月泵站。双月泵站灌排能力为 20 立方米每秒，扩建工程增加 18 立方米每秒，使双月泵站总灌排能力达到 38 立方米每秒。

高标准农田建设规划。按规划“十五”期间建设高标准农田 7586.67 公顷，进一步推广科学节水新技术，实现农业节水灌溉，2000—2001 年期间完成双闸镇 273.33 公顷，八里台镇 686.67 公顷，双港镇 20 公顷，南洋镇 320 公顷，咸水沽镇 373.33 公顷，小站镇 533.33 公顷，辛庄镇 400 公顷，双桥河镇 266.67 公顷，葛沽镇 406.67 公顷，北闸口镇 266.67 公顷。2002—2005 年期间完成双闸镇 400 公顷，八里台镇 406.67 公顷，双港镇 246.67 公顷，南洋镇 280 公顷，咸水沽镇 226.67 公顷，小站镇 400 公顷，辛庄镇 200 公顷，双桥河镇 313.33 公顷，葛沽镇 273.33 公顷，北闸口镇 533.33 公顷。

节水灌溉工程规划。2005 年计划投资 2800 万元，完成工程任务为地上水灌区喷灌 20 套，微滴灌 3000 套，防渗渠道 79.8 千米，地下管灌 84.8 千米，地下水灌区喷灌 40 套，防渗渠道 7.5 千米。

灌区建设和改造工程规划。“十五”期间计划投资 1404 万元，在双桥河、葛沽、八里台、北闸口、小站和双闸 6 个镇，发展灌溉面积 15600 公顷。2001—2005 年计划新建八里台、双闸、小站、北闸口 4 个灌区。实行连片综合治理，合理配置输水工程，发挥有限水源作用，使有效灌溉面积达到 7220 公顷，占总计 7633.33 公顷农田的 94.6%。

“十五”治理盐碱地工程规划。津南区共有盐碱地 14973.33 公顷，已改良 13740 公顷，计划投资 246 万元，2001—2005 年逐年完成剩余的 1233.33 公顷盐碱地治理任务，包括葛沽镇 235 公顷，双桥河镇 110.27 公顷，双闸镇 13.07 公顷，南洋镇 168.47 公顷。

人畜饮水工程规划。“十五”期间投资 1867 万元，津南区新增乡镇日供水能力 1.107 万立方米，共解决 118300 人的饮水安全问题。

中低产田改造工程规划。“十五”期间，津南区计划投资9296万元，完成中低产田改造（包括除涝面积）14833.33公顷。

机井工程。2001—2005年计划投资1134.11万元，新打机井23眼，更新机井12眼，配套机泵35台套，低压线路10.5千米，变压器7台，井房35处；投资195.13万元，维修机井60眼，机泵62台套，低压线路21.2千米。

“十五”期间津南水库工程建设规划。津南水库始建于1997年，1998年竣工蓄水，总库容2970万立方米，兴利库容2750万立方米。为充分发挥津南水库的综合效益，搞好周边地区的综合开发。2001—2005年期间工程建设规划：2001年投资150万元修建库区2个水闸，投资120万元兴建幸福河节制闸，投资700万元种植库区大坝后坡植被；2002年投资280万元，完善库区供电系统；2003—2004年投资1400万元，完成水库大坝背水坡护砌；2004年投资180万元，建立电子监控系统，监测水库的水量、水质、水位、蒸发量，投资560万元，兴建水库泵站节制闸。

（二）“十五”规划完成情况

津南区委、区政府自1999年提出并实施了“三个一”发展战略，“十五”期间，水利工作以建设节水农业、节水工业、节水型社会为目标，以高标准农田建设为重点，大力推广节水新技术，全力做好防汛抗旱、水利设施管理和水利工程施工。2001—2005年，完成水利规划主要情况如下。

1. 农田水利基本建设

“十五”期间，完成节蓄水工程总投资6095.27万元。完成高标准农田建设2739.34公顷、建成防渗明渠45.701千米、低压管道197.76千米、配套桥闸涵199座；为提升高标准农田建设的科技含量，完成葛沽镇九道沟村333.33公顷节水完善配套工程，建成膜下滴灌工程47公顷，铺设纳米滴灌管道9630米，滴灌带245千米，安装滴灌系统2台套，新打机井3眼；抓好蓄水工程建设，兴建小型水库36座，水面面积705.72公顷，蓄水量1910万立方米，效益面积4582.67公顷；完成二级河道、干支渠清淤、扩挖、新挖共794条，长度66.48千米，新建、维修支渠以上配套建筑物576座，跨河输水管线1座，顶管1处。

2. 农村人畜饮水工程

由于机井老化，地下水位不断下降，津南区有20个村15930人饮用水困难，17个村17380人存在饮用水困难隐患。“十五”期间，市、区、镇、村四级投资1285.817万元，实施人畜饮水解困工程，新打机井20眼，维修机井42眼，更新机井20眼，更新机泵设备20台套。

3. 水利工程建设

葛沽泵站扩建工程。2000年3月，葛沽泵站迁建至葛沽镇西关村北后，经过几年的运行，不能满足马厂减河沿线排涝需求，经有关部门调研分析，区委区政府决定，实施葛沽泵站扩建工程。2005年12月7日，市水利局下达文件批复同意葛沽泵站扩充设计。工程计划2006年实施，增加设计流量16立方米每秒，总投资1100万元。工程建成后解决了马厂减河沿线葛沽、双闸、小站、北闸口4个镇55平方公里农田的雨季排沥问题。

月牙河节制闸工程。为保持月牙河带状游览区咸水沽段的水质，在南环路至八二路桥南70米处，投资179万元修建了1座拦河闸，该工程为混凝土结构，长45～50米，宽8米，闸室工作间55平方米，工作桥22米宽，采用3.5米×2.5米×3孔铸铁闸门，3台2×12T双吊点手电两用启闭机。

潘庄子桥重建工程。工程总投资60万元，桥长37米，桥面宽8米，为钢筋混凝土结构，设计载重能力为汽20-挂车100。

双月泵站维修工程。该泵站已运行23年，进水闸及附属设施老化失修，影响了泵站的正常运行。投资508.6万元，实施了泵站进水闸工作桥、交通桥、进站道路等更新加固工程。

4. 河道治理工程

卫津河改造工程。津南区境内的外环河作为卫津河水循环体系的尾闾，为满足外环线景观建设需要，实施了6千米河道清淤护砌工程。同时完成了鸿运餐厅、郭黄庄、先锋垂钓园、津沽路、李楼5座卡口涵洞的重建（改建）工程。

月牙河护砌工程。北起秦庄子，南至南环路桥，护砌长度2.652千米。

南大排污河治理工程。实施清淤长度5.6千米，清除废弃的阻水铁路涵1个。

倒虹维修加固工程。2000年进行的“引黄济津”配套工程，实施了双巨排污河、上游排咸河、上游排污河3处倒虹维修加固工程，完成总投资274.65万元。

5. 天嘉湖（津南水库）完善工程及开发利用

幸福河西堤路工程。为改善天嘉湖投资环境，完成了3.7千米幸福河西堤路工程，路基宽22米，修建涵闸13处，总投资1600万元。

水库围堤背坡护砌工程。为进一步完善津南水库功能，2003年完成了水库围堤背坡护砌工程，全长12千米，总投资900万元。

兴建节水灌溉技术试验研究中心。该工程总投资350万元，是天津市水利现代化和高效节水农业示范基地，工程占地面积4公顷，建成面积为1310平方米的智能温室1幢，面积为2060平方米的日光温室5幢，公用房、锅炉房各1处。

天嘉湖生态风景区一期工程。首建工程占地2公顷，建筑面积2.24万平方米，包括宾馆、餐饮娱乐、体育休闲和办公功能分区。该工程对于加大天嘉湖招商引资力度，推动旅游开发具有显著的作用。

库区周边农业供水。在水源极度缺乏的情况下，津南水库每年向周边供水500～700万立方米，基本保证了农业用水需要。

四、津南区“十一五”水利规划（2006—2010年）

（一）规划主要内容

津南区委八届五次全会重新定位了“三个一”工程的内涵：一是建设一批农业基地和龙头企业，二是建设一批新型城镇和中心村，三是建设一批工业园区和工业载体。为实现上述目标，加强水利基础产业的建设，解决津南区水资源缺乏和水环境污染的问题，必须按照“兴利除害结合、开源与节流并重，防汛抗旱并举”的治水方针，做到“全面规划、统筹兼顾、标本兼治、综合治理”，实现合理、优化的水资源配置，保护、利用好传统水源，依靠科技开发、利用新的水源，实现水资源的可持续利用，保障津南经济社会的可持续发展，推进“三个一”战略，落实“三步走”目标，为津南区经济发展和建设现代化都市农业创造良好的水利环境，提供可靠的水利保证。

1. 二级河道清淤及闸涵维修重建

2006—2010年，计划清淤14条二级河道，总长度180.19千米，清淤土方205.515万立方米。

计划更新、维修坐落于二级河道上的节制闸19座，其中重建5座，维修14座。

2. 更新、扩建、维修改造区管泵站

规划新建流量为30立方米每秒的万家码头泵站。

扩建葛沽泵站，增加流量16立方米每秒，使其总流量达到32立方米每秒。

维修、改造十米河泵站、后营泵站、幸福河泵站、石柱子河泵站、南义泵站、第六场泵站、第八场泵站、花园泵站等8座泵站。

规划期末，排入独流减河及海河二道闸下游的流量达到76立方米每秒，将津南区不足3年一遇的排沥标准，基本达到5年一遇。

3. 镇级水利设施治理规划

清淤镇管河道26条，长度92.13千米，土方121.53万立方米。

清淤干支渠440条，长度663.26千米，土方352.15万立方米。

新建泵站72座，总流量为64.11立方米每秒，维修泵站186座。

新建闸涵333座，维修闸涵933座。

4. 农村饮水安全及管网入户工程

规划期内利用反渗透降氟设备对133个村实施除氟改水；新建城市自来水工程9处，单村供水工程80处，受益村89个，受益人口241498人。

5. 机井及更新水泵

规划期内新打机井60眼，更新水泵80台套。对已报废的143眼机井进行回填。

6. 信息化建设

充分依靠科学技术进步，通过水质信息系统和水资源实时监测管理系统建设，提高信息采集传输的时效性和自动化水平，为实现水资源的优化配置提供手段，为防汛抗旱决策提供依据。

(1)“十一五”期间建设。

信息采集：设置水位观测站11个，分别为月牙河北闸、双月泵站、双桥河北闸、洪泥河防洪闸、葛沽泵站、巨葛庄泵站、东沽泵站、洪泥河首闸、洪泥河南闸、马厂减河腰闸、津南水库水位站。每个水位站投资4.5万元，共投资49.5万元；设置雨量自动观测站9个，分别为咸水沽镇（津南区水利局院内）、双月泵站、第六场泵站、第八场泵站、巨葛庄泵站、津南水库、小站、葛沽、区气象局院内雨量站。每个雨量站投资4万元，共投资36万元。

中心站建设：大屏幕投影显示系统包括投影机、计算机、服务器、打印机、网络软件等，投资22万元。

(2) 远期设想。

信息数据采集包括：区内水闸两侧水位、水闸开启度、泵站的进出水池水位、实时流量、排涝历时等。

远程自动控制：实现全部泵站、闸的远程控制。远程控制排涝站的运行，远程控制水闸的开启。

会商系统：以采集的水位、区内降雨为基础，作出排涝预报，为排涝方案的决策提供依据。

现场监控：对区内水闸和泵站等水利工程设施的运行进行监控，并将现场监控过程摄录并存储。

数据处理：中心站的服务器将采集到的各种数据进行处理、储存，提供拨号上网查询工程运行实时、历史数据查询。

7. 天嘉湖（津南水库）综合开发规划

天嘉湖旅游度假区规划用地总面积35.08平方公里，可开发水面7.82平方公里，可开发土地27.26平方公里。规划期内计划如下。

投资60万元，实现津南水库防汛抗旱和水源调度信息化管理。

投资3000万元，继续完善旅游度假区的基础设施和配套建设。

投资60亿元，建成万园农业展区，园林会展中心；亲水休闲娱乐度假区的天嘉湖主体公园，国际电影城，娱乐广场和垂钓园，生态旅游度假区的水乡别墅、南园风园、休闲木屋和森林乐园；水上娱乐活动区的大型水上娱乐园、休闲岛和步行观光栈桥；未来水世界的亲水活动康体娱乐中心。

（二）“十一五”水利规划完成简况

“十一五”期间，按照津南区委、区政府提出的“东进西连南生态北提升”发展战略和“9341”四大奋斗目标，5年完成水利投资84761.61万元。实施了一批以新建泵站、闸涵、改善灌溉农田面积为主要内容的农田基本建设工程；以提高河道防汛排涝能力、改善生态环境、建设绿化景观为主要内容的二级河道综合治理工程；以提高饮水标准、改善居民用水条件为主要内容的安全饮水工程；以提高水的重复利用率为主要内容的节约用水工程。

1. 农田基本建设工程

按照旱能灌、涝能排的标准，完成农田水利建设投资6748.6万元，疏浚镇级河道及干支渠132.49千米；新建泵站53座；维修改造泵站18座；新建维修各类闸涵、涵洞、倒虹、农用桥等工程142座；完成土石方218.44万立方米。

2. 二级河道综合治理工程

根据津南区总体规划的要求和防汛排涝的标准，综合整治河道生态环境，营造沿河绿化景观，完成6条河道的综合治理工程。

月牙河清淤护砌工程。2005年9月至2006年4月完成清淤工程；护砌工程2006年3月开工，5月底全部竣工。完成工程量为：口门封堵160处，其中农田排水口61处，工业、生活、市政排水口99处，土方3.88万立方米；清淤长度16.2千米，清淤土方72.67万立方米，总计完成土方76.55万立方米、浆砌石护坡11.3千米。完成总投资4004.05万元。2009年4月20日至5月31日，实施了月牙河秦庄子段综合治理工程。完成生态护砌4千米，两岸进行绿化25万平方米。完成总投资840万元。

马厂减河清淤护砌工程。马厂减河全长28.85千米，清淤护砌工程于2006年10月15日开工，2007年6月30日竣工。完成工程量为：房屋拆迁9442平方米，清淤土方103.86万立方米，护砌长度8.3千米。完成投资4924.59万元。2007年10月24日通过验收。

海河故道综合治理工程。海河故道综合治理工程总投资3亿元，全长3.5千米，平均宽度约200米，总占地面积约75万平方米，其中水面面积21万平方米，绿化面积35.65万平方米，建筑物面积12642平方米。2007年11月开工，2009年6月竣工，建成后形成了环境优美的河岸带状公园。2009年7月，海河故道公园正式对外免费开放。

大沽排污河综合治理工程。2008年9月，大沽排污河综合治理工程开始做前期准备工作。当年12月开工，2009年6月竣工，完成工程投资16336.8万元。完成工程量为：清淤河道 36.71 千米，清淤土方 238.91 万立方米；构筑物工程完成 2 个泵站、3 个闸、4 个倒虹，土方 39.22 立方米，浆砌石 8639 立方米，混凝土 6537 立方米。

幸福河综合治理工程。幸福河全长 19.9 千米，综合治理工程分两期进行。2008 年 11 月 25 日至 2009 年 4 月 30 日，完成天嘉湖至津港公路段 3.5 千米。2010 年 8 月 26 日至 11 月 12 日，完成了剩余的 16.4 千米。完成工程量为：土方 63.54 万立方米，三维排水性生态护坡护砌 8 千米，生态网箱护砌 10 千米，土方造景 55 万立方米，绿化 39.52 万平方米。完成投资 17000 万元。

胜利河改造工程。胜利河是在原津西大洼排河的基础上开挖的一条新河，河道全长 3.95 千米，东连月牙河西接幸福河，兼具防汛排涝、抗旱调水的双重功能。该河于 2009 年 11 月开工，2010 年 9 月竣工。完成工程量为：土方 54 万立方米，生态网箱护砌 7.9 千米，两岸绿化面积 7.9 万平方米。完成投资 2462 万元。

3. 区级泵站维修扩建工程

葛沽泵站扩建工程。2001 年迁建的葛沽泵站，排水能力为 16 立方米每秒，在海河禁排的情况下，不能满足津南区沥水向二道闸下游排放的需要。区政府决定实施葛沽泵站扩建工程，将排水能力增加到 32 立方米每秒。2006 年 3 月 22 日，葛沽泵站扩建工程开工，12 月 31 日竣工。完成工程量为：土方 31679.89 立方米，混凝土 3169.72 立方米，浆砌石 2856.75 立方米。完成工程投资 1413 万元。

幸福河泵站维修工程。幸福河泵站建于 1981 年，由于长期运行导致配电系统老化，电气设备绝缘程度降低。2010 年 6 月 10 日开始实施幸福河泵站配电改造工程，工程投资 51.54 万元，安装 20 千伏安变压器一台，配电柜 4 台，敷设电缆 400 米，2010 年 7 月 20 日完成，交付使用。

4. 饮水安全工程

饮水安全工程。津南区农村饮水安全工程分 3 期进行，工程于 2006 年 3 月 22 日开工，2007 年 5 月 29 日 3 期工程全部竣工。总投资 782.05 万元，其中中央及市财政资金 393.3 万元，区财政资金 233.254 万元，镇村自筹资金 155.496 万元，共完成安装除氟设备 41 套，管理房屋 2025 平方米，解决了 45 个村 88258 人的饮水安全问题。

管网入户改造工程。2007 年 4 月 15 日，津南区农村管网入户改造工程开工，2008 年 8 月 9 日竣工。总投资 240.52 万元，其中市补资金 72.16 万元，区财政匹配资金 96.21 万元，镇村自筹 72.15 万元。相继完成了桃源沽村、韩城桥村、北中塘村供水管网改造工程。安装除氟和灌装设备 1 台套，铺设管网 44.99 千米，安装水表 1649 块，解决了 3 个镇 3 个村 6848 人的饮水轻度超标和供水管网老化失修问题。

5. 节约用水工程

制定并实施《津南区节水型社会试点建设实施方案》。确立了津南区节水型社会建设10个方面的内容，强化了水的管理体制改革、法律法规体系建设、水权制度建设、水资源管理制度建设、公众参与体系建设、微观节水建设、管理能力建设、水生态环境保护建设、节水指标体系建设、领导机构及成员单位职责等建设。

利用“中国水周”“中国城市节水宣传周”“科技活动周”等宣传日进行节水宣传。发放节水宣传材料，举办节约用水专题讲座，开展节水宣传进社区、进企业等多种形式的节水宣传活动。自2008年开始的5年里，共计投入资金10万元，深入企业（单位）、学校、小区，发放节水宣传材料37000份，发放实物（节水水嘴、环保袋、纸杯）44150个。

开展了节水型企业（单位）、学校、小区的创建工作。申报节水型企业（单位）、小区13家。通过专家验收小组验收，全部被市政府命名并授牌。

第二节 水利科技成果推广与应用

津南区水利局十分重视水利科技新技术的研发与应用，1992年成立科技兴水领导小组。组长为局长王好科；副组长为副局长赵燕成、傅嗣江。局系统水利专业技术人员结合水利工作的实践，从事了大量的水利科技研究与应用，有多项科技成果获得市、区级奖励。

一、暗管排咸排水工程

津南区位于海河干流中下游，地势低洼、土壤盐碱，盐碱含量一般在0.2%左右；表层土壤质地中壤偏重，下层为重壤，排盐效果不好。作为科技兴水的一项重要措施，暗管排咸技术是有别于传统的明沟排水方式的一项新技术，主要技术原理是将筛孔PVC或PE波纹管埋入地下足够的深度，形成排水管网，然后将地下咸水集中强行排出，同明排相比，暗管具有排碱效果好、施工效率高、相对成本低以及占用耕地少等优点。

自1983年开始，津南区开始推广暗管排咸工程。截至1990年年底，全区完成暗管排咸705.6公顷，其中园田263.8公顷，果园321.53公顷，粮田120.27公顷。

1989年，为解决暗管排咸排水电泵因停电不能连续工作的问题，从外地购进8台风力提水机，安装在小站镇传字营村80公顷园田进行试验，使用结果表明：该风力提水机具有功率大、效率高、可自行调整转数等优点。按单台年节电2.4万千瓦时计算，每年可节约用电19.2万千瓦时。1990年安装风力提水机15台。截至1990年年底，津南区已安装风力提水机23台，每年可节约用电55.2万千瓦时。

天津市水科所承担的国家“七五”科技攻关项目的子专题——低压薄壁塑料暗管输水灌溉工程模式，1989年5月，通过了国家技术鉴定。1989年下半年，津南区推广使用暗管输水灌溉工程94.851千米。1990年，完成暗管输水2.7千米，全区累计已达97.551千米。

1990年，赵燕成主持完成的《天津市滨海洼涝盐碱地区暗管排水的推广应用》项目，获“天津市科技成果推广二等奖”。

1991年上半年完成暗管排咸66.67公顷，安装风力提水机7台；当年内区水利局与双闸乡联合投资兴建12公顷暗管输水工程。

1992年完成暗管排咸工程27.73公顷，安装风力提水机3台。截止1992年年底，津南区累计完成暗管排咸工程800公顷，安装风力提水机已达33台，每年可节约用电79.2万千瓦时。

1994年1月，赵燕成、王培育2人合作完成的《风力提水灌溉试验》项目，获“天津市科技进步三等奖”。

2000年，新建防渗渠道50.48千米。

二、节水灌溉技术

1997年，由区水利局主持的水稻节水灌溉技术推广工作，在八里台、南洋、小站3个镇进行。传统灌溉方法平均每公顷用水量为2.2万立方米，采用节水灌溉技术后，完善配套水利工程，合理划分地块，强化土地平整，优化配水方案，每公顷水量减少到1.6万立方米，每公顷节水0.6万立方米，3个镇推广面积337.93公顷，共节水202.758万立方米，有效地提高了水的利用率。节水灌溉比传统灌溉每公顷节电150千瓦时，共节电5.0689万千瓦时；节水灌溉平均亩产量467公斤，传统灌溉平均亩产量395.5公斤，平均每亩增产71.5公斤，增产率18.1%。

1998年大力推广节水新技术，兴建节水工程，统筹规划、配套建设，充分发挥农灌井，防渗渠道和小型调蓄水库的综合效益，提高水资源的调控能力和有效利用率。年内新建防渗明渠30千米，暗管输水11千米，新增节水控制面积240公顷；推广水稻节水灌溉面积666.67公顷，每公顷节水3555立方米，每公顷节电90千瓦时，亩产量增加70.44公斤；新建乡村小水库4座，完成投资356万元，可增加蓄水能力221万立方米，效益面积 1033.33 公顷，年节约地下水 203 万立方米。

1998 年，在农田水利基本建设中推广使用微喷、微灌、FA 抗旱剂等节水新技术、新产品。当年葛沽镇杨岑子村投资 26 万元，新建防渗渠道 2300 米，与蓄水 12 万立方米的村小水库配套，形成旱可灌、涝可排的综合利用系统，基本保证了农业用水并种稻田 60 公顷，该村成为葛沽镇唯一可种小站稻的村子。

2002 年 8 月，“天津市节水灌溉技术试验研究中心”在津南区落成揭牌。该中心由天津市投资 400 万元兴建，是全市第一个专门从事农业节水灌溉技术的研究实验机构。该中心以“开展节水研究、推广节水技术、培训节水知识、展示节水设备”为宗旨，围绕“建设节水型城市、发展大都市水利”的治水新思路，重点解决天津市农业水资源开发利用的关键技术问题。实验研究中心坐落在津南水库围堤西北角，占地面积 6.67 公顷，设有科研实验区、节水设备展示区和办公管理区。科研实验区建有现代化智能温室、第二代节能日光温室和小型气象站，温室内作物全部采用滴灌、微喷灌等节水灌溉技术，实行计算机智能化控制。节水设备展示区展示了国内外各种形式的滴灌、微喷灌、喷灌等节水设备。中心各种节水灌溉设施及配套的水、电、路、绿化齐备，为开展节水实验研究、展示及推广节水技术设备提供了良好的条件。

由天津市水利局水科所和农水处共同承担的天津市科委重大科技攻关项目“温室滴灌施肥智能化控制系统研制”课题获得成功，研制的第一台样机在节水试验研究中心开始应用，该套系统技术先进、功能齐全、操作简便、价格比国际上同类产品降低 30%～40%，技术水平达到了国际先进水平，该项技术填补了国内空白，结束了该项技术长期依靠进口的局面，产业化前景十分广阔。

2003 年 7 月 18 日，津南区节水技术推广验收会在宝成宾馆召开。津南区“渠灌区管道输水灌溉节水技术推广应用”项目通过了天津市水利专家验收。该项节水技术成本低、造价小、施工速度快、增产增收显著。科技人员增加了恒压变频装置，实现了恒压变流供水，形成了地上、地下结合的多水源灌溉模式，改变了大水漫灌的传统模式。津南区推广工作历经 3 年，2000—2002 年，全区推广大口径管灌工程 1458 公顷，其中小站镇 466.67 公顷，八里台镇 302 公顷，葛沽镇 333.33 公顷。种植作物为葡萄、枣树、玉米、高粱等。应用该项技术后，节水、节地、增产、增收效果显著，深受农民群众欢迎。工程年效益为节水 248.7 万立方米、节地 51.73 公顷，新增经济效益 249.67 万元。

三、高标准农田建设项目

按照《津南区高标准农田建设规划》要求，自 1998 年开始，在津南区建设科技含量高、产业化进程快，水、田、村、路综合治理，具有可持续发展能力的高标准农田。区水利局副局长郭凤华率局农水科的工程技术人员，深入有关镇村落实任务，组织勘测设计，实行旁站施工，督查进度质量。

1998年11月至1999年5月，为充分发挥津南水库功能，区委、区政府决定依托津南水库，综合开发库区周边760公顷耕地，建成具有现代科技含量的高标准农田，其中双闸镇266.67公顷，八里台镇493.33公顷。主要工程任务包括：土方工程、混凝土防渗渠道、渠系配套工程及混凝土田间路面工程。完成总工程量为：土石方215.15万立方米，防渗渠道38.49千米，农业交通桥20座，干支渠节制闸56座，口门1000个，穿堤涵洞43座。

1998年5月30日，津南水库正式提闸为库区周边供水。在大旱之年，八里台镇大孙庄村的水稻亩产量达到750斤。

1999年冬至2000年春，按照《津南区高标准农田建设规划》，利用农闲时节，在全区分步实施高标准农田建设1355.73公顷，其中南洋镇86.67公顷，咸水沽镇178.67公顷，双桥河镇110.4公顷，葛沽镇133.33公顷，八里台镇680公顷，小站镇133.33公顷。截至2000年春，全区共完成了高标准农田建设2455.73公顷，其中八里台镇1173.33公顷，双闸镇266.66公顷，葛沽镇206.67公顷，咸水沽镇178.67公顷，南洋镇86.67公顷，小站镇333.33公顷，双桥河镇177.07公顷，北闸口镇33.33公顷。

2000年冬至2001年春，按规划建设高标准农田1567.34公顷，其中八里台镇200公顷，咸水沽镇172公顷，双桥河镇106.67公顷，葛沽镇200公顷，北闸口镇180公顷，小站镇406.67公顷，双闸镇302公顷。

2001年冬至2002年春，按规划建设高标准农田941.34公顷，其中八里台镇200公顷，咸水沽镇158.67公顷，双桥河镇226.67公顷，葛沽镇356公顷。

2002年冬至2003年春，按规划建设高标准农田230.66公顷，其中咸水沽镇227.33公顷，八里台镇建设微灌工程3.33公顷。

截至2003年，津南区总计完成高标准农田建设5195.08公顷，完成投资8459.01万元，完成干、支渠防渗渠道149.797千米，低压管道270.344千米，完成土石方764.49万立方米，渠系配套工程桥闸涵573座。

四、其他项目的研究与应用

孙振苍、薛春渭、张全录、孙佩杰、乔良国5人合作完成的《大跨度铸铁闸门设计与施工》项目，由津南区科委组织专家进行鉴定，1992年获“津南区科技进步二等奖”。

赵燕成主持完成的《改造中低产田，粮食持续创高产》项目，1992年获“津南区科技进步三等奖”。该文从津南区粮食总产量、单产水平分析了粮食综合生产能力的历史变化和现状，提出了改造低产田、防止耕地退化、保证食物安全、保护生态环境方面的技术措施，对于提高粮食综合生产能力极具推广意义。

傅嗣江、薛春渭、刘金榜、杨家安、于立人5人合作完成的《津南区水利志》，1997年8月获“天津市第二届优秀志书三等奖”。

1998年，津南区防汛办公室、地下水资源办公室，实现全市微机联网。

1999年底，全区有地下水水位动态观测井48眼，统测井82眼，浅层观测井2眼，统一观测全区地下水水位动态、统计开采量，全年观测数据4350个。据资料分析，津南区为全市地下水水位最低、静水位埋深－97.73米，最高静水位埋深－19.91米，平均静水位埋深－78.92米，静水位下深速度平均每年1.5米。

孙文祥、鹿文生、赵明显、于源茂、杨家安5人历经3年共同完成《涵洞顶部钢筋混凝土贴面补强技术》项目。由于初始标号偏低、施工质量欠佳或水毁等原因，造成涵洞顶部混凝土结构缺陷的维修与加固，是公认的水工建筑工程难题之一。在津南区洪泥河首闸维修加固工程中，对该闸箱涵的顶板采用了“水工建筑物钢筋混凝土贴面补强新技术”，实施钢筋混凝土现场浇筑加固补强，采用管灌加压高流动免振捣自密实的混凝土浇筑方法，达到混凝土入仓的饱满和密实，使新老混凝土粘接贴合牢固。该项新技术的成功应用，解决了水工建筑物顶板部位维修混凝土浇筑施工的难题。通过市、区科委专家鉴定，认为该项技术处于国内领先水平，可广泛应用于水工建筑物及工业民用建筑顶部的维修加固工程，其经济效益和社会效益卓著，颇具推广应用的实际价值。获“2000年津南区科技成果一等奖”。

薛春渭、赵燕成、李德孝、杨家安4人共同完成的《潜水轴流泵示范推广应用》项目，获“2000年津南区科技进步三等奖”。

第三节 水利信息化建设

依靠科学技术进步，大力推动水利信息化的进程，通过水质监测信息系统和水资源实时监测管理系统建设，提高信息采集传输的时效性和自动化水平，实现水资源的优化配置，提供防汛抗旱的决策依据，为津南区经济和社会发展提供可靠的水利服务。

一、津南区水利信息化建设的设想

按照津南区“十一五”水利规划的设想与要求，津南区水利信息化重点是建设水资源管理和防汛抗旱指挥管理两个系统。水资源管理系统包括：数据库、信息查询、决策支持及水资源业务管理系统。防汛抗旱指挥管理系统包括：防汛和抗旱数据库、防汛与抗旱信息服务系统、防汛与抗旱业务管理系统、水情预警监控系统、应急指挥系统等。信息化建设工程具体包括以下内容。

（1）中心站建设。

安装大屏幕投影显示系统，包括：投影机、计算机、服务器、打印机、网络软件等。

（2）观测站建设。

中心站下设河道水位观测站 10 个，分别为月牙河北闸、双月泵站、双桥河北闸、洪泥河防洪闸、葛沽泵站、巨葛庄泵站、东沽泵站、洪泥河首闸、洪泥河南闸、马厂减河腰闸。

设置雨量自动观测站 8 个，分别为区水利局院内、双月泵站、第八场泵站、第六场泵站、巨葛庄泵站、八里台镇政府南院、小站镇政府院内、葛沽镇政府院内。

二、津南区水利信息化建设

2008 年 11 月 20 日，根据天津市水利局《关于开展地下水专用监测井建设工作的通知》要求，津南区水利局实施了国家级专用监测井建设工程，凿建国家级监测井 8 眼，建监测井房 2 座。井址选在第六场泵站和跃进河泵站，其中第六场泵站内打井 4 眼，井深分别为 17.65 米、49.65 米、120 米、289.6 米，建砖混监测井房 1 座；跃进河泵站内共打井 4 眼，井深分别为 16 米、48 米、150 米、229.8 米，建砖混监测井房 1 座。2009 年 3 月 10 日竣工，完成总投资 71.45 万元。

该专用监测井建成，使监测手段网络化、信息化，比人工监测提高了精度，便于及时掌握地下水动态变化，监控地面沉降，地下水和地表水联合调度，实现了水资源的科学管理。

津南区水利信息化建设不具备客观条件：一是区水利局原办公楼没有适合中心站建设的房间。2010 年 11 月，原办公楼被区政府征用开发，只能租房办公，所以暂时不能实施；二是津南区正在进行的小城镇建设，村落镇址因土地整合而处于动态，雨量观测站站址不能确定；三是近年来实施的水环境治理工程，二级河道的水利设施也处于动态之中，所以水位观测站站址不能敲定。

由于上述3个原因，加之在管理思想、建设思路、行业理念等方面存在一定的差距，“十一五”规划确定的信息化建设目标没有实现，只能留待“十二五”期间继续实施和完善。

第四节 水 利 普 查

2010年8月，天津市第一次全国水利普查领导小组办公室下发了《转发国务院关于开展第一次全国水利普查的通知和市政府关于成立天津市第一次全国水利普查领导小组的通知》和《天津市第一次全国水利普查实施方案》，津南区编制了津南区水利普查实施方案，开展了第一次全国水利普查工作。

一、普查前期准备

(一) 水利普查机构

2010年8月17日，津南区成立了第一次全国水利普查领导小组，负责普查工作的组织和实施。领导小组成员名单如下：

组　长：李学义　　副区长
副组长：邢金连　　区政府办副主任
　　　　黄　杰　　区水务局局长
　　　　张金海　　区统计局局长
成　员：刘恩艳　　区委宣传部部长助理
　　　　孙凤柱　　区发改委副主任
　　　　孟庆安　　区农经委副主任
　　　　李忠祥　　区工业经委副主任
　　　　潘维军　　区建委副主任
　　　　李　刚　　区财政局副局长
　　　　朱凤起　　区农调队队长
　　　　窦克清　　区房管局副局长
　　　　郭德春　　区环保局副局长
　　　　孙文祥　　区水务局副局长

孙晓光　区规划分局副局长

郭凤华　区国土资源分局副局长

张庆志　区武装部副部长

耿学和　预备役高炮二团团长

领导小组下设水利普查办公室，设在区水务局，津南区第一次全国水利普查领导小组办公室（以下简称区水普办）下设2个工作组，由22人组成，专职工作人员7人。

2010年11月25日，区水普办转发了市水普办《关于转发第一次全国水利普查员和普查指导员工作细则的通知》，截至11月底，各镇成立了水利普查工作组，选聘了170名工作人员，其中普查指导员27人，普查员143人，构成了津南区水利普查3级组织网络。

（二）水利普查员培训

津南区水普办制订了《津南区水利普查人员培训实施方案》，采用集中培训的形式培训水利普查人员，普遍提高了业务能力。截至2010年12月底，津南区水普办2人参加了国务院水普办举办的骨干培训班，24人次参加了市水普办组织的7个专项培训班。确定3名参加过市水普办培训班的人员作为水利普查第一阶段培训的授课人员，并分专项集中备课，编印了《津南区第一次全国水利普查培训实用教材》。2011年1月13—15日，举办了《津南区水利普查员和普查指导员培训班》，全面安排部署水利普查清查登记工作。

（三）制定水利普查实施方案

2010年12月30日，按照《天津市第一次全国水利普查实施方案》（草案）的总体要求，津南区水普办完成了《天津市津南区第一次全国水利普查实施方案》（征求意见稿），并呈报津南区第一次全国水利普查领导小组。区水普办整理、分析、研究了反馈意见，2011年1月22日，上报了修改后的《津南区第一次全国水利普查实施方案》，区政府审查同意后，2011年1月24日，区水普办正式行文下发施行。自2011年1月底，津南区水利普查全面展开了清查登记阶段的工作。

（四）水利普查专项经费

津南区财政局拨付启动资金110余万元，保证了津南区水利普查工作的顺利进行。

二、任务与目标

（一）水利普查的基本任务

1. 八项规定任务

（1）河流的基本情况普查。

（2）水利工程基本情况普查。

（3）经济社会用水情况调查。

（4）河湖开发治理保护情况普查。

（5）水土保持情况普查。

（6）水利行业能力建设情况普查。

（7）灌区专项普查。

（8）地下水取水井专项普查。

2. 三项自选任务

（1）全面查清控制地面沉降的基本情况。

（2）全面查清非常规水供水业基本情况。

（3）查清城市建成区排水基础设施基本情况。

（二）水利普查的目标

水利普查是一项重大的国情国力调查，是国家资源环境调查的重要组成部分。开展水利普查是为了查清经济社会发展对水资源的需求，了解水利行业能力建设状况，建立国家基础水信息平台，为国家经济社会发展提供可靠的基础水信息支撑和保障。

（三）水利普查的对象与内容

1. 水利普查的对象

津南区境内的所有河流水库、水利工程、水利机构、水土保持情况、灌区、地下水取水井以及重点社会经济取用水户。

2. 自选任务

控制地面沉降情况调查。全面查清地面沉降、地下水漏斗区面积及其分布、地面沉降量、地下水位降深、控沉监测基础设施等情况。

非常规水供水业情况调查。对所有城镇咸水淡化、再生水集中供水企业和城镇集中式污水处理厂（不含企业和社区分散式污水处理厂）进行调查，主要调查非常规水供水业的数量及分布、规模及生产能力、供水量等。

排水基础设施情况调查。以城市建成区排水基础设施为调查对象，查清排水管网、控制面积、数量、排水能力等基本情况。

河湖基本情况普查增加调查内容。除规定普查任务外，增加查清城市建成区内小于50平方公里集水面积的景观河道的名称、位置、长度、面积等基本特征；增加查清城市建成区内常年水面面积1万平方米及以上的湖泊的名称、位置、水面面积、咸淡水属性等基本特征。

地下水取水井专项普查增加内容。除规定普查任务外，增加查清水源热泵井的数量、分布等情况。

三、普查时间

本次水利普查主要分为前期准备阶段、清查登记阶段、填表上报阶段和成果发布4个阶段，为期3年，从2010年7月初至2013年6月底。水利普查标准时点为2011年12月31日24时，时期为2011年度。

第十章

水政建设

1988年7月，《中华人民共和国水法》（以下简称《水法》）正式颁布施行。1989年9月，南郊区水利局设置水政监察科。1990年2月，南郊区水利局组建编制为32人的水政监察队伍。1991年12月，南郊区成立南郊区水利执法领导小组。1994年，水政监察员扩编为85名。1998年12月，津南区（1992年3月南郊区改称津南区）成立了津南区水政监察大队，履行全区河道管理、水资源与水利工程保护。1991—2010年，累计查处各类水事违法案件305起，罚款2.2万元，挽回直接经济损失471.15万元。

1991—2010年，津南区水利局不断完善水法规建设，制定符合津南区实际的规范性文件4个，制定并公示水政执法制度5项，涵盖了河道管理、水政执法、取水许可、凿井审批、地下水资源费征收、人畜饮水管理和水利工程产权改革等内容，构建了较为完善的水法规体系，为津南区水利事业的健康发展提供了强有力的法制保障。

1988—2010年，津南区共举办23届"中国水法宣传周"纪念宣传活动，进一步提高了全社会的水法制意识，营造了自觉遵守水法规和珍惜水、保护水的良好社会氛围，并组织水利职工开展法律知识培训，增强和提升了水利职工的法律素质和依法行政能力。

第一节 依 法 行 政

一、法规建设

2000年初，为充分调动农民和社会力量建设、管理、经营农田水利设施的积极性，依据国家有关法规和政策，津南区水利局制定了《津南区小型水利工程产权制度改革试行办法》，报请津南区政府审批并颁布实施。

2000年3月20日，津南区政府批转同意了区水利局关于《津南区小型水利工程产权制度改革试行办法》。区水利局确定由局水政监察科组织实施。

2000年3月20日，区政府批复同意并在全区实施区水利局制定的《津南区河道管理办法》。

2003年10月16日，为加强农村人畜饮水工程管理，依据相关法律、法规以及有关规定，区水利局制定了《津南区人畜饮水工程管理办法（暂行）》，报请区政府审批。12月8日，区政府批复同意并在全区组织实施。

2000年12月20日，津南区水利局印发了《关于实行津南区水行政执法等五项公示制度的通知》，绘制了公示制度流程图，公示了行政执法、河道范围内建设、取水许可审批、凿井项目行政审批和地下水资源费征收等制度。

二、行政许可

2000年，津南区水利局起草制定、区政府颁布实施了《津南区水行政执法公示制度》《津南区占用河道管理范围建设项目行政审批公示制度》《津南区地下水资源费征收公示制度》《津南区取水许可审批公示制度》《津南区凿井项目行政审批公示制度》。

2000年初，津南区水利局对30项行政许可事项做出了公示承诺，主要包括：

（1）城市建设填堵水域、废除围堤审查。

（2）蓄滞洪区避洪设施建设审批。

（3）水利水电建设项目环境影响报告书（表）预审。

（4）蓄滞洪区内新建、改建、扩建建设项目和验收。

（5）工业污废水向农业渠道排放审批。

（6）占用农业灌溉水源、灌排工程设施的审批。

（7）水工程建设项目流域综合规划审查。

（8）非防洪建设项目洪水影响评价报告审批。

（9）河道管理范围有关活动批准。

（10）企业的防洪抗洪措施征得同意。

（11）凿井审批。

（12）用水计划指标核定。

（13）用水计划指标变更审批。

（14）建设项目水资源论证报告书审批。

（15）水利基建项目初步设计文件审批。

（16）取水许可审批。

（17）水利工程开工审批。

（18）河道管理范围内堤顶、戗台用做公路、铁路审批。

（19）排污口门的设置或扩大审批。

（20）开发建设项目水土保持方案审批。

（21）水工程建设项目工程建设方案审查。

（22）河道管理范围内建设项目工程建设方案审查。

（23）江河故道、旧堤、原有水工程设施填、占用拆毁批准。

（24）水工程建设项目防洪规划同意书。

（25）不同行政区域边界水工程批准。

（26）防洪规划保留区的国家工矿建设项目占地审批。

（27）河道管理范围内整治航道。

（28）填垫河湖水面。

（29）护堤护岸林木的砍伐。

（30）河道管理范围内采砂、采石、取土。

每项行政许可项目都公布了许可主体、审批依据、办事程序、所需要件、承诺期限、是否收费、承办部门和联系方式等内容。

2004年1月6日，区政府办公室下发《关于做好行政许可清理工作》的通知，认定了行政许可事项。

2005年4月5日，津南区政府《批转区监察局〈关于对行政许可法贯彻执行情况，开展行政效能监察的实施方案〉的通知》。4月18日，区水利局确定副局长毕永祥主管行政效能监察工作，专职工作人员为孙文东，由局水政监察科负责实施。

2005年依法行政审批23项，办结率100%；2006年依法行政审批河道项目41项；2007年依法行政审批河道建设项目20项（其中不予受理许可项目1项）；2008年依法行政许可审批22项，其中：办理占用河道建设项目行政审批19项，办理凿井审批3项。

2008年12月30日，根据天津市政府行政审批办、天津市政府法制办、天津市监察局联合下发的《关于开展清理减少和下放行政审批事项实现行政审批大提速准备工作的紧急通知》的要求，区水利局采取压缩、合并和取消审批项目等措施，深入现场办公，实现了行政审批工作大提速。

2009年依法行政审批河道建设项目41项，凿井16项。

2010年2月22日，区水利局研究决定，根据科室职责范围，局水政监察科行政审批工作移交给局工程规划管理科。

三、确权划界

多年来，在津南区河道管辖范围内，时常发生侵占护堤地、河内设障阻水和堤岸违章建房等违法行为与纠纷，极大威胁着水利工程的正常运行和防汛安全。自1994年开始，津南区水利局逐年进行水利工程确权划界，截至2010年基本完成。

1994年，区水利局水政监察科完成了第六场、南义、东花园、石柱子河、后营和十米河等6座国有泵站的土地确权工作。

2000年3月20日，区政府批转同意了区水利局关于《津南区小型水利工程产权制度改革试行办法》和区水利局印发区政府的通知，确定局水政监察科做好此项工作。

2010年2月22日，区水利局领导研究决定，根据科室职责范围，由工程规划管理科负责水利工程确权划界。

截至2010年年底，津南区16条二级河道、9座泵站闸涵确权基本完毕。16条二级河道为马厂减河、洪泥河、月牙河、双桥河、双白引河、卫津河、十米河、胜利河、幸福河、幸福横河、四丈河、咸排河、石柱子河、跃进河、八米河和海河故道；9座泵站闸涵为花园泵站、双月泵站、跃进河泵站、五登房平交闸、石柱子河泵站、幸福河泵站、后营泵站、双洋渠泵站和南义泵站。

2004年，根据天津市水利局《关于对水利工程管护范围土地进行划界工作的通知》，津南区水利局成立了海河干流（津南区段）确权划界工作领导小组，组长由副局长毕永祥担任；成员为张文起、于立人、和平、王培育、徐道琮、李宝海、柴士发、张洪文、王德会、梁朝来。办公室设在区水利局水政监察科，主任由水政监察科科长和平兼任；成员为杨家安、孙文东、刘晓佳、徐德光。海河干流津南区段确权划界工作本着尊重历史，承认现实，依法划界，依据确权的原则，采取先易后难、先简后繁的工作方法，充分协商，合理解决。自2004年5月25日开始，经过实地勘察、复核资料、指界确认和依据确权4个阶段，截至12月31日全部完成。

津南区水利工程确权（泵站闸涵）一览表见表10-1-27；

津南区水利工程确权（河道）一览表见表10-1-28；

2000—2010年津南区水利局行政审批工作统计表见表10-1-29。

表10-1-27 **津南区水利工程确权（泵站闸涵）一览表**

序号	泵站名称	坐落地点	建站年份	机泵台数/台	流量/立方米每秒	装机容量/千瓦	变压器/台千伏安	泵站性质
1	花园泵站	小站镇东花园村	1963	2	4	310	1/560	灌
2	双月泵站	双桥河镇柴庄子村	1980	10	20	1700	1/2400	灌、排
3	跃进河泵站	双桥河镇东泥沽村	2000	3	6	465	1/630	灌、排
4	五登房平交闸	咸水沽镇五登房村	1994					
5	石柱子河泵站	双桥河镇闫家圈村	1978	3	2.4	165	1/315	排
6	幸福河泵站	咸水沽镇二道桥村	1981	4	3.2	220	1/315	灌、排
7	后营泵站	北闸口镇后营村	1960	3	6	465	1/630	灌、排
8	双羊渠泵站	辛庄镇柴辛庄村	1993	5	10	775	1/1000	灌、排
9	南义泵站	八里台镇南义村	1962	3	6	465	1/1000	灌、排

表 10-1-28　津南区水利工程确权（河道）一览表

序号	河流名称	土　地　坐　落
1	马厂减河	八里台镇、小站镇、葛沽镇、塘沽区
2	洪泥河	辛庄镇、咸水沽镇、八里台镇
3	月牙河	咸水沽镇、北闸口镇、小站镇
4	双桥河	双桥河镇、小站镇
5	双白引河	双港镇辛庄镇
6	卫津河	咸水沽镇、辛庄镇
7	十米河	小站镇、大港区
8	胜利河	咸水沽镇
9	幸福河	辛庄镇、咸水沽镇、八里台镇
10	幸福横河	八里台镇、北闸口镇
11	四丈河	北闸口镇、小站镇
12	咸排河	咸水沽镇、双桥河镇
13	石柱子河	双桥河镇、小站镇
14	跃进河	双桥河镇
15	八米河	小站镇、大港区
16	海河故道	咸水沽镇

表 10-1-29　**2000—2010 年津南区水利局行政审批统计表**

年　份	数　量	年　份	数　量	年　份	数　量
2000	54 项	2001	53 项	2002	55 项
2003	44 项	2004	48 项	2005	26 项
2006	33 项	2007	29 项	2008	20 项
2009	46 项	2010	2 项	总计	410 项

第二节　水　政　执　法

一、执法领导小组

1991 年 12 月，区委、区政府批转了《天津市南郊区水利执法体系实施方案》。根据文件要求，区委、区政府联合行文成立南郊区水利执法领导小组：组长为副区长许惠定；副组长为农经委主任王梦海、水利局局长王好科；成员为法院、检察院、公安分局、法制办、司法局、环保局、城乡建委、水利局等单位负责人；下设办公室（设在区水利局水政监察科），主任由区水利局副局长赵燕成兼任，副主任由水政监察科副科长和平担任。全区10个乡镇建立了水利执法领导小组，主管农业副乡镇长任组长，水利站长任副组长；各乡镇派出所、武装部、广播站、房管站、法律事务所、土地管理站等单位负责人为小组成员。办公室设在乡镇水利站，主任由水利站站长担任。

1994年，区水利执法领导小组依据相关部门人员变动进行调整。

1997年5月17日，区水利局在本系统下发《关于水利局开展依法治理工作的通知》，建立了依法治理领导小组。局长杜金星任组长，副局长陈文进、崔希林任副组长。小组成员由各科室、基层单位主要领导担任。

1999年4月7日，津南区人民政府下发《关于调整津南区水利执法领导小组成员的通知》，确定副区长李树起任组长，农委主任杜金星、水利局局长赵燕成任副组长，成员为王诚（法院副院长）、刘吉元（检察院副检察长）、刘成海（公安分局副局长）、王庆雨（司法局副局长）、黄杰（城乡建委副主任）、许同科（环保局副局长）、崔希林（水利局副局长），办公室设在区水利局水政监察科，主任由副局长崔希林兼任，副主任由水政监察科科长和平担任。

2001年9月15日，通过调整与充实，津南区水利局依法治水领导小组由局长赵燕成任组长，副局长毕永祥任副组长，成员为于庆智、王义安、于立人、于源茂、王仰信、和平、杨惠莉、张文起、吕德英、王培育、孙文祥、刘云恒、霍玉华、李复民、韩振雪、赵顺清、房恩荣、陈淑兰。

2010年3月20日，通过调整，津南区水利局依法治水领导小组由局长黄杰任组长；副局长王玉清任副组长；成员为局机关各科室及基层单位主要负责人；下设办公室（设在水政监察科），办公室主任由孙文东担任，主要负责日常工作。

二、水政队伍建设

（一）成立水政监察科

1988年1月21日，第六届全国人民代表大会常务委员会第24次会议审议通过《中华人民共和国水法》（简称《水法》），自1988年7月1日起颁布实施。《水法》作为中国调整水事关系的基本法律，确定成立水政监察机构，开启了依法治水的新时代。

1989年9月23日，根据天津市编委《关于区县水利局水政监察机构设置问题的通知》，区编委同意区水利局增设水政监察科，设事业编制5名，所需人员在局系统内自行调配。

1989 年 10 月，区水利局水政监察科成立。

1989 年 12 月 22 日，南郊区人民政府批转区水利局《关于明确水利局为区水事行政主管部门的请示》，确定区水利局为区政府水行政主管部门，实行统一管理全区水事工作的职能。

（二）组建水政监察大队

1990 年 2 月 21 日，根据公安局南郊分局《关于建立经济民警分队的批复》，津南区水利局组建了编制为 32 人的水政监察队伍（含河道管理所小队、排灌管理站小队）。

1992 年，在 32 名水政监察员的基础上，各乡镇水利站充实了 22 名水政监察员，水政监察队伍扩编到 54 名，由市政府统一发证上岗。初步形成了区、局、乡三级执法网络。

1992 年 3 月 31 日，津南区水利执法体系通过市水利执法体系建设验收领导小组验收。

1993 年 12 月 10 日，为加强水利执法体系建设，完善水政执法手段，强化全区河道、堤防、水利工程设施管理，津南区水利局向区政府提交了《关于充实水政监察队伍和水政监察员统一着装的请示》。12 月 30 日，主管副区长孙希英批复“同意充实队伍，安排着装，要严格掌握人数，非水政监察人员不能着装，乡镇着装人员控制在 3 人以内”。全区实行统一着装，标志着水政监察队伍建设走上了规范化的轨道。

1994 年，扩任 85 名水政监察员。

1998 年 12 月 7 日，依据水利部《关于水政监察规范化建设的通知》要求，经请示区领导同意，区水利局研究决定，成立了天津市津南区水政监察大队。

1999 年，第七届“世界水日”（3 月 22 日）暨第十二届“中国水周”（3 月 22—28 日）期间，举行了津南区水利局水政监察大队揭牌仪式。市水利局党委副书记陆铁宝、区委副书记孙希英为水政监察大队揭牌。

2002 年 10 月 30 日，鉴于津南区水事违法案件逐年增加，水政监察专职人员不足的现状，区水利局向区编委提出了成立津南区水政监察支队的请示。

2002 年 11 月 29 日，限于津南区水政执法管辖范围与水政人员的编制规模，区编委正式批复同意水利局成立水政监察大队，并下设 4 个中队，由区水利局所属的河道管理所、地下水资源管理办公室、排灌管理站、津南水库管理处确定专兼职人员组成。区水利局加挂天津市津南区水政监察大队的牌子。

2003 年 1 月 13 日，根据市水利局《关于进一步规范水政监察服装的通知》的文件精神，区水利局对全区水政执法人员在执行公务时的着装标准进行了明确规定。

2003 年 1 月 21 日，区水利局下发《重新调整任命和平等 62 名同志为我区水政监察员的通知》，水政监察大队组织结构为大队政委赵燕成；大队长毕永祥；副大队长和平。下设4个中队：一中队队长徐道琮；二中队队长刘云恒；三中队队长于源茂；四中队队长孙文祥。

三、依法建章立制

为规范依法治水管水工作，津南区水利局先后起草了一系列地方性水法规和规章制度，呈报津南区政府审批后，予以公布施行。

1992年，制定《天津市津南区违反水法规行政处罚暂行规定》和《天津市津南区违反水法规行政处罚程序暂行规定》2个水规范性文件。

1994年，制定《水政监察人员岗位责任制考核办法》《天津市津南区农业用水收费暂行办法》和《津南区土地资源管理办法》。

1995年，制定《水政执法责任制度》《水法律法规学习宣传制度》《水行政执法过错责任追究制度》。

1996年，制定实行了《公开监督制度》《水政监察工作监督管理规定》。

1997年8月28日，区水利局下发《关于对水行政执法依据实行执法责任分解管理工作的规定》，按机构改革后各部门单位的职能，分解细化了执法责任，确保了水政执法中2部水法律以及28部水法规的落实。

1999年5月，完成《天津市津南区水利局行政执法工作资料汇编》，进一步完善了规范化建设，为水政执法工作提供了执法依据。

2000年，制定《天津市津南区小型水利工程产权制度改革试行办法》《天津市津南区河道管理办法》《津南区引黄济津保水护水管理暂行办法》。

四、水政监察执法

1949年10月至1988年7月，《中华人民共和国水法》未颁布实施，水事管理无法可依，水利设施处于建管失调的无政府状态。肆意侵占河道、设置水障、污染水源、盗窃机电设备、高低压线路和破坏堤埝设施的案例频发，造成严重的经济损失。仅1988—1989年2年期间就发案182起，直接经济损失45万元。1988年7月1日，《中华人民共和国水法》正式颁布实施，津南区组建了水政监察队伍，加大了水政执法力度，水事违法案件逐年减少。

1991年汛前，在集中清除河道阻水障碍工作中，水政监察人员3次深入塘沽盐场，督促其限期拆除了横跨大沽排污河阻水40余年的铁制渡槽（该渡槽长40米、重20吨，为日本昭和年间架设，新中国成立后已废弃 40 年，因其阻碍污水入海，天津市防汛抗旱指挥部曾下文限期拆除，却因故未果）。

1992 年 3 月，区水利局主管局长带领局水政监察科、河道管理所工作人员，与区市容委、区占道掘道办公室、津南区公路四所、小站镇政府和小站镇派出所组成的联合执法队共同清除了违章占用马厂减河小站镇段堤埝的建材仓库 84 平方米。共清除建材物资：大竹竿 3000 根、小竹竿 230 捆、油毡 150 卷、沥青 5 吨、竹耙 500 片，缸瓦管、弯头、三通 1200 个（节），其他物品 700 余件（个）。

6 月初，查处双桥河乡柴庄子村田双喜违法取土案。该村民 3 次在海河干流堤埝偷土，区水利局水政监察科接报后，经现场调查取证，依法传唤当事人，并送达了《违反水法规行政处罚决定通知书》。当事人表示接受处罚，2 次向区水利局水政监察科递交悔过保证书。并租用了一台 75 型推土机，恢复了堤埝原状。该案例曾在《天津法制报》刊登。

1994 年初，海河干流治理工程开工前，按设计需拆迁海河干流双港镇郭黄庄段部分民宅，区水利局水政监察科配合工程规划管理科，按国家有关政策规定，顺利实施拆迁、补偿和安置工作。

3 月，区水利局水政监察科会同河道管理所，集中清理整治二级河道堤埝管理范围内违法乱葬的问题，责令限期平坟 86 座。

1998 年 11 月 25 日，津南区双桥河镇西官房村村民陈加贵雇用挖掘机、拖拉机，在区管二级河道跃进河双桥河镇兵营堤段（原 4704 部队，现武警指挥学院）护堤地内违法取土，毁损面积 600 平方米，偷挖土方 570 立方米。12 月 28 日，区水利局水政监察科立案调查取证，并依法向陈加贵送达了《违反水法规行政处罚决定通知书》，责令限期恢复堤防原状，并处罚金 2000 元。1999 年 1 月 8 日，当事人对处罚决定不服，向津南区人民法院提起行政诉讼。区人民法院立案，进行现场调查勘验后，于 2 月 5 日开庭审理。庭审中法院对原告违法事实、被告执法主体资格及其做出的行政处罚的法律依据、行政处罚程序逐一确认。当庭做出一审判决："驳回原告诉讼请求，维持被告津南区水利局做出的行政处罚决定。"原告陈加贵对区法院行政判决不服，又上诉到天津市第二中级人民法院。4 月 29 日下午，市第二中级人民法院行政庭开庭，审理天津市首例水事行政诉讼案。于 6 月 1 日做出了判决："被上诉人天津市津南区水利局作出的违反水法规行政处罚决定，认定事实清楚，证据充分，程序合法。适用法律、法规正确。原审法院判决并无不当。依据《中华人民共和国行政诉讼法》第六十一条第二项之规定，判决驳回上诉，维持原判。"此案例曾在 1999 年 2 月 16 日津南报、3 月 16 日中国水利报上刊载消息。1999 年 6 月，天津有线电视台《生活快车》晚间节目，播出了市中院二审期间案发现场采访录像。

根据2000年初统计，在1996—2000年的“三五”普法期间，区水利局依法查处水事违法案件99起，其中行政处罚5起、罚款5550元、申请人民法院强制执行案2起、行政诉讼案1起，挽回经济损失数万元。

2000年7月22日，津南区水利局水政监察科接群众举报：洪泥河“八一”桥堤段有人在偷土。接报后，水政执法人员立即赶到现场，依法暂扣12型拖拉机1台，罚没当事人行政罚款1000元，并责令其恢复堤埝原状。7月26日，水政执法人员检查验收了堤埝恢复状况。截至2000年10月底，查处水事违法案件13起。

2001年查处水事违法案件18起，挽回经济损失460万元。

2002年汛期，津南区水利局分别配合天津市水利局和区综治办全面清理了海河干流津南区辖段水域内的网箱、渔具和违章建筑物。在半个月内，先后出动水政人员280余人次、机动车60辆、机动船40只，拆除网箱3500个、地笼500个、插网400具、违章建筑物3处。截至2000年11月，查处水事违法案件13起，其中立案查处案件2起，挽回经济损失1500元。

2003年3月中旬，出动水政执法人员20余人次，机动车4辆次，综合整治海河干流柳林段至二道闸段水域内的阻水障碍物，清除网箱300个，其他渔具500个，拆除临时窝棚7处。截至2003年10月底，共查处水事违法案件15起。

2003年12月中旬，水政执法人员在巡查中发现洪泥河大港石化公司段河道水体有异味，经查验是大港石化炼油厂输油管线漏油污染河水所致。洪泥河作为“引黄济津”的输水河道即将启用，为保证“引黄济津”安全输水，区水利局水政监察科会同市、区有关单位及石化公司紧急磋商，立即组织进行了抢修。

2004年，全年共查处水事案件31起，其中立案查处10起（行政罚款7起，申请法院强制执行案件3起），其他水事案件21起。

2005年，《中华人民共和国行政许可法》颁布实施以来，行政审批办结率和水事案件的查处率有了较大提高，津南区查处水事违法案件17件，其中申请法院强制执行案件2起。

2006年年初，群众举报咸水沽镇内1家酒店未经水行政主管部门批准，在院内私自打井。接报后，区水利局水政监察科配合地下水资源管理办公室赶赴现场，制止其违法行为，责令封填机井，并做出罚款400元的行政处罚。

2006年5月下旬，水政执法人员在双桥河堤埝巡查时，发现有人擅自在治理后的河道内拦河设网具养虾。区水利局水政监察科、河道管理所领导前往现场处置，依据《中华人民共和国防洪法》的规定，向当事人下达了《责令限期清理河内网障的通知》。在水政执法人员的监督下，当事人自行拆除了阻水网障。

2006年汛前，根据天津市水利局《关于清除行洪河道内阻水障碍物的通知》要求，由区水利局主管局长牵头，水政监察科、防汛抗旱办公室具体组织，河道管理所组成了30人的清障队伍，配合市水利局进行了3次海河干流清障活动。截至6月15日，共出动清障人员150人次，车辆30辆次，拆清养鱼网箱60个、地笼50个、违章临时建筑物3个。全年共查处水事违法案件30起，其中办结行政罚款案件1起（罚款400元），向区法院申请强制执行3起。

2007年3月下旬，津南区水利局组织百余名干部职工，出动车辆20辆次，利用假日清理月牙河、外环河津南段堤埝垃圾与河内污染物，两次行动共清理打捞垃圾30立方米。据统计，区水利局2007年出动车辆500辆次，人员1000人次，清理打捞垃圾300立方米。

2007年“水法宣传周”期间，依照《天津市河道管理条例》的规定，区水利局组织25名水政执法人员，出动车辆10辆，清除了马厂减河小站镇段河道管理范围内的违章建筑物，强行拆除违章建筑物100平方米、围墙500余延米。

2007年6月底，葛沽镇石闸村委会召开村民代表会商议，决定在马厂减河治理工程期间，借机挖卖马厂减河石闸村段堤埝土方。得知此消息后，水政执法人员及时制止，并实行24小时巡查蹲堵。为防止重大违法案件的发生，津南区水利局主管局长赵明显带领水政监察科、工程规划管理科和河道管理所负责人赶赴现场，会同葛沽镇、石闸村领导和施工队负责人召开现场会，宣传相关水法规，申明其行为的违法性。镇、村领导当即决定停止违法行为，恢复堤埝原状，避免了一起恶性水事违法事件的发生。

2007年津南区水利局共查处水事违法案件37起，其中河道违法案35起，结案4起，赔偿1万元；水资源案2起。

2008年3月中、下旬和5月下旬，在海河故道综合治理工程实施中，为解决拒不拆除地上物的个案，津南区政府组织综合执法局、水利局、咸水沽镇等相关部门共计140人，彻底拆（清）除海河故道下郭庄段、上刘庄段和秦庄子段堤防上的建筑物和树木。共计拆除房屋7处，面积1000平方米；清除1000延米堤埝上的树木800棵。

2008年汛前，津南区水利局组织20人次的清障队伍，出动车辆6辆次，配合天津市水利局，集中清理外环线海河大桥至二道闸水域中的网箱、渔具，共清除网箱200具、地笼200条、插网30个。

2008年，津南区水利局全年查处水事案件22件，其中配合区综合执法局办结3件。

2009年初，据水政执法人员巡查和群众举报，有些个体老板和施工队，假借施工为名，盗取河道堤埝土资源的行为十分严重。津南区政府召集区水利局和相关镇领导召开专题会研究，部署打击偷盗河道堤埝土资源行为。区水利局采取措施，由主管局长带队进行重点堤段巡查，河道管理所组织水政执法人员昼夜巡查，发现案情立刻报警，并协同公安部门处理盗土案件。截止年底，配合公安、土地等执法部门共查处河道堤埝盗土案件 5 起，有 2 名违法当事人被绳之以法，挽回经济损失 5 万余元。

2009 年，津南区水利局共查处水事案件 14 起，其中移交公安部门处理的有 5 件；配合综合执法局依法强拆的 2 件；申请人民法院强制执行的 3 件；依法按程序办理的 4 件。

第三节 普法宣传

1988 年，《水法》颁布实施后，水利部和司法部联合发出通知，要求面向社会宣传《水法》，并把每年 7 月 1—7 日确定为“水法宣传周”。1993 年，第 47 届联合国大会，决定把每年 3 月 22 日定为“世界水日”。1994 年，水利部变更“中国水法宣传周”时间为每年的 3 月 22—28 日，与“世界水日”合并接轨，集中进行节水和普法宣传教育活动。

1990 年 12 月，中共中央、国务院批转《中央宣传部、司法部关于在公民中开展法制宣传教育的第二个五年规划》，把《水法》列入普法内容之一。1991 年初，水利部印发《水利部在第二个五年普法工作中开展水法宣传教育的规划》，各地组织实施。

一、“二五”普法

1991 年 10 月 17 日，根据天津市《关于在全市公民中开展法制宣传教育的第二个五年规划》和天津市南郊区《在全区公民中开展法制宣传教育的第二个五年规划》的部署，南郊区水利局制定了《开展法制宣传教育的第二个五年计划》，成立了“二五”普法领导小组，办公室设在局党委办公室。

1992 年年初，根据《南郊区“二五”普法的五年规划》和《水利局“二五”普法五年计划》，制定了《水利局 1992 年度“二五”普法规划实施方案》，规定干部全年学法不少于 50 小时，水行政执法人员全年学法不少于 100 小时，职工全年学法不少于 25 小时。把每月第一周和第三周的周六上午定为“学法日”；5 月 11—30 日，局党委办公室确定专人，录制了天津市广播电台“普法讲座”“六法一例”录音带 16 盘，作为普法教材，在局下属单位轮流播放；7 月 1—7 日，水法宣传周期间，投资 2000 元制作永久性宣传橱窗 2 个，安放在水利局大门两侧，大门上方悬挂宣传标语横幅，在津南区电视台播放水法制录像片，津南区广播电台定点宣传《水法》，布置《水法》宣传车上街。在水利局门前设“水法咨询站”，局长王好科、副书记陈文进、副局长赵燕成接受过往群众的咨询并发放宣传品。

1994年3月22—28日，在“世界水日”和“水法宣传周”期间，开展《水法》宣传咨询活动。天津市水利局党委书记王耀宗，副局长陆铁宝，津南区委、区人大、区政府及区水利局主要领导听取汇报，参加了咨询活动；主管农业副区长孙希英、区水利局局长杜金星在津南区电视台发表宣传讲话和答记者问。宣传讲话内容登载在《津南政府法制》专刊上，《津南报》连续报道了活动情况。据统计，各乡镇设《水法》咨询站13个，村级咨询站7个，张贴标语1800条，发放宣传品3200份，召开各类会议20次，乡镇广播200次，村广播100次。水利系统90%以上人员参加了《水法》知识竞赛。

1995年3月6日，津南区人民政府办公室下发了《转发区水利局〈关于加大水法宣传力度及搞好水法宣传周活动的意见〉的通知》。3月22—28日纪念“世界水日”期间，水利局组织实施了第八届“水法宣传周”活动，宣传活动普及面达到90%。区水利局被评为区级“二五”普法优秀单位。

二、“三五”普法

1996年3月22—28日的“世界水日”暨“水法宣传周”期间，天津市水利局党委书记王耀宗参加了津南区水法咨询活动。区委书记、区长何荣林、区人大主任窦世欣题词；区委常委副区长孙希英在津南电视台、广播电台发表讲话；区水利局局长杜金星在《津南报》发表了纪念文章；区水利局主管副局长崔希林发布了答记者问；《津南报》刊发第九届水法宣传周专版；区水利局与区委宣传部、广电局联合举办了“水法杯”知识有奖电视擂台赛；区水利局邀请部分区人大代表、政协委员视察水利工程，召开座谈会征求意见；津南电视台播放区水利成就录像片；区水利局办公楼悬挂宣传标语，更新宣传橱窗，制作了宣传展牌，主管局长带领局水政监察科组织宣传车队巡回集市、乡镇村庄散发宣传材料。

1996年10月15日，根据津南区委、区政府《批转区委宣传部、区司法局〈关于在全区公民中开展法制宣传教育的第三个五年规划〉的通知》要求，区水利局调整充实了普法依法治理领导小组。办公室设在局水政监察科，负责普法日常工作。

1997年5月，津南区水利局发出《关于水利局开展依法治理工作的通知》，同时下发《天津市津南区水利局开展水利依法治理五年规划》《津南区水利局依法治理一九九七年计划》《津南区水利局一九九七年度“三五”普法实施方案》3个文件；5月17日，调整充实水利局普法和依法治理领导小组；6月26日，区水利局发出《关于水利局一九九七年度开展依法治区和“三五”普法工作实行责任制通知》。

2000年，“水法宣传周”前夕，津南区水利局在双闸镇中、小学举行了“水资源与节水灌溉”科普知识报告会，700名师生参加了报告会；3月22日，作为“世界水日”暨“水法宣传周”的纪念活动，区水利局以“卫生用水依法治水”为题在双桥河镇召开座谈会。天津市水利局党委副书记陆铁宝、津南区人大副主任周凤树、副区长李树起、区政协副主席刘玉瑛参加了座谈；3月28日，邀请市水利局有关处室领导来局讲授《依法水行政决策管理》，同时组织干部职工、水政执法人员参加了市水利局组织的水法规知识答卷活动；邀请区人大代表、政协委员座谈“水的有限性及不可替代性”，与会人员针对津南区水资源现状，提出了“节水与保水、水利工程建设与依法管理并重”的建议；组织水利系统水法规知识竞赛，全局有300余人参加，参赛率达95%、及格率为100%、优秀答卷中奖率8%。据不完全统计，在“中国水周”宣传期间，印刷悬挂布标15条，制作固定宣传牌20块，办橱窗10期，展牌10块，发放图片50000张。

2010年6月，区水利局水政监察科获天津市委、市人民政府共同授予的“天津市1996—2000年法制宣传教育先进集体”称号。

三、“四五”普法

2001年是“四五”普法的开局年，在3月下旬的“世界水日”“中国水周”宣传活动中，区水利局共发放宣传材料3万余份，向各镇、各单位和街道发放宣传材料1万余份，张贴标语等350余条，宣传橱窗40个版面，制作展牌120块，给“引黄济津”输水沿线乡村的田间、地头和百姓家中送去法律资料1500份。其间组织全局干部职工观看水利部“四五”普法（水法宣传）电视系列片《人·水·法》；9月初，根据区政府《关于落实〈津南区普法依法治理目标责任考核办法〉的通知》《2001—2005年津南区依法治市工作规划》和《津南区“四五”普法规划》文件精神，区水利局起草了《津南区水利局开展法制宣传教育第四个五年计划》《津南区水利局2001年“四五”普法和依法治理实施计划》《津南区水利局“四五”普法和依法治理工作2001—2002年实施方案》《关于调整津南区水利局依法治理领导小组成员的通知》《津南区水利局“四五”普法领导小组职责》《津南区水利局“四五”普法办事机构职责》等6个文件，并在局机关召开专题会进行部署。

“四五”普法期间，区水利局采用自学和集中学习形式，坚持每年学法不少于100小时，培训时间不少于60小时的原则，相继组织干部职工学习了《中华人民共和国宪法》《中华人民共和国行政诉讼法》《中华人民共和国行政处罚法》《中华人民共和国水法》《中华人民共和国防洪法》《中华人民共和国河道管理条例》《中华人民共和国行政许可法》《天津市节约用水条例》《天津市水污染防治管理办法》等，并进行了法律法规知识答题；2002年12月和2004年2月区水利局水政监察科分别获得“2002年天津市水政工作先进集体”和“2004年天津市水利系统水政工作先进集体”的称号。

四、“五五”普法

2006年12月初，根据区“五五”普法规划的要求，津南区水利局党委研究决定，调整局普法依法治理领导小组，局长赵燕成任组长，办公室设在局水政监察科。同时制定了《津南区水利局开展法制宣传教育第五个五年规划》，围绕“实现依法治水，促进社会和谐”的主题，以河道综合治理工程为重点，开展法律“进机关、进单位、进乡村、进社区、进学校、进企业”活动，宣传新的《水法》。

2007年3月22—28日，在纪念“世界水日”暨“中国水法宣传周”活动中，区水利局利用报纸、电台和电视台等新闻媒体，采取悬挂标语、展示宣传牌和发放宣传材料等形式，开展送法进社区、进农村、进学校活动，共发放节水挂图1200张、节水牌4000个、节水宣传册1000册、《河道管理条例》600册、节水简报2000份、《水法》以及节水法规汇编600本。

2007年9月中旬，按照津南区法制办《关于2007年行政执法人员执法文件注册及培训考试的通知》要求，区水利局持有天津市行政执法证的13名水政执法人员参加了区法制办组织的培训。学习培训《中华人民共和国行政处罚法》《中华人民共和国行政复议法》《中华人民共和国行政诉讼法》等10部法律、法规，并通过了注册考试。

11月，区水利局组织水政监察科、农田水利科、防汛抗旱办公室、节约用水办公室等科室有关人员，参加全区大型法制宣传活动，向群众宣传节水知识并解答疑难问题，发放《天津市防汛抗旱条例》《农村饮水安全常识》等宣传材料800份。

2008年3月下旬，区水利局下发了《关于开展2008年“世界水日”“中国水周”宣传教育活动的通知》，在津南广播电视台开办了法律之窗，与津南广播电视台协作完成水法规宣传节目，播放了《人·水·法》宣传片。由主管局长带领水政监察科、防汛抗旱办公室、节约用水办公室、地下水资源管理办公室、党委办公室和行政办公室等部门负责人到镇、村宣传，发放自印的《天津市防洪抗旱条例》《取水许可和水资源费征收管理条例》1000份；节水、饮水安全常识小册子3000份；宣传中国水周、农村饮水安全的挂图500余套，并给部分居民家中张贴了节水提示牌、赠送了水龙头。

2009年3月10日，津南区水利局主管局长带领水政监察科、节约用水办公室等相关人员组成宣传小组参加了“津南区‘五五’普法宣传月”启动仪式。其间，区委常委、常务副区长赵仲华，区委常委、区纪检委书记杨国法，副区长李文海在区水利局副局长王玉清陪同下参加了水法律法规咨询活动。共发放“五五”普法挂图200张，《天津市宣传教育条例》200张，水法律法规宣传小册子2000册。

2009年3月28日，根据津南区水利局《关于开展2009年“世界水日”“中国水周”宣传活动的通知》要求，由工程规划管理科、节约用水办公室、水政监察科负责人及10名水政人员组成宣传小组，会同司法局一起在水利局门前设立宣传站，向过往群众宣讲《水法》等法律法规，为群众答疑解难，发放各种宣传材料5000份。

2009年5月21日，津南区举办了第二十三届科技周宣传咨询服务活动，全区有22个单位参加。区水利局组织水政监察科、节约用水办公室、工程规划管理科相关人员参加了此次活动，并出动宣传车1辆，布置展牌8块，发放节水宣传材料1000张，《防汛抗旱条例》《天津市河道管理条例》小册子1000本，节水宣传环保布袋500个，节水环保纸杯4000个。

2010年3月22—28日，第十八届“世界水日”暨第二十三届“中国水周”期间，津南区水利局按照天津市水利局提出的“珍爱水资源，优化水环境，保障水安全”的主题开展了宣传活动。

2010年3月21日，津南区法制办组织宣传《天津市城市管理规定》活动，津南区水利局以此为契机，提前启动“中国水法宣传周”活动，副局长王玉清带领水政监察科、节约用水办公室、行政办公室和党委办公室等有关科室人员，现场宣传《天津市城市管理规定》《水法》《天津市河道管理条例》等多项水法规；区委副书记韩远达在副局长王玉清陪同下参加了水法规咨询活动，现场解答群众提出的涉及水法律、法规的问题；活动共发放《水法》《天津市河道管理条例》《天津市节约用水条例》等水法律法规宣传挂图、小册子、宣传材料3000份，环保宣传袋、纸杯2000余个。

2010年3月22日，津南区水利局组织全体干部职工观看了水利部制作的电视片《人·水·法》；水政执法骨干参加了水法律知识培训；组织百名干部职工和水政工作人员进行水法律、法规知识答题活动。

2010年3月24日，津南区水利局开展“送法下乡”等“六进”活动，由局水政监察科、节约用水办公室和防汛抗旱办公室等有关科室和水政执法人员组成宣讲小组，进村入户向村民、群众和学生宣讲《中华人民共和国水法》《中华人民共和国防洪法》《天津市河道管理条例》《天津市节水用水条例》《天津市城市管理条例》等法律法规，共发放各类宣传材料500份，环保宣传袋100个，纸杯400个。

第十一章

水利机构队伍建设

津南区水利局党委坚持“三个文明一起抓，三个成果一起要”的方针，贯彻落实中央和市区、委的路线方针政策以及各个时期的工作思路，团结带领各基层党组织和全体党员干部及职工群众，充分发挥了党委的核心领导作用、党支部的战斗堡垒作用、党员的先锋模范作用和领导干部的示范带头作用。按照“硬件上档次、软件上层次”的工作思路，加大精神文明的创建力度，提高干部职工的综合素质，促进了水务业务工作的圆满完成，各项工作取得了显著地成果，得到了各级领导的充分肯定。

第一节　水　利　机　构

一、机构设置

1991 年初，南郊区（1992 年 3 月 6 日，南郊区改称为“津南区”，南郊区水利局随之改称为津南区水利局，隶属关系未变，以下均称津南区水利局）水利局机关设有 11 个职能科室，即党委办公室、行政办公室、农田水利科、地下水资源管理办公室、水政监察科、综合经营管理办公室、财务计划科、内部审计科、人事保卫科、纪律检查组、工会。局下设 8 个基层单位：排灌管理站、河道管理所、黄土资源管理所、钻井队、农田基本建设专业队、水利工程设计施工站、水利建设综合经营管理站、二道闸水利码头管理所；辖有 10 个乡镇水利站。

全局系统实有在职干部职工 441 人，其中局机关 63 人，基层单位 332 人，各乡镇水利站 46 人，离退休人员 53 人，另外还有计划外用工 43 人。

2000 年，津南区水利系统有在职干部职工 339 人，文化结构研究生 1 名，大本毕业生 15 人，大专毕业生 25 人，中专毕业生 44 人，高中毕业生 27 人，高中以下 227 人。有专业技术职称人员 64 人，其中高级工程师 8 人，工程师 13 人，政工师 5 人，会计师 3 人，助理工程师 20 人，助理政工师 2 人，助理会计师 3 人，技术员 7 人，政工员 1 人，会计员 2 人。

2010 年年底，津南区水务局机关设置 10 个职能科（室）：党委办公室（纪委）、行政办公室、人事保卫科、财务审计科、水政监察科（法制室）、农田水利科（地下水资源管理办公室）、排水管理科、防汛抗旱办公室、节约用水办公室（控制地面沉降办公室）、工程规划管理科。局下设9个基层单位：津南区津南水库管理处、津南区水务局机关后勤服务中心、津南区排灌管理站、津南区河道管理所、津南区水利工程设计施工站（2010年8月5日经区编委批准更名为津南区水务技术推广中心）、津南区水利建设综合经营管理站、津南区钻井施工服务站、津南区水利工程建设服务站、津南区二道闸水利码头管理所。

全局系统实有在职干部职工214人，其中干部77人，工人137人。有专业技术职称67人，其中高级职称10人（高级工程师8人、高级政工师2人）；中级职称22人（工程师系列16人，政工、会计系列6人）；初级职称35人（工程系列27人，政工、会计系列8人）。局机关30人，其中公务员25人，文化结构研究生1人，本科生15人，专科生4人，中专及以下5人；工勤人员5人。局基层单位184人。离退休人员229人，其中离休干部3人，退休干部48人，退休工人178人。

二、机构改革

（一）1997年机构改革

1996年11月，根据天津市、津南区委的部署，津南区水利局机关机构改革工作正式开始。局机构改革领导小组由局党委书记、局长杜金星任组长；党委副书记、副局长陈文进任副组长；成员由副局长傅嗣江、赵燕成和崔希林，人事科科长王仰信、党办主任王义安、政办主任王玉清等8名人员组成。下设办公室，陈文进兼任主任，工作人员有王仰信、王义安、李德永、孟庆有、王玉兰。

1997年2月25日，完成区水利局机关机构改革“三定”方案。

1997年4月9日，津南区委、区政府下发文件批复津南区水利局《职能配置、内设机构和人员编制方案》。确定津南区水利局是区政府主管全区水行政的职能部门。

1997年5月24日，区水利局召开机关全体干部职工大会。会上，局党委书记、局长杜金星宣读区委、区政府批准的局机关改革“三定”方案，公布了分流人员去向和机构改革后机关科室和人员调整内容，并简要总结了机构改革工作完成情况。至此，区水利局机关机构改革工作基本结束。

1. 职能转变

区水利局要加强水利行业管理，在搞好水利建设的同时，发展水利经济，提高水利基础产业的地位。强化水资源的统一管理及防汛抗旱、农村水利、农田基本建设、水费征收、科技兴水和依法治水等职能，实现社会效益和经济效益并举。进一步搞好水利事业的规划、协调监督、管理、服务。把专业性技术性较强的业务工作和具体管理转移给事业单位。下放所属事业单位的经营管理、内部分配等职权，对其实行宏观管理，让其自主经营。

2. 主要职责

贯彻执行国家水利工作的方针、政策，贯彻实施《中华人民共和国水法》等法律、法规、条例及配套规章制度；起草地方水规范性文件；健全水行政执法和管理体系，履行本辖区内水事执法监督、检查管理职能，依法查处水事案件和调解水事纠纷。

负责编制全区水利发展规划、农村水利规划、专业规划以及年度计划，并负责组织实施。

依法统一管理地下水资源，实施取水许可证制度，做好地下水资源的调查、评价、开发利用和保护工作。搞好机井的建设和管理。

统一管理、调度本区以及调入的水资源，制定并实施全区工、农业用水、供水计划和水量分配方案；做好水质、水量监测工作。

负责全区抗旱调水、防汛除涝和区防汛抗旱指挥部的日常工作。

负责全区一级、二级河道、闸涵和所属泵站等水利设施的依法保护和管理。

主管全区节水工程和农田水利基本建设；负责供水费、排水费和地下水资源费等行政事业性收费的征收管理工作。

统一负责全区节约用水工作，拟定节约用水规章以及有关政策，编制节约用水规划、用水计划，制定有关标准，并进行组织实施。

负责全区水利工程、节水工程建设的行业管理和质量监督；水利资金的计划使用和监督管理。

主管水利科技，组织水利科学研究和技术推广应用。负责区管水利工程的勘测、设计、施工和预决算的编制。

负责指导和管理全区水利服务网络和水利队伍建设。

对全区水利经济实行行业管理，大力开发综合经营；负责管理区水利系统的国有资产。

承办区委、区政府交办的其他事项。

3. 内设机构

根据职责需要，区水利局机关设置10个职能科（室），即党委办公室（纪检组）、行政办公室、人事保卫科、内部审计科、财务科、水利经济管理办公室、水政监察科（法制室）、农田水利科（地下水资源管理办公室）、防汛抗旱办公室和工程规划管理科。水利局机关人员编制和领导职数为行政编制40名，其中，局长1名，副局长3名，正副科长18名（含工会主席、纪检组副组长各1名），机关工勤事业编制5名。

1998年9月3日，津南区机构编制委员会《关于区水利局科室调整的批复》同意区水利局农田水利科（区防汛抗旱办公室）和地下水资源管理办公室调整为农田水利科

（地下水资源管理办公室）和防汛抗旱办公室。

4. 人员分流

根据机构改革转变职能和精兵简政的需要，做好分流人员的思想工作，采取了4项分流措施：一是宣传上级提前退休的政策，有6名工作人员自愿提前退休；二是将原在机关从事农田水利施工测量的3名技术人员分流到局属设计施工站；三是将机关1名副科级干部和1名青年干部调整到基层任职；四是根据区编委《关于区水利局建立机关服务中心的批复》，从局机关分流出15名工人成立了区水利局机关服务中心。

（二）2001年机构改革

2001年11月15日，根据《津南区党政机构改革实施意见》，设置天津市津南区水利局，加挂天津市津南区节约用水办公室的牌子。区水利局是区政府主管全区水行政的职能部门。

1. 职能调整

区水利局统一负责全区节约用水、地下水资源、控制地面沉降和二级河道堤防的管理工作；区节约用水办公室划归至区水利局负责；划出对全区黄土资源管理的职能。取消和减少的审批事项，按照区政府的有关规定执行。

2. 内设机构

根据主要职责，区水利局机关设置9个职能科（室），分别为党委办公室（纪检委）、行政办公室、人事保卫科、财务审计科、水政监察科（法制室）、农田水利科（地下水资源管理办公室）、防汛抗旱办公室、节约用水办公室和工程规划管理科。

3. 人员编制和领导职数

2001年12月17日，经区机构编制委员会批复，津南区水利局机关行政编制为31名。其中局长1名，副局长4名（含津南水库管理处主任1名），正副科长13名（含工会副主席、纪委副书记1名）。

4. 编制组成

2001年，津南区水利局下设9个基层单位，分别为津南区津南水库管理处、津南区水利局机关后勤服务中心、津南区排灌管理站、津南区河道管理所、津南区水利工程设计施工站、津南区水利综合经营管理站、津南区钻井队、津南区农田基本建设专业队和津南区二道闸水利码头管理所。

2005年9月9日，津南区机构编制委员会根据天津市编委规范事业单位名称的要求，下发《关于部分事业单位更名的通知》，区水利局下设3个基层单位更名如下：天津市津南区水利局机关服务中心更名为天津市津南区水利局机关后勤服务中心；天津市津南区钻井队更名为天津市津南区钻井施工服务站；天津市津南区农田基本建设专业队更名为天津市津南区水利工程建设服务站。

5. 主要职责

贯彻执行国家水利工作的方针、政策，贯彻实施《中华人民共和国水法》等法律、法规、条例及配套规章制度；起草地方性水行政法规和规章；健全水行政执法和管理体系，履行本辖区内水事执法监督、检查管理职能，依法查处水事案件和调解水事纠纷；负责水行政复议及应诉等工作；负责水政监察队伍的业务培训和管理。

拟定和编制全区水利发展规划及年度计划，并负责组织实施。

依法统一管理地下水资源，实施取水许可证制度，做好地上、地下水资源的调查、评价、开发利用和保护工作。搞好水利设施及机井建设和管理。

统一管理、调度本区以及调入的水资源，制定并实施全区工、农业用水、供水计划和水量分配方案；做好水质、水量监测工作。

负责全区抗旱调水、防汛除涝和区防汛抗旱指挥部的日常工作。

负责全区一级、二级河道、闸涵和所属泵站等水利设施的依法保护和管理。

主管全区节水工程和农田水利基本建设；负责供水费、排水费和地下水资源费等行政事业性收费的征收管理工作。

统一负责全区节约用水工作，拟定节约用水规章及有关政策，编制节约用水规划、用水计划，制定有关标准，并进行组织实施。

负责全区水利工程、节水工程建设的行业管理和质量监督；水利资金的计划使用和监督管理。

主管水利科技，组织水利科学研究和技术推广应用。负责区管水利工程的勘测、设计、施工和预决算的编制。

负责指导和管理全区水利服务网络和水利队伍建设。

对全区水利经济实行行业管理，大力开发综合经营；负责管理区水利系统的国有资产。

承办区委、区政府交办的其他事项。

按照津南区委、区政府关于机构改革的总体要求，区水利局人员编制比1997年机构改革时有所减少，对超编人员进行了分流。经局党委会议研究决定，对男性满57岁和女性满52岁以上的4名正科级干部和2名主任科员提前办理退休手续，享受区制定的有关待遇规定。

截至2001年12月底，区水利局机关机构改革工作基本结束。

（三）2010年机构改革

2010年2月5日，根据津南区委、区政府下发的《天津市津南区人民政府机构改革实施方案》文件精神，设立天津市津南区水务局，加挂天津市津南区节约用水办公室牌子。津南区水务局为区政府主管全区水行政的职能部门。

1. 职责调整

2010年4月20日，津南区水务局向区委、区政府上报《关于天津市津南区水务局主要职责内设机构和人员编制规定的请示》。2010年5月27日，经区委、区政府同意，津南区机构编制委员会下发了《关于印发〈天津市津南区水务局主要职责内设机构和人员编制规定〉的通知》，批复同意了区水务局“三定”方案：

将原区水利局的职能划入区水务局。

将区建设管理委员会承担的城市供水、城市排水管理职责划入区水务局。

加强协同有关部门对水污染防治实施监督管理。

加强水资源的节约、保护和合理配置，促进水资源的可持续利用。加强防汛抗旱工作，减轻水旱灾害损失。

2. 内设机构

根据主要职责，津南区水务局机关设置10个职能科（室）：党委办公室（纪委）、行政办公室、人事保卫科、财务审计科、水政监察科（法制室）、农田水利科（地下水资源管理办公室）、排水管理科、防汛抗旱办公室、节约用水办公室（控制地面沉降办公室）和工程规划管理科。

3. 人员编制

机关人员：区水务局机关行政编制为32名。其中局长1名；副局长3名；正副科级领导干部职数14名（含工会副主席1名、纪委副书记1名）。机关工勤事业编制5名。

基层单位：2010年，津南区水务局下设9个基层单位：津南区津南水库管理处、津南区水务局机关后勤服务中心、津南区排灌管理站、津南区河道管理所、津南区水利工程设计施工站（2010年8月5日经区编委批准更名为津南区水务技术推广中心）、津南区水利建设综合经营管理站、津南区钻井施工服务站、津南区水利工程建设服务站和津南区二道闸水利码头管理所。

截至2010年6月30日，津南区水务局完成机构改革工作，区机构编制委员会核定编制329人，实有218人，其中干部76人，工人142人。共有离退休人员226人，其中离休干部5人，退休干部49人，退休工人172人。在218名在职干部队伍中，公务员25名，文化结构为研究生1人，本科生15人，专科生4人，中专及以下5人。

（四）事业单位改革

1. 实施事业单位聘用制

2004年7月，天津市政府关于《批转市人事局拟定的天津市事业单位实行聘用制实施办法》出台。2004年7月6日，按照津南区事业单位实行人员聘用制工作推动会精神，区水利局成立了推动人员聘用制工作领导小组。局长赵燕成为组长；副局长王玉清、郭凤华、赵明显、毕永祥及津南水库管理处主任孙文祥为副组长；成员为党办主任、人事科科长、工会副主席以及9个局属基层单位主要负责人；具体日常工作由人事科负责，结合本局实际情况，拟定了实施方案。

2004年8月10日，津南区水利局召开了事业单位人员聘用制工作动员大会。会后，各局属单位成立了领导小组，结合本单位实际情况，制定了实施细则，经单位职工大会或职工代表大会审议通过后，报局党委审核；局党委认真审议了各单位的实施细则及定岗定责情况，及时批复各单位召开全体职工动员大会，使职工明确人事制度改革的目的和相关政策，增强透明度；根据设定的岗位及职责，每个职工首先自报应聘岗位。单位领导小组对应聘人员的资格、条件进行初审，再综合近几年年度考核的结果，根据每个职工的专业特长及工作能力提出拟聘人员名单，交由单位领导班子集体讨论后，确定受聘人员名单并予以公布，无异议时即履行签订聘用合同。

按照有关规定，遵守平等、自愿、协商一致的原则，局长与各单位主要负责人签订了聘用合同；各单位主要负责人与本单位其他人员签订了聘用合同。全局9个事业单位共有在职职工257人，其中签订聘用合同人数249人；继续履行原劳动合同的5人；内部退养的3人（本人与所在单位签订了内退协议书）。未出现落聘或未聘人员情况。

2010年1月1日，根据区人力资源和劳动保障局的统一安排部署，对在职人员进行了续聘。

2. 事业单位岗位设置

核准定性。2008年6月12日，津南区召开了事业单位岗位设置大会。根据《天津市事业单位岗位设置管理实施办法》和《津南区事业单位岗位设置管理实施方案》，津南区机构编制委员会对津南区水利局9个局属事业单位的审核批准意见为："水利工程设计施工站属专业技术类事业单位；排灌管理站、河道管理所、水库管理处、码头管理所、水利综合经营管理站等5个单位属管理类事业单位；机关后勤服务中心、水利工程建设服务站、钻井施工服务站属工勤类事业单位。"

设岗原则。经区水利局局长办公会研究决定，根据各局属事业单位人员编制情况，岗位设置原则如下：

管理类事业单位岗位设置：管理岗位占单位岗位总量的50%，专业技术岗位占单位岗位总量的40%，工勤岗位占单位岗位总量的10%。

工勤类事业单位岗位设置：管理岗位占单位岗位总量的15%，专业技术岗位占单位岗位总量的25%，工勤岗位占单位岗位总量的60%。

专业技术类事业单位岗位设置：管理岗位占单位岗位总量的15%，专业技术岗位占单位岗位总量的80%，工勤岗位占单位岗位总量的5%。

截至2008年6月30日，区水利局所属9个事业单位完成了事业单位岗位设置工作。

第二节　队　伍　建　设

一、领导成员变更

1991年12月24日，副处级调研员崔殿元正式离休。

1993年4月24日，崔希林任区水利局副局长。

1993年10月，党委书记、局长王好科退休。

1993年10月，党委副书记陈文进临时负责水利局工作，与副局长傅嗣江、副局长赵燕成、副局长崔希林组成临时领导班子。

1994年3月25日，杜金星任区水利局党委委员、书记。与党委副书记陈文进、副局长傅嗣江、副局长赵燕成、副局长崔希林组成了新一届领导班子。

1994年4月1日，陈文进任区水利局副局长。

1994年4月13日，杜金星任区水利局局长。

1997年2月27日，副局长傅嗣江任区水利局处级调研员。

1997年5月，处级调研员傅嗣江退休。

1998年10月8日，毕永祥任津南水库管理处主任（副处级）。

1998年10月29日，赵燕成兼任津南水库管理处党支部书记。

1998年10月29日，赵燕成任区水利局党委副书记。免去杜金星区水利局党委书记、委员职务。赵燕成主持区水利局工作，与党委副书记兼副局长陈文进、副局长崔希林组成了新一届领导班子。

1998年11月21日，毕永祥兼任区水利局副局长。

1998年12月28日，赵燕成任区水利局局长；免去杜金星区水利局局长职务。

1999年12月25日，郭凤华任区水利局党委委员。

2000年1月4日，郭凤华任区水利局副局长。

2000年6月11日，王玉清、赵明显任区水利局党委委员，免去陈文进、崔希林党委委员职务。

2000年6月12日，陈文进、崔希林任区水利局处级调研员。

2000年7月26日，王玉清、赵明显任区水利局副局长。免去陈文进、崔希林区水利局副局长职务。

2000年8月28日，赵燕成任区水利局党委书记。与副局长王玉清、郭凤华、赵明显组成新一届领导班子。

2001 年 5 月 24 日，于庆智任津南水库管理处主任；免去毕永祥津南水库管理处主任职务。

2001 年 6 月 14 日，于庆智兼任区水利局副局长。

2002 年 7 月 30 日，孙文祥任津南水库管理处副主任、党支部副书记并主持工作。免去于庆智津南水库管理处主任职务，调任津南区委保密委员会办公室副主任、保密局副局长。

2002 年 7 月 30 日，王玉清任区水利局纪委书记。

2003 年 8 月，处级调研员崔希林退休。

2003 年 11 月，处级调研员陈文进退休。

2003 年 12 月 8 日，孙文祥任津南水库管理处主任（副处级）。

2005 年 12 月 20 日，免去郭凤华区水利局党委委员、副局长职务，调任津南区规划和国土资源局副局长。

2007 年 1 月 24 日，津南水库管理处主任孙文祥调任津南区对外经济贸易委员会副主任。（2007 年 2 月至 2008 年 4 月，津南水库管理处副主任潘秀义临时负责水库日常管理工作。）

2007 年 4 月 26 日，免去毕永祥副局长职务，调任津南区工会副主席（正处级）。

2008 年 4 月 30 日，王玉清兼任津南水库管理处主任。

2009 年 12 月 24 日，区水利局局长、党委书记赵燕成退休。

2009 年 12 月 24 日，黄杰任区水利局党委委员、书记，与副局长王玉清、赵明显组成新一届领导班子。

2010 年 2 月，孙文祥任津南区水务局党委委员、副局长。

2010 年 2 月 5 日，根据津南区委“三定”方案，撤销津南区水利局，成立津南区水务局，撤销中共天津市津南区水利局委员会，成立中共天津市津南区水务局委员会。黄杰任天津市津南区水务局党委书记、局长；王玉清、赵明显、孙文祥任天津市津南区水务局党委委员、副局长。

二、基层党组织建设

1.1991 年各基层党支部的组成

排灌管理站党支部书记陈树全，副书记秦凤桐，支部委员：副站长孙振苍、刘书敏。

钻井队党支部书记董连喜，支部委员：副队长张庆玉、朱连淳。

河道管理所党支部书记孙万生，支部委员：所长赵顺清、副所长张文昌。

物资站党支部书记张德歧，支部委员：站长陈惠平、副站长朱凤义。

水利工程设计施工站党支部书记朱文科，支部委员：副站长李德永、张家林、职工王恩祥。

农田基本建设专业队党支部副书记庞殿友，副书记邢继槐。

二道闸水利码头管理所党支部书记张东山。

2. 基层党组织变更

1991 年 5 月 24 日，经津南区水利局党委研究决定：霍玉华任水利工程设计施工站党支部副书记。

1992 年 4 月，钻井队党支部书记董连喜调区劳动局。

1992 年 4 月 25 日，经津南区水利局党委研究决定：朱连淳兼任钻井队党支部副书记。

1992 年 5 月 28 日，经津南区水利局党委研究决定：李志明任钻井队党支部副书记。

1993 年 2 月 23 日，经津南区水利局党委研究决定：陈惠平兼任水利建设综合经营管理站党支部副书记。

1993 年 4 月 1 日，经津南区水利局党委研究决定：刘云恒任排灌管理站党支部书记。

1994 年 3 月 14 日，经津南区水利局党委研究决定：朱连淳任天津市金龙水利建筑工程公司经理。同年 3 月 27 日，建立公司支部委员会，朱连淳任党支部书记，霍玉华、李志明、邢纪槐任党支部副书记。

1994 年 7 月 20 日，津南区水利局党委研究决定：刘子林任水利建设综合经营管理站党支部书记；免去秦凤桐排灌管理站党支部副书记职务，任该站副站长；副站长孙振苍、冯秀东任排灌管理站党支部副书记。

1996 年 5 月 9 日，津南区水利局党委研究决定，报请津南区委组织部审核同意：刘子林任二道闸水利码头管理所党支部书记，免去其水利建设综合经营管理站党支部书记职务；免去张东山兼任的水利码头管理所党支部书记职务。

1997 年 4 月 2 日，津南区水利局党委研究决定，报请津南区委组织部审核同意：赵顺清任设计施工站党支部书记，免去其河道管理所所长职务。

1997 年 4 月，津南区水利局机关服务中心建立党支部。

1997 年 6 月 8 日，津南区水利局党委研究决定，报请区人事局审核同意：刘子林任区水利局机关服务中心党支部书记，免去其二道闸水利码头管理所党支部书记职务。冯秀东任区水利局机关服务中心主任（正科），免去其排灌管理站党支部副书记职务。张树庄任排灌管理站党支部副书记。

1997年7月25日，津南区水利局党委研究决定，报请区人事局审核同意：孙万生兼任河道管理所所长；张文昌任黄土资源管理所所长，兼任河道管理所党支部副书记，免去其河道管理所副所长职务；孙文祥、徐道琮任河道管理所副所长；孟庆和任农田基本建设专业队党支部副书记，免去其水利建设综合经营管理站副站长职务；邢继槐任区水利局机关服务中心党支部副书记，聘任为政工师，免去其农田基本建设专业队党支部副书记职务。

1997年8月，津南区水利局党委做出了《关于建立中共津南区水利局机关退休干部党支部的决定》，设定支部书记1人。第一任党支部书记由退休干部王厚仁担任。由局人事科协助组织党支部的日常活动。

1998年6月30日，津南区水利局党委研究决定，报请区人事局审核同意：孙文祥任河道管理所所长；免去孙万生兼任的河道管理所所长职务；陈惠平任河道管理所党支部副书记。

1998年10月21日，津南区水利局党委研究决定，报请区人事局审核同意：霍玉华任水利建设综合经营管理站党支部书记，免去其设计施工站党支部副书记职务；韩振雪任钻井队队长兼党支部书记；朱凤义任农田基本建设专业队党支部书记。

1998年10月29日，津南区委组织部批复同意津南水库管理处建立支部委员会。成员及分工为：支部书记赵燕成；支部副书记毕永祥；组织委员潘秀义；宣传委员尹同源；纪检委员冯秀东。

2001年8月9日，津南区委组织部下发通知，张树庄任津南水库管理处党支部副书记（正科级）。

2002年7月30日，津南区委组织部下发通知，孙文祥任津南水库管理处委员会副主任、党支部副书记。

2002年8月12日，津南区水利局党委研究决定，报请区人事局审核同意：孟庆和任农田基本建设专业队党支部书记。

2002年9月15日，津南区水利局党委研究决定，报请区人事局审核同意：李复民兼任农田基本建设专业队党支部书记。

2002年12月6日，津南区水利局党委会议研究同意，农田基本建设专业队支部委员会组成及分工如下：党支部书记李复民；宣传委员张志钢；组织委员张瑞峰。

2002年12月27日，津南区水利局党委研究决定，报请区人事局审核同意：徐道琮任河道管理所党支部书记兼所长；免去孙万生河道管理所党支部书记，享受正科级待遇。

2003年2月24日，津南区水利局党委研究决定，报请区人事局审核同意：免去刘子林区水利局机关后勤服务中心党支部书记，享受正科级待遇。

2004年7月6日，津南区水利局党委研究决定，房恩荣兼任码头管理所党支部书记；增补张起昕为农田基本建设专业队党支部委员；增补张学松为河道管理所党支部委员；增补孙振苍、王恩祥为水利工程设计施工站党支部委员，解决了基层支部委员会班子不健全的问题。

2006年6月29日，津南区水利局党委研究决定，报请区人事局审核同意：李桂茹任区水利局机关后勤服务中心党支部书记。

2009年11月9日，津南区水利局党委研究决定，辛召东任水利工程设计施工站党支部书记；唐凯、马顺利任党支部委员。

三、水利专业技术人员培训

津南区水利局专业技术人员继续教育工作1991—2000年组织技术人员参加各类培训432人次。其中，1991年上半年选派45名技术人员到天津市各大、中专院校深造。

1991—1996年，组织技术人员参加各类培训197人次。其中各类理论培训20人次；各类岗位培训21人次；学历进修6人次；专业技术人员继续教育150人次。

1997年，局系统组织技术人员参加技工培训88人次，其中，高级技工77人。

2000年，局系统组织技术人员参加各类学习和技术培训102人次，其中：大本学历学习2人；大专学历学习19人；各类专业技术培训31人；项目经理培训7人；预算培训5人；合同管理培训2人；法人、项目经理培训15人；计算机、绘图培训2人；技术工人晋升技术等级培训21人。

第三节 治 水 人 物

一、党政领导

崔殿元（1928年9月至1994年10月） 男，汉族，1928年9月出生，河北省清苑县人，中共党员，初中学历。1945年11月参加工作，1950年赴朝鲜参加抗美援朝，战斗负伤后回国治疗，1953年伤愈后转为地方工作。历任区水利局农水科科长、区水利局副处级调研员。1991年12月离休，1994年10月去世。

王好科（1933年3月至2007年5月） 男，汉族，1933年3月出生，山东省掖县人，中共党员，大本肄业学历，工程师。1955年12月参加工作。历任区水利局副局长兼区根治海河指挥部政委、区重点工程指挥部指挥、区水利局局长、党委书记。1986年评为市外环线道路土方工程先进个人。1993年10月退休，2007年5月去世。

傅嗣江　男，汉族，1937年3月出生，河北省灵寿县人，中共党员。1966年7月，毕业于河北农业大学农田水利专业，大学本科学历。1967年9月参加工作。1968年5月，在北大港区水利局工作。1970年10月，北大港区并入南郊区，在南郊区农林水利局工作。历任区水利局农田水利基本建设专业队队长、区水利局副局长、处级调研员。1982年被评为区科研先进工作者、1986年被评为区“引滦入咸”工程先进个人；被评为1994年度、1995年度天津市水利系统“优秀水利建设管理工作者”。1997年5月退休。

崔希林　男，汉族，1943年7月出生，河北省枣强县人，中共党员。1967年8月，毕业于北京农业大学作物遗传及良种繁育专业，大学本科学历。1968年7月参加工作，曾任区农林局种子站技术员、副站长；区农林局农业科副科长；白塘口公社社长；南洋乡乡长兼农工商公司总经理；双桥河乡党委书记。历任区水利局副局长、处级调研员。1998年被评为区普法和依法治理工作先进个人。2003年8月退休。

陈文进　男，汉族，1944年10月出生，河北省曲阳县人，中共党员。1968年12月，毕业于河北农业大学农学专业，大专学历。1968年7月参加工作。1968年12月，在中国人民解放军4595部队农场工作。1970年3月，在河北高邑县农林局工作。1973年10月，在区农林局工作。曾任区农林局人事保卫科科长；区科委科技科科长。历任区水利局党委副书记、区水利局副局长、处级调研员。1984年被评为区科委先进个人、区先进工作者；1983—1984年，主持完成的《津南青韭》项目获天津市农业科技成果二等奖、南郊区农业科技成果一等奖；1997年被评为区热心交管先进领导干部、区优秀工会之友、区老干部工作先进工作者；1998年获天津市水利系统文明标兵。2003年11月退休。

杜金星　男，汉族，1944年12月出生，天津市河东区人，中共党员，高中学历。1960年12月参加工作，天津电缆厂工人；1961年9月入伍，曾任班长、排长、作训参谋、作训股长、团参谋长；军教导大队副大队长、大队长兼训练处处长；天津警备区预备役二师四团团长。1991年9月转业，主持津南区社会主义教育运动办公室工作；1992年3月，任区委宣传部部长。1994年4月，任区水利局党委书记、局长。1984年、1989年在部队荣立三等功；1989年被评为团职干部学雷锋标兵；1995年获天津市防汛工作先进个人称号；1995年度、1996年度、1997年度被评为区优秀领导干部。1998年12月，调任区农委主任。

赵燕成　男，汉族，1949年10月出生，天津市津南区人，中共党员。1979年5

月，毕业于天津水利学校水工建筑（农田水利）专业，中专学历。1979年12月参加工作，在河道管理所任技术员；历任区河道管理所副所长，区水利局副局长、党委副书记、津南水库管理处党支部书记，区水利局局长、区水利局党委书记。1982年获天津市水利系统先进个人；1991年获天津市地下水资源管理先进个人；1992年主持完成《改造中低产田、粮食持续创高产》项目，获津南区科技进步三等奖；1994年合作完成的《风力提水灌溉试验》项目获天津市科技进步三等奖；1994年市“双学双比”竞赛活动先进协调个人；1994年市防汛工作先进个人；1998年度、2000年度区优秀领导干部；1999年度、2001年度区水利局优秀党员；1999年获水利部“全国农村水利先进个人”；2000年获全国农村水利先进个人；2000年参加完成《潜水轴流泵示范推广应用》项目获津南区科学进步三等奖；2001年获市卫津河改造工程先进个人；2003年获市农口优秀思想政治工作者；2004年获市农村人畜饮水解困工程先进个人；2006年获市“十五”防汛抗旱先进个人。2009年11月退休。

于庆智 男，汉族，1950年11月出生，天津市津南区人，中共党员，天津师范大学在职研究生学历。1970年12月参加工作，历任津南水库管理处主任、区水利局副局长。1996年获天津市乡镇企业优秀管理工作者；2001年获区水利局优秀党员。2002年7月，调任区委保密局副局长。

毕永祥 男，汉族，1955年11月出生，天津市津南区人，中共党员，大专学历。1973年11月参加工作。曾任津南区双闸乡副乡长，津南区辛庄镇镇长，津南区南洋镇镇长、党委书记。历任津南水库管理处主任（副处级）兼津南区水利局副局长、区水利局副局长。1988年获区水利局先进个人；1989年区水利局优秀党员；1989年、1990年津南区优秀信息工作者；1991年津南区目标管理先进个人；1999年津南区农业系统先进领导干部；1999—2002年4次评为天津市水利系统水政监察先进个人。2003年，参加主持的《平原型水库高效养殖技术综合开发》项目，获得天津市科技进步三等奖、区科技进步一等奖。2007年4月，调任津南区工会副主席（正处级）。

黄杰 男，汉族，1956年7月出生，天津市人，中共党员，大专学历。1975年8月参加工作。曾任区建委副总工程师、区建委副主任。2009年1月任区水利局党委书记，2010年2月任区水务局党委书记、局长。2008年评为区新农村建设工作队先进个人。2012年2月，调任区房管局局长。

王玉清 男，汉族，1959年5月出生，天津市津南区人，中共党员，大专学历。1978年3月参军，曾任班长、排长、副连长；1985年12月，转业到津南区水利局，历任行政办公室副主任、主任；区水利局副局长；区水利局副局长兼纪委书记；区水务局副局长兼津南水库管理处主任。

在部队服役期间，2次荣立三等功，1次评为优秀党员。1992年获区水利局优秀党员；1993 年获区目标管理先进个人；1994 年获区水利局先进个人；1996 年度、1997 年度获区信访先进工作者；1997 年获区先进个人；2003 年度、2004 年度获天津市水利系统优秀思想政治工作者。

赵明显 男，汉族，1960 年 5 月出生，天津市津南区人，中共党员，在职大学本科学历。1981 年 10 月，天津水利学校毕业，参加工作。历任区农田水利基本建设专业队副队长；区海河二道闸水利码头副经理；区水利局设计施工站副站长；区水利局工程规划管理科科长，区水利局副局长。

2001 年 2 月，以第三完成人参加《水工建筑物补强新技术》项目，获得区科技成果一等奖。曾获 1982 年区新长征突击手；1983 年天津市水利局先进科技工作者；1985 年区党政机关先进工作者；1986 年区先进工作者；1991 度年、1992 年度、1994 年度区水利局先进个人；1999 年区“敬业杯”竞赛活动先进个人；1999 年区农口先进公务员；1999 年度、2000 年度、2001 年度区级优秀党员；2000 年市“北水南调”工程建设先进个人；2001 年市卫津河改造工程先进个人；2006 年市“十五”防汛抗旱工作先进个人；2006 年全国水利建设与管理先进个人。

郭凤华 男，汉族，1962 年 10 月出生，天津市津南区人，中共党员，2004 年 7 月，市委党校经济学在职研究生班毕业，在职研究生学历，高级工程师。1981 年 10 月参加工作，曾任区建委副主任；葛沽镇党委副书记、镇长。2000 年 1 月，任区水利局副局长。2006 年 1 月，调任区规划和国土资源局副局长。

2002 年 9 月，撰写的论文《以建设节水型社会为目标，保证社会经济可持续发展》，获得天津市委党校研究生班第四届优秀科研成果二等奖；2006 年 5 月，参与研究的《现代无金属水闸门研究与应用》获天津市水利局科技三等奖。2004 年获天津市农村人畜饮水解困工程先进个人、天津市农村水利工作先进个人。

孙文祥 男，汉族，1965 年 5 月出生，天津市津南区人，中共党员，在职大学本科学历，高级工程师。1985 年 12 月天津市水利学校毕业，参加工作。历任区河道管理副所长、所长；津南水库管理处副主任、副书记（主持工作）、主任。2007 年 1 月，调任津南区对外经济贸易委员会副主任；2010 年 2 月，任区水务局副局长。

2001 年撰写的论文《水工建筑补强新技术研究》，被评为津南区科技论文一等奖、天津市水利学会优秀论文一等奖；2001 年 12 月，主持的《水工建筑物补强新技术研究》项目，获区科技进步一等奖；2003 年，参加的《平原型水库高效养殖技术综合开发》项目，获区科技进步一等奖；2006 年 5 月，参加的《现代无金属水工闸门研究与应用》和《设施农业主要蔬菜作物需水量试验研究》项目，获天津市水利局科技进步三等奖。在《天津水利》上发表了《水工钢闸门的防腐与处理》等多篇论文。1998 年被评为市水利系统文明标兵；1999 年获区先进科技工作者；2000 年市“九五”立功先进个人；2001年津南区“十五”立功先进个人；2001年天津市技术创新先进个人；2001年天津市水利系统科技兴水先进个人；2002年津南区优秀党员；2002年津南区第四届“勤政为民敬业杯”先进个人；2002年首届津南青年人才奖；2002年津南区“十五”立功先进个人；2003年天津市“十五”立功先进个人；2003年津南区优秀党组织书记；2005年区“十五”立功先进个人；连续9年被评为区水利局先进个人。

二、劳动模范

朱连淳 男，汉族，1956年6月出生，天津市津南区人，中共党员。1961年1月，毕业于武汉水利电力学院河川枢纽水电站建设专业，大专学历。1972年12月参加工作。历任津南区钻井队分队长；区钻井队副队长、队长、党支部副书记；天津市金龙水利建筑工程公司经理、党支部书记。1998年10月，调任津南区小站镇经济管理委员会主任。

1988年担任区钻井队队领导以来，带领干部职工，在全市各区县打井76眼，修井59眼，修建桥、闸、涵23座，海河干流护坡1.2千米。承揽各类工程94项，相继完成津港公路幸福河方涵、津塘高速公路灌注桩、南开大学正门桥、南洋五登房四面平交闸等工程，获得可观的经济效益。1993年5月，改造钻井队队部及职工宿舍，建成商品楼8800平方米，除解决26户职工住房外，还获得纯利润90万元。1995年初，承包南洋村18.67公顷鱼池，建成集餐饮、娱乐、垂钓为一体的“南洋垂钓娱乐中心”，安置20名老弱病残职工。1986年被评为津南区优秀工会工作积极分子；1988年天津市总工会“七五”立功奖章获得者；1988—1995年8次评为区水利局优秀党员，1991—1994年4次评为区优秀党员；天津市总工会1991年度、1993年度、1995年度“八五”立功奖章获得者；1995年区优秀党支部书记；1992年度、1994年度、1996年度天津市劳动模范；1995年区水利局“勤政为民十佳公仆”；1996年天津市优秀党员；1997年区精神文明建设先进个人。

徐道琮 男，汉族，1952年10月出生，天津市津南区人。中共党员，初中学历，助理工程师。1971年11月参加工作，1980年12月，调入区水利局河道管理所，历任区河道管理所副所长、所长、党支部书记。2012年10月退休。

在抗旱调水、防汛除涝和“引黄济津”调水护水中，按照上级部门的调度指令，及时准确地完成了闸涵启闭工作。2008年7月上中旬，连续降雨导致津南区内多条河道超过了历史最高水位。他组织50人的抢险突击队，在河堤上坚守了四天三夜，加固险段10处，抢修闸涵6次，闸涵启闭21次，出色地完成了防汛抢险工作。在津晋、丹拉高速公路、津南区开发区、天津大道高速公路、地方铁路、输气管线等工程项目建设中，及时办理多项涉河水行政审批手续。他主持制定完善了一系列规章制度，实行河道堤防管理责任制，违法违章案件第一时间发现率由40%提高到100%。组织开展综合经营，承揽大量的工程，取得可观的经济效益，弥补了经费不足，提高了职工的收入水平和福利待遇。1990—2007年8次评为区水利局优秀党员；1991年度、1994年度、1995年度天津市水政监察先进个人；1995年区水利局“勤政为民十佳公仆”；2001年津南区“科技兴农丰收杯”先进个人；2001年度、2002年度、2004年度天津市水利局水政工作先进个人；2002年区级优秀党员；2002年区“文明守纪新风杯”先进个人；2003年区“十五”立功先进个人；2003—2004年度天津市水利系统精神文明建设先进个人；2006年区“五一”劳动奖章获得者；2007年天津市“五一”劳动奖章获得者；2008年天津市水利系统文明职工；2008年天津市劳动模范。

三、高级工程师

赵凝茹 男，汉族，1933年6月出生，浙江省杭州市人，中共党员。1961年1月，毕业于武汉水利电力学院河川枢纽水电站建设专业，大专学历，高级工程师。1951年1月参加工作。1951年1月至1954年9月，中国人民解放军第四通信学校学员、助教、排长。1954年9月至1956年9月，湖北省浠水县邮电局机务员。1956年9月至1961年9月，武汉水利电力学院学生。1961年9月至1978年12月，湖北省浠水县水利局技术员。1978年12月调天津市南郊区水利局。历任南郊区水利局工程师、高级工程师；区水利学会第五届理事会副理事长。1993年7月退休。

先后主持完成十米河泵站、双巨排污河涵闸及倒虹吸、四丈河闸、马厂减河首闸迁建、双桥河节制闸、白塘口桥、双洋渠泵站等多项水工建筑物设计；审核大芦庄节制闸、葛沽西装厂及办公楼、小站粮库、双闸乡卫生院等25项工程设计。

阚宝（葆）桐（1935年6月至2002年3月） 男，汉族，1935年6月出生，天津市津南区人，中共党员。1963年7月，毕业于武汉测绘学院航空摄影测量系，大学本科学历，高级工程师。1951年9月参加工作。1951年9月至1958年9月，河北省水利厅勘测设计院工作；1958年9月至1963年9月，武汉测绘学院读书，1963年9月至1970年3月，在国家测绘总局工作；1970年3月调天津市国家测绘总局；1970年5月，天津市公共汽车修理厂工作；1978年12月调区水利局，历任工务科科员、技术员；区水利工程公司副经理、工程师。区水利勘察设计室副主任、工程师；区水利局设计科副科长、工程师、高级工程师。1995年7月退休，2002年3月去世。

主持完成：独流减河纵横断面测量和十米河南端涵闸工程；双巨、南大排污河工程测量、设计与施工；“引滦入津”明渠津南段工程的测量与施工；南郊区土地资源调查；147.07公顷暗管排咸施工；天津板纸厂给、排水工程测量与施工。1982年被评为区水利局先进工作者；1983年获区水利局先进科技工作者；1989年授予测绘工作荣誉证书；1993年获区水利局先进个人。

朱文科 男，汉族，1935年10月出生，河北省献县人，中共党员。1960年毕业于河北省水利学校，中专学历，高级工程师。1960年8月参加工作，分配在天津专区水利局，后到宝坻县、香河县水利局工作。1975年调南郊区水利局，历任：区打井办公室副主任；区水利局农田水利科副科长；区河道管理所所长；区水利局水利设计施工站站长、高级工程师；区水利学会第五届理事会理事；津南区政协委员。1996年1月退休。

1975年在南郊区水利局工作期间，先后主持完成了：幸福河北义排沥闸、四丈河倒虹吸、十米河方涵闸、卫津河倒虹吸、马厂减河箱型倒虹吸等工程的设计；官港水库、扬水站及配套工程的扩初设计；新先锋河改造和老先锋河排污掉头工程设计与施工；32千米海河干流复堤工程和4.25千米海河浆砌石护岸工程；《津南区十年水利规划和“八五”计划》《天津市城市防洪计划（津南区段）》《海河干流加固工程的初步设计（津南区段）》等规划的制定；双洋渠泵站重扩建、大芦庄节制闸、北义节制闸、津港公路幸福河方涵等工程的设计与施工。1983年被评为天津市先锋河改造工程先进工作者；1986年区先进工作者；1988年区海河复堤工程先进工作者；1991年度、1992年度、1993年度区水利局优秀党员；1993年被水利部海河委员会评为“根治海河三十年劳动模范”。

陈尚达 男，汉族，1937年1月出生，浙江省绍兴市人。1964年7月，毕业于武汉测绘学院工程测量专业，大学本科学历，高级工程师。1964年8月参加工作。曾任：天津市南郊区咸水沽公社办事员。1974年12月调入南郊区水利局，历任水利设计施工站技术员、助理工程师、工程师、高级工程师。1997年2月退休。

1997年2月，天津市水利学会颁发从事水利工作30年荣誉证书。

张延巇 男，汉族，1939年2月出生，山东省德州市人，中共党员。1962年7月，毕业于天津大学水工建筑专业，大学本科学历，高级工程师。1962年10月参加工作，山东临朐县冶原水库管理局。1983年3月，调入南郊区水利局，历任区水利局设计科工程师；区水利局设计室主任、工程师；区河道管理所所长；区水利工程公司经理、党支部书记、高级工程师。1999年3月退休。

1983年3月以来，主持完成：区水利局办公楼附属建筑、滨海化工厂化验楼、二道闸下游水利码头的设计；板纸厂场外给水工程、水利局综合实验楼的全部施工图；校核审定园田引水等10余项工程的施工图；进行八里台水库水文气象、地理环境调查和水文水利计算与效益分析，编报了水库规模和任务书；完成了7座二级河道闸涵的机电设备维修；承揽了板纸厂场外排水工程设计与施工；主持完成了八里台水库扩初设计。1984年被评为区精神文明积极分子；1985年区水利局先进工作者，1986年区政府记功奖励，1987年区“引滦入咸”工程先进个人。

张家林（麟）（1939年2月至1997年12月）　男，汉族，1939年2月出生，天津市人，中共党员。1959年8月毕业于天津铁路工程学校，中专学历，高级工程师。1959年9月参加工作，在铁道部海拉尔、第三、第一铁路工程局和沈阳铁路局工作，1978年5月，调入南郊区水利局，历任区水利局工务科助理工程师；区农田水利基本建设专业队副队长、助理工程师；区河道管理所副所长、助理工程师；区水利局设计科（1987年12月更名为南郊水利工程公司）助理工程师、工程师、高级工程师。1997年12月去世。

1978年5月调入南郊区水利局，先后参加并完成幸福河闸、四丈河闸、月牙河闸、双桥河闸工程施工；作为工程技术负责人完成了外环线南郊区段施工；主持并参加了幸福河测量、输油管线跨河、海河护坡、咸水沽镇光明南里及二十冶宿舍楼等工程的施工与监理工作。1984年被评为区精神文明积极分子；1985年区水利局先进工作者；1986年区政府记功奖励；1987年区“引滦入咸”先进个人。

薛春渭　男，汉族，1942年11月出生，天津市津南区人。1963年毕业于天津铁路工程学校桥梁隧道专业，中专学历，1990年11月，山西水利职工大学水工建筑专业结业（大专层次）。高级工程师。1963年8月参加工作，任铁道部第四设计院（湖北武昌）实习钻探工、助理技术员。1974年9月，调南郊区水利局。历任：助理工程师、工程师、高级工程师；区水利学会第一至七届理事会理事兼秘书；津南区第一、二、三届农业技术专家组成员；区政协委员。2002年12月退休。

1974年9月以来，相继完成双月泵站、东沽泵站自流闸、双巨排污河8座农用桥等工程的设计；引进推广双曲拱桥并完成35座桥梁的设计与施工。引进推广梁板式钢丝网水泥平面闸门、扭曲坡铸铁闸门等5项新技术；完成津南铁路支线、官港水库、钱圈水库及8条河配套工程的前期工作；完成双月泵站、洪泥河首闸等工程的施工和监理；主持完成了津南经济开发区东区排水工程；参与完成津南水库建设的前期准备；完成多座镇村小水库及配套工程的设计；受邀聘请参加市区专家评审会，科技项目鉴定、验收、评标等工作10余次（其中3次担任主任或副主任委员）。1990年4月，《四丈河止水技术》获区科技进步三等奖（第一作者）；1992年4月，《大跨度铸铁闸门的设计与施工》项目获区科技进步二等奖（第二作者）；1994年3月，撰写的论文《被遗忘的赤龙河》，在天津市水利学会第七届年会上交流并评为优秀学术论文；1994年8月，撰写的《赤龙河的变迁》在海拉尔举办的海河流域五省市水利史志研讨会上发表，并刊登于

《天津水利》（1997年12月第4期）；1996年3月，撰写的《通济桥（清）工程建造》被评为天津市水利学会第八届年会优秀论文，并刊登在《天津水利》（1996年12月第4期），1998年10月由国家选入《走向21世纪的中国—中国改革与发展年鉴》一书，1999年2月由警官教育出版社正式出版发行；1997年8月，以第二撰稿人参加编写的《津南区水利志》获天津市第二届优秀志书成果三等奖和区科技进步三等奖；1999年9月，撰写的论文《水资源与节水农业》，在区跨学科综合学术交流会上交流，并获二等奖；2001年度主持的《潜水轴流泵示范推广应用》项目，获区科学进步奖三等奖（第一作者）；2003年10月，撰写的《泵站的新建和扩建改造工程应优先选用潜水轴流泵》论文，在天津市召开的全国泵站科技信息交流会上交流并获得二等奖。曾被评为：1984年3月，天津市科协工作积极分子；1993年1月，天津市水利局修志先进工作者；1997年2月，天津市水利学会授予“从事水利工作30年”荣誉证书；1998年度、1999年度津南区优秀政协委员；2000年度津南区专业技术拔尖人才。

李德永　男，汉族，1945年9月出生，天津市津南区人，中共党员。1969年7月毕业于北京地质学院水文工程地质专业，大学本科学历，高级工程师。1969年7月参加工作。历任：区水利工程公司副经理；区水利局水利设计施工站副站长、站长；津南区工程技术初级评审委员会委员。2005年11月退休。

1987年6月调入南郊区水利局，先后参加或主持完成《津南区十年水利规划和“八五”计划》《天津市城市防洪计划（津南区段）》《海河干流加固工程的初步设计（津南区段）》等规划的制定；参加完成了双洋渠泵站重扩建、大芦庄节制闸、北义节制闸、津港公路幸福河方涵、津港公路四丈河方涵等20多项工程的设计与施工。撰写的论文《太原西山地区岩溶地下水资源评价研究》，获山西省1985年度科技进步三等奖；参加《山西省自然图集》中“山西省水文地质图”的编绘工作。该《山西省自然图集》获得山西省1985年度科技进步一等奖；参加国家科技攻关项目“华北地区水资源开发和利用研究”，完成了“山西省水资源评价”内容的编写和部分图幅的编绘工作。获1988年国家地矿部科技进步一等奖、1989年国家科技进步二等奖。曾评为1991年度区水利局先进个人；区第五届、六届科技周宣传工作先进个人；1993—1997年5次评为区水利局优秀党员；1995年度区水利局“勤政为民十佳公仆”；2002年度区水利局考核优秀等次。

尹同源　男，汉族，1951年10月出生，天津市津南区人，中共党员。1980年7月，毕业于天津大学水工建筑物专业工农兵学员，大普学历，高级工程师。1971年10月参加工作。历任：区河道管理所技术员；区水利局设计室工程师；区农田水利基本建设专业队副队长、工程师；区水利局设计施工站高级工程师；津南水库管理处副主任、高级工程师；区水利局机关服务中心主任；区第三届农业专家组水利专家组成员。2011

年10月退休。

1971年10月参加工作以来，先后完成多项水利工程测量、施工与涵闸维修；完成河道管理所宿舍、重力式片石挡土墙的设计与施工；负责完成5条二级河道纵横断面工程位置图、海河干流南郊区段水利工程位置图绘制；完成滨海化工厂化验楼设计。1988年被评为区水利局先进工作者；1989年被评为区先进个人；1989年度、1998年度区水利局优秀党员；1998年7月，获水利部颁发的“为水利事业勤奋工作二十五年”荣誉证书；2007年区水利局目标管理考核优秀等次。

孙振苍　男，汉族，1954年2月出生，山东省无棣县人，中共党员。1980年8月，毕业于天津大学水利系水工建筑专业工农兵学员，大普学历，高级工程师。1971年10月参加工作，历任区排灌管理站工人；区排灌管理站技术员；区排灌管理站副站长、站长、工程师；区排灌管理站站长、副书记；区水利局设计施工站副站长（主持工作）；兼任津南区金龙水利工程设计所所长；区水利局设计施工站站长；聘为区一至七届农业专家组成员，后期任农业专家水利组组长。2014年2月退休。

1987年11月评聘为工程师以来，主持完成：双月、周辛庄等5座泵站大修工程方案与施工；东沽泵站泵房改造工程的设计与施工；巨葛庄排污泵站重扩建工程的设计与施工。1994年11月评聘为高级工程师以来，主持完成：东沽自流闸、葛沽泵站迁建、扩建工程的设计与施工；跃进河泵站新建工程的设计；十米河泵站改造、双月泵站应急除险加固工程方案与施工；津南开发区东区排水泵站和双桥河镇农业开发项目的设计；津南水库泵站、变电站、泄水闸、用水闸、排水闸等配套建筑物等工程的施工。1991年撰写的论文《大沽排污河现状调查及治理设想》，获区科技论文一等奖；1992年主持的《大跨度铸铁闸门设计与施工》项目，获区科技进步二等奖。1974—2001年7次评为区水利局先进个人；1989年被评为天津市农村水利基层管理先进个人；1990—1995年4次评为区水利局优秀党员；1992年度、1993年度、1995年度天津市总工会“八五”立功奖章获得者；1995年天津市防汛工作先进个人；1995年区水利局“十佳公仆”；1998年4月，津南水库建设中记三等功一次；1998年获得水利部“水利工作勤奋工作25年”荣誉证书。

潘秀义　男，汉族，1958年10月出生，天津市蓟县人，中共党员。1982年1月，毕业于天津农学院水产系，大学本科学历，高级工程师。1982年3月参加工作。曾任津南区双闸乡科技副乡长；区水产技术推广站副站长、站长。2007年2月任津南水库管理处副主任。

1988年参与的《津郊连片池塘养鱼》项目获得农业部渔业“丰收奖”三等奖；1992年主持的《鱼蟹混养综合养殖技术的示范与推广》项目获得天津市科技进步三等奖；1996年参加主持的天津市《十万亩河蟹增养殖技术推广》项目，获得天津市科技进步二等奖；

2003年作为第一完成人主持的《平原型水库高效养殖技术综合开发》项目，获得天津市科技进步三等奖，同时获得津南区科技进步一等奖。1990—2004年，独著及合著的《旧河道开发网箱养鱼获高产》《调整结构，促进津南水产养殖业的发展》《平原型水库综合高效养殖技术》等8篇论文，先后在《天津水产》《水产科学》《淡水渔业》《中国渔业经济》等杂志上发表。1985年被评为区级先进工作者；1989年被评为区级目标管理先进个人；2001年区第四届“科技兴农丰收杯”先进个人；2003年天津市科协科学文明家庭；2004年度、2006年度区水利局优秀党员；2007年区水利局考核为优秀等次。

吴洪福　男，汉族，1963年7月出生，天津市津南区人，中共党员，在职大学本科学历，高级工程师。1983年10月参加工作。历任区农田水利基本建设专业队、区水利局设计科、区水利工程公司（原设计科）技术员；津南水库管理处水源工程管理科副科长、科长；区水利工程建设服务站站长、书记。

1983年10月以来，先后完成荒地排河闸施工、八里台水库泵站扩初设计、板纸厂引水、排污工程设计与施工等7项工程；1988年12月聘为助理工程师，先后主持完成海河干流南郊区段治理规划及口门设计，津港公路四丈河方涵、幸福河方涵、大芦庄节制闸、北义节制闸等6项工程的设计与施工；1996年12月聘为工程师期间，先后主持完成海河干流治理工程二道闸上游段，津南水库迎水坡混凝土护坡、供水闸、泄水闸、防浪墙、12千米堤顶路、3座渡槽、3.5千米幸福河路等12项工程的施工。主持实施库区农业综合开发、节水灌溉中心建设。2002年12月聘为高级工程师以来，主持完成月牙河清淤、护坡工程设计及咸水沽段11千米清淤护砌工程；双桥河清淤工程设计；天嘉湖土方改造工程金龙公司段任务；巨葛庄泵站上游18.3千米、双巨排污河环外段9.7千米、上游排污河8.6千米的清淤工程；2009年、2010年“引黄济津”海河干流沿线75座、洪泥河沿线85座口门封堵任务。曾被评为1991年度、1992年度区水利局先进个人；1991年区修筑津港公路先进工作者；1994年度、1995年度天津市水利局“优秀水利建设工作者”；1995年度、2005年度、2008年度区水利局考核优秀等次；2000年度、2009年度区水利局优秀共产党员；2009年天津市水利局水政工作先进个人；2009年天津市“引黄济津”先进个人。

李复民（1964年5月至2007年12月）　男，汉族，1964年5月出生，天津市津南区人，中共党员，大专学历，高级工程师。1983年11月参加工作。历任技术员、助理工程师、工程师、高级工程师，农田水利基本建设专业队副队长、队长、队长兼党支部书记。2007年12月去世。

1996年被评为天津市水利局水利经济统计先进个人；2000—2007年7次被评为区水利局优秀党员；2001年津南区“文明守纪新风杯”先进个人；2002年津南区第四届“科技兴农丰收杯”先进个人；2002年度、2004年度津南区“十五”立功先进个人；

2002—2003年度天津市水利工程建设先进个人；2006年获天津市“五一”劳动奖章；2007年区水利局目标管理考核优秀等次。

乔良国 男，汉族，1967年2月出生，山东省济南市人，中共党员。2009年1月，毕业于北京工业大学水利水电工程专业，大专学历，高级工程师。1987年12月参加工作。历任区排灌管理站助理工程师、工程师、高级工程师；区排灌管理站副站长。

2001年3月评聘为工程师以来，相继完成东沽泵站原机盖板涵、塑黄进港线大沽排污河配套、大沽排污河巨葛庄泵站改造等16项工程。1992年撰写论文《大跨度铸铁闸门设计与施工》，获得津南区科技进步二等奖。1994年被评为区水利局先进个人；2008年区水利局目标考核优秀等次。

张学松 男，汉族，1968年10月出生，湖北省武汉市人，中共党员。1989年6月，毕业于华北水利水电学院工业与民用建筑专业，大学本科学历，工科学士学位，高级工程师。1989年7月参加工作。历任区水利工程设计施工站助理工程师、工程师、高级工程师；区河道管理所副所长；区水利工程建设管理中心副主任。

1989年7月参加工作以来，见习期参加幸福河、双洋渠泵站工程测量，完成大孙庄小学教学楼等5项工程施工；评聘为助理工程师期间，主持完成双洋渠泵站重扩建工程设计，津港公路幸福河与四丈河方涵、北义节制闸等17项工程的施工监理工作；评聘为工程师以来，主持完成津南区二八公路方涵与葛沽泵站迁建工程的设计工作，海河干流治理工程1996—1998年9个施工标段、五登房四面平交闸、津南水库围堤土方等工程的施工与监理工作；主持完成1997年、1998年海河干流治理工程与津南水库一期工程施工竣工文件的整理汇编工作。评聘为高级工程师后，主持完成津南区月牙河节制溢流闸工程设计；外环河、大沽排污河治理工程3座节制闸重建的施工；2003—2011年海河干流津南区辖段20个区段维修加固和应急抢险工程的立项、施工、验收工作；大沽排污河一期、二期、三期水环境治理工程等30余项工程的质量安全管理、竣工验收及资料整编工作。曾被评为2008年度区水利局优秀党员。

张志刚（钢） 男，汉族，1972年1月出生，天津市津南区人，中共党员。1991年6月，毕业于天津市水利学校水工建筑专业，中专学历，2001年7月，毕业于河海大学工程管理专业，在职大学本科学历。高级工程师。1991年9月参加工作。历任区农田水利基本建设专业队技术员、助理工程师、工程师；区农田水利基本建设专业队副队长；区水利建设综合经营管理站站长、高级工程师。

1991年9月任技术员期间，先后完成石化排水厂三角地雨水泵站、幸福河节制闸等工程的施工；独立承担了捷地减河节制闸、双洋渠泵站、西小站桥、海河干流治理辛庄段、葛沽段等工程的施工；主持完成了五登房平交闸、全红桥等工程的施工。1995年11月，聘为助理工程师以来，参与完成康业、大芦庄等5座桥的施工；主持完成跃进河泵站、洪泥河防洪闸、翟家甸倒虹吸，津南水库混凝土护坡、泄水闸、供水闸、海河干流治理水利码头等7个标段工程的施工；北辰区庞嘴、咸水沽东大桥等10座桥的施工。2002年1月，评聘为工程师以来，主持完成马厂减河双闸桥、滨海新区大港凯旋街公路桥、“引黄济津”配套工程、米兰阳光花园C区一期工程、外环河河道扩挖整治、子牙河排水泵站、葛沽泵站扩建、天嘉湖改造土方等多项工程。2008年1月，评聘为高级工程师以来，主持完成海河故道地震观测房、大沽排污河下穿洪泥河倒虹吸，北辰区下蒲口桥、兴港桥、钱圈桥等6座桥的施工。2002年评为区“好丈夫”；2003年区“十五”立功先进个人；2003—2009年6次评为区水利局优秀党员；2008年市“五一”劳动奖章先进个人；2008—2011年2次评为区优秀工会之友。

钟永全 男，汉族，1973年7月出生，天津市津南区人，中共党员。1992年6月，毕业于天津水利学校水工建筑专业，大学本科学历，高级工程师。1992年10月参加工作，历任：区钻井队技术员、助理工程师、工程师；区钻井队副队长；区钻井施工服务站站长、高级工程师。

1994年6月，任技术员参加并主持西青区小孙庄津港运河桥、天津寝园双白引河桥、月牙河全红桥等8座桥的施工；主持完成五登房四面平交闸、幸福河倒虹吸、翟家甸倒虹吸、跃进河泵站等工程的施工。1998年2月，任助理工程师期间主持完成津南水库护砌及泄水闸工程；海河干流北洋段、杨惠庄段、东嘴环岛段治理工程；“引滦入港”聚酯管线工程；武清区城关镇李老村和大王古庄镇北刘庄村打井工程；“引黄济津”配套排水调头工程；津南开发区排污管线工程。2004年1月，任工程师主持完成外环河综合治理；津南开发区聚英路涵桥；聚贤路排污泵站污水处理厂；双白引河泵站、天津市红光中学水源热泵站；马厂减河西小站段清淤；海河故道综合治理等工程。2010年1月，任高级工程师，主持完成区园林绿化供水及静海津沪高速收费站等新打机井22眼；马厂减河桥；津南水库防渗工程；排污河津港公路涵等工程。被评为1999—2000年度天津市水利系统“文明标兵”；2003—2009年4次评为津南区“好丈夫”；2004年区水利局优秀党员；2007—2010年天津市绿化工作先进个人；2008年天津市“奋战900天市容环境综合整治”先进工作者；2008年区水利局目标考核优秀等次；2009年、2010年度天津市农村水利工作先进个人。

四、高级政工师

刘云恒 男，汉族，1952年3月出生，天津市大港区人，中共党员。1989年1月，北京函授经济管理专业，大专学历，高级政工师。1969年12月参加工作。曾任区重点工程指挥部办公室副主任、助理工程师。历任区水利局行政办公室副主任；区排灌管理站党支部书记、站长、政工师、高级政工师。

1993—2007年9次评为区水利局优秀党员；1996年天津市水利局水利经济统计先进个人；1998年获天津市总工会“九五”立功奖章；1999年区“勤政为民敬业杯”先进个人；1999—2006年6次评为区优秀党组织书记；2001年天津市“九五”立功先进个人；2001—2002年度天津市水利系统精神文明标兵；2002年区级优秀党员；2002年区“十五”立功先进个人；2003—2004年度天津市水利系统精神文明建设先进个人；2006年天津市防汛抗旱先进个人；2007年区水利局目标管理考核优秀等次；2007年度、2008年度区“十五”劳动奖章先进个人；2008年天津市水利系统文明职工。2008年，在天津市人民出版社出版的《政工师论文集》上发表《运用谈心法做好思想政治工作》的论文。

冯秀东　男，汉族，1953年11月出生，天津市津南区人，中共党员。2000年12月，毕业于中央党校党政管理专业，大学本科学历，高级政工师。1973年11月参加工作。历任区排灌管理站党支部副书记；区水利局机关服务中心主任；津南水库管理处办公室主任、高级政工师。

2006年撰写的论文《永葆共产党员先进性建设的思考》被区思想政治工作研究会评为三等奖；论文《提高文明建设水平努力构建和谐社会之我见》，被天津市水利局思想政治工作研究会评为二等奖。被评为2005—2006年度天津市水利系统文明职工；2005—2006年度区级文明市民；2005—2006年度市级文明家庭；2006年区水利局优秀党员。

张树庄　男，汉族，1962年12月出生，河北省曲阳县人，中共党员，大专学历，高级政工师。1980年8月参加工作。历任区排灌管理站党支部副书记；津南水库管理处党支部副书记（正科级）；2006年1月，调任津南区北闸口镇副镇长。

1997年被评为区双拥工作先进个人；1999—2000年度区优秀思想工作者；1998—2004年度4次评为天津市水利系统精神文明建设文明标兵；2004年5月，撰写的《略谈新形势加强和改进思想政治工作的规定性特征》政研论文，评为天津市水利局思想政治工作研究成果优秀奖。

五、先进集体、先进个人名录

1991—2010年，津南区水务工作取得骄人成绩，水务战线涌现出一批先进集体和先进个人，为水务工作作出了贡献，其中，津南区水务（水利）局及下属单位获市、区级以上先进集体荣誉称号共计128次，津南区水务（水利）局获市、区级以上先进个人荣誉称号共计318人次，详见表11-2-30和表11-3-31。

表 11-3-30 **1991—2010 年津南区水务（水利）局先进集体名录**

时间（年．月）	集体名称	获奖称号	颁发单位
1994	津南区水利局	1994 年度津南区"勤政廉政"十佳单位	津南区委、区政府
1994.9	津南区水利局	天津市 1994 年防汛工作先进集体	天津市政府
1995	津南区水利局	1995 年度津南区"勤政廉政"十佳单位	津南区委、区政府
1995.9	津南区水利局	天津市 1995 年防汛工作先进集体	天津市政府
1996	津南区水利局	1996 年度津南区"勤政廉政"十佳单位	津南区委、区政府
1996.10	津南区水利局	1996 年天津市防汛抗洪抢险先进集体	天津市委、市政府
1997	津南区水利局	1997 年度津南区"勤政廉政"十佳单位	津南区委、区政府
1997.3	津南区水利局	1996 年度津南区宣传思想工作先进单位	津南区政府
1997.4	津南区水利局	天津市爱国卫生先进单位	天津市爱卫会
1997.4	津南区水利局	天津市 1996 年度驾协优秀工作站	天津市交管局
1997.4	津南区水利局	1994—1996 年度天津市内审工作先进集体	天津市财政局
1997.4	津南区水利局	1996 年度水政工作先进集体	天津市水利局
1997.4	津南区水利局	"二五"普及水法工作先进集体	天津市水利局
1997.5	津南区水利局	1996 年市级文明单位	天津市委、市政府
1997.7	津南区水利局	1994—1997 年天津市包村工作先进单位	天津市委宣传部、天津市农委
1997.11	津南区水利局	天津市水利系统篮球联赛团体冠军	天津市水利局
1997.12	津南区水利局	天津市"双学双比"活动先进协调单位	天津市委宣传部
1997.12	津南区水利局	综合经营工作先进单位	天津市水利局
1997.12	津南区水利局	地下水资源管理工作考核第二名	天津市水利局
1997.12	津南区水利局	1997 年度水利工程基建报表先进单位	天津市水利局
1998	津南区水利局	1998 年度津南区"勤政廉政"十佳单位	津南区委、区政府
1998.11	津南区水利局	津南区普法依法治理先进集体	津南区委、区政府
1998.12	津南区水利局	1997 年度水政工作先进集体	天津市水利局
1998.12	津南区水利局	天津市农口系统思想政治工作优秀单位	天津市农委
1999.2	津南区水利局	津南区 1998 年度宣传思想工作先进单位	津南区委
1999.3	津南区水利局	天津市文明机关	天津市文明委
1999.3	双月泵站	1998 年度津南区文明单位	津南区文明委
1999.3	东沽泵站	1998 年度津南区文明单位	津南区文明委

续表

时间（年．月）	集体名称	获奖称号	颁发单位
1999.3	水利设计施工站	1998年度津南区文明单位	津南区文明委
1999.3	钻井队	1998年度津南区文明单位	津南区文明委
1999.3	河道所	1998年度津南区文明单位	津南区文明委
1999.3	农田基本建设专业队	1998年度津南区文明单位	津南区文明委
1999.3	排灌站	1998年度津南区红旗文明单位	津南区文明委
1999.4	津南区水利局	1998年度天津水利系统文明单位	中共天津市水利局委员会
1999.4	排灌站	1998年度天津水利系统文明单位	中共天津市水利局委员会
1999.9	津南区水利局	老干部工作先进集体	天津市委老干部局
1999.12	津南区水利局	集体嘉奖	天津市公安局
1999.12	津南区水利局	1999年度天津市卫生先进单位	天津市爱卫会
1999.12	津南区水利局	财务决算编制工作优秀单位	天津市水利局
2000.2	津南区水利局	1999年度计划生育先进单位	津南区政府
2000.3	津南区水利局	1999年度天津市水利系统优秀信息工作单位	天津市水利局
2000.4	津南区水利局	1999年度联系点工作先进单位	津南区委
2000.4	津南区水利局	1999年度津南区“勤政廉政”十佳单位	津南区委
2000.8	津南区水利局	北水南调工程建设突出贡献奖	天津市政府
2000.12	津南区水利局	北水南调工程建设先进集体	天津市政府
2001.1	津南区水利局	1999—2000年度思想政治工作先进单位	津南区政府
2001.2	津南区水利局	1999—2000年度天津市计划生育工作先进集体	天津市政府
2001.3	津南水库管理处	1999—2000年度津南区文明单位	津南区文明委
2001.3	水利工程设计施工站	1999—2000年度津南区文明单位	津南区文明委
2001.3	河道所	1999—2000年度津南区文明单位	津南区文明委
2001.3	排灌站	1999—2000年度津南区文明单位	津南区文明委
2001.3	水利综合经营管理站	1999—2000年度津南区文明单位	津南区文明委
2001.3	钻井队	1999—2000年度津南区文明单位	津南区文明委
2001.3	农田基本建设专业队	1999—2000年度津南区文明单位	津南区文明委

续表

时间 （年．月）	集体名称	获奖称号	颁发单位
2001.3	双月泵站	1999—2000年度津南区文明单位	津南区文明委
2001.3	十米河泵站	1999—2000年度津南区文明单位	津南区文明委
2001.3	东沽泵站	1999—2000年度津南区文明单位	津南区文明委
2001.3	津南区水利局	1999—2000年度津南区文明机关	津南区文明委
2001.4	津南区水利局	1999—2000年度天津市文明机关	天津市文明委
2001.4	津南区水利局	1999—2000年度天津市水利系统文明单位	天津市水利局
2001.5	津南区水利局	天津市“引黄济津”工作先进集体	天津市委、市政府
2001.6	津南区水利局	天津市1996—2000年法制宣传教育工作先进集体	天津市委、市政府
2001.12	津南区水利局	卫津河改造工程先进集体	天津市委、市政府
2002.12	水政监察科	2001—2002年度天津市水利系统 水政工作先进集体	天津市水利局
2002.12	排灌站	2001—2002年度天津市水利系统精神 文明建设文明单位	中共天津市水利局委员会
2003.3	工程规划科	2001—2002年度津南区文明科室	津南区文明委
2003.3	农田水利科	2001—2002年度津南区文明科室	津南区文明委
2003.4	排灌站	津南区“十五”立功先进集体	津南区总工会
2003.4	津南区水利局	2002年度联系点工作先进单位	津南区委、区政府
2003.6	排灌站	区级先进党支部	津南区委
2003.7	津南区水利局	“立林杯”羽毛球比赛男子团体亚军	津南区第五届 全运会组委会
2003.7	津南区水利局	“立林杯”羽毛球比赛女子团体季军	津南区第五届 全运会组委会
2003.9	津南区水利局	津南区第五届全运会闭幕入场式最佳组织奖	津南区第五届 全运会组委会
2003.11	津南区水利局	“引滦入津”20周年保护饮用水安全先进集体	天津市政府
2003.12	津南区水利局	2003年度津南区政务信息先进单位	津南区政府
2004.2	排灌站	2002—2003年度天津市水利系统文明闸站	中共天津市水利局委员会
2004.2	津南区水利局	天津市水利系统水政工作先进集体	天津市水利局
2004.2	津南区水利局	2003年度人大建议政协提案优秀承办单位	津南区政府
2004.4	津南区水利局	津南区“十五”立功先进集体	津南区总工会
2004.4	津南区水利局	2003年度联系点工作先进单位	津南区委、区政府

续表

时间（年．月）	集体名称	获奖称号	颁发单位
2004.7	津南区水利局	天津市农村饮水解困工作先进集体	天津市委、市政府
2004.8	津南区水利局	党员学习竞赛活动先进单位	天津市委宣传部
2004.11	津南区水利局	2002－2003年度天津市水利工程建设先进单位	天津市水利局
2004.12	津南区水利局	天津市农村思想政治工作优秀政研会	天津市农村思想政治工作研究会
2004.12	津南区水利局	津沽路改造工程先进单位	津南区政府
2005.1	津南区水利局	天津市农村水利工作先进集体	天津市水利局
2005.2	津南区水利局	2004年度行风建设先进单位	津南区委、区政府
2005.3	津南区水利局	2003－2004年度“双学双比”先进协调单位	津南区委、区政府
2005.4	津南区水利局	2004年度地下水资源保护先进单位	天津市水利局
2005.4	津南区水利局	2003－2004年度天津市文明机关	天津市文明委
2005.4	津南区水利局	2003－2004年度津南区文明单位	津南区文明委
2005.4	津南水库管理处	2003－2004年度津南区文明单位	津南区文明委
2005.4	排灌站	2003－2004年度津南区文明单位	津南区文明委
2005.12	排灌站	2004－2005年度天津市水利系统文明闸站（所）	中共天津市水利局委员会
2005.12	河道所	2004－2005年度天津市水利系统文明闸站（所）	中共天津市水利局委员会
2005.12	津南水库管理处	2004－2005年度天津市水利系统文明闸站（所）	中共天津市水利局委员会
2005.12	津南区水利局	天津市农村思想政治工作优秀政研会	天津市农村思想政治工作研究会
2006.1	津南区水利局	2005年度政府信息工作先进单位	津南区政府
2006.2	津南区水利局	2005年度政风行风建设先进单位	津南区委、区政府
2006.3	津南区水利局	天津市创建国家环境保护模范城市先进集体	天津市政府
2006.4	津南区水利局	天津市“十五”期间防汛抗旱工作先进集体	天津市政府
2006.6	津南区水利局	党员联系户活动先进集体	津南区委
2006.10	津南区水利局	2005年度信息宣传优秀工作单位	天津市水利局
2006.10	津南区水利局	天津市节水统计工作先进集体	天津市水利局
2006.10	津南区水利局	2001－2005年度普法依法治理先进集体	津南区委、区政府
2006.12	津南区水利局	2003－2006年度拥军优属模范集体	津南区委、区政府
2007.1	津南区水利局	2006年度政务信息先进单位	津南区政府
2007.1	津南区水利局	2005－2006年度科技人员下乡结对子先进协调单位	津南区委、区政府

续表

时间（年．月）	集体名称	获奖称号	颁发单位
2007.2	津南区水利局	2006年度政风行风建设标兵单位	津南区委、区政府
2007.3	津南区水利局	2005—2006年度天津市文明机关	天津市文明委
2007.3	排灌站	2005—2006年度天津市文明单位	天津市文明委
2007.3	津南区水利局	2005—2006年度“双学双比”活动先进单位	津南区委、区政府
2007.3	津南区水利局	2005—2006年度津南区文明机关	津南区文明委
2007.3	排灌站	2005—2006年度津南区文明单位	津南区文明委
2007.3	河道所	2005—2006年度津南区文明单位	津南区文明委
2008.1	津南区水利局	2007年度政务信息工作先进单位	津南区政府
2008.4	设计施工站	2007年度津南区模范职工小家	津南区总工会
2008.4	水利工程建设服务站	2007年度津南区模范职工小家	津南区总工会
2009.3	津南区水利局	2008年度老干部工作先进单位	津南区委
2009.8	津南区水利局	天津市优秀思想政治工作研究会	天津市农村思想政治工作研究会
2010	津南区水利局	2007—2010年度全民义务植树运动及绿化造林工作先进单位	天津市政府
2010.1	津南区水利局	2009年度政府信息工作先进单位	津南区政府
2010.1	津南区水利局	津南区人大代表政协提案优秀承办单位	津南区政府
2010.3	津南区水利局	津南区政风行风建设先进单位	津南区委、区政府
2010.4	河道所	2009年天津市“引黄济津”应急调水工作先进集体	天津市水利局
2010.4	津南区水利局	天津市“五一”劳动奖状	天津市总工会
2010.5	排灌站	天津市农村水利工程建设先进单位	天津市水利局
2010.6	津南区水利局	2009年天津市水务系统水政工作先进集体	天津市水利局

表11-3-31 **1991—2010年津南区水务（水利）局先进个人名录**

时间（年．月）	姓名	获奖称号	颁发单位
1991.10	吴洪福	津南区津港公路工程先进工作者	津南区委、区政府
1992.9	张文起	天津市水利系统先进科技工作者	天津市水利局
1993.6	朱连淳	1992年度天津市劳动模范	天津市委、市政府
1993.12	孟庆有	1993年度津南区优秀信息员	津南区委

续表

时间（年．月）	姓名	获奖称号	颁发单位
1994.1	张文起	1992—1993 年度天津市科教兴农先进个人	天津市政府
1994.1	李复民	津南区优秀工会积极分子	津南区总工会
1994.9	赵燕成	天津市 1994 年防汛工作先进个人	天津市政府
1994.9	李德孝	天津市 1994 年防汛工作先进个人	天津市政府
1995.4	朱连淳	1993—1994 年度天津市劳动模范	天津市委、市政府
1995.9	孙振苍	天津市 1995 年防汛工作先进个人	天津市政府
1995.9	邢纪奎	天津市 1995 年防汛工作先进个人	天津市政府
1995.12	吴洪福	1994—1995 年度天津市优秀水利工作者	天津市水利局
1996.3	孟庆有	1995 年度津南区优秀中心组学习秘书	津南区委
1996.4	孙文东	体育道德先进个人	中国水利体育协会
1996.10	夏富林	津南区优质服务标兵	津南区文明委
1996.10	王培育	1996 年天津市防汛抗洪抢险先进个人	天津市委、市政府
1996.10	杜金星	1996 年天津市防汛抗洪抢险先进个人	天津市委、市政府
1996.12	尚晓彦	天津市地下水资源管理先进个人	天津市水利局
1997.3	孟庆有	1996 年度津南区宣传思想工作优秀工作者	津南区委
1997.4	朱连淳	1995—1996 年度天津市劳动模范	天津市委、市政府
1997.7	王义安	津南区优秀党务工作者	津南区委
1997.7	陶文洪	津南区优秀党员	津南区委
1997.10	王玉兰	天津市劳动事业统计先进个人	天津市劳动局
1997.11	陶文洪	全国水利系统水资源管理先进个人	国家水利部
1997.11	宁培贤	基层单位普查工作先进个人	津南区政府
1997.12	张建山	天津市驾协先进工作者	天津市驾协
1997.12	张桂芬	1996 年度水利经济统计先进个人	天津市水利局
1997.12	刘云恒	1996 年度水利经济统计先进个人	天津市水利局
1997.12	孙万生	1996 年度水利经济统计先进个人	天津市水利局
1997.12	李复民	1996 年度水利经济统计先进个人	天津市水利局
1997.12	于立人	津南区政府信息先进个人	津南区政府
1997.12	王仰信	津南区双拥工作先进个人	津南区政府
1997.12	张树庄	津南区双拥工作先进个人	津南区政府
1998.1	陈文进	1997 年度热心交管工作先进领导干部	津南区政府

续表

时间（年．月）	姓名	获奖称号	颁发单位
1998.3	吴茂翔	1997年度天津市部门实行执法责任制优秀标兵	天津市政府
1998.4	朱连淳	1997年度津南区精神文明建设先进个人	津南区文明委
1998.4	王义安	1997年度津南区精神文明建设先进个人	津南区文明委
1998.4	杜金星	1997年度津南区优秀领导干部	津南区委、区政府
1998.4	张玉兰	1997年度津南区优秀工会工作者	津南区总工会
1998.4	霍玉华	1997年度津南区优秀工会积极分子	津南区总工会
1998.4	管传武	1997年度津南区优秀工会积极分子	津南区总工会
1998.4	陈文进	1997年度津南区优秀工会之友	津南区总工会
1998.4	陈志清	1997年度职工物价监督先进个人	津南区政府
1998.4	刘云恒	天津市“九五”立功奖章	天津市总工会
1998.11	崔希林	津南区普法和依法治理工作先进个人	津南区委
1998.12	张桂芬	1997年度水利经济统计工作先进个人	天津市水利局
1998.12	吴茂翔	1997年度天津市水政工作先进个人	天津市水利局
1998.12	和　平	1997年度天津市水政工作先进个人	天津市水利局
1998.12	杜宝森	1997年度天津市水政工作先进个人	天津市水利局
1998.12	陈宝智	1997年度天津市水政工作先进个人	天津市水利局
1998.12	王玉兰	1997年度劳动工资统计先进个人	天津市统计局
1998.12	郑永茜	1998年度津南区优秀信息员	津南区政府
1999.1	张玉兰	1997—1998年度津南区计划生育先进工作者	津南区政府
1999.2	孟庆有	1998年度津南区宣传思想工作先进个人	津南区委
1999.2	赵连宝	1998年度科技兴农“丰收杯”竞赛先进个人	津南区委、区政府
1999.2	孟庆有	1999年度党报党刊征订发行先进个人	津南区委
1999.3	赵明显	1998年度勤政为民“敬业杯”竞赛先进个人	津南区委、区政府
1999.3	刘云恒	1998年度勤政为民“敬业杯”竞赛先进个人	津南区委、区政府
1999.3	张作生	1998年度津南区纪检工作先进个人	津南区委
1999.3	郭泽祥	1998年度献血工作先进个人	津南区政府
1999.4	陈文进	1998年度天津市水利系统文明标兵	中共天津市水利局委员会
1999.4	王义安	1998年度天津市水利系统文明标兵	中共天津市水利局委员会
1999.4	张树庄	1998年度天津市水利系统文明标兵	中共天津市水利局委员会
1999.4	孙文祥	1998年度天津市水利系统文明标兵	中共天津市水利局委员会

续表

时间（年．月）	姓名	获奖称号	颁发单位
1999.4	赵燕成	1998年度津南区优秀领导干部	津南区委
1999.5	于立人	1998年度优秀通讯员	津南区政府
1999.7	王义安	1998年度津南区优秀党务工作者	津南区委
1999.7	刘云恒	1998年度优秀党支部书记	津南区委
1999.7	赵明显	1998年度津南区优秀党员	津南区委
1999.9	林庆荣	天津市老干部工作先进个人	天津市委老干部局
1999.10	陈文进	组织“看津城新貌，庆建国50周年”活动先进个人	津南区委
1999.11	张建山	1998年度天津市驾协优秀会员	天津市驾协
1999.12	郑占江	天津市第一次全国农业普查先进工作者	天津市统计局
1999.12	张桂芬	天津市水利经济统计先进个人	天津市水利局
1999.12	郑永茜	1999年度津南区优秀信息员	津南区政府
1999.12	王仰信	1998—1999年度双拥工作先进个人	津南区政府
2000.1	赵燕成	全国农村水利建设先进个人	国家水利部
2000.1	薛春渭	1998—1999年度优秀政协委员	津南区政协
2000.1	孙文祥	1999年度先进科技工作者	津南区政府
2000.1	张作生	1999年度天津市老干部工作先进工作者	天津市委老干部局
2000.1	张树庄	1999—2000年度优秀思想政治工作者	津南区委
2000.2	赵明显	1999年度第二届勤政为民“敬业杯”先进个人	津南区委
2000.2	赵连宝	1999年度第二届科技兴农“丰收杯”先进个人	津南区委
2000.2	李德孝	1999年度第二届文明守纪“新风杯”先进个人	津南区委
2000.3	郑永茜	1999年度天津市水利系统优秀信息员	天津市水利局
2000.3	张玉兰	1999年度天津市优秀工会工作者	天津市总工会
2000.4	孙文祥	天津市“九五”立功奖章	天津市总工会
2000.4	张玉兰	1999年度津南区优秀工会积极分子	津南区总工会
2000.12	赵明显	北水南调工程建设先进个人	天津市政府
2000.12	张文起	北水南调工程建设先进个人	天津市政府
2000.12	王玉兰	天津市水利系统劳资统计工作先进个人	天津市水利局
2000.12	毕永祥	水政工作先进个人	天津市水利局
2000.12	杜宝森	水政工作先进个人	天津市水利局

续表

时间（年．月）	姓名	获奖称号	颁发单位
2000.12	张文发	水政工作先进个人	天津市水利局
2000.12	张文起	津南区第十四届科技周优秀组织者	津南区政府
2000.12	薛春渭	津南区专业技术拔尖人才	津南区政府
2000.12	郑永茜	2000年度津南区优秀信息员	津南区政府
2001.1	夏富林	1999—2000年度天津市文明市民	天津市文明委
2001.1	赵建有	1999—2000年度天津市文明市民	天津市文明委
2001.1	和　平	全国水利系统“三五”普法先进个人	国家水利部
2001.2	韩振雪	津南区第三届勤政为民“敬业杯”先进个人	津南区委
2001.2	赵连宝	津南区第三届科技兴农“丰收杯”先进个人	津南区委
2001.2	李复民	津南区第三届文明守纪“新风杯”先进个人	津南区委
2001.2	李　梅	津南区第三届文明守纪“新风杯”先进个人	津南区委
2001.2	张玉兰	1999—2000年度津南区计划生育先进个人	津南区政府
2001.3	赵建有	1999—2000年度天津市文明市民	天津市文明委
2001.3	夏富林	1999—2000年度天津市文明市民	天津市文明委
2001.4	张作生	1999—2000年度水利系统精神文明建设文明标兵	中共天津市水利局委员会
2001.4	张树庄	1999—2000年度水利系统精神文明建设文明标兵	中共天津市水利局委员会
2001.4	陈惠平	1999—2000年度水利系统精神文明建设文明标兵	中共天津市水利局委员会
2001.4	邱富强	1999—2000年度水利系统精神文明建设文明标兵	中共天津市水利局委员会
2001.4	钟永全	1999—2000年度水利系统精神文明建设文明标兵	中共天津市水利局委员会
2001.4	李复民	津南区技术创新优秀个人	津南区委、区政府
2001.4	孙文祥	津南区“十五”立功先进个人	津南区总工会
2001.5	张文起	天津市引黄济津工作先进个人	天津市委、市政府
2001.5	王培育	天津市引黄济津工作先进个人	天津市委、市政府
2001.5	张建山	2000年度天津市驾协优秀会员	天津市驾协
2001.5	赵燕成	2000年度津南区优秀领导干部	津南区委
2001.6	刘云恒	津南区优秀党组织书记	津南区委
2001.6	李德孝	津南区优秀共产党员	津南区委
2001.6	王义安	津南区优秀党务工作者	津南区委
2001.6	林庆荣	津南区优秀党支部书记	津南区委
2001.7	孙文东	1996—2000年度津南区法制宣传教育先进工作者	津南区委、区政府

续表

时间（年．月）	姓名	获奖称号	颁发单位
2001.9	赵连宝	天津市“九五”期间科技兴水先进个人	天津市水利局
2001.9	孙文祥	天津市“九五”期间科技兴水先进个人	天津市水利局
2001.9	杨家安	天津市“九五”期间科技兴水先进个人	天津市水利局
2001.12	赵燕成	卫津河改造工程先进个人	天津市委、市政府
2001.12	赵明显	卫津河改造工程先进个人	天津市委、市政府
2001.12	杨惠莉	天津市内审工作先进个人	天津市审计局
2002.1	王仰信	嘉奖	天津市公安局
2002.1	孙文祥	津南区第四届勤政为民“敬业杯”先进个人	津南区委、区政府
2002.1	邱富强	津南区第四届文明守纪“新风杯”先进个人	津南区委、区政府
2002.1	徐道琮	津南区第四届科技兴农“丰收杯”先进个人	津南区委、区政府
2002.1	潘秀义	津南区第四届科技兴农“丰收杯”先进个人	津南区委、区政府
2002.1	和　平	津南区第四届秉公执法“正气杯”先进个人	津南区委、区政府
2002.4	孙文祥	津南区“十五”立功先进个人	津南区总工会
2002.4	郑永茜	天津市水利系统 2000—2001 年度优秀信息工作者	天津市水利局
2002.4	郑永茜	2001 年度津南区政府系统优秀信息员	津南区政府
2002.4	吕德英	2001 年度优秀工会积极分子	津南区总工会
2002.6	李玉山	2001 年度优秀下村任职干部	津南区委
2002.12	和　平	2001—2002 年度天津市水利系统水政工作先进个人	天津市水利局
2002.12	徐道琮	2001—2002 年度天津市水利系统水政工作先进个人	天津市水利局
2002.12	毕永祥	2001—2002 年度天津市水利系统水政工作先进个人	天津市水利局
2002.12	刘云恒	2001—2002 年度天津市水利系统精神文明建设文明标兵	中共天津市水利局委员会
2002.12	张树庄	2001—2002 年度天津市水利系统精神文明建设文明标兵	中共天津市水利局委员会
2002.12	王仰信	2000—2002 年度津南区爱国拥军模范个人	津南区委、区政府
2003.2	夏富林	2002 年度天津市文明市民	天津市文明委
2003.2	郑永茜	1999—2002 年度政府系统优秀信息标兵	津南区政府

续表

时间（年．月）	姓名	获奖称号	颁发单位
2003.3	赵燕成	天津市农口优秀思想政治工作者	天津市农委
2003.3	孙文东	2002年度秉公执法“正气杯”先进个人	津南区委
2003.3	马学昌	2002年度勤政为民“敬业杯”先进个人	津南区委
2003.3	徐道琮	2002年度文明守纪“新风杯”先进个人	津南区委
2003.3	李复民	2002年度科技兴农“丰收杯”先进个人	津南区委
2003.3	赵连宝	2002年度科技兴农“丰收杯”先进个人	津南区委
2003.3	李相如	2002年度科技兴农“丰收杯”先进个人	津南区委
2003.3	刘广文	2002年度津南区安全生产“百日安全无事故”活动先进个人	津南区政府
2003.4	孙文祥	天津市“十五”立功先进个人	天津市总工会
2003.4	李复民	津南区“十五”立功先进个人	津南区总工会
2003.4	刘云恒	津南区“十五”立功先进个人	津南区总工会
2003.4	韩振雪	津南区“十五”立功先进个人	津南区总工会
2003.6	孙文祥	2002年度津南区优秀党组织书记	津南区委
2003.6	王义安	2002年度津南区优秀党务工作者	津南区委
2003.6	夏富林	津南区“创先争优”活动优秀党员	津南区委
2003.11	和　平	天津市“引滦入津”20周年保护饮用水安全先进个人	天津市政府
2003.11	王培育	天津市“引滦入津”20周年保护饮用水安全先进个人	天津市政府
2003.12	郑永茜	2003年度政府系统信息工作优秀信息员	津南区政府
2003.12	和　平	2003年参加天津市行政执法人员法律专业培训评为优秀学员	天津市政府法制办
2003.12	韩　竞	天津市委党校2001级本科优秀学员	天津市委党校
2003.12	孙文东	天津市委党校2001级本科优秀学员	天津市委党校
2004.2	王玉清	2003年度天津市水利系统优秀思想政治工作者	天津市水利局
2004.2	王义安	2003年度津南区优秀纪检监察干部	津南区纪委
2004.2	邢继奎	天津市水利系统水政工作先进个人	天津市水利局
2004.2	陈宝智	天津市水利系统水政工作先进个人	天津市水利局
2004.2	孙文东	天津市水利系统水政工作先进个人	天津市水利局

续表

时间（年．月）	姓名	获奖称号	颁发单位
2004.2	毕永祥	天津市水利系统水政工作先进个人	天津市水利局
2004.3	于立人	天津市水利系统办公室先进个人	天津市水利局
2004.3	任新权	2003年度天津市地下水资源管理先进个人	天津市地下水资源管理办公室
2004.3	陶文洪	2003年度优秀计生工作者	津南区政府
2004.4	于源茂	天津市“十五”立功先进个人	天津市总工会
2004.4	徐道琮	津南区“十五”立功先进个人	津南区总工会
2004.4	张志钢	津南区“十五”立功先进个人	津南区总工会
2004.7	赵燕成	天津市农村人畜饮水解困工程先进个人	天津市政府
2004.7	郭凤华	天津市农村人畜饮水解困工程先进个人	天津市政府
2004.7	赵连宝	天津市农村人畜饮水解困工程先进个人	天津市政府
2004.7	于源茂	天津市农村人畜饮水解困工程先进个人	天津市政府
2004.7	任新权	天津市农村人畜饮水解困工程先进个人	天津市政府
2004.9	陶文洪	2003年度天津市优秀工会工作者	天津市总工会
2004.11	于源茂	2002—2003天津市水利工程建设先进个人	天津市水利局
2004.11	李复民	2002—2003天津市水利工程建设先进个人	天津市水利局
2004.11	徐道琮	2003—2004年度天津市水利系统精神文明建设先进个人	中共天津市水利局委员会
2004.11	刘云恒	2003—2004年度天津市水利系统精神文明建设先进个人	中共天津市水利局委员会
2004.11	张树庄	2003—2004年度天津市水利系统精神文明建设先进个人	中共天津市水利局委员会
2004.12	柴俊禄	津沽路、体育场路改造先进个人	津南区政府
2004.12	杨家安	2003—2004年组织活动先进个人	民进津南委员会
2005.1	赵连宝	2004年度天津市农村水利先进个人	天津市水利局
2005.1	袁振广	2004年度天津市农村水利先进个人	天津市水利局
2005.1	郭凤华	2004年度天津市农村水利先进个人	天津市水利局
2005.1	郑永茜	2004年度政务信息优秀信息员	津南区政府
2005.2	于立人	2004年度办理区人大建议、政协提案先进个人	津南区政府
2005.3	王义龙	2004年度天津市水利系统水政工作先进个人	天津市水利局

续表

时间（年.月）	姓名	获奖称号	颁发单位
2005.3	徐道琮	2004年度天津市水利系统水政工作先进个人	天津市水利局
2005.3	陶文洪	2003—2004年度人口计划生育先进个人	津南区政府
2005.3	杨家安	创建“全国科普示范区”先进个人	津南区委、区政府
2005.4	韩振雪	天津市“十五”立功先进个人	天津市总工会
2005.4	赵连宝	2004年度地下水资源管理工作先进个人	天津市水利局
2005.4	钱文成	2003—2004年度天津市文明市民	天津市文明委
2005.4	邢纪奎	2003—2004年度天津市文明市民	天津市文明委
2005.4	李龙水	2004年度津南区“幸福老人”	津南区委
2005.4	邢纪槐	2004年度津南区“文明家庭”	津南区委
2005.4	韩　雪	2004年度津南区“好儿媳”	津南区委
2005.4	张起昕	2004年度津南区“好丈夫”	津南区委
2005.4	李复民	津南区“十五”立功先进个人	津南区总工会
2005.4	孙文祥	津南区“十五”立功先进个人	津南区总工会
2005.4	钱文成	2003—2004年度津南区文明市民	津南区文明委
2005.4	邢纪奎	2003—2004年度津南区文明市民	津南区文明委
2005.5	孟庆有	2004年思想政治工作研究成果一等奖	天津市水利局
2005.5	张树庄	2004年思想政治工作研究成果优秀奖	天津市水利局
2005.5	王玉清	2004年度优秀政研会工作者	天津市水利局
2005.5	郑永茜	2004年天津市水利系统优秀信息宣传工作者	天津市水利局
2006.1	郑永茜	2005年度津南区政务信息优秀信息员	津南区政府
2006.1	姜宝顺	2005年度天津市驾协优秀会员	天津市驾协
2006.3	赵燕成	天津市创建国家环境保护模范城市先进个人	天津市政府
2006.3	毕永祥	天津市创建国家环境保护模范城市先进个人	天津市政府
2006.3	和　平	2005年度天津市水政工作先进个人	天津市水利局
2006.3	韩　竞	2005年度天津市水政工作先进个人	天津市水利局
2006.3	陈惠平	2005年度天津市水政工作先进个人	天津市水利局
2006.4	赵燕成	天津市“十五”期间防汛抗旱先进个人	天津市政府
2006.4	毕永祥	天津市“十五”期间防汛抗旱先进个人	天津市政府
2006.4	赵明显	天津市“十五”期间防汛抗旱先进个人	天津市政府
2006.4	刘云恒	天津市“十五”期间防汛抗旱先进个人	天津市政府

续表

时间（年．月）	姓名	获奖称号	颁发单位
2006.4	于金龙	天津市“十五”期间防汛抗旱先进个人	天津市政府
2006.4	于源茂	天津市“十五”期间防汛抗旱先进个人	天津市政府
2006.4	王培育	天津市“十五”期间防汛抗旱先进个人	天津市政府
2006.4	李复民	天津市“十五”立功先进个人	天津市总工会
2006.4	韩振雪	津南区“十五”立功先进个人	津南区总工会
2006.4	徐道琮	津南区“十五”立功先进个人	津南区总工会
2006.6	刘云恒	2005 年度津南区优秀党组织书记	津南区委
2006.6	韩振雪	2005 年度津南区优秀党员	津南区委
2006.6	王义安	2005 年度津南区优秀党务工作者	津南区委
2006.8	和　平	2001—2005 年度天津市学法用法先进个人	天津市委、市政府
2006.8	夏富林	2006 年国有企业清产核资工作先进个人	市国有企业清产核资领导小组
2006.9	郑永茜	天津市水利系统优秀信息宣传工作者	天津市水利局
2006.10	赵明显	全国水利建设与管理先进个人	国家水利部
2006.10	尚晓彦	天津市水资源管理工作先进个人	天津市水利局
2006.10	赵连宝	天津市水资源管理工作先进个人	天津市水利局
2006.10	孙文东	津南区 2001—2005 年度普法依法治理先进个人	津南区委、区政府
2006.11	张贵福	2005—2006 年度天津市水利系统文明职工	中共天津市水利局委员会
2006.11	冯秀东	2005—2006 年度天津市水利系统文明职工	中共天津市水利局委员会
2006.11	于金龙	2005—2006 年度天津市水利系统文明职工	中共天津市水利局委员会
2006.12	刘广文	2003—2006 年度津南区爱国拥军模范	津南区委、区政府
2007.1	姜宝顺	2006 年度天津市优秀会员	天津市驾协
2007.2	孙文东	2006 年度天津市水利系统水政工作先进个人	天津市水利局
2007.2	王义龙	2006 年度天津市水利系统水政工作先进个人	天津市水利局
2007.2	张砚生	2006 年度天津市水利系统水政工作先进个人	天津市水利局
2007.3	唐　凯	2005—2006 年度天津市文明市民	天津市文明委
2007.3	李相如	2005—2006 年度天津市文明家庭	天津市文明委
2007.3	张砚生	2005—2006 年度天津市文明家庭	天津市文明委
2007.3	冯秀东	2005—2006 年度天津市文明家庭	天津市文明委
2007.3	刘艳菊	2005—2006 年度津南区计划生育工作先进个人	津南区政府
2007.3	冯秀东	2005—2006 年度津南区文明市民	津南区文明委

续表

时间（年．月）	姓名	获奖称号	颁发单位
2007.3	唐　凯	2005—2006 年度津南区文明市民	津南区文明委
2007.4	尚晓彦	天津市水资源管理工作先进个人	天津市水利局
2007.4	郑永茜	天津市水利系统优秀信息宣传工作者	天津市水利局
2007.4	李复民	天津市“五一”劳动奖章	天津市总工会
2007.4	徐道琮	津南区“五一”劳动奖章	津南区总工会
2007.4	韩振雪	津南区“五一”劳动奖章	津南区总工会
2007.4	刘艳菊	津南区优秀工会干部	津南区总工会
2007.6	张文起	津南区第二十一届科技周活动优秀组织者	津南区科技周活动领导小组
2007.6	尚晓彦	2005—2006 年度天津市节水统计工作先进个人	天津市节约用水办公室
2007.11	郑永茜	津南区优秀通讯员	津南区委
2008.1	姜宝顺	2007 年度天津市驾协模范会员	天津市驾协
2008.1	韩振雪	2006—2007 年度天津市水利系统精神文明建设先进工作者	中共天津市水利局委员会
2008.1	赵顺清	2006—2007 年度天津市水利系统精神文明建设先进工作者	中共天津市水利局委员会
2008.1	和　平	2007 年度津南区目标管理考核优秀等次	津南区政府
2008.1	刘云恒	2007 年度津南区目标管理考核优秀等次	津南区政府
2008.1	曹洪友	2007 年度津南区目标管理考核优秀等次	津南区政府
2008.1	潘秀义	2007 年度津南区目标管理考核优秀等次	津南区政府
2008.1	房恩荣	2007 年度津南区目标管理考核优秀等次	津南区政府
2008.2	郑永茜	2007 年度优秀信息工作者	津南区政府
2008.4	徐道琮	天津市“五一”劳动奖章	天津市总工会
2008.4	刘艳菊	2007 年度天津市优秀工会工作者	天津市总工会
2008.4	霍玉华	2007 年度津南区优秀工会工作者	津南区总工会
2008.4	韩振雪	津南区“五一”劳动奖章	津南区总工会
2008.4	刘云恒	津南区“五一”劳动奖章	津南区总工会
2008.11	袁振广	天津市水土保护监督执法专项行动先进个人	天津市水利局
2008.12	张文起	天津市水利工程建设先进个人	天津市水务局
2009.1	郑永茜	2008 年度人大代表建议政协提案先进个人	津南区政府
2009.2	黄　杰	新农村工作队先进个人	津南区委
2009.2	辛召东	新农村工作队先进个人	津南区委

续表

时间（年．月）	姓名	获奖称号	颁发单位
2009.2	韩振雪	2007—2008年度天津市水利系统文明职工	中共天津市水利局委员会
2009.2	刘云恒	2007—2008年度天津市水利系统文明职工	中共天津市水利局委员会
2009.2	徐道琮	2007—2008年度天津市水利系统文明职工	中共天津市水利局委员会
2009.4	徐道琮	天津市劳动模范	天津市委、市政府
2009.4	张志钢	天津市“五一”劳动奖章	天津市总工会
2009.4	刘云恒	津南区“五一”劳动奖章	津南区总工会
2009.6	张砚生	2008年度天津市水政工作先进个人	天津市水务局
2009.6	王义龙	2008年度天津市水政工作先进个人	天津市水务局
2009.6	李庆森	2008年度天津市水政工作先进个人	天津市水务局
2009.6	郑永茜	2008年度天津市水利系统优秀信息宣传工作者	天津市水利局
2010.2	郑永茜	2009年度政务信息工作优秀信息员	津南区政府
2010.2	郑永茜	2009年度人大代表建议政协提案先进个人	津南区政府
2010.4	杨家安	天津市“五一”劳动奖章	天津市总工会
2010.4	郑永茜	2009年度天津市水务系统优秀信息宣传工作者	天津市水务局
2010.4	吴洪福	2009年天津市“引黄济津”应急调水工作先进个人	天津市水务局
2010.4	焦俊岭	2009年天津市“引黄济津”应急调水工作先进个人	天津市水务局
2010.4	张学军	2009年天津市“引黄济津”应急调水工作先进个人	天津市水务局
2010.4	于金龙	2009年天津市“引黄济津”应急调水工作先进个人	天津市水务局
2010.4	秦家环	2009年天津市“引黄济津”应急调水工作先进个人	天津市水务局
2010.4	张起昕	津南区“五一”劳动奖章	津南区总工会
2010.4	唐　凯	2008—2009年度津南区优秀工会积极分子	津南区总工会
2010.5	钟永全	天津市农村水利建设先进个人	天津市水务局
2010.5	杨家安	天津市农村水利建设先进个人	天津市水务局
2010.6	吴洪福	天津市水务系统水政工作先进个人	天津市水务局
2010.6	孙文东	天津市水务系统水政工作先进个人	天津市水务局
2010.7	吴洪福	天津市水务系统先进个人	天津市水务局
2010.7	孙文东	天津市水务系统先进个人	天津市水务局
2010.12	张文起	天津市水利工程建设先进个人	天津市水务局
2010.12	钟永全	2007—2010年度天津市绿化先进个人	天津市政府办公厅

第四节 水 利 学 会

一、水利学会建设

1979 年 8 月，南郊区水利局成立南郊区水利学组，成为全区水利系统的学术性群众团体，后改称南郊区水利学会。

1991 年 10 月 16 日，南郊区水利局起草了《对南郊区水利学会资格审查的意见》，报送南郊区民政局，经过对该学会资格审查，同意给予登记。

1992 年 3 月，南郊区改称津南区后，随之南郊区水利学会改称为津南区水利学会。

津南区水利学会成立至 1990 年已拥有会员 80 人，其中市水利学会会员 37 人；1991—2000 年新增会员 87 人，其中市水利学会会员 22 人。截至 2000 年年底，津南区水利学会会员总数为 167 人，其中天津市水利学会会员 59 人。2012 年天津水利学会重新统计登记会员，津南区共有会员 71 人。

1990—1999 年津南区水利学会会员情况表见表 11-4-32。

表 11-4-32 **1990—1999 年津南区水利学会会员情况表**

年份	区 级 会 员	市 局 级 会 员
1990	43	37
1991	7	11
1992	4	
1993	10	
1994	8	3
1995	4	
1996	6	
1997	12	5
1998	10	3
1999	4	

1990 年 1 月 18 日，津南区水利学会第四届理事会理事张东山调天津市水利局基建处工作。

1991 年 3 月，召开南郊区水利学会年会，年会选举产生南郊区水利学会第五届理事会。傅嗣江任理事长，赵凝如任副理事长，陈树全、朱文科、薛春渭任理事，秘书长由薛春渭兼任。水利学会年会通过了《天津市南郊区水利学会章程》。

1993年4月，津南区水利学会第五届理事会理事陈树全退休；7月，津南区水利学会第五届理事会副理事赵凝如退休；10月，津南区水利学会会员、天津市水利学会农田水利研究会委员王好科退休。

1995年6月30日，召开津南区水利学术第五届年会并进行学术论文交流。会上，水利学会第五届理事会理事长傅嗣江做了关于第五届理事会工作情况的报告，同时选举产生津南区水利学会第六届理事会。杜金星任名誉理事长，傅嗣江任理事长，薛春渭任副理事长兼秘书长，杨家安任副秘书长。天津市水利学会副理事长兼秘书长曹希尧、区科委主任孟繁龙出席会议并讲话。

1997年5月，天津市水利学会第四届理事会理事、津南区水利学会第六届理事会理事长傅嗣江退休。

1997年9月，根据津南区政府办公室下发的《关于转发区民政局〈关于开展清理整顿社会团体工作意见〉的通知》，津南区水利学会向区民政局递交了《清理整顿报告书》。区社团管理办公室批复："同意区水利学会保留注册，换发社会团体登记证。"

1998年12月22日，召开津南区水利学会第六届年会，选举产生了第七届理事会理事，分别为陈文进、薛春渭、王培育、赵明显、杨家安、孙文祥。会上有15篇论文进行了学术交流。

1998年10月，津南区水利学会第六届理事会名誉理事长杜金星调任区农委主任。

二、水利学术活动及学术成果

1990—2004年，潘秀义独著或与人合著的《旧河道开发网箱养鱼获高产》《调整结构，促进津南水产养殖业的发展》《平原型水库综合高效养殖技术》等8篇论文，先后在《天津水产》《水产科学》《淡水渔业》《中国渔业经济》等杂志上发表。

1991年，津南区水利学会召开学术交流年会，会上交流学术论文11篇，评选出优秀论文4篇。孙振苍撰写的《大沽排污河现状调查及治理设想》，获津南区科技论文一等奖。

1992年，孙振苍、薛春渭、乔良国共同完成的《大跨度铸铁闸门设计与施工》项目，获津南区科技进步二等奖。

1992年，潘秀义主持的《鱼蟹混养综合养殖技术的示范与推广》项目获得天津市科技进步三等奖。

1992年，在天津市水利学会学术年会上交流论文5篇，张文起撰写的《加强地下水资源管理势在必行》被评为优秀论文。

1993 年 4 月，薛春渭撰写的《兴修水利造福人民》在《天津水利》上发表。

1994 年 3 月，薛春渭撰写的《被遗忘的赤龙河》，在天津市水利局组织召开的天津市水利学会第七届学术年会上交流，并评为优秀学术论文。

1995 年，津南区水利学术第五届年会上提交论文 7 篇，赵明显、杨家安、林起、夏富林 4 人在会上进行论文交流。

1996 年，潘秀义参加主持的《天津市十万亩河蟹增养殖技术推广》项目，获得天津市科技进步二等奖。

1996 年 3 月，薛春渭撰写的《通济桥（清）工程建造》获天津市水利学会第八届年会优秀论文奖。

1996 年 4 月，薛春渭撰写的《通济桥（清）工程建造》在《天津水利》上发表。

1997 年 4 月，薛春渭撰写的《赤龙河的变迁》在《天津水利》上发表。

1997 年，津南区水利学会组织 13 名会员参加了由区科协、区农委、区科委组织的“科技兴农”及“科技下乡”活动；组织 8 名会员参加了区科委组织的“信息港工程”；区水利学会在津南区第 11 届科技周活动中获优秀单位称号。

1998 年 12 月，津南区水利局组织召开津南区水利学术第六届年会，会上提交论文 15 篇，交流顺序为赵厚志、孙文祥、夏富林（2 篇）、鹿文生、薛春渭（2 篇）、和平、杨家安、林起（2 篇）、李洪义（2 篇）、陈淑兰、陈文进。

1999 年 4 月，天津市水利局组织召开天津市水利学会第十届会员学术年会，会上区水利学会参加交流论文 5 篇，分别是赵厚志撰写的《混凝土灌注桩导管灌注工艺过程》、薛春渭撰写的《潜水轴流泵示范应用技术报告》、夏富林撰写的《浅谈如何加强预算资金管理》、孙文祥撰写的《水工钢闸门的防腐与处理》、鹿文生撰写的《天津地区房屋防潮层失效原因及预防失效措施》。

1999 年 6 月，在第六届华北地区水利学会协作会议上，薛春渭执笔的《搞好水利学会工作，促进水利事业发展》在会上交流。

1999 年 9 月，薛春渭撰写的《水资源与节水农业》，在区跨学科综合学术交流会上交流，并获得二等奖。

2000 年，由孙文祥、鹿文生合著的《涵洞顶部混凝土贴面补强》在《天津水利》2000 年 3 期上发表。

2000 年 12 月，宁培贤撰写的《高标准农田建设是加快农业发展的主要措施》在天津市水利统计分析工作会议上被评为优秀奖。

2001 年，孙文祥、杨家安、于源茂、鹿文生、赵明显共同完成的《水工建筑补强新技术研究》，被评为津南区科技论文一等奖、津南区科技成果一等奖、天津市水利学会学术交流会优秀论文，并在《广西电力工程》2001 年 2 期上发表。

2001 年 2 月，薛春渭主持，赵明显、李德孝、杨家安参加的《潜水轴流泵示范推广应用》项目，获津南区科学进步三等奖。

2001 年 12 月，宁培贤所著《增强法治意识，走依法治水之路》，获市水利系统 2000 年统计分析优秀奖。

2001 年，孙文祥撰写的《水工钢闸门的防腐与处理》在《天津水利》2001 年第 3 期上发表。

2002 年，吴洪福、李复民合著的《浅谈农业节水灌溉》在《天津水利》2002 年第 2 期上发表。

2002 年 9 月，郭凤华撰写的《以建设节水型社会为目标，保证社会经济可持续性发展》在天津市委党校研究生班第四届优秀科研成果评比中获二等奖。

2003 年，钟永全撰写的《浅谈水利工程的施工质量管理》在《天津水利》2003 年第 2 期上发表。

2003 年，张文起撰写的《加强地下水资源管理势在必行—关于津南区开发利用地下水资源情况的调查》在《天津水利》2003 年第 2 期上发表。

2003 年，由潘秀义主持，毕永祥、孙文祥参加的《平原型水库高效养殖技术综合开发》项目，获 2003 年津南区科技成果一等奖和天津市科技进步三等奖。

2003 年，张志钢撰写的《浅谈项目经理负责制》在《天津水利》2003 年第 6 期上发表。

2003 年 10 月，薛春渭撰写的《泵站的新建和扩建改造工程应优先选用潜水轴流泵》参加了全国泵站科技信息网在天津市召开的全国泵站科技信息交流会，在会上进行交流并获二等奖。

2004 年，林起、李鸿义、孙佩杰合著的《工程施工投标报价策略的探讨》在《天津水利》2004 年第 2 期上发表。

2005 年，赵海晶、杨雨生、李国起合著的《钢闸门现场对接技术在新建州河暗渠工程施工中的应用》在《天津水利》2005 年第 4 期上发表。

2005 年，秦家环、赵海晶、李德孝合著的《泵站变压器的节电技术措施及其效果》在《天津水利》2005 年第 4 期上发表。

2005 年，辛召东、张廷孝合著的《浅谈天津市几种节水灌溉工程技术模式》在《天津农林科技》2005 年第 4 期上发表。

2005 年 7 月，于源茂、袁振广合著的《以科学发展观为指导，不断提升节水灌溉科技含量》，被市水利学会评为优秀论文。

2005 年 8 月，孙文祥撰写的《现代无金属水工闸门研究与应用》，评为天津市水利学会2005年学术年会优秀论文，同时评为中国科协2005年学术年会水利学会优秀论文。

2006年，张志钢撰写的《钻孔灌注桩常见施工质量问题及防治措施》在《天津水利》2006年第2期上发表。

2006年，张志钢、乔良国、平惠合著的《对当前工程监理工作的几点建议》在《天津水利》2006年第2期上发表。

2006年5月，孙文祥主持，郭凤华参与的《现代无金属水工闸门研究与应用》科技项目，获天津市水利科技进步三等奖。

2006年8月，孙文祥、潘秀义参加主持的《设施农业主要蔬菜作物需水量试验研究》科技项目，获天津市水利科技进步三等奖。

2007年，钟永全、李建甫合著的《地下储能空调系统应用探讨》在《天津水利》2007年第1期上发表。

2007年，张起昕撰写的《浅谈施工质量管理》在《山西建筑》2007年5期上发表。

2007年，乔良国、袁振广、王幸梅合著的《津南区节水现状和存在问题及探讨》在《山西建筑》2007年7月第21期上发表。

2007年，王馨婕、刘冬梅、王金媛合著的《节水工程在津南区农业中的应用探讨》在《山西建筑》2007年34期上发表。

2008年，钟永全撰写的《论北大港水库综合发展规划及前景展望》在《天津水利》2008年第2期上发表。

2008年12月，唐凯、马顺利、辛召东合著的《泵站施工过程中的质量管理》在《科学发展与水利水电水务管理》上发表。

2009年，王玉清、郑永茜撰写的《津南区水环境治理对策研究》在《海河水利》2009年第4期上发表。

2009年，张学军撰写的《在盐渍土行洪河道堤防上的应用研究》在《现代水务》2009年第3期上发表。

2009年，胡秋利、王振、张景福合著的《独流减河防潮闸金属结构防腐》在《山西建筑》2009年第3期上发表。

2009年，张起昕撰写的《浅谈混凝土灌注桩施工质量的控制措施》在《天津公路》2009年第5期上发表。

2009年，张起昕、闫长勇合著的《桥面铺装裂缝的危害和预防措施》在《山西建筑》2009年第8期上发表。

2010年，马顺利、刘艳合著的《浅谈水工混凝土常见裂缝与控制措施》在《山西建筑》2010年第2期上发表。

2010 年 4 月，张起昕撰写的《桥梁施工中质量控制分析》在《山西建筑》2010 年第 4 期上发表。

2010 年，辛召东、张洪涛、门学超合著的《浅谈加强建筑工程施工安全管理》在《城市建设》2010 年第 10 期上发表。

2010 年，辛召东、张洪涛合著的《浅析工程施工中的成本管理》在《山西建筑》2010 年第 10 期上发表。

2010 年 12 月，辛召东撰写的《浅谈发展节水型农业》在《天津农林科技》2010 年第 6 期上发表。

三、会员表彰奖励

1995 年 6 月，召开的区水利学术年会上表彰了 1994 年度学会工作积极分子 24 名，分别为庄建兴、田业发、刘秉发、吴洪岐、张洪文、孙振苍、李德永、管传武、王培育、张文起、李德孝、朱连淳、赵顺清、柴士发、杨家安、李复民、张学松、门前栓、王印来、夏富林、傅嗣江、陈淑兰、薛春渭、王禄。

按照天津市水利学会 1995 年下发的《关于表彰从事水利工作满 30 周年以上会员的通知》要求，1995 年，报天津市水利学会表彰的会员有李道平、李仲才、夏恩选、梅士云、阚宝桐、赵凝如、王化岐、邢希孔、田洪庆、孟宪声、刘学铭、陈树全、朱文科、张延黻、李德孝、赵革、王世潭、王好科、崔殿元。

1996 年，报天津市水利学会表彰的会员有傅嗣江、陈志清、薛春渭、朱凤仪、李亚夫、范元庆、陈尚达。

1997 年，报天津市水利学会表彰的会员有杜金星、陈文进、崔希林、赵年弟、管传武、孙方、刘金榜、张文昌、王仰信、孙万生、陈淑兰。

1999 年，报天津市水利学会表彰的会员有鹿文生、吴茂翔、李德永、刘云恒、郑占江、孟庆有、杜宝森、王印来、张作生、朱秀芝、赵厚志。

2000 年，报天津市水利学会表彰的会员有张国茂、张建山、张维新、孙振苍、陈惠平、李纪福、胡俊清、尹同源、卢德铭。

截至 2000 年年底，津南区水利系统被天津市水利学会表彰过的从事水利工作 30 年的会员总数为 57 名。

附　录

附录一　思想政治理论研究成果

1991年9月，孟庆有撰写的《紧紧贴住经济建设这个中心，扎扎实实地做好思想政治工作》政研论文，被推荐参加天津市水利职工思想政治工作研究会交流。

1992年9月，孟庆有撰写的《解放思想、大胆实践、不断探索郊县水利工作改革的新途径》政研论文，参加天津市水利职工思想政治工作研究会第五届年会交流。

1992年9月，孟庆有撰写的《驾驭契机开拓进取的实干家—记津南区水利局钻井队队长朱连淳》刊登在由天津市水利职工思想政治研究会主办的《水利宣传》第十八期。

1993年12月，陈文进、孟庆有撰写的《建立和不断完善激励机制，提高思想政治工作的综合效益》政研论文，在天津市水利职工思想政治工作研究会第六届年会上交流，并获优秀论文三等奖。

1993年12月，孟庆有撰写的《海河儿女的思念与期盼》，在津南区委组织的纪念毛泽东诞辰100周年征文活动中被评一等奖。

1994年3月，陈文进、王义安、孟庆有撰写的《建立和不断完善激励机制，提高思想政治工作的综合效益》，获津南区思想政治工作研究论文评比一等奖。

1994年12月，陈文进、王义安、孟庆有合著的《浅论在水利走向市场的新形势下，如何发挥宣传思想政治工作的保证作用》政研论文，获天津市水利职工思想政治研会1994年度优秀论文一等奖。

1995年11月，陈文进、王义安、孟庆有合著的《新时期加强党员、干部思想作风建设初探》政研论文，在天津市水利职工政研会第七届年会南部区县组论文交流会评为优秀论文，推荐参加天津市水利职工政研会第七届年会进行交流。同时津南区水利局被评为优秀思想政治工作研究单位。

1996年12月，陈文进、王义安、孟庆有合著的《浅论在水利走向市场的新形势下，如何发挥宣传思想政治工作的保证作用》政研论文，被津南区思想政治工作研究会、津南区政工师协会评为政研论文二等奖。

1997年7月，孟庆有参加津南区首届“长青杯”宣传干部业务能力竞赛获得命题作文三等奖。

2000年10月，王玉清、王义安、张作生、孟庆有合著的《新时期加强党员、干部理论教育的探索与思考》政研论文，在全国水利职工思想工作研究会华北学组第七届年会进行了交流。

2001 年 8 月，孟庆有在津南“电信杯”《共产党员与新世纪》征文活动中撰写的《发挥先锋模范作用做一个走在时代前列的合格党员》获一等奖。

2003 年，孟庆有撰写的《适应全面建设小康社会的要求，探索津南水利发展的新思路》政研论文获天津市水利局二等奖。

2003 年 4 月，郭凤华撰写的《以科学发展观为指导，丰富“三个一”工程的科技内涵》获津南区“通信杯“二等奖。

2003 年 4 月，王玉清撰写的《增强党的宗旨意识、牢固树立正确的权力观》获津南区 2002 年“双盛杯”优秀党课三等奖。

2003 年 12 月，孟庆有撰写的《学习科学理论，加快津南发展》获得津南区委征文二等奖。

2003 年 12 月，郑永茜撰写的《身边的楷模》演讲稿，获津南区委优秀奖。

2004 年 1 月，孟庆有撰写的《适应全面建设小康社会的要求，探索津南水利发展的新思路》，获 2003 年度天津市水利职工思想政治工作研究优秀成果二等奖。

2004 年 1 月，王玉清撰写的《科学发展观体现了科学精神与人文精神的统一》获 2003 年度天津市水利职工思想政治工作研究优秀成果优秀奖。

2004 年 2 月，徐德光撰写的《SAPS 让我们意识到科普的重要性》被天津市科协评选为优秀科普论文。

2004 年，赵燕成撰写的《落实科学发展观，开创津南水利工作的新局面》政研论文，编入津南区委宣传部编辑的《津南区学习十六届四中全会体会汇编》一书中。

2004 年，赵燕成撰写的《加强执政能力建设，为全面建设小康社会提供优质的水利服务》党课提纲，被收录到天津市委宣传部编辑的“万名书记讲党课”一书中。

2004 年，王玉清撰写的《为实现“三个一”战略，提供坚强的水利保障》一文，刊登在 2004 年 9 月 10 日《天津日报》。

2005 年 2 月，孟庆有撰写的《生命里有了当兵的历史》，参加津南区国防教育征文比赛，获二等奖。

2005 年 5 月，孟庆有撰写的《坚持教育、制度、监督并重，构筑反腐败坚强防线的调研与思考》政研论文，被天津市水利局评为政研论文一等奖。

2005 年 5 月，张树庄撰写的《略谈新形势加强和改进思想政治工作的规定性特征》政研论文，被天津市水利局评为政研论文优秀奖。

2006 年 4 月，孟庆有撰写的《加强领导班子思想政治建设的调研与思考》论文，被天津市水利局评为 2005 年度政研论文一等奖。

2006 年 4 月，冯秀东撰写的《新时期水利职工思想道德的现状与思考》，被天津市水利局评为 2005 年度政研论文二等奖。

2006 年 4 月，王义龙撰写的《新时期做好实行企业化管理单位职工思想政治工作的思考》，被天津市水利局评为 2005 年度政研论文三等奖。

2006 年 6 月，都光辉撰写的《密切联系群众，永葆共产党员先进性》，被津南区委共产党员先进性教育领导小组评为三等奖。

2006 年 6 月，冯秀东撰写的《永葆共产党员先进性建设的思考》，被津南区委共产党员先进性教育领导小组评为三等奖。

2006 年 6 月，都光辉撰写的《加强班子素质建设，促进村经济和社会稳定协调发展》，被津南区委共产党员先进性教育领导小组评为优秀调研成果。

2006 年 6 月，孟庆有撰写的《关于葛沽镇曾庄村“两委班子“建设情况的调研报告》，被津南区委共产党员先进性教育领导小组评为优秀调研成果。

2007 年 4 月，王玉清、孟庆有合写的《树立“荣辱观”，展示新风貌——水利职工树立和实践社会主义荣辱观的调查与思考》，评为天津市水利系统 2006 年度优秀思想政治工作研究成果一等奖。

2007 年 4 月，冯秀东撰写的《提高文明建设水平，努力构建和谐单位之我见》，评为天津市水利系统 2006 年度优秀思想政治工作研究成果二等奖。

2007 年 8 月，王玉清撰写的《解放思想、抢抓机遇，扎实做好本职工作，为建设美好津南做出水利人应有的贡献》获得“百名书记讲党课”优秀党课讲稿三等奖。

2007 年，王慧云撰写的《对构建社会主义和谐社会的几点认识》政研论文，在《天津农村》2007 年增刊上发表。

2008 年 10 月，王玉清、孟庆有撰写的《津南区水文化建设的思考与实践》政研论文，被天津市水利局评为政研论文一等奖，并获得国家水利部优秀论文奖。

2010 年 7 月，徐德光撰写的《浅谈党政机关思想政治教育工作的创新》政研论文，在《经营管理者》刊物上刊登。

附录二 马厂减河文化拾遗

马厂减河，原名靳官屯减河，是南运河系的人工河道。地处南运河下游，南有青静黄排水渠，北有独流减河和海河，西有南运河、子牙河。流经之地属于海积冲积平原区，地势西南高东低，地面高程低于 5 米（大沽）。该河始于天津市静海县九宣闸，横贯天津市南部，在塘沽新城西关闸入海河干流，全长 75 千米。

马厂减河清光绪元年至六年（1875—1880），清末淮军总兵周盛传率马步兵在津南区小站镇一带屯田，分段挑浚开挖了自靳官屯至海口的马厂减河。引用“石水斗泥”的南运河水浇地，以期达到灌田改土治碱之目的。

1881年，在马厂减河河口建成石质五孔双料大闸桥一座，取名九宣闸，经过多次改造，现该闸为钢筋混凝土结构和电动启闭装置，钢板直升闸门，设计流量120立方米每秒。并在烧窑盆、大十八户、弯头和潮宗桥等村分别建了济运闸、开诚桥、惠丰桥和潮宗桥。1896年，盛军将西小站的富民闸拆移至小站东1千米处（现东闸村），扩建成5孔闸。1920年、1921年在马厂减河右堤马圈村附近修建“洋闸”（现马圈闸），并在闸下开挖了西北、东南走向的15千米马厂新减河（今马圈引河），通北大港。1970年在万家码头新建万家码头首闸，设计流量35立方米每秒。1983年在南台北台村之间的独流减河南堤建成以引蓄为主、适量调洪、小流量反向引水灌溉的马厂减河尾闸，设计流量50立方米每秒。

马厂减河入海口曾有西沽、新城、刘庄子等3处，西沽入海口建有东安闸，新城入海口建有稽康闸，刘庄子入海口建有南开闸。1971年在新城西关建节制闸一座，名西关闸，设计流量32立方米每秒。现马厂减河通过西关闸入海河干流。

马厂减河自1875年开挖以来，在历史长河中流淌了100余年，人民依赖于马厂减河日出而作，日落而出，同时孕育出丰富的民俗文化。小站练兵、小站稻、新农镇的由来等在广大老百姓中广为流传。

马厂减河上河口始于天津静海县南运河右堤九宣闸（李鸿章书《南运减河靳官屯闸记》刻石碑立于九宣闸北），出九宣闸，东偏南流右岸河北省青县，马厂镇，马厂减河由马厂而得名。马厂减河东北流至马圈闸，此段河道历史上常发生洪水泛滥，1963年8月大水，在此炸开口门33道，最大泄量达3048立方米每秒。马圈闸南是马圈引河，马圈引河通北大港水库。北大港水库是天津主要湿地，被称为天津之肺。马厂减河继续东北流过赵连庄节制闸、西闸、潮宗桥至南台马厂减河尾闸，过1000米宽独流减河进入下游段。

马厂减河穿津港运河和李港铁路到万家码头。洪泥河在万家码头与马厂减河相交，洪泥河开挖于清光绪年间，北接海河，南通独流减河，全长25.8千米，是引灌排沥调水的主要河道，又是联系北大港水库、马厂减河及海河的主要航道。

马厂减河东北流至北中塘。民国初年张敬尧在中塘一带收买荒地，挖河灌排。1958年政府组织农民利用部分老河进行拓宽改造工程，北接海河，南接马厂减河，全长19.9千米，取名幸福河。

马厂减河继续东北至会馆村。会馆原为“新农寺”，新农镇东西北三面开城门，城内设行营买卖街，迁民来垦区领种，新农镇便成为小站一带的贸易中心。并将新农镇附近的泉神庙改为新农寺，供奉大禹、后稷、关帝，用以教化。寺内建有盛军屯田会馆

(会馆村前身),八十余楹房间,以为集事之用。每月初一、十五兵民来寺烧香祈福。每年三月二十八前后,七月二十八前后,分别做庙会 7 天,新农寺庙会成为垦区的贸易、娱乐场所。

光绪十一年(1885)周盛传病故,清廷颁于谥号,并赐建专祠供奉,新农寺兼作周公祠,至今祠宇岸立,成为小站稻田的历史纪念场所。周盛传病故后,周盛波继其官职统率盛军,继续办理屯垦、训练事务,他在街市设置招商局,一面拓植稻田,一面扩建小站镇,把原来的东、西、北三门改为九门,从盛军屯田图所绘可知,行营买卖街两端有东西城楼,南北各三个出口,共为 8 个门径,另在兴隆街小站大桥交口处建栅栏门一个,门上牌坊大书兴隆集市,兴隆谐音新农,是淮南语音的特色。新农镇除行营买卖街之外,河上街市也成为一大特色。

马厂减河东北流至小站。小站原称新农镇,淮军新驻营由于地处盐碱沼泽区域,士兵购物需赴数十里以外,难以管理,为此,在亲军营南侧筑城,建新的城镇,命名新农镇,或称兴农镇,后来当地人习称为小站镇。当盛字军被裁撤之后,军队营盘发展为村子,有的仍以盛军老营名称命名,如今仍存在的有盛字营村、传字营村、老左营村、正营村、东右营村、西右营村、仁字营村、前营村、后营村和南副营村等。

小站在中国近代军事史上有重要作用。马厂减河的开挖、小站建镇、小站稻的拓植成功都起源于小站练兵。1875 年淮军著名将领周盛传奉命率部队开始在小站练兵,又经胡燏棻、袁世凯、张之洞、段祺瑞练兵,截至 1920 年,近半个世纪的小站练兵改变了中国封建的旧军制,建立了一支由近代军制和装备编制的新建陆军。小站也因此成为当时中国先进的军事基地。1895 年以后的欧美各国的世界地图都把小站登入版图之中。

周盛传小站练兵采取寓兵于农的策略,解决了部队供给不足的问题。1875—1880 年周盛传亲率将弁挑河挖渠,建闸修桥,沟通了南运河与海河,以优良水质刷咸涤碱,使百里荒芜斥卤之地尽成肥沃良田,建成阡陌纵横,河网交织,咸淡分流的小站垦区。垦区之内引甜水灌溉,排咸水刷碱,渠系分明,桥闸涵洞配套齐备,以小站为中心的垦区基本形成。盛军开垦稻田已达 6 万余亩,民营稻田达 13.6 万亩,在此基础上后人发扬光大,培育出驰名中外的小站稻。

马厂减河出小站 1 千米至东闸村。东闸村以位于小站东的石闸而得名。光绪二十二年(1896),盛军将马厂减河西小站的富民闸移至此处,当地俗称东大闸。至今东闸仍基本保持石闸原貌。

马厂减河出东闸东北流,过西花园、东花园到东大站,在河左岸与双桥河相交。引滦入港管线由此穿马厂减河为大港区供水。双桥河由盛军于光绪四年(1878)开挖,后经多次改造,建国后在连海河处建双桥河北闸,在连马厂减河处建双桥河南闸,实现双桥河连通海河与马厂减河,排灌自如。

马厂减河东北流穿过铁路，转东流过森林公园调节闸、石闸村到西稻地西南折向北流，与大沽排污河相交。再北流至新城西关闸，汇入海河干流。

附录三 规范性文件

天津市津南区河道管理办法

津南政发〔2010〕19号

第一章 总 则

第一条 为加强对本区河道的管理，保障防洪安全，发挥河道的综合效益，根据有关法律、法规和规章，结合本区实际情况，制定本办法。

第二条 本办法适用于本区行政管辖区内的河道管理。

第三条 区水务局是本区河道行政主管部门（以下称区河道行政主管部门）。负责洪泥河、马厂减河、月牙河、双桥河、卫津河、南白排河、跃进河、十米河、四丈河、幸福河、石柱子河、双白引河、咸排河、八米河、胜利河、海河故道等河道的管理。

第四条 区政府加强对河道管理工作的领导。河道防汛和清障工作，实行区、镇两级人民政府行政首长负责制。

第五条 河道行政主管部门的职责

（一）负责河道工程建设与管理；

（二）审查河道管理范围内建设工程的规划设计；

（三）编制、实施河道治理规划；

（四）监督检查河道法规、规章执行的情况；

（五）依法查处河道违法案件；

（六）调配河道地表水源，调处河道水事纠纷；

（七）搞好防汛排涝抗旱调水工作。

第六条 区河道行政主管部门及所属河道管理单位、管理人员，必须按照有关法律、法规和规章，依法加强河道管理，执行防洪调度命令和供水计划，维护河道工程和人民生命财产安全。

第七条 任何单位和个人都有保护河道堤防安全和参加防汛抢险的义务。

对维护河道安全作出突出贡献的单位和个人，区政府或者河道行政主管部门给予表彰和奖励。

第二章 河道整治与建设

第八条 河道的整治与建设，要服从全区防汛排涝、抗旱调水的总体规划，符合国家和本市规定的防洪标准和其他有关技术要求，维护堤防安全，保持河势稳定和最大效益的发挥。

河道的整治与建设由区政府责成区河道行政主管部门负责组织实施。涉及土地变更的，应当征求土地行政主管部门的意见；涉及公路的，应当征求公路行政主管部门的意见。所需资金由区政府按照国家和本市有关规定筹集。

第九条 在河道管理范围内新建、扩建、改建项目，修建开发水利、防治水害、整治河道等工程，修建跨河、穿河、穿堤、临河的桥梁、码头、道路、渡口、管道、取水口、排污口、缆线等建筑物和设施，建设单位必须将工程建设方案报区河道行政主管部门审查同意后，方可按照建设程序履行审批手续。

建设项目批准后，建设单位要将施工安排报河道行政主管部门，并与河道行政主管部门签订确保河道功能正常发挥、保障防洪安全的责任书以后，方可依法办理开工手续，按照审查批准的位置和界限进行施工。

建设项目性质、规模、位置需要变更的，建设单位应当事先向河道行政主管部门重新办理审查手续。

在河道管理范围内不得建设影响河道功能正常发挥和防汛安全的项目。建设项目施工期间，河道行政主管部门派员到现场监督检查。

第十条 工程施工影响堤防安全、河道行洪、排灌功能正常发挥的，建设单位应当采取补救措施或者停止施工。工程竣工后，建设单位应当将竣工报告、质检报告、竣工图报送河道行政主管部门存档，工程施工现场必须按照责任书的要求进行清理。

建设单位因施工造成河道堤防及其设施损坏的，负责恢复或赔偿。未按照责任书要求清理施工现场的，由建设单位负责交纳清理费用。

第十一条 修建桥梁、码头和其他设施，必须按照区水利总体规划和原设计确定的河宽进行，不得缩窄过水通道。

桥梁、栈桥、跨越河道的管道、渡槽、线路的净空高度，以及穿越河道的管道和两堤之间埋设管道的深度，必须符合水利总体规划和有关技术要求。

第十二条 河道管理范围内已修建的闸涵、泵站和埋设的管道、缆线等设施，设施管理单位应当定期检查和维护，并服从河道行政主管部门的安全管理。不符合堤防安全要求的，由河道行政主管部门责令设施管理单位限期改建或采取补救措施。

第十三条 利用堤顶戗台修建公路、铁路的，必须报经区河道行政主管部门批准。

利用堤顶、戗台修建的公路、铁路，应当服从堤防安全管理。具体管理办法，按市有关规定执行。

第十四条 区、镇、村建设和发展不得占用河道管理范围。区、镇、村建设规划的临河界限为河道管理范围的外缘线。区、镇、村建设规划涉及河道管理范围的，应当事先征求河道行政主管部门的意见。

本办法实行前占用河道堤防的建筑物，应当逐步迁出，不得重建、改建或扩建。

第十五条 河道岸线的利用和建设，应当服从河道整治规划。规划行政主管部门审批涉及河道岸线开发利用规划，立项审批行政主管部门审批利用河道岸线的建设项目，应当事先征求河道行政主管部门的意见。

河道岸线的界线以河堤外坡脚为准。

第十六条 河道整治和清淤弃土，由河道行政主管部门负责管理、使用和处置，主要用于河道整治与建设，免交相关费用。

第十七条 在区管河道范围内修建排水、阻水、引水、蓄水工程以及河道整治工程，必须报经区河道行政主管部门批准。

第三章 河 道 保 护

第十八条 河道管理设定管理范围。河道管理范围为河道两岸堤防之间的水域、滩地（包括可耕地）、两岸堤防、护岸和护堤地。

河道堤防属国有土地，以河道整治建设的设计标准为准。其中堤防：洪泥河、马厂减河各为30米；四丈河、幸福河、双白引河各为22米；月牙河为21米；双桥河、跃进河、石柱子河、咸排河各为19.5米；八米河为19米；南白排河、十米河为16米；卫津河为14米；胜利河10米。

护堤地均为堤防以外各10米。

第十九条 禁止破坏、侵占、损毁堤防、护岸、闸坝等水利工程建筑物和防汛设施、水文监测设施以及通讯照明等设施。

未铺设路面的堤顶，禁止载重量3吨以上车辆通行。在雨雪泥泞期间，除防汛抢险车辆外，禁止其他车辆通行。

第二十条 单位和个人对堤防、护岸和其他水利工程设施造成损坏或者造成河道淤积的，应当负责修复、清淤或者承担修复、清淤费用。

第二十一条 禁止非河道管理人员操作河道上的涵闸闸门。

第二十二条 在河道管理范围内禁止下列行为：

（一）围垦河道；

（二）擅自拦河筑坝以及修建阻水围堤、阻水渠道、阻水道路；

（三）在河道滩地上种植农作物及经济作物；

（四）设置阻水渔具或者其他障碍物；

（五）弃置矿渣、石渣、煤灰、泥土、垃圾等；

（六）堆放、倾倒、掩埋、排放污染水体的物体；

（七）在河道内清洗装贮过油类或者有毒有害污染物的车辆、容器；

（八）在堤防和护堤地内建房、放牧、开渠、取土、打井、钻探、爆破、挖窖、挖筑池塘、葬坟、存放物料、开采地下资源、考古发掘以及进行集市贸易活动；

（九）在河道内从事经营水上娱乐项目。

第二十三条 加强河流的故道、旧堤、原有工程设施管理。河流的故道、旧堤、原有工程设施，不得填堵、占用或者拆毁。确需填堵、占用、拆毁的，必须报河道行政主管部门批准。

第二十四条 在河道管理范围内，兴建建设项目临时占用河道、堤防、河滩地、桥闸的，应当与河道行政主管部门协商一致，并给予适当补偿。对工程设施造成损坏的，应当予以赔偿。

第二十五条 护堤护岸林木，由河道管理单位组织营造和管理，未经河道行政主管部门批准，不得擅自砍伐。

任何单位和个人不得侵占破坏护堤护岸林木。

第二十六条 河道管理范围内的阻水障碍物，按照谁设障谁清除的原则，由区防汛指挥机构责令设障者在规定期限内清除。逾期不清除的，由防汛指挥机构组织强行清除，并由设障者负担全部清障费用。

第二十七条 壅水、阻水严重的桥梁、引道、码头和其他跨河工程设施，根据市和区防汛排涝、抗旱调水、水库蓄水的具体要求，由河道行政主管部门提出意见，报经区政府批准，责成设施管理单位在规定的期限内改建、采取补救措施或者拆除，汛期影响防汛安全的，必须服从防汛指挥机构的紧急处理决定。

第二十八条 在河道上新建、改建、扩建排水口门或者设置临时泵点的，必须经河道行政主管部门同意。向河道排水（含污废水），必须服从防汛统一调度和河道行政主管部门的监督管理。

排水口门的管理单位应加强对排水口门的管理，按照国家和本市有关规定排水。因排水造成河道水质污染、河道工程设施腐蚀损坏的，排水单位或个人应承担赔偿责任。

第二十九条 禁止向生活饮用水河道排污。

排污单位排放的污废水，必须符合法律、法规规定的标准。

向非专用排污河道排污排沥的，排污口的设置或者扩大，排污单位在向环境保护部门申报之前，必须征得河道行政主管部门的同意。

直接或者间接向河道排水、排放污废水的，应当交纳排水费，具体办法按市政府规定执行。

第四章 法 律 责 任

第三十条 违反本办法第十三条第一款、第二十七条、第二十八条第一款规定，由河道主管部门责令改正，可处以一千元以上五千元以下罚款；情节严重的，可处以五千元以上二万元以下罚款。

第三十一条 违反本办法第十条、第十九条第二款、第二十二条第（三）项、第（四）项、第（五）项、第（八）项、第（九）项、第二十三条规定的由河道行政主管部门责令改正，有违法所得的，没收违法所得，并可处以一千元以上一万元以下罚款；情节严重的，可处以一万元以上三万元以下罚款。

第三十二条 违反本办法第十九条第一款、第二十二条第（一）项、第（二）项规定的，由河道行政主管部门责令改正、赔偿损失，可处以一千元以上一万元以下罚款，情节严重的，可处以一万元以上三万元以下罚款。应当给予治安管理处罚的，由公安机关依照《中华人民共和国治安管理处罚条例》的规定予以处罚；构成犯罪的，依法追究刑事责任。

第三十三条 河道行政主管部门在制止不服从河道管理的行为时，可以采取暂扣车辆和机具物品的措施。

第三十四条 拒绝、阻碍河道管理人员依法执行公务的，由公安机关依照《中华人民共和国治安管理处罚条例》的规定予以处罚；构成犯罪的，依法追究刑事责任。

第三十五条 当事人对行政处罚决定不服的，可以依照《中华人民共和国复议法》和《中华人民共和国行政诉讼法》的规定，申请复议或者向人民法院起诉。逾期不申请复议，不起诉，又不履行处罚决定的，由作出处罚决定的机关申请人民法院强制执行。

第三十六条 河道行政主管部门的管理人员滥用职权、玩忽职守、徇私舞弊，由其所在单位或者上级主管部门给予行政处分；构成犯罪的，依法追究刑事责任。

第五章 附 则

第三十七条 本办法自公布之日起施行。原《津南区河道管理办法》（南政发〔2000〕12号）同时废止。

本办法由区水务局负责解释。

津南区人民政府办公室（章）
2010年8月26日

索　引

附录

说明：1. 本索引采用主题分析索引法，主题词词首按汉语拼音字母顺序排列。
2. 主题词后的数字表示其所在的页码。

T

W

X

Y

Z

编　后　记

编修《津南区水务志（1991—2010年）》始自2008年4月。按照天津市水务局有关续志工作的总体部署和要求，区水务局党委多次召开会议，专题研究、推动区水务志的续修工作。局成立了以局长为主任、主管副局长为副主任、相关科室和基层单位主要负责人为成员的续志编纂委员会，抽调郑永茜、孟庆有、潘秀义、门前栓、袁振广组成编志办公室，聘请傅嗣江、陈文进、崔希林、杜金星、赵燕成为顾问，制定了承修单位联系人和编志办撰稿人联系制度、三审定稿制度，指定局办公室协调督办修志工作，并落实各项制度。参照《天津水务志（1991—2010年）》编纂大纲，结合津南区实际，拟定了《津南区水务志（1991—2010年）》编纂提纲；把资料收集汇总和初稿编撰工作分解到相关科室和基层单位；确定各阶段工作目标、任务和时限，使续修志书有了较为明晰的工作思路。这次修志工作大体经历三个阶段：

第一阶段为资料收集整理。2004年10月报送区志办的《津南区水利志（1991—2000年）》作为《津南区志》的组成部分，是本志编写的重要资料来源。这部由于立人、刘子林、尹同源、孟庆有、吴洪福、郑永茜撰写，由时任副局长王玉清总纂的志稿，内容丰富，资料翔实，大部分为本志前十年的记述所采用。各承修单位也提供了比较可观的资料，但由于种种原因，在完整性、准确性等方面存在诸多不足，特别是一些数据汇总存在重计、漏计现象。针对这些情况，修志人员多次到区档案局、区统计局和市局编志办等单位查阅档案和文献，走访老领导、老水利人50多人次，收集史实、数据、图片等各类资料12万多字，为志书编修奠定了基础。

第二阶段为志稿编修。编志办成员按照个人业务专长和所熟悉的工作领域，把本志各章节篇目分工到人，确定综述、第九、十、十一章和编后记由孟庆有编写；第一、二、四章由袁振广编写；第三章由门前栓编写；

第五、六章和大事记由郑永茜编写；第七、八章由潘秀义编写。纂稿人员坚持“质量第一”的原则，以高度的事业心和责任感，对资料梳理分门别类，去粗取精；对史实记述认真推敲，精雕细刻；对图表采用精心筛选，反复核对。遇到疑点难点，主动请教咨询顾问、知情人和科室历届负责人，力求呈现历史原貌。经大家共同努力，《津南区水务志（1991—2010 年）》初稿于 2011 年 6 月完成。嗣后，执行副主编郑永茜、孟庆有对该稿进行 3 次删改，经副主编王玉清、孙文祥总纂后，形成送审稿。

第三阶段为报审和修改。2011 年 6 月底，《津南区水务志（1991—2010 年）》初稿报送市水务局编办室审查。2012 年 8 月 10 日，市局编办室顾问陆铁宝（市水利局原党委副书记）、编办室主任丛英和编辑段永鹏到津南区水务局莅临指导，对送审稿分别提出具体的修改意见。根据这些意见和建议，修志人员对志稿进一步作了修订并上报。

2013 年 12 月 4 日，市水务局水务志编委会组织有关领导、专家、学者在津南区水务局召开《津南区水务志（1991—2010 年）》评审会。评审会由市水务局水务志编委会副主任、编办室主任丛英主持，参加评审会的有：天津市地方志办公室市志处处长张月光；海河水利委员会《海河志》主编、研究员李红有；市水务局副总工、《天津水务志》编委会副主任于子明；市水务局安监处处长高洪芬；市水务局水文水资源中心主任工程师、教授级高工张伟；市水务局农水处高级工程师杨树生；滨海新区大港水务分局办公室主任孙宝东、市水务局水务志编办室编辑段永鹏等修志专家。会上，执行副主编郑永茜介绍津南区水务志编纂情况。专家组对志稿进行全面评审，在一致通过评审的同时，也对志稿提出修改建议。津南区水务局副局长孙文祥做总结讲话。

2014 年 2 月开始，郑永茜、孟庆有根据评审意见，对志稿再次调整和完善。新增了《治水人物》一节，补充完善了水管体制改革、工程建设管理、机井建设管理、农田水利基本建设等内容，并通篇逐章逐节逐段校审。

《津南区水务志（1991—2010 年）》的编修工作，在历届局领导班子的精心组织下，在修志人员的辛勤努力下，上下联动、密切协调、集思广益、精心整理、反复推敲、多次修改、数易其稿，于 2015 年 6 月正式脱稿，上报天津市水务局水务志编委会终审，并交付印刷。

在续志编修过程中，市水务局和津南区领导予以极大关注，得到市水务局编办室和区志办的大力支持和帮助，在此一并表示衷心感谢。由于修志工作经验不足，本志疏漏、讹误之处在所难免，深望得到领导、专家和读者的批评指正。

编者

2016年6月

表 4-1-11

天津市海河干流治理工程津南区段（1991—2000年）治理情况统计表

治理年份		1991			1992—1993					1994	1995		1996								1997								1998（第一批）				1998（第二批）													1999							2000	历年累计治理合计	备注
工程位置		洪泥河口下游段	葛沽镇上游段	葛沽镇下游段	卫津河西段	柴庄子西段	柴庄子东段	跃进河西段		葛沽段一期	柴庄子险工段	葛沽段二期	八场引河段	老海河口段	洪泥河口下游段	双月泵站段	水利码头段	北园段	杨惠庄上游段	杨惠庄下游段	邢庄子泵站段	双洋渠上游段	双洋渠下游段	卫津河下游段	跃进河段	小韩庄段	殷庄段	杨惠庄渡口段	张嘴段	双月段	盘沽段	葛沽下游段	李楼段	小辛庄段	邢庄子段	双洋渠段	芦庄子段	老海河口段	生产圈段	张嘴段	北洋段	赵北段	柴庄子段	东泥沽段	二道闸上游段	8标段二道闸下游	8标段水利码头段	8标段小韩庄段	23标段环岛段	10标段葛沽下游段	9标段葛沽上游段	11标段杨惠庄段	11标段洪泥河闸段		
治理长度/米		850	350	650	340	600	130	196		187	460	1325	1414	250	476	1020	710	1180	300	1100	520	480	970	380	440	320	640	755	1243	766	1200	590	1570	780	1073	1695	776	470	1533	780	1286	1520	1100	580	970	519	720	1116	3475	1300	1914	2695	100	45814	
桩号		21+394～22+244	38+977～39+347	41+667～42+311	28+266～28+606	30+827～31+427	31+727～31+857	32+305～32+611			31+857～32+415	39+771～41+071	15+904～17+300	19+554～19+804	21+194～21+394	29+006～30+026	34+501～35+317	37+817～38+997	43+688～43+988	44+778～45+878	23+150～23+400 23+910～24+180	25+323～25+804	26+054～27+036	28+606～29+006	32+611～33+012	35+317～35+637	42+311～43+173	43+988～44+778	24+180～25+323	30+026～30+827	36+617～37+817	41+071～41+661	18+070～19+554	20+054～20+834	22+244～23+380	25+323～27+036	17+300～18+070	19+554～20+054	21+024～22+244	23+400～23+910	27+036～28+366	28+366～30+026	30+827～31+857	32+415～33+012	33+012～33+982	33+982～34+501	34+501～35+317	35+317～36+617	0+000～1+545 0+000～1+930	41+661～43+173	37+817～39+771	43+173～45+878	20+834～21+024		
开工日期		1991.11.15			1993.4.6					6.8	7.1	3.8	1997.3.1	4.5	4.13	5.3	4.6	3.18	4.11	4.10	3.24	4.2	4.25	4.25	5.9	4.10	3.25	3.25	5.1	4.5	4.5	5.1					8.15	9.30	10.1	8.15	9.29	11.1	11.1	9.30	11.1				9.15		5.7	5.7	6.1		
竣工日期		1992.5.20			1993.6.15					8.20	1996.6.20	6.28	1997.6.30	5.30	6.18	5.27	7.2	6.15	5.31	6.30	6.29	6.22	6.30	6.25	6.30	6.30	6.5	6.5	10.30	9.20	7.10	9.20					11.30	11.28	1999.4.15	11.30	1999.5.5	1999.5.15	1999.4.20	1999.4.16	1999.4.15				2000.6.10		7.15	7.15	10.30		
工程布置形式	浆砌石护坡/米	850	350	510	340			196		187	346	95																																											柴庄子险工段有114米干砌石护坡
工程布置形式	浆砌石挡土墙/米			100		600	130		0			连续墙131	1414					400	300	560	520	480	970	380	440	320	160	180	1243	766	1200	590					776	470	476	510	1286	1040	1100		200				2746			940			包括50米试验段、131米地下连续墙
工程布置形式	浆砌石墙混凝土贴面/米											912					710			540																													120			85			
工程布置形式	黏土复堤/米	850	350	650	340	600	130	196		187	460	1325	1414	250	476	1020		1180	300	1100	520	480	970	380	440	320	640	755	1243	766	1200	590					776	470	1533	780	1286	1520	1100	580	970				3475		1914	2695	100		
工程布置形式	其他/米			扭坡40							防浪墙460	防浪墙187		复堤	复堤	复堤	交通口门2											双石墙90																					防浪墙560交通口门2个		抛石440	双墙690	防浪墙100		
主要技术经济指标	设计流量/立方米每秒	400	400	400	400	400	400	400		400	800	800	800	400	400	400	400	400	400	400	400	400	400	400	400	400	400	400	800	800	800	800					800	800	800	800	800	800	800	800	800				800		800	800	800		
主要技术经济指标	砌石基础高程（大沽高程）	±0.0	±0.0	±0.0	−0.5	−0.5	−0.5	−0.5		−0.5	−0.5	−0.5	±0.0				1.4	−0.5	−0.5	−0.1	±0.0	±0.0	±0.0	±0.0	±0.0	±0.0	±0.0	±0.0	±0.0	0.5	2.0	2.0					2.0	0.5	±0.0	±0.0	±0.0	0.5	±0.0		3.3				±0.0			±0.0	2.0		
主要技术经济指标	砌石上顶高程（大沽高程）	3.5	3.3	3.3	3.5	3.5	3.5	3.5	2	3.3	5.74	3.7	3.5					3.3	3.3	4.42	3.5	3.5	3.5	3.5	3.5	3	3	3	3.5	5.77 3.5	5.66	5.64					6.0	3.5	3.5	3.5	3.5	3.5	3.5		5.81				3.5		2.5	3.0	5.96		
主要技术经济指标	砌石坡度	1:2.5	1:2.5	1:2.5 1:0.4	1:2.5	1:0.4	1:0.4	1:2.5	1:2.0	1:2.5	1:2.5		1:0.4					1:0.4	1:0.4	1:0.4	1:0.4	1:0.4	1:0.4	1:0.4	1:0.4	1:0.4	1:0.4	1:0.4	1:0.4	1:2.5 1:0.4	1:0.4	1:0.4					1:0.4	1:0.4	1:0.4	1:0.4	1:0.4	1:0.4	1:0.4		1:0.4				1:0.5		1:1.5	1:0.4			
主要技术经济指标	砌石护坡厚度/米	0.4	0.4	0.4	0.4					0.4	0.4																																												
主要技术经济指标	砌石挡土墙顶宽/米			0.5		0.5	0.5					1	0.5				0.6	0.5	0.5	0.5	0.5	0.5	0.5	0.5	0.5	0.5	0.5	0.5	0.5	0.5	0.5	0.5					0.5	0.5	0.5	0.5	0.5	0.5	0.5		0.5				0.5			0.5	0.5		
主要技术经济指标	复堤堤顶高程（大沽高程）	4.0	3.8	3.8	4.0	4.0	4.0	4.0		3.8	4.94	4.5	6.03	4.0	4.0	4.0		3.8	3.8	3.8	4.0	4.0	4.0	4.0	4.0	3.8	3.8	3.8	5.9	4.97	4.66	4.64					5.0	5.96	5.93	5.90	5.83	5.81	5.81	5.81	5.81				5.0		5.66	5.64	4.96		
主要技术经济指标	复堤堤顶顶宽/米	4.0	4.0	4.0	4.0	4.0	4.0	4.0		4.0	6.0	6.0	6.0	6.0	6.0	6.0		4.0	4.0	4.0	4.0	4.0	4.0	4.0	4.0	4.0	4.0	4.0	6.0	5.5	5.5	5.5					6.0	6.0	6.0	6.0	6.0	6.0	6.0	6.0	6.0				6.0		6.0	6.0	5.5		
主要技术经济指标	复堤内、外边坡	1:2.5	1:2.5	1:2.5	1:2.5	1:2.5	1:2.5	1:2.5		1:2.5	1:2.5	1:2.5	1:2.5	1:2.5	1:2.5	1:2.5		1:2.5	1:2.5	1:2.5	1:2.5	1:2.5	1:2.5	1:2.5	1:2.5	1:2.5	1:2.5	1:2.5	1:2.5	1:2.5	1:2.5	1:2.5					1:2.5	1:2.5	1:2.5	1:2.5	1:2.5	1:2.5	1:2.5	1:2.5	1:2.5				1:2.5		1:2.5	1:2.5	1:2.5		内外坡坡比相同
主要技术经济指标	其他	0.1	0.1	0.1	0.1			0.1		0.1	0.1	0.1																																											碎石垫层
主要建设内容	护岸长度/米	850	350	650	340	600	130	196		187	460	1325	1414	250	476	1020	710	1180	300	1100	520	480	970	380	440	320	640	755	1243	766	1200	590					776	470	1533	780	1286	1520	1100	580	970				3475		1914	2695	100		其中：400立方米每秒12844米、800立方米每秒24197米
主要建设内容	圆管涵闸/米										1.2一座	1.2一座	1.2三座	1.8一座	1.8一座 1.2一座		1.2二座	1.2一座	1.2一座	1.2一座	1.2一座	1.8一座	1.2一座	1.2一座		1.8一座	1.8二座	1.2一座	1.2二座	1.5一座	1.2二座	1.8一座 1.2一座	1.2三座	1.2二座	1.2一座 1.8一座	1.2一座	1.8一座 1.2二座				1.2二座					1.2一座			1.2三座 0.8二座		1.2一座			48	
主要建设内容	钢筋混凝土箱式涵闸/米											2×2×2一座 2×2×1一座	2×2×2一座								2×2×2一座 2.5×2.5×1一座		2×2×1一座 2.5×2.5×3一座	2×2×2一座	2×2×2一座 2×2×1一座					3×3×3三座			2×2×2一座													2×2×2一座							4.5×4.5×3一座	16	
主要建设内容	渡口											2个（葛沽一号、二号渡口）									1个（邢庄子渡口）			1个（赵北渡口）			1个（刘庄渡口）	1个（杨惠庄渡口）	1个（张家嘴渡口）		1个（盘沽渡口）	1个（葛沽渡口）											1个（柴庄子渡口）		1个（东泥沽渡口）				1个（东泥沽渡口）					12	

注　1998年后海河干流津南区段对设计流量400立方米每秒的堤段进行了二次治理，使海河干流津南区段设计流量全部达800立方米每秒标准。历年累计治理长度45814米，达到800立方米每秒设计流量标准的堤段治理长度为32.97千米，沿海河有渡口12个，穿堤建筑物67座。